城市综合体机电技术与设计

宋孝春　主编

中国建筑工业出版社

图书在版编目（CIP）数据

城市综合体机电技术与设计/宋孝春主编. —北京：中国建
筑工业出版社，2019.6
ISBN 978-7-112-23546-9

Ⅰ.①城⋯　Ⅱ.①宋⋯　Ⅲ.①机电一体化-系统设计-研究
Ⅳ.①TH-39

中国版本图书馆 CIP 数据核字（2019）第 057219 号

本书对城市综合体机电技术与设计进行介绍，内容共 7 章，分别是：综
述，暖通空调系统，给水排水系统，电气系统，智能化系统，类似项目调研，
城市综合体机电设计指南。

本书通过调研、总结、分析，对城市综合体机电系统的各子系统提出了更
合理的设计方法，可指导设计人员在城市综合体项目中快速提出经济、合理、
适用的机电设计方案。本书可供暖通空调、给水排水、建筑电气等专业设计人
员使用。

责任编辑：万　李　范业庶　胡永旭
责任设计：李志立
责任校对：李美娜

城市综合体机电技术与设计
宋孝春　主编

*

中国建筑工业出版社出版、发行（北京海淀三里河路 9 号）
各地新华书店、建筑书店经销
北京科地亚盟排版公司制版
廊坊市海涛印刷有限公司印刷

*

开本：787×1092 毫米　1/16　印张：25　字数：618 千字
2019 年 5 月第一版　　2019 年 5 月第一次印刷
定价：70.00 元
ISBN 978-7-112-23546-9
（33840）

作 者 简 介

宋孝春 1963 年生，1985 年毕业于北京建筑工程学院。

中国建筑设计研究院有限公司总工程师、第一工程设计研究院院长。注册公用设备工程师，教授级高级工程师。中国建筑学会建筑热能动力分会理事长。

曾就职于北京建筑工程学院、北京城市改建综合开发公司、中国农业工程研究设计院、建设部建筑设计院。

三十多年来，参与了 50 多个大中型工程设计（其中 14 个工程获市级以上奖 25 项），总建筑面积 1200 多万 ㎡，涉及多种功能、多种类型建筑，比较典型的有文化类建筑、体育类建筑、超高层建筑、办公建筑、居住小区、星级酒店、总部大厦、商务中心、会展中心、行政中心、城市综合体、大型区域能源站等。

代表作品有北京西环广场、黄山玉屏假日酒店、大连星海湾古城堡酒店、海口行政中心、天津于家堡金融中心、鄂尔多斯东胜体育中心、招商银行深圳分行、中国铁物大厦、中铁青岛世界博览城会展及配套项目、奥运村再生水热泵冷热源工程、亚龙湾旅游度假区区域冰蓄冷工程、北建大新校区供热工程、重庆江北城 CBD 区域江水源热泵集中供冷供热项目、北京丽泽金融商务区智慧清洁能源系统等。

发表 13 篇论文，主编参编专著 5 册（《民用建筑制冷空调设计资料集》等），参与了《建筑设计防火规范》、《旅馆建筑设计规范》、《建筑机电工程抗震设计规范》（华夏二等奖）、《数据中心设计规范》、《人民防空地下室设计规范》、《蓄能空调工程技术规程》等 8 本标准规范的编写；参加了利用城市热网驱动吸收式制冷研究、建筑机电节能研究（华夏三等奖），"十一五"绿色通风空调研究等科研课题。

本书编委会

暖 通 专 业：韦　航　　李雯筠　　姜　红　　李远斌　　贺　舒　　王　佳

电 气 专 业：陈　琪　　贾京花　　赵国宇　　宋　辰　　胡　桃　　宋大伟

　　　　　　刘　畅　　崔振辉　　刘艳雪　　陈　游

给水排水专业：匡　杰　　安　岩　　车爱晶　　潘国庆　　陈　静　　张源远

　　　　　　王　松　　张晋童　　沈　晨　　安明阳　　李梦辕　　赵伟薇

　　　　　　范改娜　　尹腾文　　曹为壮

前　　言

随着我国经济的高速发展，城市化水平的不断提高，城市综合体项目应运而生。城市综合体把商业、办公、居住、文娱等城市生活空间进行组合，利用资源的合理规划配置，实现其商业价值和社会价值。对加快城市商业产业升级换代，对区域经济的良性再造，产业结构优化升级，城市资源的合理配置起到不可估量的作用。

城市综合体机电系统是城市综合体设计的关键组成部分。由于项目业态复杂，对机电设计专业技术水平要求较高。机电项目设计要体现建筑智能化、科技化及信息化的设计理念，还要涵盖智能建筑、低碳节能、管理运营等多个维度的设计要点，这样设计才能保证机电系统协调稳定的运行，从而实现城市综合体舒适、安全、智慧、便捷、节能等特性，达到预期的目标，所以城市综合体机电设计的成败决定着整个项目的成败。本书基于此背景，对城市综合体机电技术与设计进行介绍。

本书在总结近几年综合体项目设计的基础上，通过对不同地域气候条件、经济发展水平、能源形式、供电电源、用电价格、物业管理形式等情况进行综合分析，兼顾初期投资、销售、后期维护、运营管理等方面因素，对暖通空调系统、给水排水系统、供配电系统、消防系统、智能化系统提出更合理的设计方法。同时通过对于建成使用的项目，进行回访了解业主使用情况，收集系统运行参数，通过对数据的分析研究，找出更合理的设计系统。对正在施工的项目，征询施工单位的反馈意见，找出设计中的问题，提出解决方案。对正在设计的项目，通过与设计人员交流，同时收集消防审查部门、施工图审查部门等单位的审查意见，进一步总结归纳设计要点，最终形成城市综合体机电设计指南。本书编制的目的，是在满足相关的国家法律法规及地方标准的基础上，兼顾各地经济发展的不同情况，从工程实际情况出发，选择适应不同功能区使用的机电系统方案，提供合理的机电与建筑配合的方式，对城市综合体机电系统设计技术具有一定的指导意义；指导设计人员在城市综合体项目中，快速提出经济、合理、适用的机电设计方案。近几年此类型项目较多，做法各异，机电设计方案的确定，直接影响今后业主的投资及使用，希望通过本书的编制，在今后的实际工程设计中为业主提供更好的服务。

在本次编写过程中，参阅了大量的新近文献以及设计院同行提供的调研项目信息等技术资料。在此对引文作者以及给予作者支持和帮助的各位人士表示衷心的感谢。由于编者水平有限，有不妥和错误之处，希望读者给予批评指正。

目　　录

第1章 综 述

1.1 暖通空调系统

近年来，随着我们城市化进程的快速发展，城市综合体成为城市建设中的重要组成部分。但由于其建筑体量大，空间复杂，业态繁多等问题，使暖通空调系统设计难度日益突显和加剧，设计者必须针对建筑内各种功能区域进行特殊设计，以满足不同的功能业态需求，同时还需兼顾总体建筑的协调统一，并体现绿色、环保之理念。

另外，城市综合体体量巨大，暖通空调系统所消耗的能源占建筑总能耗的 30.50%，并且随着人均建筑面积的不断加大，暖通空调系统的广泛应用，暖通空调系统的能耗在不断加大。面对初投资高，能源消耗大，运行管理费用急剧上升，如何采用合理的暖通技术方案，解决大型城市综合体的空气品质并且满足节能的要求，也是暖通设计师面临的问题。本书通过对城市综合体的设计经验总结，对暖通空调系统进行技术和设计说明。

主要内容包括：

(1) 冷热源形式的确定：介绍了能源条件的形式和价格，确定合理的能源利用方式。并在能源条件的基础上，对冷热源的形式做出分析和选择。明确冷热源建议选用原则。

(2) 空调系统形式的确定：介绍了不同的功能分区，如商业、娱乐、办公、酒店、公寓等，分别对空调风系统、水系统的形式作出比较和选择。同时针对有超高层的综合体，介绍管路设计方式和减少设备承压的布置方式。

(3) 供暖系统形式的确定：介绍了不同的功能分区，如商业、娱乐、办公、酒店、公寓等，分别对供暖系统的水系统形式、分区形式和末端形式作出比较和选择。

(4) 冷热水输送温差的技术：介绍了冷热水输送大温差对输送能耗、冷水机组性能、末端设备性能的影响，提出输送温差取值建议。同时介绍了冷热水输送系统，如多级泵的选用原则。

(5) 防排烟系统设置：介绍了各种功能房间的防排烟系统及消防控制系统。该部分内容需结合新版《建筑防烟排烟系统技术标准》GB 51251—2017 完善相关内容。

(6) 绿色建筑设计：介绍了绿色建筑设计等级，并提出不同级别的绿色建筑，暖通设计的建议得分项。

(7) 酒店建筑设计：介绍了酒店设置标准，同时结合不同酒管公司，介绍酒店各功能分区的常见做法。

(8) 动力站的设置：介绍了动力站的设置原则，与土建、电气、给水排水各专业配合过程中需要注意的问题。

(9) 空调通风机房的设置：介绍了空调通风机房的设置原则和与土建、电气、给水排水各专业配合过程中需要注意的问题。

通过以上内容的分析，最终形成城市综合体机电设计指南。旨在为业主提供更好的服务，力求对城市综合体机电系统设计具有一定的指导意义。

1.2 给水排水系统

随着城市化进程的快速推进，人民的生活节奏日益加快，人们期待一种更加便捷高效和集中的城市生活空间。城市综合体，以建筑群为基础，将城市中的商业、办公、居住、旅店、展览、餐饮、会议、文娱和交通等城市生活空间的三项以上进行组合，并在各部分间建立一种相互依存、相互助益的能动关系，从而形成一个多功能高效率的"城中之城"。显而易见这种建筑能较大程度地满足人们的需求，使人们的生活更加方便、舒适。

然而作为一种体积庞大，功能繁多，空间关系复杂的综合性建筑，其给水排水专业的设计难度比一般单一功能建筑提高很多，其中较为重要的有二次供水系统、热水系统、排水系统，尤其是雨水系统的设计，另外建筑功能的复杂性以及大面积商业及娱乐性质区域使得其火灾危险性增大，消防系统设计尤其重要，消防系统设计的工作量和难度也相应提高。

（1）给水排水系统设计

给水系统设计应重点关注用水量计算、节能以及水质安全等方面。

关于用水量设计计算：由于城市综合体建筑功能复杂，通过实际工程跟踪调研得出以下几点心得：

1）餐饮设计的用水定额取值应综合考虑餐饮类型、餐厅所在区域、客流量，根据建筑本身的特点合理选取用水指标，且应考虑一定的富裕量以满足不可预见的餐饮用水。

2）目前我国特大城市、大城市综合体中办公楼工作日的实际用水时间比规范规定长，节假日也有较大用水量，该因素给水设计时应引起重视。

3）城市综合体一般包含商业、餐饮、办公及酒店文娱等多种功能，因此在设计水量计算时，应分别计算各部分的最高日用水量，然后将同时使用的部分合理叠加，取最大一组用水量作为整个建筑的最高日用水量。给水节能方面，从调研的综合体项目分析，供水系统多为重力供水＋变频供水系统相结合的形式。若条件允许适当扩大重力供水范围，可降低整个系统的运行成本。

排水系统中，污废水系统应注意酒店、办公及公寓等高层、超高层建筑的重力排水，根据建筑物性质及其内部卫生洁具分布情况合理设置管道井，充分利用设备夹层、避难层的转换，在不过多影响建筑专业要求的情况下保证排水顺畅、安全、及时，在条件允许时多点分散，以最短路由将污废水排出室外，且尽可能地采用重力排水的方式。对于酒店、会所、高档商业、高档办公楼等对环境要求较高的场所，还应重视通气系统的设计。不同业态、产权归属排水立管宜分别设置，塔楼和裙房排水宜分设立管。餐饮设计应充分考虑上下水预留，室外隔油池、室内隔油设备间预留等。

雨水系统设计，除了根据建筑物性质、建筑屋面特点及业主需求等采用合理的建筑内排雨水系统外，还应综合考虑项目所在地的降雨特点、市政雨水管网情况，并结合市政条件，合理规划雨水的排放并在有条件时高效充分利用雨水，尤其是在对雨水利用及控制有硬性要求的城市及海绵城市建设示范城市，除满足国家规范和当地政策外积极响应海绵城市建设的理念，将雨水设计作为项目给水排水设计的亮点。

（2）消防系统设计

城市综合体消防设计难度较大，首先应该根据综合体的总建筑面积、建筑高度确定其设计火灾次数，对于超限高层应组织消防专家论证会，确定消防方案，同时应积极配合建筑专业对于超出现行设计规范的内容报消防性能化。在这二者基础上进行消防设计方案的优化和完善。

大型综合体常见消防系统包括：消火栓系统、自动喷水灭火系统、大空间智能型主动喷水灭火系统、固定消防炮系统、自动喷水防护冷却系统、水喷雾系统、气体灭火系统、厨房专用灭火系统及灭火器设置等。

综合体中消防系统设计应重点关注的问题有以下几个方面：不同产权或管理需要应按业主要求分设消防系统；消防系统应根据现行规范合理分区，根据需要采用合理的减压措施。消火栓系统设计中注意消火栓栓口压力的控制，自动喷水灭火系统应注意配水管入口压力的控制，同一防火分区跨越楼层的自喷系统水流指示器的设置及其配送管入口压力控制等细节问题。

对于综合体中包含球幕影院及小型剧场的消防，可能会涉及冷却水幕甚至雨淋系统，并应考虑球幕影院高大空间的实际使用要求，注意自喷系统的安装是否影响使用及美观等问题。对于大型综合体的商业内街存在的层高较高，面积、长度较大的玻璃幕墙设置的玻璃幕墙冷却系统，紧密结合建筑防火分区的划分及建筑防火墙的设置情况，合理控制防护冷却系统的设计水量，在保证消防安全的基础上做到尽量节省投资及管理成本。综合体中的数据机房、大型变配电室应选择适宜的气体灭火系统，并做好系统设计及重要参数控制，结合厂家深化图样进行详尽安全控制，尤其重视使用者的安全问题。

综合商业中的大型厨房，火灾危险性高，应重视厨房专用灭火系统的设计。综合体厨房的使用空间一般比较紧凑，各种大型厨房设备种类繁多，厨房中的燃料、烹饪使用的各种油脂等及易燃物品、各种厨具的电气线路，复杂的通风系统、长距离的排油烟管道，以上种种都大大增加了厨房火灾的危险性，也给厨房灭火带来了极大的难度。设计时应根据餐厅的性质，中餐厨房、西餐厨房区别对待，并根据厨房中的厨具、电器布置因地制宜选择适宜的厨房灭火装置。

1.3 电气系统

改革开放40多年来，我国经济建设经历了一段高速发展的时期，随着城市化进程的不断推进，城市综合体已广泛在我国各大中型城市落地且已向小城市发展，成为城市建设中的重要组成部分。但由于我国幅员辽阔，经济发展不均衡，造成各地区用电标准及做法差异化明显，且城市综合体建筑体量大，空间复杂，业态繁多等问题，电气系统设计难度及多样化问题日益突显，设计者应认真分析综合体内各种业态、功能区域的使用者、投资方、管理方的内在需求，同时还需兼顾总体建筑的协调统一，并体现绿色、环保的理念，使电气系统更加安全可靠。

由于我国建筑设计行业从业人员众多，设计水平参差不齐，本书希望通过多年在城市综合体的设计过程中积累的经验、教训，在多个层面对电气系统设计进行全方位的梳理和总结，为广大电气工程师提供参考。

主要内容包括：

（1）收集部分城市电网电压等级，结合规范及各地区要求、城市综合体对市政电源的需求确定设置开闭所的必要性，介绍 10kV 开闭所的做法。

（2）通过对综合体内业态形式、功能分区、计费管理、销售运营需求的分析，合理设置变配电室的位置及数量。

（3）收集部分城市电业局对供电变压器装机容量的要求，按照不同业态考虑变压器容量配置，分析配置变压器的装机容量，大小适中才能合理进行负荷分配并适应可能发生的负荷变化。

（4）分析不同地区、不同业态、不同季节变压器运行负载率，使其处于合理的范围内。

（5）通过部分案例解读城市综合体中不同功能业态（整售办公楼、出租办公楼、四星级酒店、住宅、餐饮、商业等）负荷指标，分析不同功能业态对用电负荷指标的需求。

（6）收集介绍北京、上海、福建、广东、浙江、四川等地市政供电电压等级及供电系统常规做法。

（7）分析不同功能、不同业态用电负荷同期系数的选取。

（8）收集分析与专业设计、深化设计（包括供电公司、酒店管理公司、厨房公司、精装景观等）配合界面。

（9）收集分析配电系统预留量（包括机房、竖井、设备、电缆）。

（10）根据《火灾自动报警系统设计规范》GB 50116—2013 结合各地消防局要求及物业管理需求分析综合体内主消防控制室与分消防控制室内各个相关系统的关系。

（11）从节能、绿色、环保角度分析各系统与其相关内容匹配。

1.4　智能化系统

近些年，各个城市都相继建设大型城市综合体，并已成为城市的名片。城市综合体包含有写字楼、酒店、大型商业、公寓、住宅等多功能于一体。智能化已经从最初的电视电话发展成为具有众多子系统的庞大系统，且融入我们生活的方方面面，使我们的生活发生了质的变化，与我们的衣食住行息息相关，智能化专业如何在设计阶段合理的构建智能化系统，对于项目的投资、销售、管理、运营、计费都有着重大意义。本书力争通过调研为城市综合体的智能化设计提供一个指导性的意见。

主要内容包括：

（1）介绍了智能化主要包含的子系统内容，分别就建筑设备监控系统、建筑能效管理系统、应急响应系统、信息接入系统、综合布线系统、公共广播系统、移动通信室内信号覆盖系统、用户电话交换系统、对讲系统、信息网络系统、卫星及有线电视接收系统、会议系统、信息引导及发布系统、智能卡应用管理系统等系统功能做了简要叙述。

（2）分析研究综合体内不同功能，不同业态智能化系统的设置及系统设置要点。

（3）综合考虑工程性质、功能定位、业态管理、开发节奏、开发运作模式确定各系统设计深度。

（4）针对综合体内不同功能的建筑研究合理进行预留预埋。

（5）研究综合体中不同业态间各智能化子系统主、分中控室从属关系。

第 2 章 暖通空调系统

2.1 合理的能源利用方式

随着科技进步，空调技术发展迅速，冷热源系统多种多样，各有特色。冷热源的选择直接关系到系统的初投资、运行费用、节能性及用户舒适性等。合理的能源利用，对冷热源方案的确定，起到至关重要的作用。

2.1.1 能源形势与价格介绍

冷热源系统常见的使用能源主要为天然气和电力。

2.1.1.1 天然气

天然气作为一种清洁能源相对煤炭能减少二氧化硫和粉尘排放量近100%，减少二氧化碳排放量60%和氮氧化合物排放量50%，具有绿色环保、安全可靠、经济实惠等特点。

我国属于天然气资源大国，天然气主要分布在中西部盆地，东北、华北广大地区有着众多油田，天然气产量也相对稳定。

各地天然气价格略有不同，以北京为例，天然气主要由外省输送入京，供热制冷用气价格 2.66 元/m^3。

2.1.1.2 电力

电力的产生方式主要有：火力发电（煤等可燃烧物）、太阳能发电、大容量风力发电、核能发电、氢能发电、水力发电等。

根据"电力发展'十三五'规划"要求，未来电力在能源中的比重越来越大，用电的用能比重提高，非电的用能如燃煤等则不断减少。近年各地出台相关政策，鼓励用电作为空调系统直接能源。以北京地区为例，商业用电在电价上采用峰谷价格，10kV 电压等级，尖峰价格 1.5065 元/kWh，高峰 1.3782 元/kWh，平段 0.8595 元/kWh，低谷 0.3658 元/kWh。

2.1.2 能源利用方式

2.1.2.1 天然气利用

以天然气作为能源可用于燃气直燃机和燃气锅炉。

（1）燃气直燃机

1）以天然气作为能源的直燃型溴化锂吸收式冷热水机组简称为"燃气直燃机"，是一种以燃气在高压发生器中直接燃烧产生的高温烟气为驱动热源，以溴化锂水溶液为吸收剂、水为制冷剂制取空气调节或工艺用冷水及热水的设备。

制冷工况及供热工况如图 2-1 和 2-2 所示。

2）燃气直燃机系统优点：耗电量少、制冷剂无害环保、制冷热量无机调节、可同时供冷供热。

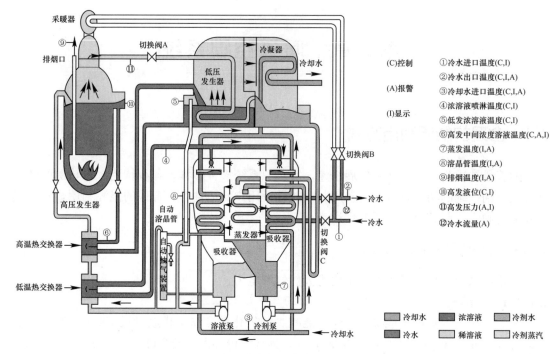

图 2-1　直燃机制冷流程图

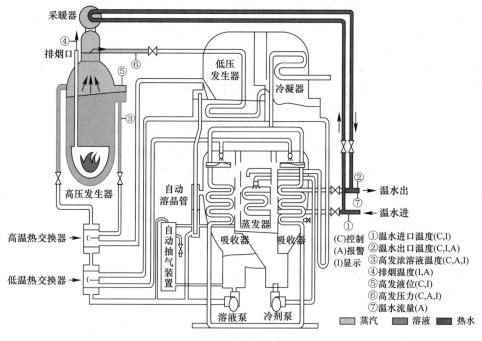

图 2-2　直燃机供热流程图

3）燃气直燃机系统缺点：有安全隐患、审批严格、维修费用高、使用寿命短、运行费用高。

（2）燃气锅炉

1）锅炉是利用燃料或其他能源的热能把水加热成为热水或蒸汽的机械设备，按燃料可分为：燃煤锅炉、燃油锅炉、燃气锅炉。工程中较为常见的是燃气真空锅炉，如图2-3所示。

2）燃气真空锅炉优点

① 真空锅炉因其低压工作特性，不易发生爆炸、破裂危险，安全可靠。

② 锅炉体积小，可进行模块化并联安装。

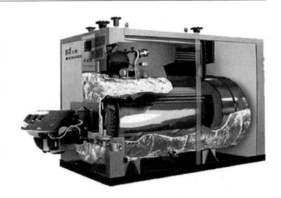

图2-3　燃气真空锅炉

③ 热效率高，整机效率高达91%以上，启动后2～3min内可提供70～80℃热水，大大缩短了预热期和减小能源浪费。

④ 可放在地下室或屋顶，国家有关部门不限制。

3）燃气真空锅炉缺点

① 因多设一台真空泵，较常压锅炉耗电量有所增加。

② 水质要求较高，需配置软水器、除氧器，炉内热媒水必须为除氧水。

③ 受水在低压情况下沸点低特性影响，只能提供80℃以下热水。

2.1.2.2　电力利用

以电力作为能源用于压缩式电制冷机，经过压缩作功，利用制冷剂（氨或氟利昂）的气液变化，与冷却水或空气进行热交换，制取所需低温冷水。主要系统形式有：常规电制冷（配冷却塔）、冰蓄冷、风冷热泵、土壤源热泵、水源热泵。

（1）常规电制冷系统

常用的压缩式电制冷机主要有活塞式、螺杆式和离心式冷水机组。活塞式冷水机组单机制冷量偏低，在大型建筑物内较少使用，螺杆式冷水机组和离心式冷水机组比较适用于城市综合体项目。

1）螺杆式冷水机组

螺杆式冷水机因其关键部件——压缩机采用螺杆式故名螺杆式冷水机，主要分类有两种，双螺杆和单螺杆。

① 优点：

a. 结构简单，运动部件少，无往复运动的惯性力，运转平衡，重量轻。

b. 调节方便，制冷量可通过滑阀进行无级调节，滑阀调节输气量可在10%～100%范围内连续进行。

c. 单级压缩比大，可以在较低蒸发温度下使用；排气温度低，可以在高压比下工作。

d. 对湿行程不敏感。

② 缺点

a. 单机容量比离心式小。

b. 转速比离心式低。润滑油系统比较庞大和复杂，耗油量较大。噪声比离心式高（指大容量机组）。

c. 转子、机体等部件加工精度要求高，装配要求比较严格。

d. 油路系统及辅助设备比较复杂，因转速高，噪声较大（图2-4）。

2) 离心式冷水机组

离心式冷水机组关键部件——压缩机采用离心式故名离心式冷水机。主要分类有单级压缩和多级压缩（图2-5）。

图2-4 螺杆式冷水机组　　　　　　图2-5 离心式冷水机组外型

① 优点

a. 制冷效率COP值高，叶轮转速高，压缩机输气量大，单机容量大，结构紧凑，重量轻，占地面积小。

b. 叶轮作旋转运动，运转平稳，振动小，噪声较低。制冷剂中不混有润滑油，蒸发器和冷凝器的传热性能好。

c. 调节方便，在15％～100％范围内能较经济的实现无级调节。当采用多级压缩时，可提高效率10％～20％且改善低负荷时的喘振现象。

d. 无气阀、填料、活塞环等易损件，工作比较可靠。

② 缺点

a. 当运行工况偏离设计工况时效率下降较快。制冷量随蒸发温度降低而减少，且减少的幅度比活塞式快，制冷量随转速降低而急剧下降。

b. 单机压缩机在低负荷下，容易发生喘振。

3) 离心式冷水机组和螺杆式冷水机组的比较情况，详见表2-1。

离心式冷水机组和螺杆式冷水机组的比较情况　　　　　　表2-1

指标类别	冷水机组类型比较项目		离心式冷水机组	螺杆式冷水机组
标准工况与循环类别	执行的国家行业标准		GB/T 18430.1—2007	GB/T 18430.2—2016
	标准（名义工况）	夏供冷	冷水出水温度：7℃，环境温度：35℃	
		冬供热	热水出水温度：45℃，环境温度：7℃	
	制冷循环类别		蒸汽压缩式制冷循环	
	压缩机使用能源		电力	
	压缩原理		回转离心式	回转容积式
	采用制冷剂		R22、R123、R134a	R22、R134a、R407C
机组特性指标	国产单机制冷范围（kW）		703～4222	115～2200
	转动件转动范围		4800～8490	2960
	机组噪声和振动		较低	较高
	冷量调节方式（压缩机）		进口导叶及扩压器宽度	滑阀机构
	变工况适应能力		较好	最好

指标类别	冷水机组类型比较项目	离心式冷水机组		螺杆式冷水机组	
生产制造和运行指标	加工精度和加工成本	最高		较高	
	对加工设备要求	较高		最高（专用）	
	压缩机带液（制冷剂）工作	不允许		少量允许	
	制冷剂中带油（有无分离器）	不允许（有）		允许（有）	
	油中带制冷剂	不允许		少量允许	
	对润滑油质要求	最高		较高	
	制冷剂泄漏方式及制冷剂压力等级	R22	高压，漏出	高压，漏出	
		R123	低压，空气渗入		
		R134a	中压，漏出		
	机组易损件多少	最少		较少	
	机组维护管理难易	较易		最易	
产品选型技术经济指标	最佳使用制冷范围（kW）	≥580		≤1160	
	机组制冷性能系数 COP（W/W）	≤528kW	4.40	≤528kW	4.10
		528～1163kW	4.70	528～1163kW	4.30
		>1163kW	5.10	>1163kW	4.60
	冷/热供应方式	热回收离心式		螺杆式热泵	
	机组运行可靠性统计	较高		较高	
	无故障运行周期	最长		较长	
	机组使用寿命	最长		较长	
	国产产品单价比（元/kW）	较低		较高（进口压缩机）	
	运行费用（年、月计）	较低		较高	

（2）冰蓄冷

城市电力供应峰谷差大，造成高峰电力供应不足，各地出台相关政策，实施分时电价。蓄冷空调对空调系统用电削峰填谷，平衡电网负荷，提高电网负荷利用率起到十分积极的作用。

蓄冷系统主要分为：水蓄冷、冰蓄冷、共晶盐蓄冷。对于城市综合体项目，主要介绍冰蓄冷系统。

冰蓄冷技术是在低谷用电期间（夜间），利用蓄冷介质的显热或潜热特性，通过制冷机把冷量储存，在用电高峰期（白天）把冷量释放出来，达到移峰填谷的目的，实现运行费用节省。

冰蓄冷主要有冰泥浆、冰片滑落、盘管外结冰（图2-6）、封装冰等形式，其中盘管外结冰中的内融冰和外融冰方式，工程中应用较多。

（3）风冷热泵

风冷热泵机组以空气为冷（热）源，以水为供冷（热）介质的制冷机组。机组主要放置于屋顶或室外地坪（图2-7）。

1）优点

① 风冷热泵机组属于中小型机组，适用于20000m² 以下的建筑物。

② 机组放置于户外，可能会要求一小间水泵房，不需占地面积大的冷冻机房，提高建筑利用率。

图 2-6　蓄冰盘管

图 2-7　螺杆式风冷热泵机组

③ 无冷却塔、冷却水泵及相关管道，避免相应设备的初投资和运行费用。

④ 无冷却塔，故不存在冷却水的损耗，适用于水资源紧张的地区。

⑤ 模块化风冷机组负荷调节能力强，部分负荷工况运行效率高，各模块自成独立系统，互为备用，提高了整个空调系统的运行可靠性。

⑥ 风冷热泵机组使空调系统的冷热源合一，在南方地区能够同时满足夏季供冷、冬季供暖的需求，省去锅炉房；北方地区增加过渡季供暖，提高室内舒适性。

2）缺点

① 风冷机组不适用于大型、超高层建筑物。

② 与水冷冷水机组、土壤源热泵等形式相比，COP 值偏低，耗电量大。

③ 风冷机组噪声比较大，对就近房间的使用有影响。

④ 风冷热泵机组制热运行有制约：室外温度降到 $-10℃$ 以下时无法运行，故在北方地区不能承担供热季的供暖需求。在冬季湿度大的地区，机组制热运行时，蒸发器易出现结霜现象，需要定期停机除霜，影响机组供热效果。

（4）土壤源热泵

土壤源热泵技术是一种利用地下浅层地热资源（也称地能，包括地下水、土壤或地表水等）的既可供热又可制冷的高效节能空调系统（图 2-8）。

1）优点

① 地能温度具有较恒定的特性，使得热泵机组运行更可靠、稳定，也保证了系统的高效性和经济性。

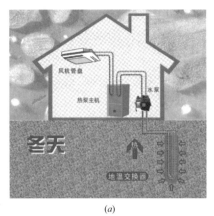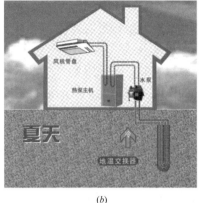

(a)　　　　　　　　　　　(b)

图 2-8　土壤源热泵系统工作原理图

（a）土壤源热泵系统夏季工作原理示意图；（b）土壤源热泵系统冬季工作原理示意图

② 土壤源热泵系统的 COP 值与传统的空气源热泵相比，要高出 40％左右，运行费用更低。

③ 土壤源热泵系统利用地球表面浅层地热资源，没有燃烧，没有排烟及废弃物，清洁环保，无污染，更绿色。

2）缺点

① 埋地换热器受土壤性能影响较大。

② 连续运行时热泵的冷凝温度和蒸发温度受土壤温度的变化发生波动。

③ 土壤导热系数较小，换热量较小。故占地面积较大，增加土建费用。

（5）水源热泵

地下水源热泵是一种利用地球表面或浅层水源（地下水、河流、湖泊）或者人工再生水源（工业废水、地热尾水等）的既可供热又可制冷的空调系统（图 2-9）。

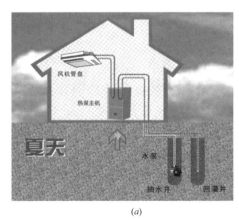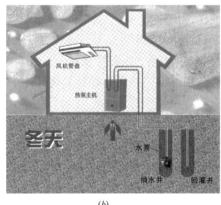

(a)　　　　　　　　　　　(b)

图 2-9　地下水源热泵系统工作原理图

（a）地下水源热泵系统夏季工作原理示意图；（b）地下水源热泵系统冬季工作原理示意图

1）优点

① 地下水温度较为恒定，使得热泵机组运行更可靠、稳定，也保证了系统的高效性和经济性。

② 水源热泵系统的 *COP* 值与传统的空气源热泵相比，要高出 40％左右，运行费用更低。

③ 水源热泵系统运行没有污染，没有燃烧，没有排烟及废弃物，清洁环保。

2）问题

① 我国对水资源有保护限制，所以水源热泵的使用需要得到政府部门的支持。

② 水源的探测开采和地下水回灌技术需进一步提高。

2.1.3　能源形式的选用

根据地域特点（某种资源丰富）、有关政策（节能环保、政府补贴）进行选用。

2.2　冷热源形式的分析与选择

以北京地区某城市综合体项目为例，采用多种冷热源形式搭配。

2.2.1　有市政热源

2.2.1.1　市政热源＋常规电制冷

由市政热源换热站负担建筑物冬季热负荷，电制冷系统负担夏季冷负荷。冬夏季经过阀门切换为建筑物供冷供热。

（1）系统设计

1）热源接自市政管网，经换热站换热后为空调系统提供二次水。

2）根据空调总热负荷，选用 $N＋1$ 组换热器，N 组换热器需满足 75％总负荷用量。

3）根据空调总冷负荷，选用离心式或螺杆式冷水机组，大小搭配，满足低负荷运行。

4）热水循环泵采用变频泵，并设置备用泵。冷水循环泵采用一次泵定流量系统，并与冷水机组一一对应设置。冷却水泵采用定流量系统，并与冷却塔一一对应设置。

（2）特点

系统设计比较简单，技术成熟，运行稳定，广泛应用于有集中供暖的城市。系统初投资低，运行费用相对较高。

2.2.1.2　市政热源＋冰蓄冷系统

由市政热源换热站负担建筑物冬季热负荷，冰蓄冷系统负担夏季冷负荷。冬夏季经过阀门切换为建筑物供冷供热。

（1）系统设计

1）热源接自市政管网，经换热站换热后为空调系统提供二次水。

2）根据空调总热负荷，选用 $N＋1$ 组换热器，N 组换热器需满足 75％总负荷用量。

3）根据设计日逐时冷负荷，合理选用双工况冷水机组、基载冷水机组、蓄冰装置。

4）热水循环泵采用变频泵，并设置备用泵。乙二醇循环泵、冷水循环泵与冷水机组一一对应设置。冷却水泵采用定流量系统，并与冷却塔一一对应设置。

（2）特点

系统设计较为复杂，利用夜间低谷电价蓄冷，白天峰谷电价放冷，经济效益较高，运行费用低。增加蓄冰循环系统，机房面积增大，初投资高，同时对运行管理水平要求较高。

2.2.1.3 市政热源十风冷热泵系统

由市政热源换热站负担建筑物冬季热负荷，风冷热泵系统负担夏季冷负荷。冬夏季经过阀门切换为建筑物供冷供热。

（1）系统设计

1）热源接自市政管网，经换热站换热后为空调系统提供二次水。

2）根据空调总热负荷，选用 $N+1$ 组换热器，N 组换热器需满足 75% 总负荷用量。

3）热水循环泵采用变频泵，并设备用泵。

4）根据空调总冷负荷，选用风冷热泵机组，模块搭配，满足低负荷运行。

5）风冷热泵机组位于室外通风良好处，一般设置于屋顶或绿地内。

（2）特点

受风冷热泵机组限制，该系统不适用于大型、超高层建筑，但适用于综合体项目中有独立需求的区域，如影院等。不占用机房，系统设置比较灵活，但初投资较大，运行费用较高。

2.2.2 天然气资源

2.2.2.1 燃气直燃机

冬夏季均采用燃气直燃机供冷供热。

（1）系统设计

1）根据空调总热总冷负荷，综合考虑，同时满足供冷供热需求情况下，合理搭配选择燃气直燃机冷热水机组。

2）热水循环泵采用变频泵，与直燃机组对应设置，并设备用泵。冷水循环泵及冷却水泵采用定流量系统，并与直燃机组、冷却塔一一对应设置。

（2）特点

燃气直燃机系统可同时满足夏季供冷，冬季供热，系统设计相对简单，使用灵活。因燃气直燃机本身价格较高，初投资较常规系统大。能耗主要为天然气，耗电量小，综合运行费用较低。

2.2.2.2 燃气锅炉

燃气锅炉方案是替代市政热源方案中的热源，采用燃气锅炉为建筑物冬季空调系统供热。

（1）系统设计

1）根据空调总热负荷，选用 $N+1$ 台真空燃气热水锅炉，N 台锅炉需满足 75% 总负荷用量。

2）热水循环泵采用变频泵，并设置备用泵。

（2）特点

由燃气锅炉替代市政热源，系统设计简单。真空锅炉供回水温度直供即可满足空调用热，无需换热设备。占用机房面积多于市政换热机房，且设备初投资高于市政供热，但运行费用较低，独立使用灵活。

2.2.3 电力资源

2.2.3.1 土壤源热泵

冬夏季均采用土壤源热泵系统供冷供热。

（1）系统设计

1）根据空调总热总冷负荷，选用土壤源热泵机组，同时考虑地下冬季取热和夏季取冷量平衡，需配有电制冷机，消除尖峰冷负荷。

2）地源水泵采用变频泵，冷热水循环泵采用定频与土壤源热泵机组对应设置。冷冻水泵、冷却水泵采用定频与电制冷机组对应设置。

3）地埋井数量根据冬夏季负荷按多数设置，间距 5m，孔深 100m 或根据地热资源勘察报告进行设计。

4）地埋管采用 U 型管垂直布置，管材选用聚乙烯 PE 管，管道外径 32mm，内径 25mm。

（2）特点

地源热泵系统属于利用可再生能源，清洁环保，系统设计较为复杂，需根据负荷情况，充分考虑地热平衡，避免埋管区域出现过冷或过热的现象。建筑物规模越大，地埋管占地面积越大，整个系统造价高，但运行费用较常规系统低。

2.2.3.2　水源热泵

冬夏季均采用水源热泵系统供冷供热。

（1）系统设计

1）根据空调总热总冷负荷，选用水源热泵机组，合理配置台数，大小搭配，满足低负荷运行。

2）冷冻水泵、冷却水泵定流量运行，地源水泵定流量运行，与水源热泵机组对应设置。

3）地下水取水井和回灌井按照一抽二灌原则设置，取水井数量取水量应根据水文地质勘察资料进行。

（2）特点

水源热泵系统属于利用可再生能源，清洁环保，系统设计较为简单。水源热泵系统对水源的水质要求比较高，当水质较差时，水质处理较为复杂。回灌要求高，要求回灌到同一水层，并不能对水源造成污染和浪费，很难确保实现。机房面积占用小，初投资适中，运行费用低。

2.2.4　各种冷热源系统初投资及运行费用比较分析

以北京同等规模综合体项目为例的各种冷热源系统初投资及运行费用比较见表 2-2。

以北京同等规模综合体项目为例的各种冷热源系统初投资及运行费用比较　　表 2-2

系统形式	初投资	运行费用	适用区域
市政热源+常规电制冷	★	★★★	办公、商业、酒店
市政热源+冰蓄冷	★★	★★	办公、商业、酒店
市政热源+风冷热泵	★★	★★★★	影院、公寓
燃气锅炉+常规电制冷	★★	★★	办公、商业、酒店
燃气锅炉+冰蓄冷	★★★	★	办公、商业、酒店
燃气锅炉+风冷热泵	★★★	★★★★	影院、公寓
燃气直燃机	★★★★	★★	办公、商业、酒店
土壤源热泵	★★★★★	★	办公
（地下）水源热泵	★★★	★	办公、商业、酒店

注：★越多费用越高。

2.2.5 冷热源建议选用原则

冷热源方案应根据建筑物规模、用途以及建设地点的自然条件、能源结构、价格，国家节能减排和环保政策的相关规定等进行选择。

（1）有可利用的废热或工业余热的区域，热源宜采用废热及工业余热。当废热或工业余热温度较高时，经技术经济论证合理，冷源宜采用吸收式冷水机组。

（2）技术经济合理的情况下，冷热源宜利用浅层地能、太阳能、风能等可再生能源。

（3）有城市或区域热网，集中式空调系统的供热热源宜优先采用城市或区域热网。

（4）城市电网夏季供电充足时，冷源宜采用电动压缩式制冷方式。

（5）城市燃气供应充足时，宜采用燃气锅炉、燃气热水机供热或燃气吸收式冷（温）水机组供冷、供热。

（6）在执行分时电价、峰谷电价差较大的地区，经技术经济比较，采用低谷电价能够明显起到对电网"削峰填谷"和节省运行费时，宜采用蓄能系统供冷供热。

（7）夏热冬冷低区及干旱缺水低区的中、小型建设宜采用空气源热泵或土壤源热泵系统供冷供热。

（8）有天然地表水等资源可利用或者有可利用的浅层地下水且能保证100%回灌时，可采用地表水或地下水土壤源热泵系统供冷供热。

2.3 空调系统形式的比较与选择

2.3.1 空调系统的形式

城市综合体利用资源的合理规划配置，实现其商业价值和社会价值。对加快城市商业产业升级换代，对区域经济的良性再造，产业结构优化升级，城市资源的合理配置起到不可估量的作用，在运营过程中会极大地彰显这一商业形态的价值魅力。

城市综合体一般由四部分组成，第一部分是商业、餐饮、文化、娱乐；第二部分是高级写字楼；第三部分是酒店；第四部分是公寓。根据四部分使用功能情况，列举相应的典型空调系统形式，并分别对各功能区的空调系统形式进行分析。

2.3.1.1 典型空调系统的形式比较和适用性

根据综合体的建筑功能，分别以全空气一次回风系统、风机盘管加新风系统、多联机系统、单风道变风量空调系统，作为典型空调系统形式，比较其特性和适用性，见表2-3。

典型空调系统的比较　　　　　　　　　　表2-3

项目	全空气风系统	风机盘管加新风系统	多联机系统	单风道变风量空调系统
优点	（1）设备简单，节省初投资；	（1）布置灵活，可以和集中处理的新风系统联合使用，也可单独使用；	（1）设备少，管路简单，节省建筑面积与空间；VRV系统采用风冷方式并将制冷剂直接送入室内机，可以降低楼层高度，节省安装空间；室外机安装在室外或屋顶，不占用制冷机房；	（1）由于风量随负荷的变化而变化，因而节省风机能耗，运行经济；

15

项目	全空气风系统	风机盘管加新风系统	多联机系统	单风道变风量空调系统
优点	(2) 可以严格地控制室内温度和相对湿度； (3) 可以充分进行通风换气，室内卫生条件好； (4) 空气处理设备集中设置在机房内，维修管理方便； (5) 可以实现多工况节能运行调节，经济使用寿命长； (6) 可以有效地采取消声和隔振措施	(2) 各空调房间互不干扰，可以独立调节室温并可随时根据需要开、停机组，节省运行费用，灵活性大，节能效果好； (3) 与集中式空调相比，不需回风管道，节省建筑空间； (4) 机组部件多为装配式，定型化、规格化程度高，便于用户选择和安装。只需要新风空调，机房面积小； (5) 使用季节较长； (6) 各房间之间不会相互污染	(2) 布置灵活，设计者可以根据建筑物的用途、不同的负荷、装饰风格等来灵活地选择室内机； (3) 具有显著的节能效益，完全可以满足不同季节、不同负荷时，对系统能量调节的要求；室内机可单独控制，不同房间可以设定不同的温度，既提高了舒适水平，又避免了集中控制造成的无效能源浪费；将制冷剂送入室内机，直接冷却室内空气，无二次换热，提高了能源利用率； (4) 运行管理方便，维修简单，VRV 系统具有多种控制方式，系统具有故障自动诊断功能，可以自动显示出故障的类型和部位，以便迅速而简单地进行维修，因而不需要专门管理人员，又提高了检修效率	(2) 可充分利用同一时刻建筑物各朝向负荷参差不齐的特点，减少系统负荷总量，使初投资和运行费都可减少； (3) 同一系统可以实现负荷不同、温度要求不同的单个房间的温度自动控制； (4) 适合于建筑物的改建和扩建，只要在系统设备容量范围之内，不需对系统进行太大变动，甚至只需重调设定值即可； (5) 系统风量平衡方便，当某几个房间无人时，可以完全停止对该处的送风，既节省了冷量或热量，又不破坏系统的平衡，也不影响其他房间的送风量
缺点	(1) 机房面积大，风道断面大，占用建筑空间多； (2) 风管系统复杂，布置困难； (3) 一个系统供给多个房间，当各房间负荷变化不一致时，无法进行精确调节； (4) 空调房间之间有风管连通，使各房间互相污染； (5) 设备与风管的安装工作量大，周期长	(1) 对机组制作质量要求高，否则维修工作量很大； (2) 机组剩余压头小，室内气流分布受限制； (3) 分散布置，敷设备种管线较复杂，维修管理不方便； (4) 无法实现全年多工况节能运行调节； (5) 水系统复杂，易漏水； (6) 过滤性能差； (7) 集水盘卫生条件差，易堵塞； (8) 冷凝水管的设计布置不当造成凝水排不出去	(1) VRV 系统的初投资较大，比一般集中式中央空调装置约贵 30%； (2) 由于 VRV 系统室内、外机连接管较长，接头多，存在制冷剂泄漏的危险，因而对管道安装有较高的要求； (3) 集水盘卫生条件差，易堵塞； (4) 冷凝水管的设计布置不当造成凝水排不出去	(1) 室内相对湿度控制质量稍差； (2) 变风量末端装置价格高，设备初投资较高； (3) 风量减小时，会影响室内气流分布，新风量减小时，还会影响室内空气品质； (4) VAV 末端机组会有一定噪声，主要是在全负荷时产生较大噪声，因此宜适当取比实际需要稍大一些的 VAV 末端机组；或使 VAV 末端机组负担的区域小一些，这样可以选用较小型号的 VAV 末端机组，它的噪声水平相对低一些； (5) 控制比较复杂，它包括房间温度控制、送风量控制、新风量和排风量控制、送回风量匹配控制和送风温度控制，这些控制互相影响，有时产生控制不稳定
适用性	(1) 公建内如大堂、商场、宴会厅、展厅、候车(机)厅等独立大空间场所； (2) 室内散湿量较大的房间	(1) 适用于旅馆、公寓、医院、办公楼等高层多室的建筑物中； (2) 需要增设空调的小面积、多房间的建筑； (3) 室温需要进行个别调节的场所	(1) 适用于多居室的家庭或别墅以及办公楼、旅馆和其他类型建筑物，在建筑物较大时，可分层按机组容量进行设计； (2) 适用于舒适性要求较高或室温需要进行个别调节的场所； (3) 适用于同时需要供冷与供热的建筑物，例如，冬季有大量内区热量可回收的建筑，可采用热回收型 VRV 系统	(1) 新建的智能化办公大楼或高等级商业场所； (2) 大型建筑物的内区； (3) 室内温湿度允许波动范围较大的房间，不适合恒温恒湿空调； (4) 多房间负荷变化范围不太大，一般 50%～100%； (5) VAV 末端到风口大多用软管连接，便于建筑物二次装修的施工，因此系统适合需要进行新的分割和改造的房间

2.3.1.2 不同功能分区空调系统形式

（1）商业

商业主要功能包括超市、百货、主力店、室内商业街、入口中庭、商铺、餐饮、电影院、出租商业等。

其中超市、电影院多数由第三方品牌独立运营，且影院运营时间为24h。可采用独立冷源系统，如风冷热泵、直膨式空调系统。

商业的特点是：空间大，装饰要求高，冷负荷中湿负荷较大，室内污染物（灰尘和细菌）量较多，一般不宜采用风机盘管加新风系统。因这种系统有以下难以克服的缺点：风机盘管的盘管为2~3排，除湿能力较低；风机盘管无空气过滤器或只有效率很低的过滤器，且机外余压很小，无法再增设中效过滤器；每台机组的制冷量很小，在营业厅中安装太多的风机盘管，管理和维修均不方便。因此大商业一般推荐采用全空气系统。

1）超市、百货、主力店、商业街、入口中庭、影院。大空间，如超市、百货、主力店、商业街、入口中庭、影院建议采用全空气系统。其中入口中庭和商业街空间连通，且有外门，开启频繁，采用单风机一次回风系统；其他区域空间相对封闭，采用双风机一次回风系统。

根据北京市公共建筑节能设计标准要求，人员密集的大空间的全空气系统最大新风比应不低于70%。空调系统进、排风量会比较大。而且一般建筑立面无开启百叶条件，需采用集中竖井上至屋面。层层占商业区面积，而且空调机房较大，影响商业价值。

目前部分项目，业主要求降低土建成本，减小建筑层高，同时尽量增加商业区面积。不支持采用全空气系统。但是风机盘管加新风系统，检修点较多。此时可考虑吊装式空调机组加新风系统。

2）商铺、餐厅。商铺、餐厅等小房间可采用风机盘管加新风系统。如果处于内区，冬夏季均为冷负荷，一般采用分区两管制系统。级别要求高时，外区可采用四管制，内区为冷水两管制系统。

其中餐饮区设有厨房，厨房空调可结合排油烟换气次数设置。如厨房排油烟量按3m净高，60次/h换气设置，排油烟补风按排油烟量70%设置，岗位送风按排油烟量20%设置。剩余10%可考虑来自餐厅或公共区，以保证厨房负压。此时需复核周边的风量平衡，保证餐厅和公共区的正压。同时由于北京属于寒冷地区，排油烟补风建议做冷热处理，如夏季处理到28~30℃，冬季处理到10~15℃。以保证厨房和餐厅的热湿环境。

目前部分项目，由于业态不确定，建筑仅预留餐饮区域，不划分厨房区域，此时可按餐饮区面积的30%考虑厨房面积。核算排油烟井道面积及系统风量。

3）出租商业。出租商业一般作为独立的建筑单体，附属在商业裙房区。需考虑出租业态的运营时间，以及分户计量收费问题。若运营时间相同，可考虑用集中冷热源，计量方式可采用冷热计量表，或根据店铺面积均摊费用。空调系统形式可采用风机盘管加新风系统。若运营时间不同，或考虑计量不准确等后期费用纠纷问题，可采用独立冷源的多联机加新风换气系统。

以上采用的新风系统一般设置热回收装置，根据北京市公共建筑节能设计标准，新风热回收量至少满足全楼总新风量的25%。建议餐饮采用显热回收，其他商铺区采用全热回收。

（2）高级写字楼

高级写字楼主要功能包括大堂、开敞办公、会议、行政酒廊。

高级写字楼的特点是：建筑体量大，进深深，周边区（由临外玻璃窗到进深 5m 左右）受到室外空气和日照的影响大、冬夏季空调负荷变化大、冬季需要供暖、夏季需要供冷；内部区由于远离外围护结构，室内负荷主要是人体、照明设备等散热，可能全年为冷负荷。因此办公区会存在常年供冷的问题。

1）大堂、行政酒廊

大空间，如大堂采用单风机全空气空调系统，行政酒廊采用双风机全空气空调系统。为开敞式活动区域，不考虑内外分区。

2）开敞办公、会议

① 采用两管制风机盘管加新风系统。对于进深小于 10m，可不予分区。主要针对中小型办公建筑。

② 内区采用分区两管制风盘，外区采用四管制风盘。风机盘管加新风是一种最常用的经典组合，初投资较低，管理不复杂，运行费用适中，占用建筑层高较少。

③ 内外区分别采用定风量全空气空调系统。该系统可结合变风量末端，做变风量系统。内外区系统分别设置可避免内外区送风量差距较大，新风分布不均匀，内区卫生标准降低问题。但机房面积及管道高度要求较大。

④ 内区采用定风量全空气空调系统，外区采用四管制风盘系统。内区可结合变风量末端做变风量系统。该系统新风分布均匀，比较节省机房面积和管道高度。

⑤ 单风道变风量全空气空调系统

a. 内区采用变风量全空气系统加外区散热器系统。外区设散热器可全部解决"水患"与"易滋生细菌和霉菌"问题。但由于 VAV 在夏季要处理波动较大的外围护结构负荷，末端风量大幅度调节使系统稳定性差。外区的 VAV 末端冬夏季的风量相差较大，相应夏季新风量也较大，冬季较小，需复核冬季区域内新风量。

b. 内区采用变风量全空气系统加外区四管风机盘管系统。风机盘管负担外区围护结构冷热负荷，VAV 系统仅处理内热负荷，需要风量较小。因内热负荷与人员密度相关且相对稳定，送风量比较稳定，新风分布比较均匀。但因采用风机盘管，"水患"与"易滋生细菌和霉菌"等缺点依然存在。

c. 内区采用变风量全空气系统加外区 VAV 再热系统。真正消除了"水患"与"易滋生细菌和霉菌"的问题。外区新风量夏季偏大，冬季偏小，需复核区域内新风量。冬季外区末端一次冷风和二次风混合后再热供暖，存在风系统内冷热抵消。外区末端需配置小风机，电机效率低。若采用直流无刷电机，价格贵。

结合以上 a、b、c，考虑变风量空调系统的初投资和运行费用较高，管理复杂，调试难度大，占用层高较多，建议与风机盘管系统组合使用。风机盘管负担外围护结构的全部负荷，变风量系统负担内部的人员和照明和设备负荷等，以减少变风量风管截面面积。

⑥ 采用多联机系统加新风换气系统。可不设冷冻机房等设备机房，节省机房面积，节省层高，运行管理最简单、可按使用者需求随时开启，也可按甲方要求随时安装更换，但初投资较高，制冷效率较低，受气候限制寒冷地区的制热效率低甚至无法正常供暖，建议与其他系统组合使用。例如冬季可采用市政热力或锅炉房作为热源加热新风以弥补多联

机供暖不足，或者采用其他末端供暖方式。

（3）酒店

酒店主要功能包括：客房、公共用房（大堂、餐厅、宴会厅、多功能厅等）、健康娱乐用房（健身房、桑拿浴室、游泳馆等）及管理服务用房（洗衣房等）。

酒店的特点是：客房通常布置在主楼的标准层，各房间的空调必须能够独立控制，互不影响。空气不能互相串通，同时必须有一个适当灵活的调节范围，能够满足不同客人对温湿度的不同要求。公共用房和健康娱乐用房是对酒店功能的补充和完善。其人员密度大，室内散热散湿量大，空调设备的容量比客房大。

管理服务用房一般布置在地下层或其他人流相对较少的位置，管理服务用房主要根据工艺要求进行不同程度的空调和通风。

1）客房：客房空调系统使用最为普遍、常用的系统是风机盘管加新风系统。

客房新风系统的设计，通常采用水平分层系统、垂直系统及垂直与水分层相结合的系统。

① 水平分层系统即每层设一个或多个（在标准客房水平距离超过 80m 时）新风系统，相应每层设一间（或多间）新风机房。设计时按该层计算的新风量选择新风机组，经处理后的新风通过设在本层走道吊顶内的送风干管及客房分支管送入该层的每一间客房。这种形式多用于无技术层的多层或小高层酒店建筑的客房。每层新风系统的数量应根据业主或酒店管理公司对客房走道吊顶高度的要求来确定，注意风系统作用半径不应过大。

② 垂直系统通常将客房的新风机组集中设在其上、下技术层（或避难层机房）内，经处理后的新风通过设在技术层（或避难层机房）的送风干管分送到设在各个客房内的垂直立管中，然后再由每层的水平分支管送入客房及其走道内。每个新风系统连接的立管数不宜太多。按照防火规范要求，空调和通风系统竖向不宜超过 5 层，竖向风管应设在管井内。

③ 当技术层与客房层之间另设有其他功能的公共空间，客房的新风可采用垂直与水平分层相结合系统。即客房新风机组集中设在技术层（或避难层机房）或其他空调机房内，处理后的新风通过总立管垂直送入每个层面，经设于客房走道吊顶内的水平风管分送到每一间客房和走道内。与水平分层系统相比，每个楼层不必再设新风机房；与垂直系统相比，可取消分散于各个客房内的垂直立管。总新风立管宜在客房标准层内居中位置。

④ 水平分层系统使用灵活，运行经济，方便淡季和特殊使用要求的控制，同时能较好的配合客房定期维护保养或更新室内装修需要。且一旦某一台新风机组发生故障，其影响范围相对较小。但这种新风系统的机房面积会相对有所增加。

⑤ 酒店建筑通常在客房层与其公用配套服务层之间设有技术层，在总高超过 100m 的超高层酒店中设有避难层。那么，酒店客房配置垂直新风系统是较合适的选择。新风机组集中设在技术层或避难层内，可提高客房层的有效使用面积。同时，由于取消了客房层走道吊顶内的水平新风管，有效提高了走道吊顶净高，或者可降低建筑层高。为保证各个客房的新风分配，宜在新风支管设定风量阀。

⑥ 设计中采用新排风热回收装置时，客房排风系统的设置应与客房的新风系统一一对应设置。排风系统采用水平或竖向设置方式，集中到技术层（或避难层机房）与新风热回收。热回收装置建议采用显热回收，为避免卫生间排风污染新风。

2）公共用房

① 大堂通常采用单风机全空气空调系统，如有大面积玻璃幕墙，为防止冬季靠窗地区受室外寒冷气候的影响，以及防止内表面结露和夏季太阳辐射的影响，可考虑布置沿玻璃幕墙下送（或上送）冷热风的送风口或条缝送风口。

② 餐厅、宴会厅、多功能厅根据空间大小、层高等具体情况，采用双风机全空气空调方式或风机盘管加新风方式。对于多功能厅，常用活动隔断分开，可根据大小考虑分别设置空调系统。

③ 健身房、桑拿浴室、游泳馆根据层高、使用功能和使用时间不同可以灵活采用全空气和风机盘管加新风系统。其中健身房、桑拿浴室应有排风系统，以排除室内较多的 CO_2、异味、蒸汽、汗味等，若采用热回收系统时，需用显热回收；泳池一般采用泳池专用热泵机组，自带压缩机，保证全年运行。

（4）公寓

公寓均为商业用地，主要包括酒店式公寓、商务公寓。其中酒店式公寓一般由专业酒店管理集团提供专业、细致、科学的酒店式服务，通常采用中央空调系统，做法同酒店客房区。商务公寓一般用于出售，作为住宅或办公使用。使用者较为独立，采用户式中央空调加户式新风换气机系统。

2.3.2　空调水系统形式

2.3.2.1　空调水系统的基本形式和选择原则

（1）空调水系统的基本形式

空调水系统根据配管形式、水泵配置、调节方式等不同，可以设计成各种不同的系统类型，见表2-4。

水系统的类型及其优缺点　　　　　　　　表 2-4

类型	特点	优点	缺点
开式	管路系统与大气相通	与水蓄冷系统的链接相对简单	系统中的溶解氧多，管网设备易腐蚀，需要增加克服静水压力的额外能耗，输送能耗高
闭式	管路系统与大气不相通或仅在膨胀水箱处局部与大气接触	氧腐蚀的几率小；不需要克服静水压力，水泵扬程低，输送能耗少	与水蓄冷系统的链接相对复杂
同程式	供水和回水管中的水流向相同，流经每个环路的管路长度相等	水量分配比较均匀；便于水力平衡	需设回程管道，管路长度增加，压力损失相应增大；初投资高
异程式	供水和回水管中的水流向相反，流经每个环路的管路长度不等	不需要设回程管道，不增加管路长度；初投资相对较低	当系统较大时，水力平衡较困难，应用平衡阀时，不存在此缺点
两管制	供冷和供热合用同一管网系统，随季节的变化进行转换	管网系统简单，占用空间少；初投资低	无法同时满足供冷与供热要求
四管制	供冷与供热分别设置两套管网系统，可以同时进行供冷或供热	能满足同时供冷供热的要求；没有混合损失	系统管路复杂，占用建筑空间多；初投资高
分区两管制	分别设置冷、热源并同时进行供冷与用热运行，但输送管路为两管制，冷、热分别输送	能同时对不同区域（如内区和外区）进行供冷和供热；管路系统简单，初投资和运行费省	需要同时分区配置冷源与热源

续表

类型	特点	优点	缺点
定流量	冷（热）水的流量保持恒定，通过改变供水温度来适应负荷变化	系统简单，操作方便；不需要复杂的控制系统	配管设计时，不能考虑同时使用系数；输送能耗始终处于额定的最大值，不利于节能
变流量	冷（热）水的供水温度保持恒定，通过改变循环水量来适应负荷的变化	输送能耗随负荷的减少而降低；可以考虑同时使用系数，使管道尺寸，水泵容量和能耗都减少	系统相对要复杂些；必须配备自控装置；一级泵时若控制不当有可能产生蒸发器结冰事故
一级泵	冷、热源侧与负荷侧合用同一套循环水泵	系统简单、初投资低；运行安全可靠，不存在蒸发器结冰的危险	不能适应各区压力损失悬殊的情况；在绝大部分运行时间内，系统处于大流量、小温差的状态，不利于节约水泵的能耗
二级泵	冷、热源侧与负荷侧分成两个环路，冷源侧配置定流量循环泵即一次泵，负荷侧配置变流量循环泵即二次泵	能适应各区压力损失悬殊的情况，水泵扬程有把握可能降低；能根据负荷侧的需求调节流量；由于流过蒸发器的流量不变，能防止蒸发器结冰事故，确保冷水机组出水温度稳定，能节约一部分水泵能耗	总装机功率大于单式泵系统；自控复杂，初投资高；易引起控制失调的问题

（2）空调水系统的选择原则

1）除特殊水系统（例如开式水蓄冷）外，应采用闭式循环水系统，减少水泵能耗。

2）同程异程选择原则

① 建筑标准层水系统管路，当末端设备＋其支路阻力相差不大时，建议用同程式水系统；

② 垂直各层如果负荷接近，也用垂直同程系统；

③ 当末端设备＋其支路阻力≥用户侧阻力60%，建议用异程式水系统；

④ 垂直各层如果负荷相差较大，也用垂直异程式系统。

⑤ 只要求按季节进行供冷和供热转换的空调系统，应采用两管制水系统。

3）当建筑物内有些空调区需全年供冷，有些空调区需冷、热定期交替供应时，宜采用分区两管制水系统。

4）全年运行过程中，供冷和供热工况频繁交替转换或需同时供冷供热时，宜采用四管制水系统。

5）冷水供回水温差要求一致且各区域管路压力损失相差不大的中小型工程，宜采用变流量一级泵系统。

冷水机组定流量、用户侧变流量的边流量一级泵空调水系统一般适用于最远环路总长度在500m之内的中小型工程。

冷水机组变流量，用户侧变流量的变流量一级泵空调水系统随着空调负荷的减小，冷水机组水流量相应减小，尤其是单台冷水机组所需要流量较大或水系统阻力较大时，冷水机组变流量运行，水泵可节省较大的能耗，设计时应重点考虑冷水机组允许的变水量范围和允许的水量变化率。

6）空调水系统作用半径较大，水流阻力较高或各环路负荷特性或压力损失相差悬殊时，应采用变流量二级泵空调水系统。

其中一级泵、二级泵及多级泵变流量系统在 5.5 章节大温差输配中做详细介绍,本章后续内容不再赘述。

(3) 空调水系统的划分原则

空调水管路系统是空调系统中主要的输送和分配系统,来自冷热源的空调冷水或热水,在水泵作用下,通过水管路系统合理输送和分配到空调系统的末端。

空调系统的运行能耗中,用于水系统输送和分配的水泵能耗,占有相当重要的比例。合理划分确定的水系统环路和系统形式不仅对运行能耗降低产生重要影响,而且对于空调系统的舒适、健康环境提供基本保证。

空调水系统的划分应遵循满足空调系统的要求、节能、运行管理方便、降低系统投资等原则,按照建筑物的不同使用功能、不同使用时间、不同负荷特性、不同布置和不同建筑层数正确划分空调水系统的环路。其划分原则如下:

1) 满足空调系统的要求;

2) 有利于空调系统运行过程的节能及调节便利性;

3) 降低系统投资;

4) 在划分空调水系统环路时,一般从以下几个方面考虑:

① 空调区域内负荷分布特性,负荷相差较大的空调区域宜划分为不同的环路,便于分别调节和控制。例如,建筑物不同的朝向可以划归为不同的环路;建筑物内区和外区划归为不同的环路;室内或区域热湿比相差较大的可以划归为不同的环路。

② 考虑建筑物或房间、区域的使用功能。使用功能、使用时间相同或相近的空调区域可以划归为同一环路。例如,按房间功能、用途、性质,将基本相同的划为一个水系统环路;按使用时间,将使用时间相同或相近的区域划归为一个环路。

③ 考虑建筑层数,根据设备、管路、附件等承压能力,按竖向划分为不同环路。

④ 水系统的分区应和空调风系统的划分相结合,在设计中同时考虑空调风系统与水系统才能获得合理的方案。

2.3.2.2 管路设计

(1) 主要设备、管道和配件的承压能力

1) 空调设备承压

空调机组盘管和风机盘管的承压不超过 1.6MPa;

标准型的冷水机组的蒸发器和冷凝器的工作压力最大不超过 2.0MPa;

水泵、板式换热器的最大承压不超过 2.5MPa。

2) 管道承压

管材公称压力为:低压管道≤2.5MPa,中压管道为 4.0~6.4MPa;

阀门公称压力为:低压阀门为 1.6MPa,中压阀门为 2.5~6.4MPa;

薄壁不锈钢管的最大承压不超过 1.6MPa;

钢塑复合管、铜管的最大承压不超过 2.5MPa;

焊接钢管的承压不超过 3.0MPa;

其余各种钢制管材承压都超过 5.0MPa。

3) 管道连接

螺纹连接最大承压不超过 1.6MPa;卡压、卡套连接最大承压不超过 1.6MPa;

沟槽连接采用螺纹式机械三通时其最大承压为 1.6MPa，不采用螺纹式三通时其最大承压为 2.5MPa；

螺纹法兰最大承压为 1.6MPa，普通焊接法兰连接最大承压为 2.5MPa，特殊工艺的法兰可以达到 4.0MPa 甚至更高；焊接连接承压可以达到管道本身的承压要求。

（2）减少设备承压能力的布置方式

在高层建筑中，为了减少设备及配件的承压，冷热源设备通常有以下几种布置方式：

1）冷、热源布置在裙房的顶层；塔楼中间技术设备层（或避难层）；顶层。该方式必须满足相关防火规范规定，必须充分考虑和妥善解决设备的隔振、噪声、安装及更换。

2）冷、热源设备均在地下室，但高层区和低层区分为两个系统，低层区用普通型设备，高层区用加强型设备。

3）在中间技术设备层内，布置水—水式热交换器，使静水压力分段承受。

4）当高层区上部超过设备承压能力的部分且负荷量不大时，上部各层可以独立处理，如采用自带冷热的空调器、热泵等，以减小整个水系统所承压的压力。

5）将循环水泵布置在蒸发器或冷凝器的出水端。该方式需校核水泵吸入口不可为负压。

6）用二级泵系统。由于系统总的压力损失分别由一级、二级承担，水泵运行时，减小冷水泵出口处的承压值，可有效降低系统承压。

2.3.2.3 不同功能分区空调水系统形式

（1）商业

商业一般规模较大，单层面积大，在水平面若只有一个水环路，将带来水管管径较大，水力失调等问题，建议多设置暖井，增加立管，采用多个环路设计，有利于水系统的水力平衡。通常干管设在地下一层，通过各个分区暖井，走竖向系统。每层分支，就近负担空调系统。

另外商业内区较多，一般采用分区两管制系统。新风空调机组为冷热水系统，外区风机盘管为冷热水系统，内区风机盘管为冷水系统。

出租商业一般进深小，采用两管制系统。空调水系统干线设在地下一层，立管入户后设冷热量计量表。

（2）高级写字楼

高级写字楼空调水系统形式需根据空调系统形式确定。见表 2-5。其中一般新风及空调机组为冷热水两管制系统，部分项目对新风及空调机组流量调节阀要求精度较高时可采用四管制水系统。

不同空调形式的水系统形式　　　　　　　　　　　　　　　　　　表 2-5

编号	空调系统形式	内区空调水系统	外区空调水系统
1	两管制风机盘管	—	冷热水两管制
2	内区两管制风盘 外区四管制风盘	冷水两管制	冷热水四管制
3	内外区分别定风量全空气空调系统		冷热水两管制
4	内区定风量全空气空调系统 外区四管制风盘系统	热水两管冷制	冷热水四管制
5	内区变风量全空气系统 外区散热器系统		—

续表

编号	空调系统形式	内区空调水系统	外区空调水系统
6	内区变风量全空气系统 外区四管风机盘管系统	热水两管冷制	冷热水四管制
7	内区变风量全空气系统 外区 VAV 再热系统		热水两管制

超高层写字楼空调水系统应根据设备、管道及附件的承压能力确定，将每个分区的最大工作压力控制在所要求的范围之内。

（3）酒店

根据酒店级别及酒店管理公司要求，空调机组一般采用两管制系统，风机盘管采用两管制或四管制系统。

通常，空调水系统环路主要分为新风空调机组和风机盘管两个主要环路。主要考虑两种末端阻力差距较大。共用环路不利于水系统平衡。

但酒店，一般根据运营时间划分水环路，例如按照酒店前场、酒店后场、客房区三个部分设置水环路。为避免空调机组和风机盘管阻力不平衡，在空调箱末端设置电动平衡电动调节阀，风机盘管末端或支干线设置电动平衡两通阀。该做法可以保证各末端水力平衡，缺点是投资加大。对于末端运行精度要求较高的其他功能建筑，也可使用该方法。即空调机组和风机盘管为一个水环路，通过末端增设电动平衡电动调节阀满足水力工况要求。

2.4　供暖系统形式的比较与选择

2.4.1　典型供暖系统的形式

民用建筑供暖应采用热水供暖系统。热水供水温度应根据建筑物性质、供暖方式、热源条件及管材等因素确定。目前常用到的供暖方式有：散热器供暖、低温地板辐射供暖、空调供暖方式（表 2-6）。

典型供暖系统的比较　　　　　　　　　　　　　　表 2-6

类型	散热器供暖系统	低温地板辐射供暖系统	空调供暖
原理	对流、辐射	辐射	强制对流
热媒温度	高（≤85℃）	低（≤60℃）	居中（≤65℃）
温差	大（25℃，20℃）	小（10℃）	居中（15℃，10℃）
优点	1. 室内温度提升快，安装使用方便，便于维修； 2. 水泵运行能耗低	1. 地面温度相对稳定，室内温度分布较均匀，人体舒适感较高； 2. 室内空气洁净度高； 3. 采用塑料管理地，不腐蚀，不结垢，使用寿命与建筑同步	1. 可实现分区控制，独立启停或关闭，设定区域内温度； 2. 设有中央空调系统，可不用单独设置供暖系统
缺点	1. 供水温度较高，散热器容易产生灰尘，影响室内空气质量； 2. 占用室内空间； 3. 室温不均匀，舒适性较差	1. 地板辐射供暖会占用一定的楼层高度； 2. 地面装修时易损坏下管线； 3. 地板精装修种类影响表面温度和室温； 4. 室内家具布置会影响地暖散热量。 5. 水泵运行能耗高	1. 采用强制对流方式，风口将热风吹入室内，出风口一般安装在上部，造成房间上热下凉； 2. 强制出风，有一定噪声； 3. 空气温度高，风速较大，加速空气中水分的蒸发和扬尘。影响空气质量

2.4.1.1 一般设计规定

（1）寒冷地区设置供暖的公共建筑，在非使用时间内，室内温度应保持在 0℃以上；当利用房间蓄热量不能满足要求时，应按保证室内温度 5℃设置值班供暖。

（2）热水供暖应优先采用闭式机械循环系统。

（3）环路的划分应便于水力平衡，系统不宜过大。一般可采用异程式布置；有条件时宜按朝向分别设置环路。

（4）建筑物的热水供暖系统应按设备、管道及部件所承受的最低工作压力和水力平衡要求进行竖向分区设置。

供暖系统最低点的工作压力，应根据散热器的承压能力、管材及管件的特性、提高工作压力的成本等因素经综合考虑后确定，并应符合下列规定：

1）建筑物的供暖系统，高度超过 50m 时，宜竖向分区设置；

2）采用金属管道的散热器供暖系统，工作压力不应大于 1.0MPa；

3）采用热塑性塑料管道的散热器供暖系统，工作压力不宜大于 0.6MPa；

4）低温地面辐射供暖系统的工作压力，不应大于 0.8MPa；

5）当散热器供暖系统与空调水系统共用热源时，应分别设置独立环路。

（5）散热器供暖系统应采用热水作为热媒；散热器集中供暖系统宜按 75℃/50℃连续供暖进行设计，且供水温度不宜大于 85℃，供回水温差不宜小于 20℃。

（6）热水地暖辐射供暖系统供水温度宜采用 35～45℃，不应大于 60℃；供回水温差不宜大于 10℃，且不宜小于 5℃。

2.4.1.2 供暖系统设计

（1）散热器热水供暖系统设计

散热器热水供暖应优先采用闭式机械循环系统。机械循环热水供暖系统常用形式见表 2-7。

机械循环热水供暖系统常用形式 　　　　　　　表 2-7

序号	形式名称	图示	适用范围	特点
1	双管上供下回式		室温有调节要求的建筑	最常用的双管系统做法；排气方便；室温可调节；易产生垂直失调
2	双管下供下回式		室温有调节要求且顶层不能敷设干管时的建筑	缓和了上供下回式系统的垂直失调现象；安装供、回水干管需设置地沟；室内无供水干管，顶层房间美观；排气不便

续表

序号	形式名称	图示	适用范围	特点
3	双管下供上回式	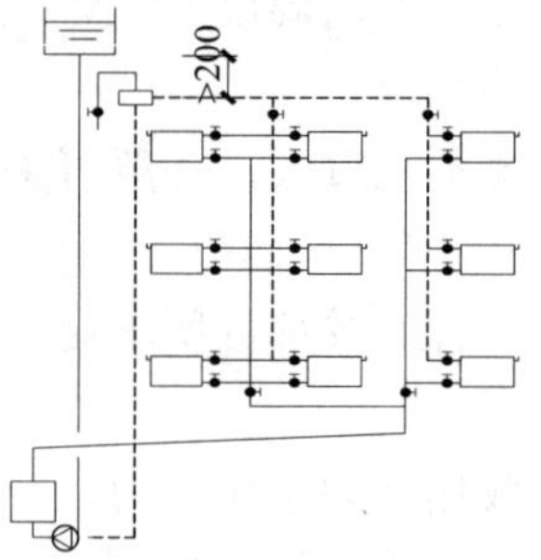	热媒为高温水、室温有调节要求的建筑	对解决垂直失调有利；排气方便；能适应高温水热媒，可降低散热器表面温度；降低散热器传热系数，浪费散热器
4	垂直单管上供下回式	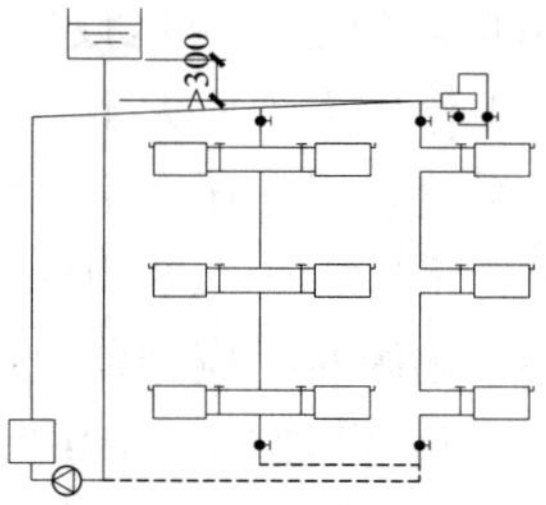	一般多层建筑	常用的一般单管系统做法；水力稳定性好；排气方便；安装构造简单
5	垂直单管下供上回式	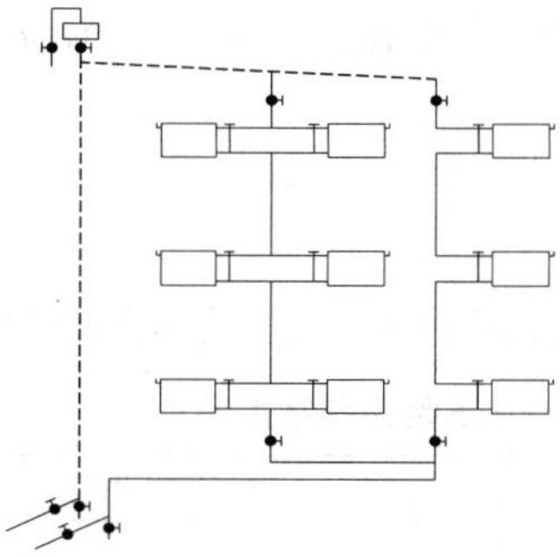	热媒为高温水的多层建筑	可降低散热器的表面温度；降低散热器传热量、浪费散热器
6	水平单管跨越式	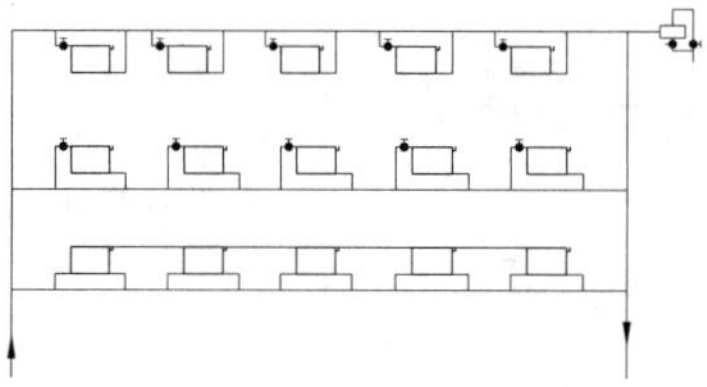	单层建筑串联散热器组数过多时	每个环路串联散热器数量不受限制；每组散热器可调节；排气不便
7	垂直单管上供中回式	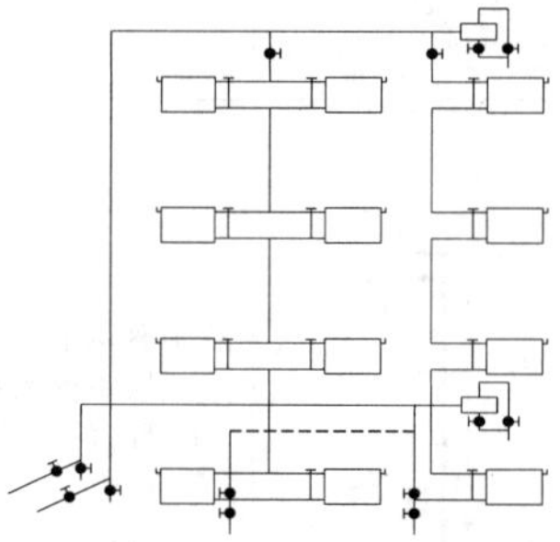	不宜设置地沟的多层建筑	节约地沟造价；系统泄水不方便；影响室内底层房屋美观；排气不便；检修方便

　　注：垂直单管和水平单管系统，为了达到室温控制调节要求都安装了跨越管两通阀或三通阀，如不需室温控制或利用其他方式调温可不加跨越管。

1) 无论系统大小，有条件时，尽量采用同程式，以便压力平衡。

2) 水平供水干管敷设坡度不应小于 0.003，坡向应与水流方向相反，以利排气。

3) 回水干管的坡度不应小于 0.003，坡向应与水流方向相同。

（2）低温热水辐射供暖

1) 地面辐射供暖的加热管应按户（室）划分成独立的系统，设置分（集）水器，再按室（区域）分组配置加热盘管。系统示例如图 2-10～图 2-16 所示。

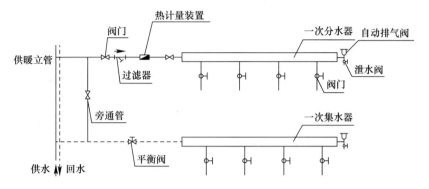

图 2-10 直接供暖系统

注：分水器、集水器上下位置，热计量装置设置的供水或回水管，均可根据工程情况确定

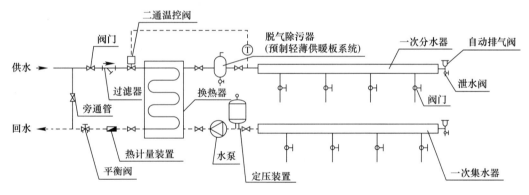

图 2-11 间接供暖系统

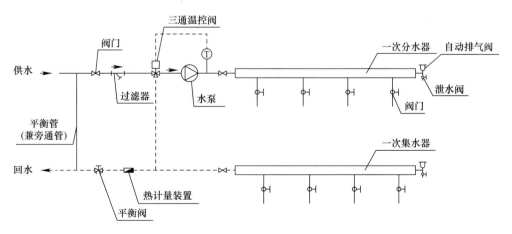

图 2-12 采用三通阀的混水系统

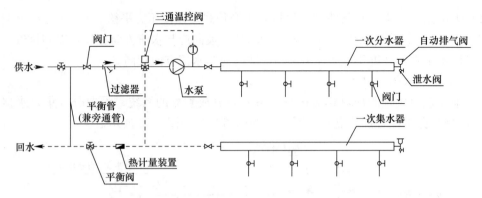

图 2-13　采用三通阀的混水系统（外网为定流量时）

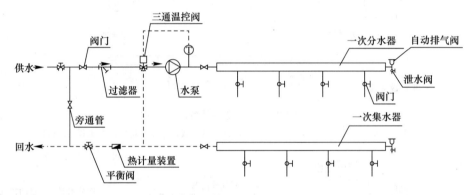

图 2-14　采用三通阀的混水系统（外网为变流量时）

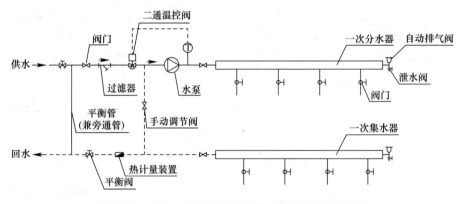

图 2-15　采用二通阀的混水系统（外网为定流量时）

2）每组加热盘管的供、回水应分别与分（集）水器相连接。分（集）水器进、出水管内径一般不小于 25mm，当所带加热管为 8 个环路时，管内热媒流速可以保持不超过最大允许流速 0.8m/s。连接在同一个分（集）水器上的各组加热盘管的几何尺寸长度应接近相等。每组加热管回路的总长度不宜超过 120m。每个分支环路供回水管上均应设置可关断阀门。

3）在分水器的总进水管上，顺水流方向应安装球阀、过滤器等，在集水器的总出水管上，顺水流方向应安装平衡阀、球阀等。在分水器的总进水管与集水器的总出水管之间，宜设置旁通管，旁通管上应设置阀门。分（集）水器的顶部，应安装手动或自动排气阀。

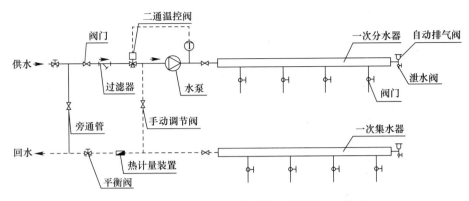

图 2-16 采用二通阀的混水系统（外网为变流量时）

4）各组盘管与分（集）水器相连处，应安装球阀。分（集）水器安装示意图如图 2-17 所示。

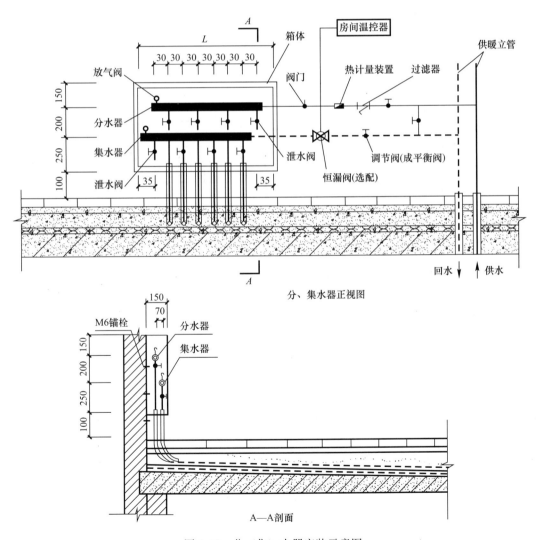

分、集水器正视图

图 2-17 分（集）水器安装示意图

5）加热排管的布置，应根据保证地板表面温度均匀的原则而采用。宜将高温管段优先布置于外窗、外墙侧，使室内温度分布尽可能均匀。加热管的布置形式很多，通常有以下几种形式，如图 2-18 所示。

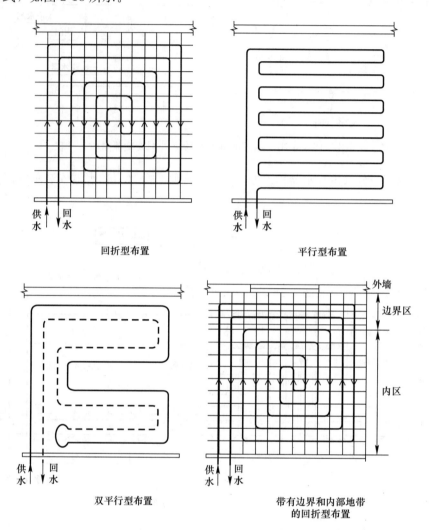

图 2-18 加热管布置形式

加热管的敷设间距，应根据地面散热量、室内设计温度、平均水温及地面传热热阻等通过计算确定。

为了使室内温度分布尽可能均匀，在邻近这些部位的区域如靠近外窗、外墙处，管间距可以适当缩小，一般在居住建筑中间距采用 100～200mm；而在其他区域则可以将管间距适当放大。不过为了使地面温度分布不会有过大的差异，人员长期停留区域的最大间距不宜超过 300mm。应注意的是：最小间距要满足弯管施工条件，防止弯管挤扁。

（3）空调供暖

1）一般中央空调系统，可采用空调供暖方式。

2）但特殊区域需考虑增设供暖方式；如高大空间消除温度梯度降低能耗，增设地板供暖系统；消防水泵房等设备间有冻裂危险的区域，设散热器供暖或风机盘管供暖。

3）非中央空调系统，如 VRV、分体空调等独立冷源系统，需根据空调房间等级，考虑增设其他供暖方式。

2.4.2　不同功能分区供暖系统形式

2.4.2.1　不同功能分区供暖方式

（1）商业

1）商业主要采用中央空调系统。供暖方式为空调供暖。在非使用时间内，利用房间蓄热量满足室内温度保持在 0℃ 以上。同时需考虑防冻措施：新风空调机组新风管风阀为保温风阀；水盘管水阀保证最低流量运行；大门设热空气风幕或其他避免冷风侵入的措施。

另外特殊区域，如中庭、水机房等需辅助设置其他供暖方式。

2）中庭。设置地板辐射供暖系统。降低温度梯度，提高人员活动区舒适性。

3）水机房，如消防水泵房、冷冻机房、给水泵房、水箱间等。设置散热器值班供暖系统。当遇到承压、布置分散等问题时，可考虑风机盘管或独立空调热源系统。

4）出租商业。若采用独立冷源的多联机加新风换气系统，建议预留供暖条件。干管设在地下一层，立管入户后设置热计量表。供暖形式建议采用散热器供暖方式，考虑业态不稳定，后期改造性大。地板辐射供暖对二次改造有局限性。

（2）高级写字楼

当写字楼不设置中央空调系统，采用多联机加新风换气系统时，寒冷地区可考虑增设供暖系统，如散热器系统、地板辐射供暖系统。其中地板辐射供暖系统对二次机电影响较大。若使用相对稳定，或二次机电变动较小，可以考虑。

（3）酒店

酒店主要采用中央空调系统，供暖方式为空调供暖。当酒店定位为快捷酒店，空调为多联机或分体空调时，建议增设供暖系统。一般为散热器供暖。

（4）公寓

一般采用燃气壁挂炉自供暖系统，户内可采用散热器和地板辐射供暖系统。

2.4.2.2　不同功能分区供暖系统设计

（1）商业

1）中庭。由于商业主要采用中央空调系统，地板辐射供暖极少，所以在不超压的情况下（裙房商业一般层数较少，高度较低），采用带混水功能的分（集）水器，满足地板辐射供暖温度的要求。

中庭高度较高，水系统采用下供下回式双管系统。

2）水机房，如消防水泵房、冷冻机房、给水泵房、水箱间等。

由于商业主要采用中央空调系统，当无散热器供暖时，可采用风机盘管供暖；

当裙房商业区有部分区域采用散热器供暖时，如出租商业、楼梯间等，应采用散热器供暖系统。

3）出租商业。实现分户计量，采用散热器供暖方式。

小商业水系统为下供下回式双管同程系统。水管为塑料管，埋地设置。大商业上供上回式双管系统，按朝向分环布置。

（2）高级写字楼

散热器供暖系统，可采用下供下回式垂直双管系统。

地板辐射供暖系统，可采用上供上回式水平双管系统。

水平干管建议按朝向分环设置。

（3）酒店

散热器供暖系统。可采用垂直单管下供上回式系统，垂直单管上供下回式系统，下供下回双管式系统。

（4）公寓

散热器、地板辐射供暖系统。采用下供下回式双管同程系统。水管为塑料管，埋地设置。

2.5 冷热水输送温差的技术

2.5.1 空调冷水输送温差

2.5.1.1 常规输送温差

国内通常使用的空调冷冻水的供水温度为 7℃，回水温度为 12℃，供回水温差为 5℃。

2.5.1.2 冷冻水大温差输送技术

随着制冷机技术的不断提高和完善，大温差小流量的空调冷冻水输送技术日趋成熟，这种简单易行的空调方案，在实际工程中的运用已日益广泛。很多项目都尝试加大空调冷冻水供回水温差，冷冻水的供回水温差一般为 6～10℃。由于空调系统的冷冻水的供回水温差加大，相同制冷量下的空调冷冻水循环量将减小，空调冷冻水管管径、冷冻水泵的型号都将随之减小，冷冻水泵的能耗随之降低。但空调冷冻水供回水温差加大会对空调主机以及空调末端造成较大影响，对于不同项目来说，需通过具体经济性分析，选择出适合该项目的配置方案。对于大型综合体，集中供冷半径较大时，空调冷水泵的输送能耗会占很大比例。选定合理的供回水温度及温差，需要对整个系统能耗的综合分析比较，包括非常规水温带来电制冷机能耗的增加、对末端出力折损的影响、水泵能耗的减少等进行分项研究；以及对于除湿要求较高的场合，由于回水温度的提高带来除湿能力的下降，要充分考虑。所以选用合理的温度及温差，降低水泵的输送能耗，变得尤为重要。

（1）大温差对输配能耗的影响

大温差空调水系统是通过加大输送水温差，从根本上减少输送量，减小水泵的输送功率从而减少水泵运行费用的节能技术。在《公共建筑节能设计标准》GB 50189—2015 对空调冷热水系统的输送能效比 ER 值有明确限制，而在空调系统中冷冻水泵的装机容量约占制冷机房总装机容量的 15% 左右，实际运行能耗更占到 25% 左右，此时采用大温差空调水系统来降低冷冻水泵的输送能耗将是一个行之有效的途径。随着各类大型公建的兴建及国家节能减排步伐的不断加快，国内对大温差水系统的技术研究不断深入，技术日趋成熟，得到了人们的认可，在实际工程中也得到了广泛的应用。在承担相同负荷情况下，若采用供回水温差 6～10℃，则循环水流量可比传统 5℃温差节省 16.7%～50%。大温差系统与常规系统所选用制冷主机及末端设备阻力有所差值，但此差值在水系统总阻力中所占比例很小，采用大温差小流量时，系统管径减小，因管道比摩阻仍取经济比摩阻，因此大温差系统冷水管道的压力损失与温差的系统大致相同，水泵扬程相当，于是冷水泵功率仅与流量成正比。若采用供回水温差 6～10℃，则系统水泵可比常规空调系统水泵能耗减少 16.7%～50%。由此可见，空调水系统采用大温差原则上可以降低系统水流量、减小输送管路的管径、降低水泵运行能耗对空调系统的节能效果明显。

另外空调冷冻水系统采用大温差，还可以降低水泵的型号、减小冷水管的直径、缩减冷水系统的一次投资、降低工程造价等。

（2）大温差对冷水机组性能影响

一般而言，制冷机单位制冷量的能耗随蒸发器中蒸发温度的升高而降低，随蒸发温度降低而升高。因此，蒸发温度对制冷机单位制冷量的能耗影响较大，而蒸发温度的高低直接影响制冷机冷冻水出水温度的高低。当制冷机的冷冻水出水温度等于或大于 7℃ 时，对于相同的制冷量，10℃ 温差与 5℃ 温差时，冷水机组的能耗基本相同。然而，当制冷机的出水温度低于 7℃，尤其是低于 5℃ 时，制冷机单位制冷量的能耗明显上升。若制冷机的出水温度过低，制冷机能耗的上升将大大抵消了大温差冷冻水系统水泵节省的能耗，甚至超过水泵节省的能耗。

空调系统大温差运行时，假设冷水机组的回水温度由末端决定，同时冷水机组的流量与末端的需求能同步变化。在这种情况下，制冷机组在变流量运行的情况下，能够保持大温差运行。通过分析螺杆式冷水机组和离心式冷水机组在不同供回水温度下，满负荷运行时冷水机 COP 的变化可得出制冷机组运行温差对 COP 的影响。

1）螺杆式冷水机组

① 冷冻水供水温度对冷水机组 COP 的影响比较大，当温差固定冷水机组供水温度由 5℃ 提高到 10℃ 时，COP 提高大约为 20%。

② 当冷冻水供水温度稳定恒定，冷冻水供回水温差变化时，冷水机组的 COP 变化不大。

③ 与标准设计工况相比，5℃ 进水温度导致的冷水机组的 COP 下降约为 7.6%。

2）离心式冷水机组

① 冷冻水供水温度对冷水机组 COP 的影响比较大，当温差固定 5℃ 时，冷水机组供水温度由 5.5℃ 提高到 10℃ 时，COP 提高大约为 8.3%。

② 当冷冻水出水温度稳定恒定，冷冻水供回水温差变化时，冷水机组的 COP 变化大小与冷水机组的出水温度密切相关，出水温度越高，冷水机组 COP 受供回水温差的影响越小，出水温度越低，冷水机组 COP 受供回水温差的影响越大。

③ 基本不受冷冻水温差大小的影响。当冷冻水供水温度为 5.5℃ 时，冷冻水供回水温差在 3～9℃ 之间变化时，冷水机组 COP 变化范围为 4%。

④ 与标准设计工况相比，5℃ 进水温度导致的冷水机组的 COP 下降大约为 4.6%。

（3）大温差对末端设备性能的影响

随着冷冻水温差的增加，末端制冷盘管的冷量及析湿系数都会随之降低，其中对潜热负荷影响最大，即表冷器的除湿能力下降；随着冷冻水温差的增大，风机盘管全热、显热、潜热冷量及析湿系数都有不同程度的降低，冷冻水的温差越大，降低的程度越大。随着冷冻水温差的增大，风机盘管的去湿能力明显降低。

当冷冻水供回水温差增大后，由于供回水温度和水侧流量的变动，末端表冷器的性能也会发生相应的变化，主要表现为冷却能力和除湿能力的改变，而大温差运行往往导致冷却除湿能力的共同下降，造成室内温湿度的上升，影响热舒适度。实验表明，随着供回水温差的增大，表冷器的各项出热量均降低，其中以潜热的衰减最大。但是，减少表冷器进水温度能有效提高表冷器的除热量，从而抵消因大温差引起的除热量衰减。为了保证大温差条件下表冷器的除热能力一般有 3 种措施：

1) 增加表冷器的排数。实验表明当表冷器供回水温差增大时，表冷器的换热量下降，但排数越多下降幅度越小。但表冷器排数的增加势必导致初投资的提高，同时由于表冷器风侧和水侧阻力的增大，相应的风机和水泵能耗也会有所提高。

2) 增加表冷器的迎风面积。当表冷器供回水温差增大时，适当增加迎风面积也能够恢复表冷器的换热量至小温差下的水平；同时由于迎面风速的减小降低了风侧阻力，风机的能耗也能相应减小，但水侧阻力将有所增大。

3) 降低表冷器进水温度。在相同的供回水温差之下，降低表冷器进水温度能有效地提高表冷器的换热量。虽然降低表冷器进水温度不会引起表冷器的负面效应，但制冷机组出水温度的降低将导致机组 COP 的下降，因此应具体分析计算此项措施的利弊。

（4）大温差技术在城市综合体中的应用

从上述分析可以看出，大温差水系统实际上是"牺牲"冷机的效率——冷机电耗增加，换取水泵电耗的降低，从而试图使整个系统运行电耗下降。只有当水泵能耗的降低量大于冷机能耗的增加量时，大温差系统才是节能的。从相关文献研究表明，当冷水机组的额定 COP 值越高，水泵扬程越高（输送管路越长），采用大温差设计的节能性才越明显。对于城市综合体项目，一般规模较大，空调水系统输送半径较远。基本都具备上述采用大温差设计的条件。

合理采用大温差水系统可以方便设计、节约能耗。同时，由于循环水量减少，水泵的大小、管道的大小、阀门的大小都可以减少，在初投资方面会有一定的减少。

2.5.2　热水温差技术

2.5.2.1　空调热水输送温差

（1）采用市政热力或锅炉供应的一次热源通过换热器加热的二次空调热水时，其供水温度宜根据系统需求和末端能力确定，市政热力或锅炉产生的热水温度一般较高（80℃以上），可以将二次空调热水加热到末端空气处理设备的名义工况水温 60℃，同时考虑到降低供水温度有利于降低对一次热源的要求，因此推荐供水温度宜采 50～60℃（对于非预热盘管）。但是对于采用竖向分区且设置了中间换热器的超高层建筑，由于需要考虑换热后的水温要求，可以提高到 65℃；用于严寒地区预热时，为了防止盘管冻结，要求供水温度相应提高，推荐供水温度不宜低于 70℃。空调热水的供回水温差，对于严寒和寒冷地区来说适当加大热水供回水温差，现有末端设备能够满足使用要求（不需要加大型号），推荐供回水温差不宜小于 15℃；夏热冬冷地区不宜小于 10℃。

（2）采用自建锅炉房作为一次热源时，水温的选定原则：

1) 热水用热负荷种类较多时，共用热源可以提高热源的备用性；此时作为一次热源，水温除考虑热交换水温差的需求，还应兼顾输送距离及水泵输送功耗的因素。选用 110/

70℃、95/70℃、80/60℃等几种供回水温度时，对应的锅炉选型不同。

　　2）若只有空调用热水负荷时，可考虑锅炉直接提供空调用热水，减少热交换环节。

2.5.2.2　供暖热水输送温差

　　（1）对于散热器供暖水系统，最早的室内供暖系统设计，基本是按照95/70℃热媒进行设计，实际运行情况表明，合理降低建筑物内供暖系统的热媒参数，有利于提高散热器供暖的舒适程度和节能降耗。近年来，国内已开始提倡低温连续供热，出现降低热媒温度的趋势。研究表明：对采用散热器集中供暖系统，综合考虑供暖系统的初投资和运行费用，当二次网设计参数取75/50℃时，方案最优，其次是85/60℃。且供水温度不宜大于85℃，供回水温差不宜小于20℃。

　　（2）热水地面辐射供暖系统供水温度宜采用45～35℃或50～40℃，不应大于60℃；供回水温差不宜大于10℃，且不宜小于5℃。对于地板供暖水系统，分析采用混水直供、板换间接供热的两种情况；不建议地板供暖水系统长距离输送。

2.5.3　冷热水输送温差选取建议

2.5.3.1　冷水输送温差选取建议

　　（1）采用常规电制冷冷水机组时，供冷半径较大时（500m），建议选用6/12℃的供回水温度。

　　（2）采用冰蓄冷系统时，应该适当加大空调冷水的供回水温差。当空调冷水直接进入建筑各空调末端时，若采用冰盘管内融冰方式，空调系统的冷水供回水温差不应小于6℃，供水温度不宜高于6℃；若采用冰盘管外融冰系统，需要通过板换间接供冷，一次冷水的供回水温度宜为3.5～11.5℃，二次供回水温度宜为5～13℃，空调系统的冷水供回水温差不应小于8℃，供水温度不宜高于5℃。

　　（3）需要分高低区供冷时，当建筑空调水系统由于分区而存在二次冷水需求时，若采用冰盘管内融冰方式，空调系统的一次冷水供回水温差不应小于5℃，供水温度不宜高于6℃；若采用冰盘管外融冰方式，空调系统的一次冷水供回水温差不应小于6℃，供水温度不宜高于5℃。

　　（4）采用水蓄冷系统时，一般制冷机的出水温度不宜低于4℃。适当加大供水温差可以减少蓄水池容量，通常可利用温差为6～7℃，特殊情况利用温差可达到8～10℃。

2.5.3.2　热水输送温差选取建议

　　空调热水供回水温差建议选用15℃。供暖系统热水温差建议选取25℃。

2.6　空调冷热水输配系统的技术

2.6.1　一级泵系统

2.6.1.1　冷水机组定流量、负荷侧变流量系统

　　采用一级水泵定速运行的方式，用户侧用二通调节阀调节流量。旁通管上的二通阀根据供回水管之间的压差变化来调节旁通水量的大小，保证通过冷水机组的水流量固定不变（图2-19）。

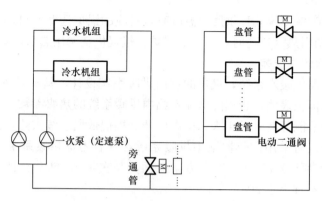

图 2-19 一级泵定流量系统

2.6.1.2 冷水机组变流量、负荷侧变流量系统

空调冷水一次泵变流量系统的工作原理：一方面是在负荷侧通过调节电动两通调节阀的开度改变流经末端设备的冷水流量，以适应末端用户空调负荷的变化；另一方面是在冷源侧采用可变流量的冷水机组和变频调速冷水泵，使蒸发器侧流量随负荷侧流量的变化而改变，从而最大限度地降低冷水循环泵的能耗。同时，要确保通过冷水机组蒸发器的水流量在安全流量范围内变化，维持冷水机组的蒸发温度和蒸发压力相对稳定，保证冷水机组能效比相对变化不大。

空调冷水一级泵变流量系统的典型配置图如图 2-20 所示。在冷源侧配置变频泵组，冷水供回水总管之间设置旁通管，旁通管上设置电动调节阀，当负荷侧水流量小于单台冷水机组许可的最小流量时，旁通管上的电动阀打开，使流经冷水机组蒸发器的最小流量为负荷侧冷水量与旁通管流量之和。

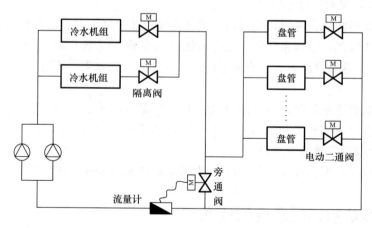

图 2-20 一级泵变流量系统

2.6.2 二级（多级）泵系统

2.6.2.1 二级泵系统（二级泵集中设置）

设有两级泵，一级泵为定流量，满足一次循环回路中冷水循环，二级泵为变流量，负责将冷水分配给二次循环回路中的用户，一次循环回路与二次循环回路通过连通管连接，当制冷机负荷与用户负荷相等时，连通管内流量为零；当用户负荷减少时，连通管内流量

从供水流向回水。这样二级泵不受最小流量的限制，可采用二通阀加变频器来控制流量。

冷水循环泵一次泵克服冷水机组蒸发器到连通管的一次环路的阻力；二次泵克服从连通管到负荷侧的二次环路的阻力。通管流量一般不超过最大单台冷水机组的额定流量。连通管管径一般与空调供、回水总管管径相同。典型配置如图 2-21 所示。

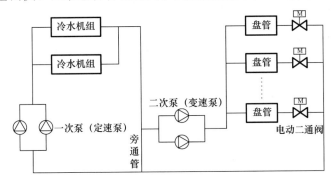

图 2-21 二级泵变流量系统

2.6.2.2 二级泵系统（二级泵分区设置）

上述二级泵系统，当系统所服务的各区域或各建筑物的水环路阻力相差较大时，可将上一种形式中的二次泵分散到各个区域或各栋建筑物内。

冷水循环泵一次泵克服冷水机组蒸发器到连通管的一次环路的阻力；各分区二次泵克服从连通管到所在二次环路的阻力。通管流量一般不超过最大单台冷水机组的额定流量。连通管管径一般与空调供、回水总管管径相同。典型配置如图 2-22 所示。

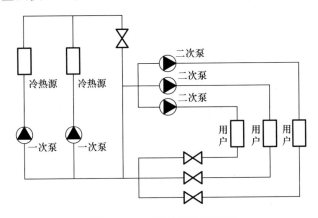

图 2-22 二级泵变流量系统

2.6.3 三级（多级）泵系统

三级系统将冷水分隔为三个独立的回路：生产、输送和分配。从循环水泵设置看，三次泵系统属于分布式加压泵系统，是二级泵变流量系统的延伸。一次泵负责冷水产生，二次泵负责冷水输送，三次泵负责冷水分配。各回路间水力工况相对独立，各用户间水力耦合性小，无最不利用户存在，系统水力稳定性较好，三次泵系统用户可根据各自需要配置相应的循环水泵，并通过调节水泵转速来匹配负荷要求，桥管的设置有效地避免了用户间调节工况的干扰。

冷水循环泵一级泵克服冷水机组蒸发器到连通管的一次环路的阻力；二级泵克服水系统供回水干管的阻力。三级泵克服各分区负荷侧环路阻力。每级泵之间均设置旁通管（平衡管），如图 2-23 所示。

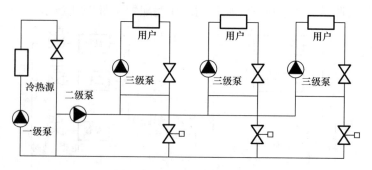

图 2-23　三级泵变流量系统

2.6.4　输配系统建议选用原则

常用的空调冷水一级泵系统、二级泵系统及三级（多级）泵流量适用于不同类别、规模及使用特点的工程。

（1）冷水机组定流量、负荷侧变流量的一级泵系统形式简单，通过末端用户设置的两通阀自动控制各末端的冷水量需求，同时，系统的运行水量也处在实时变化之中，在一般情况下均能较好地满足要求，是目前最广泛、最成熟的系统形式。当系统作用半径较大或水流阻力较高时，循环水泵的装机容量较大，由于水泵定流量运行，使得冷水机组的供回水温差随着负荷的降低而减少，不利于在运行过程中水泵的运行节能，因此一般适用于水温要求一致且各区域管路压力损失相差不大，最远环路总长度在 500m 之内的中小型工程。

（2）机组和负荷侧均变量的一级泵变频系统，适用于全年空调冷负荷变化较大、空调冷水温度可以允许轻微变化、工程初投资及回收期可接受的小型工程。

（3）冷源侧和负荷侧分别设置一级泵和二级泵（变频泵）的二级泵变流量系统，适用于负荷侧系统较大、阻力较高的工程（最远环路总长度大于 500m）。当各区域水温一致且阻力接近时可将二级泵组集中设置，多台水泵根据末端流量需要进行台数和变速调节（图 2-21）；当各个环路阻力相差较大（0.05MPa）或各个系统水温要求不同时，可分区分环路按阻力大小设置二级泵（图 2-22）。

（4）对于冷水机组集中设置且各单体建筑用户分散的大规模空调系统，当输送距离远且各个用户阻力相差非常悬殊时，可选用在冷源侧设置定流量运行的一级泵、为共用输配干管设置便流量运行的二级泵、各用户分别设置变流量运行的三级泵的多级泵系统。降低二级泵的扬程，有利于系统节能运行。

2.7　防排烟系统设计的方式

2.7.1　城市综合体防排烟系统的重要性

城市综合体由于其功能业态复杂、起火因素多；火灾荷载大，蔓延迅速，易引起大空间立体火灾；人员聚集，疏散引导困难，易发生群死群伤火灾事故；火灾扑救及救援难度大等火灾危险性因素，对城市综合体采用有效的防火设计就显得尤为重要。

为了在火灾事故时能及时、有效地控制和排除火灾烟气，为人员逃生提供足够的可用安全疏散时间，为消防救援提供有利条件，城市综合体项目对消防系统的设计提出了更高的要求。暖通防排烟系统设计不仅要满足规范要求，还要根据每种建筑功能的特点进行设计，要兼顾建筑设计意图，便于建筑建成后的日常使用，达到消防安全与实际需求的统一。

新的《建筑防排烟系统技术标准》GB 51251—2017 已于 2018 年 8 月已正式发布，今后的工程项目，均需要按照新颁布的规范执行；其中的条款与原有的规范有多处不同；目前处在新规范执行的阶段，对其中的一些条款的执行，大家正在工程设计中努力落实。

2.7.2 设计基本原则

城市综合体是以建筑群为基础，融合商业零售、商务办公、酒店餐饮、公寓、综合娱乐五大核心功能于一体的"城中之城"。其内部功能分区包含：商业、办公、居住、旅店、展览、餐饮、会议、文娱以及购物等。按国内常见的商业综合体，其功能布局一般如下：

地下 3 层（B3）：人防区、停车库、设备用房、辅助用房；

地下 2 层（B2）：停车库、设备用房、辅助用房；

地下 1 层（B1）：超市、电器商场、停车库、设备用房；

1 层（F1）：购物中心为娱乐门厅、百货卖场、室内步行街、室内步行街附属商铺、外铺（非住人精品店）；

2 层（F2）：购物中心为商业（电玩）、百货卖场、室内步行街、室内步行街附属商铺、外铺（非住人精品店）；

3 层（F3）：购物中心为商业（KTV）、百货卖场、室内步行街、室内步行街附属商铺；

4 层（F4）：影城、百货卖场、商管用房等；

5 层（F5）：影城夹层、百货卖场、设备用房、公寓塔楼的设备转换层等；

6 层（F6）：附属公寓塔楼的设备转换层、设备用房等；

7 层（F7）及以上：附属公寓塔楼（一般 3～4 栋）。

城市综合体项目属于一类高层建筑，建筑防火等级为一级。建筑设计所需遵循的防火规范，是根据长期与火灾斗争总结出的经验教训，与大量的科学实验结果相结合而制定的，是进行建筑防火设计的基本依据，必须严格遵循，此外，城市综合体项目按照各分区不同的使用功能，应相应遵循不同规范。

现行规范版本

大型城市综合体项目的消防设计应主要依照以下规范进行设计：

《建筑设计防火规范》GB 50016—2014（以下简称《新建规》）；

《汽车库、修车库、停车场设计防火规范》GB 50067—2014（以下简称《汽车库规》）；

《饮食建筑设计规范》JGJ 64—2017；

《商店建筑设计规范》JGJ 48—2014；

《电影院建筑设计规范》JGJ 58—2008（以下简称《电影院规》）；

《汽车库建筑设计规范》JGJ 100—2015。

目前，《建筑防烟排烟系统技术标准》GB 51251—2017 版于 2018 年 08 月正式发布。新建的项目，将按照此版本设计审批。

2.7.3 排烟系统的设置及计算

《新建规》规定，民用建筑的下列部位应设排烟设施：

1）设置在一、二、三层且房间建筑面积大于 100m² 的歌舞娱乐放映游艺场所，设置在四层及以上楼层、地下或半地下的歌舞娱乐放映游艺场所；

2）中庭；

3）公共建筑内建筑面积大于 100m² 且经常有人停留的地上房间；

4）公共建筑内建筑面积大于 300m² 且可燃物较多的地上房间；

5）建筑内长度大于 20m 的疏散走道。

6）可以不设置排烟系统的区域：敞开式汽车库，建筑面积小于 1000m² 的地下一层汽车库和修车库。

7）建筑的排烟设施应分为机械排烟设施和可开启外窗的自然排烟设施。自然排烟具有可靠性高、投资少、管理维护简单等优点，有条件时应优先采用自然排烟。以下针对不同使用功能的房间进行排烟系统分析。

2.7.3.1 地下车库排烟

（1）机械排烟量计算

城市综合体裙房地下车库面积较大、进深较深，大多不适用于自然排烟形式，一般采用机械排烟形式。大空间业态地下停车库应按照、《新建规》及《汽车库建筑设计规范》JGJ 100—2015 的规定进行设计。按照《汽车库建筑设计规范》JGJ 100—2015，除敞开式汽车库、建筑面积小于 1000m² 的地下一层汽车库和修车库外，汽车库、修车库应设排烟系统，并应划分防烟分区。防烟分区的建筑面积不宜超过 2000m²，且防烟分区不应跨越防火分区。防烟分区可采用挡烟垂壁、隔墙或从顶棚下突出不小于 0.5m 的梁划分。汽车库、修车库内每个防烟分区排烟风机的排烟量不应小于表 2-8 的规定。

汽车库、修车库内每个防烟分区排烟风机的排烟量 表 2-8

汽车库、修车库的净高（m）	汽车库、修车库的排烟量（m²/h）	汽车库、修车库的净高（m）	汽车库、修车库的排烟量（m²/h）
3.0 及以下	30000	7.0	36000
4.0	31500	8.0	37500
5.0	33000	9.0	39000
6.0	34500	9.0 及以上	40500

注：建筑空间净高位于表中两个高度之间的，按线性插值法取值。

汽车库内无直接通向室外的汽车疏散出口的防火分区，当设置机械排烟系统时，应同时设置补风系统，且补风量不宜小于排烟量的 50%。

（2）机械通风量计算

1）当层高小于 3m 时，按实际高度计算换气体积；当层高大于或等于 3m，按 3m 高度计算换气体积。

2）商业建筑停车库汽车出入频率较大时，换气次数按 6 次/h；汽车出入频率一般时，换气次数按 5 次/h。

（3）地下车库平时机械排风系统与排烟系统合用设计

城市综合体地下车库机械排烟可考虑与通风系统合用。当机械排烟与车库通风合用时，工程实践中使用较多的布置方式为：排风、排烟干管合用，支管功能共用（排风口与排烟口兼用）的系统。这种系统只在车库上部设排风口（兼作排烟口），排风口采用普通百叶风口。采用一台双速高温排烟风机，排风机入口设置常开型 280℃ 排烟防火阀。双速高温排烟风机在平时停车少时可手动低速运行；火灾时再自动切换至高速排烟状态。

由于上述方式排风兼排烟风管尺寸较大，为增加车库内净高，有时也可采取诱导风机排风的形式。当平时通风采用诱导风机时，可以在双速排烟风机入口集中设置电动百叶排风口，平时常开，火灾时关闭。电动百叶排风口后采用电动调节阀与排烟风管连接。平时，双速排烟风机作为诱导通风系统的主排风机，低速运行，由诱导通风系统自动控制启闭状态。火灾时，双速排烟风机转入高速运行，电动百叶排风口关闭，排风口后面的电动调节阀打开，接通排烟管路，进行排烟。

若消防排烟量与平时通风量不匹配，也可分别设置消防风机与平时通风机。

（4）地下车库平时进风系统与消防补风系统合用设计

设置车库排风兼排烟的同时，对应设置补风，平时为汽车库送风，火灾时和排烟风机联动，作为消防排烟补风系统使用。

2.7.3.2　商业排烟

城市综合体的商场设计理念已从传统单一的百货商店转向综合性的商业综合体，其商业布局上，有多种形式，既有满足人们对不同风格和品牌需求的精品商业街的形式，又有适应家电、百货、超市业态的面积较大的主力店。不同的业态和商业功能布局的可燃物和火灾荷载的分布特点、火灾和烟气蔓延特点、人流特点也不同。如商业综合体内常见的步行街，由大小不一的中庭、回廊及其两侧面积较小的一连串精品店组成，其中宽敞的中庭和回廊组成的公共区域，占据了步行街较大面积，这部分公共区域主要是火灾荷载较低的人流通行空间。

综合体中一部分商铺靠外墙设有窗户或玻璃幕墙，具备自然排烟的条件；另一部分商铺位于内区，不具备自然排烟的条件。但在实际使用中，很多情况下外窗被室内货架或外墙广告牌遮挡，已失去自然排烟的能力，不适合自然排烟，应该设置机械排烟及补风系统。商业机械排烟可分为主力店、精品店及步行街三部分考虑。

（1）主力店

主力店主要经营家电、百货、超市等，面积较大、进深较深，且多在地下一层，需设置机械排烟及补风系统，同时按不大于 500m² 划分防烟分区。主力店为单层时，可按照不同防火分区水平设置机械排烟系统；多层时，竖向设置机械排烟系统。

主力店每套机械排烟系统风量按该防火分区内最大防烟分区面积（500m²）×120m³/h 计算，机械补风风量不小于排烟量的 50%。

（2）精品店及其公共走道

精品店一般面积较小且无外窗，排烟系统宜结合同一防火分区内的公共走道综合考虑。按照《新建规》的规定，地上面积大于 100m² 的房间和地下面积大于 50m² 的房间需考虑排烟。现将精品店及其走道常见机械排烟类型及其计算整理归类，详见表2-9。

精品店及其走道机械排烟分类计算

表2-9

类型	店铺与走道是否同一防烟分区	建筑特点	常用排烟方式及其设计要求		
			排烟方式	设计要求	风机排烟量计算
第一类	店铺与走道是同一防烟分区，中间无隔墙或隔墙不到顶或为卷帘分隔	开敞式精品店，如批发市场	集中排烟，水平与竖向结合	1. 排烟口设置在走道，店铺内不设排烟口；2. 商铺与走道整体划分防烟分区，每个防烟分区设排烟口	L＝最大防烟分区面积×120；$L_{补}$≥0.5L
第二类	店铺与走道不是同一防烟分区，有隔墙且隔墙到顶	单个铺面积不大于50m²，但总面积大于200m²	集中排烟，水平与竖向结合	排烟口设置在走道，店铺内不设排烟口	L＝（走道面积＋最大店铺面积）×120；$L_{补}$≥0.5L
		地上店铺面积大于100m²，地下店铺面积大于50m²	集中排烟，水平与竖向结合（适用于走廊与店铺防烟分区面积相差不大的情况）	1. 走道设排烟口，走道较长时，可在水平方向划分成多个防烟分区；2. 地上面积大于100m²的店铺和地下面积大于50m²的店铺设排烟口	L＝最大防烟分区面积×120；$L_{补}$≥0.5L
			分散排烟（适用于走廊与店铺防烟分区面积相差较大或商铺走道可与塔楼走道排烟的合用系统的情况）	1. 走廊竖向排烟；2. 店铺水平与竖向结合排烟	L＝最大防烟分区面积×120；$L_{补}$≥0.5L

对于水平与竖向机械排烟结合的方式，一套机械排烟系统竖向可带相同业态形式的几层精品店及其走道，水平每层只带一个防火分区。当精品店面积大于500m²时，店铺内需要划分防烟分区。当内走道较长时，可在水平方向划分成多个排烟系统。机械补风风量不小于排烟量的50%，地上可靠门窗缝隙自然补风。

（3）中庭及其周围房间

综合体中，中庭常与回廊、自动扶梯、步行街商铺结合设置。这个高大空间的排烟设计有两种方式：机械排烟和自然排烟。

1）净空高度不大于12m，具备自然排烟条件的（可开启天窗面积或高侧窗面积＞地面面积的5%）可采用自然排烟方式。对于净空高度不大于12m，采用自然排烟的中庭，自然排烟口应满足窗户可开启部位总面积不小于地面面积的5%，由于窗户较高，应有方便开启的装置。同时，需注意可开启天窗距离中庭地面最远处的水平距离不能超过30m。

2）净空高度大于12m，无论有无可开启天窗、高侧窗均应采用机械排烟方式。对于净空高度大于12m，采用机械排烟系统的中庭来说，每套机械排烟系统风量按体积计算。中庭体积小于17000m³时，其排烟量按其体积的6次/h换气次数计算；体积大于17000m³时，其排烟量按其体积的4次/h换气次数计算；且最小排烟量不应小于102000m³/h。现将常见的中庭及其周围房间的结合形式及其机械排烟系统设计进行归纳，详见表 2-10。

中庭式建筑的主要类型及其特点

表 2-10

类型		图示	建筑特点	常用排烟方式及其设计要求		中庭的排烟体积	排烟口布置
				机械排烟方式	设计要求		
中庭、店铺、回廊为同一个防火分区			中庭与周围店铺流通,无防火卷帘分隔	中庭集中排烟	中庭与四周房间的面积之和不应超过防火分区面积的限制,面积超过限值时,应按《高规》5.1.5.1~2条规定分隔	中庭以及与中庭相通的内部各楼层全部空间的体积	中庭顶部布置排烟口,任意排烟口距各层最远点水平距离小于30m
				中庭集中排烟,周围房间竖向排烟	1.中庭与周围店铺之间应设防火卷帘或挡烟垂壁分隔 2.中庭与店铺的排烟量应分别计算	中庭空身本体积	1.中庭顶部布置排烟口;2.各层商铺按防烟分区布置排烟口
中庭为一个单独的防火分区	无回廊		中庭单独为一个防火分区。中庭与周围店铺之间不相通,有防火分隔	中庭集中排烟,周围房间竖向排烟	中庭与店铺的排烟量应分别计算	中庭空身本体积	1.中庭顶部布置排烟口;2.各层商铺按防烟分区布置排烟口
	有回廊		回廊与中庭为一个防火分区,回廊与商铺之间有防火分隔	中庭与回廊集中排烟,周围店铺竖向排烟	回廊与中庭为一个防火分区,中间没有卷帘	中庭以及与中庭相通各楼层回廊的全部空间的体积	1.中庭顶部布置排烟口;2.各层商铺按防烟分区布置排烟口
			回廊与商铺为一个防火分区,回廊与中庭之间有防火卷帘	中庭集中排烟,回廊与周围店铺竖向排烟	回廊与商铺为一个防火分区,中庭与回廊之间有防火卷帘	中庭空身本体积	1.中庭顶部设排烟口;2.每层回廊处单独设置排烟口

2.7.3.3 影院排烟

电影院在商场内一般局部占两层的位置,但不具备自然排烟条件。电影院需要设置机械排烟的部位为:

（1）面积大于 100m² 的地上观众厅和面积大于 50m² 的地下观众厅应设置机械排烟设施。

（2）超过 20m 且无自然排烟的疏散走道，有直接自然通风但长度超过 40m 的疏散走道。

（3）高度超过 12m 的中庭（参见 2.7.3.2）。

电影院每个影厅作为一个防烟分区，为防止相邻影厅之间串声，各观众厅宜分别设置独立的机械排烟系统，排烟量按每平方米 90m³/h 和 13 次换气标准计算取大值。影厅虽然一般设置在地上，但其密闭性好，没有条件采用自然补风，需设置机械排烟补风系统。一般可采用各观众厅全空气空调机组兼做火灾时的补风系统，空调机组与排烟风机联动，补风风量不小于排烟量的 50%。

2.7.3.4　塔楼公寓、客房及其走道排烟

对于综合体塔楼公寓、酒店客房，一般面积较小，且均有外窗，一般考虑自然排烟。需要自然排烟的房间可开启外窗面积不应小于该房间地面面积的 2%。

2.7.3.5　塔楼办公及其走道排烟

对于北京地区综合体塔楼中的办公，京建发〔2017〕第 112 号文规定：开发企业新报建商办类项目，最小分割单元不得低于 500m²。故此类办公应按照《新建规》第 8.5.3.3 条，需设置排烟装置。对于有条件设置自然排烟的建筑，可优先考虑自然排烟。但若采用自然排烟方式，由于可开启扇位置及数量已确定，日后办公区由于租售等原因需进行隔墙拆改时，需考虑自然排烟口的位置，拆改将受到较大限制。故对于业主自持型办公楼，日后房间分隔变化可能性较小，优先推荐自然排烟。对于租售型办公，当确定无法满足自然排烟条件时按设置机械排烟系统进行设计。

办公及走道的排烟系统按竖向机械排烟考虑，每套机械排烟系统风量按最大防烟分区面积×120m³/h 计算，地上可靠门窗缝隙自然补风。

2.7.3.6　排烟补风系统的设置及计算

补风量不应小于排烟量的 50%，空气应直接从室外引入。补风系统可采用疏散外门、手动或自动可开启外窗以及机械补风等方式。补风口有以下几点注意事项：

（1）机械补风口或自然补风口应设在储烟仓以下。

（2）机械补风口的风速不宜大于 10m/s，公共聚集场所或面积大于 500m² 的区域，送风口的风速不宜大于 5m/s；自然补风口的风速不宜大于 3m/s。

（3）设有机械排烟的走道或小于 500m² 的房间可不设补风系统。

（4）排烟区域所需的补风系统应与排烟系统联动开启。

（5）补风口与排烟口设置在同一空间内相邻的防烟分区时，补风口位置不限；补风口与排烟口设置在同一防烟分区时，补风口应设在储烟仓以下；补风口与排烟口水平距离不应小于 5m。

2.7.4　防烟系统的设置及计算

（1）建筑中的防烟可采用机械加压送风方式或可开启外窗的自然排烟方式。

《新建规》第 8.5.1 条规定：建筑的下列场所或部位应设置防烟设施：

1）防烟楼梯间及其前室；

2）消防电梯间前室或合用前室；

3）避难走道的前室、避难层（间）。

(2）建筑高度不大于 50m 的公共建筑、厂房、仓库和建筑高度不大于 100m 的住宅建筑，当其防烟楼梯间的前室或合用前室符合下列条件之一时，楼梯间可不设置防烟系统：

1）前室或合用前室采用敞开的阳台、凹廊；

2）前室或合用前室具有不同朝向的可开启外窗，且可开启外窗的面积满足自然排烟口的面积要求。

2.7.4.1 可开启外窗的自然排烟方式

采用自然排烟的开窗面积应符合下列规定：

1）防烟楼梯间前室、消防电梯间前室可开启外窗面积不应小于 $2.00m^2$，合用前室不应小于 $3.00m^2$。

2）靠外墙的防烟楼梯间每五层内可开启外窗总面积之和不应小于 $2.00m^2$。

3）长度不超过 60m 的内走道可开启外窗面积不应小于走道面积的 2%。

4）需要排烟的房间可开启外窗面积不应小于该房间面积的 2%。

5）净空高度小于 12m 的中庭可开启的天窗或高侧窗的面积不应小于该中庭地面面积的 5%。

6）排烟窗宜设置在上方，并应有方便开启的装置。

2.7.4.2 机械加压

下列部位应设置独立的机械加压送风的防烟设施：

1）不具备自然排烟条件的防烟楼梯间、消防电梯间前室或合用前室。

2）采用自然排烟措施的防烟楼梯间，其不具备自然排烟条件的前室。

3）封闭避难层（间）。

带裙房的高层建筑防烟楼梯间及其前室、消防电梯间前室或合用前室，当裙房以上部分利用可开启外窗进行自然排烟，裙房部分不具备自然排烟条件时，当裙房符合楼梯间每 5 层内可开启外窗面积不小于 $2m^2$ 时，可视为有自然排烟条件，但应对其前室或合用前室设置局部加压送风系统。

对于塔式住宅剪刀梯合用一个出入口的三合一前室的组合方案，除对两座楼梯间加压送风以外，应对三合一前室进行加压。

防烟楼梯间及其前室、合用前室和消防电梯间前室的机械加压送风量应由计算确定，或按表 2-11 确定。当计算值和本表不一致时，应按两者中较大值确定。

地上、地下共用楼梯间视为 2 个楼梯间，加压送风系统应分别设置。层数超过 32 层的高层建筑，其送风系统及送风量应分段设计。剪刀楼梯间可合用一个风道，其风量应按二个楼梯间风量计算，送风口应分别设置。

机械加压送风的防烟楼梯间和合用前室，宜分别独立设置送风系统，当必须共用一个系统时，应在通向合用前室的支风管上设置压差自动调节装置。机械加压送风机的全压，除计算最不利环管道压头损失外，尚应有余压。其余压值应满足：防烟楼梯间为 40～50Pa，前室、合用前室、消防电梯间前室、封闭避难层（间）为 25～30Pa。

防烟楼梯间宜采用自垂百叶风口，每隔二至三层设一个加压送风口；当防烟楼梯间采用敞开型百叶送风口时，应在加压送风机处风管上加设止回阀。前室合用前室宜采用常闭型加压送风口，每层设一个风口，火灾时开启着火层及其上、下相邻两层（共三层）。

机械加压送风防烟组合方式加压部位及最小控制风量　　　　表2-11

序号	组合方式	高层民用建筑			多层建筑 (执行《建规》9.3.2条)		人防工程地下室 (执行《人防规》6.2.1条)	
		加压部分	负担层数	风量(m³/h)	加压部分	风量(m³/h)	加压部分	风量(m³/h)
1	防烟楼梯间及其前室	防烟楼梯间	<20	25000~30000	防烟楼梯间	25000	防烟楼梯间	25000
			20~32	35000~40000				
2	防烟楼梯间及其合用前室	防烟楼梯间	<20	16000~20000	防烟楼梯间	16000	防烟楼梯间	16000
		合用前室		12000~16000				
		防烟楼梯间	20~32	20000~25000	合用前室	13000	合用前室	12000
		合用前室		18000~22000				
3	消防电梯前室	消防电梯前室	<20	15000~20000	消防电梯前室	15000	—	—
			20~32	22000~27000				
4	防烟楼梯间采用自然排烟，前室或合用前室不具备自然排烟条件的加压送风	前室或合用前室	<20	22000~27000	前室或合用前室	22000	—	—
			20~32	28000~32000				
5	前室或合用前室自然排烟防烟楼梯间的加压送风	防烟楼梯间	<20	25000~30000	防烟楼梯间	25000	—	—
			20~32	35000~40000				
	修正系数	1. 表中风量按开启 2.0m×1.6m 的双扇门确定，当采用单扇门时，其风量可乘以 0.75 计算；当有两个或两个以上出入口时，其风量应乘以 1.50~1.75 系数计算。开启门时，通过门洞的风速不宜小于 0.70m/s（对前室或合用前室指与走道之间的门）；2. 风量上、下限选取应按层数、风道材料、防火门漏风量等因素综合比较确定			表内风量数值为按开启宽×高＝1.5m×2.1m 的双扇门为基础的计算值，当采用单扇门时，其风量宜按列数值乘以 0.75 确定，当前室有两个或两个以上门时，其风量应按列数值乘以 1.50~1.75 确定，开启门时对前十或合用前室通过与走道之间的门的风速不应小于 0.7m/s		防烟楼一间及其前室或合用前室的门按 1.5m×2.1m 计算，当采用其他尺寸的门时，送风量应根据门的面积按比例修正	

注：《人民防空地下室设计规范》GB 50038—2005（以下简称《人防规》）。

封闭避难层（间）的机械加压送风量应按避难层净面积每平方米不小于 30m³/h 计算。

2.7.5　气灭后排风系统

设置气体灭火系统的区域，如变配电室，应设置相应的灾后通风系统。火灾时防火区内的平时风道应能自动关闭；灾后对地下防火区或地上无窗或设固定窗的地上房间进行机械通风；排风口宜设在防火区的下部且系统排气口应直通室外，排风机开启装置应设置在防护区外。

一般来说，变配电室的灾后排风按 5 次换气设置，可与平时风机合用。

灾后与平时通风合用风管时，火灾时气灭开启信号连锁关闭房间内通风系统阀门 A，气灭结束后自动开启下排风口阀门 B。也可火灾时气灭开启新号连锁关闭房间内通风系统阀门 A，气灭结束后自动开启通风系统联动阀门 A 和下排风口阀门 B。需注意此两种方式下排风口的风量及尺寸不一致。

2.7.6　防排烟设计要点

（1）当汽车库采用自然排烟方式时，可采用手动排烟窗、自动排烟窗、孔洞等作为自然排烟口，并应符合下列规定：

1）自然排烟口的总面积不应小于室内地面面积的 2%；

2）自然排烟口应设置在外墙上方或屋顶上，并应设置方便开启的装置；

3）房间外墙上的排烟口（窗）宜沿外墙周长方向均匀分布，排烟口（窗）的下沿不应低于室内净高的 1/2，并应沿气流方向开启。

（2）作为自然排烟的窗口宜设置在房间的外墙上方或屋顶上，并应有方便开启的装置，自然排烟口距该防烟分区最远点的水平距离不应超过 30m。

（3）需设置机械排烟设施且室内净高小于等于 6.0m 的场所应划分防烟分区；每个防烟分区的建筑面积不宜超过 500m²，防烟分区不应跨越防火分区。防烟分区宜采用隔墙、顶棚下凸出不小于 500mm 的结构梁以及顶棚或吊顶下凸出不小于 500mm 的不燃烧体等进行分隔。

（4）机械加压送风和机械排烟的风速，应符合下列规定：

1）采用金属风道时，不应大于 20m/s；

2）采用内表面光滑的混凝土等非金属材料风道时，不应大于 15m/s；

3）送风口的风速不宜大于 7m/s，排烟口的风速不宜大于 10m/s。

（5）机械排烟系统中的排烟口、排烟阀和排烟防火阀的设置应符合下列规定：

1）排烟口或排烟阀应按防烟分区设置。排烟口或排烟阀应与排烟风机连锁，当任一排烟口或排烟阀开启时，排烟风机应能自行启动；

2）排烟口或排烟阀平时为关闭时，应设置手动和自动开启装置；

3）排烟口应设置在顶棚或靠近顶棚的墙面上，且与附近安全出口沿走道方向相邻边缘之间的最小水平距离不应小于 1.50m。设在顶棚上的排烟口，距可燃构件或可燃物的距离不应小于 1.00m；

4）设置机械排烟系统的地下、半地下场所，除歌舞娱乐放映游艺场所和建筑面积大于 50m² 的房间外，排烟口可设置在疏散走道；

5）防烟分区内的排烟口距最远点的水平距离不应超过 30.0m；排烟支管上应设置当烟气温度超过 280℃ 时能自行关闭的排烟防火阀；

6）排烟口的风速不宜大于 10.0m/s。

（6）机械加压送风防烟系统和排烟补风系统的室外进风口宜布置在室外排烟口的下

方，且高差不宜小于 3.0m；当水平布置时，水平距离不宜小于 10.0m。

（7）排烟风机的设置应符合下列规定：

1）排烟风机的全压应满足排烟系统最不利环路的要求。其排烟量应考虑 10%～20% 的漏风量；

2）排烟风机可采用离心风机或排烟专用的轴流风机；

3）排烟风机应能在 280℃ 的环境条件下连续工作不少于 30min；

4）在排烟风机入口处的总管上应设置当烟气温度超过 280℃ 时能自行关闭的排烟防火阀，该阀应与排烟风机连锁，当该阀关闭时，排烟风机应能停止运转；

5）机械排烟系统中，当任意排烟口或排烟阀开启时，排烟风机应能自行启动。

（8）排烟管道必须采用不燃材料制作。安装在吊顶内的排烟管道，其隔热层应采用不燃烧材料制作，并应与可燃物体保持不小于 150mm 的距离。

（9）当排烟风机及系统中设置有软接头时，该软接头应能在 280℃ 的环境条件下连续工作不少于 30min。排烟风机和用于排烟补风的送风风机设置在通风机房内。

（10）防排烟风道、事故通风风道及相关设备应该用抗震支吊架。

2.7.7　防排烟系统设备及部件

2.7.7.1　自动排烟设施

自动排烟设施主要包括自动机械排烟设施和自动自然排烟设施。其中，自动的机械排烟设施包括排烟风机、排烟管道、排烟防火阀、排烟口等部分。自动的自然排烟设施包括排烟窗、控制机构和失效保护装置三大部分。

（1）排烟窗

目前常见的排烟窗可分为单开式、对开式、百叶式和多功能式四种。

单开式排烟窗是一种下悬外开式自然排烟通风装置，可装配与建筑幕墙系统相同的各类玻璃，可完全融入现代玻璃幕墙系统，是专为玻璃幕墙建筑物的烟雾控制而设计，可用于紧急时排烟。

对开式排烟窗是一种高效能的自然排烟通风装置，以一个强力的气动或电动控制系统为运动核心，排烟装置给建筑提供了自然补偿方法，解决建筑物内部由于辐射及对流热量造成的局部过热或整体闷热，提供日常通风降温以增加室内舒适感。

百叶式排烟窗作为自然排烟窗的一种特殊形式的设计，由于其新颖独特的百叶窗体设计，自由灵活的安装操作，高效稳定的排烟效率，一出现就大量运用于自然排烟系统中。

多功能排烟窗具有高效的排烟性能，符合烟囱效应的框体设计，更稳定的控制系统，防雨雪的叶片设计。

（2）自然排烟窗（口）有效面积计算

自然排烟窗（口）开启的有效面积应符合下列要求：

1）当采用开窗角大于 70° 的悬窗时，其面积应按窗的面积计算；当开窗角小于 70° 时，其面积应按窗最大开启时的水平投影面积计算；

2）当采用开窗角大于 70° 的平开窗时，其面积应按窗的面积计算；当开窗角小于 70° 时，其面积应按窗最大开启时的竖向投影面积计算；

3）当采用推拉窗时，其面积应按开启的最大窗口面积计算；

4）当采用百叶窗时，其面积应按窗的有效开口面积计算；

5）当平推窗设置在顶部时，其面积可按窗的 1/2 周长与平推距离乘积计算，且不应大于窗面积；当平推窗设置在外墙时，其面积可按窗的 1/4 周长与平推距离乘积计算，且不应大于窗面积；

6）自然排烟采用顶用窗时，其防烟分区内外墙上的侧窗面积不应计入有效排烟面积。如图 2-24 所示。

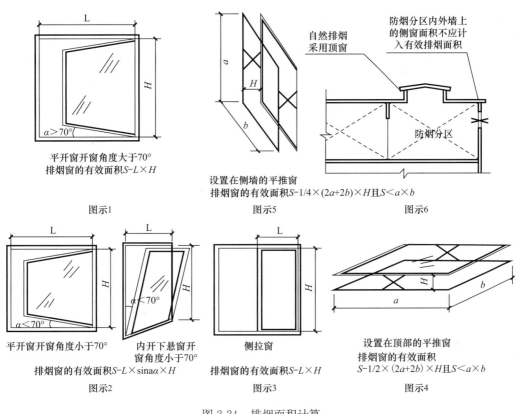

图 2-24　排烟面积计算

（3）控制机构

排烟窗开启的控制分为电动控制和气动控制两种方式。

电动控制自动排烟窗系统由排烟窗、消防控制电源、控制柜、和防火电缆组成。

气动控制自动排烟窗系统由排烟窗、压缩机、储气罐、控制柜和连接铜管组成。

（4）失效保护机构

为了保证排烟系统的可靠性，自动排烟窗必须具备在任何紧急情况下（系统失电、失消防信号）都能正常工作的防失效保护功能，保证在发生故障时能自动打开并处于全开位置。也就是说，在发生火灾情况下，没有任何电源或者气源的情况下，排烟窗依靠自身的机械设计通过感温等手段来开启排烟窗。

2.7.7.2　防排烟系统风口、阀门

（1）板式排烟口：适用于安装在建筑物墙面或顶板上，其规格尺寸见表 2-12。

板式排烟口规格表　　　　　　　　　　　　　表 2-12

$A \times B$(mm)	320×320	400×400	500×500	630×630	700×700	800×800
L(mm)	150	150	150	150	180	180
有效面积（m²）	0.07	0.125	0.203	0..306	0.421	0.563
最大排烟量（m³/h）	2520	4500	7300	11000	15000	20000
最大压力损失（Pa）	30					

（2）多叶排烟口：适用于安装在建筑物墙面或顶板上，其规格尺寸见表 2-13。

多叶排烟口尺寸规格表　　　　　　　　　　　表 2-13

250×250	250×300	250×400	250×500				
300×250	300×300	300×400	300×500	300×600	300×630		
400×250	400×300	400×400	400×500	400×600	400×630	400×800	400×1000
500×250	500×300	500×400	500×500	500×600	500×630	500×800	500×1000
600×250	600×300	600×400	600×500	600×600	600×630	600×800	600×1000
	630×300	630×400	630×500	630×630	630×630	630×800	630×1000
		800×400	800×500	800×600	800×630	800×800	800×1000
					1000×630	1000×800	1000×1000

（3）排烟阀：适用于排烟系统的管道上，其规格见表 2-14。

排烟阀尺寸规格表　　　　　　　　　　　　　表 2-14

250×250						
300×250	320×320					
400×250	400×320	400×400				
500×250	500×320	500×400	500×500			
630×250	630×320	630×400	630×500	630×630		
800×250	800×320	800×400	800×500	800×630	800×800	
1000×250	1000×320	1000×400	1000×500	1000×630	1000×800	1000×1000

防火阀：适用于通风、空调系统的管道上，当建筑物发生火灾时，由温度熔断器、电信号或手动将阀门关闭，其规格见表 2-15、表 2-16。

矩形防火阀规格表　　　　　　　　　　　　　表 2-15

阀门宽度（mm）						阀门高度（mm）	阀门长度（mm）	叶片数量
160	200	250	320			160		1
200	250	320	400			200		1
250	320	400	500			250		1
320	400	500	630	800	1000	320	400	2
400	500	630	800	1000	1250	400		2
500	630	800	1000	1250		500		3
630	800	1000	1250			630		3

圆形防火阀规格表　　　　　　　　　　　　　表 2-16

阀门直径（mm）	阀门长度（mm）	阀门直径（mm）	阀门长度（mm）
φ160	400	φ400	640
φ200	440	φ450	700
φ250	490	φ500	740
φ320	560		

2.7.8　防排烟系统控制要求

（1）当某处发生火灾时，该处（烟）温感器向消防控制中心输出报警信号，不需确认，由该中心自动或手动开启相应的排烟口、送风口或加压送风口，并联动排烟风机、送风机。排烟风机入口管道上装有熔点为280℃的防火阀，并与排烟风机连锁。

（2）排烟风机、补风机、排烟风口、防排烟系统中的70℃、280℃的防火调节阀的开、闭状态在消防控制中心均有灯光信号显示。

（3）排烟风机、补风机均需有备用电源。排烟风机、补风机除可在消防控制中心操纵外，也可就地操作。

（4）发生火灾时，由消防控制中心切断除排烟风机及消防补风机以外的所有空调通风电源。

（5）楼梯间和合用前室压力控制加压送风机旁通风阀的开闭。

（6）排烟补风机与排烟风机联锁开闭。

（7）机械排烟系统中，当任一排烟口或排烟阀开启时，排烟风机自动启动。

（8）加压送风系统主要控制项目：

1）风阀连锁控制要求。

2）加压送风系统控制要求。每台楼梯间加压送风机均对应压力传感器1个，位于该楼梯间的压力传感器与相应加压送风旁通管上的电动调节风阀连锁调节，以保证该楼梯间余压值。压力传感器位于该系统下部1/3处。设加压送风系统的前室，每层设压力传感器1个，与相应加压送风旁通管上的电动调节风阀连锁调节，以保证前室余压值。楼梯间加压送风口为自垂百叶。设加压送风系统的前室，每层设手动、电动加压送风口1个。火灾时着火层及其上下层自动开启。底层和顶层着火时，合用前室加压送风口开启着火层及相邻层风口。

机械加压送风系统的全压，除计算的最不利环管道压头损失外，尚应有余压。其余压值应符合下列要求：

① 封闭楼梯间、防烟楼梯间的余压值应为40～50Pa；

② 防烟楼梯间前室或合用前室、消防电梯前室的余压值应为25～30Pa。

2.7.9　防火阀的设置

1）空调通风管道在进出机房处均设置70℃熔断并两路电信号输出的防火调节阀。

2）空调通风管道在穿越防火墙、前室隔墙处设置70℃熔断并电信号输出的防火调节阀。

3）垂直风管道与水平风道连接处设置70℃熔断防火阀。

4）排烟系统在进出机房及防火墙处均设置280℃熔断并两路电信号输出的防火调节阀。

5）排烟补风系统在进出机房及防火墙处均设置70℃熔断并两路电信号输出的防火调节阀。

6）所有防火阀均需采用单独抗震支吊架。

2.8　绿色建筑设计

目前全球绿色建筑评价体系主要包括我国标准《绿色建筑评价标准》GB/T 50378—

2014、美国绿色建筑评估体系（LEED）、英国绿色建筑评估体系（BREE-AM）、日本建筑物综合环境性能评价体系（CASBEE）、法国绿色建筑评估体系（HQE）等。此外，还有德国生态建筑导则 LNB、澳大利亚的建筑环境评价体 NABERS、加拿大 GB Tools 评估体系等。

在我国的绿色建筑设计过程中通常由一个专业主导相关条款的工作，其他专业进行配合辅助。进行绿色建筑设计时的具体对策应遵循如下原则：

1）进行绿色建筑设计正式开始前，就应成立设计项目组，各专业人员进入并全程跟进项目，分阶段提出优化设计策略，供团队权衡判断，最终获得最优的绿色建筑方案。

2）在绿色建筑的设计前期阶段，规划和建筑专业与建设方的沟通应加强，了解建设方对于项目绿色化的目标和要求。进行方案探讨时着重考虑建筑的平面布局、景观绿化、竖向设计等外部环境的绿色设计策略；其他专业，如结构、给水排水、电气等，需进行一些前期干预，及时修正设计前期不利于实现绿色建筑目标的因素，为规划、建筑等前期工作较多的专业提供技术支持。

3）在方案设计阶段，建筑专业与结构、电气、暖通、给水排水等专业加强沟通，共同推进绿色建筑的方案设计。在此阶段需要结合场地特点及周边环境重点完成建筑的自然采光、自然通风、太阳能利用等被动技术方案，为后期主动技术的更好实施奠定基础。

4）在初步设计阶段，结构及暖通、电气等设备专业的工作开始强化，建筑专业需结合其他专业的技术要求，通过计算机模拟分析，进一步完善优化建筑方案。此阶段要求确定建筑的开窗、遮阳等较为细节的技术方案，并开始进行供暖、空调、照明等主动措施的绿色技术方案设计。

5）在施工图设计阶段，各专业对前一阶段的主、被动技术方案进行进一步深化，完善各项绿色建筑技术措施，编制各专业图样及技术说明，对照绿建标准评价条款进行严格审查，确保前期的绿色设计目标已全部完成并落实到施工图文件中，保障绿色建筑方案的顺利实施。

以下内容分为三部分介绍对应不同的绿色建筑设计等级，暖通专业应采取的措施。

第一部分：国标《绿色建筑评价标准》GB/T 50378—2014 中暖通专业的相关内容和达标措施；

第二部分：北京市地标《节能建筑评价标准》DB11/T 825—2015 中暖通专业的相关内容和达标措施；

第三部分：国标和北京市地标之间的差异对比表。

2.8.1　国标《绿色建筑评价标准》GB/T 50378—2014 总则与基本规定

绿色建筑的评价应以单栋建筑或建筑群为评价对象。评价单栋建筑时，凡涉及系统性、整体性的指标，应基于该栋建筑所属工程项目的总体进行评价。《绿色建筑评价标准》GB/T 50378—2014 将绿色建筑设计等级分为一星级、二星级、三星级。此标准共分 11 章，主要内容是：总则、术语、基本规定、节地与室外环境、节能与能源利用、节水与水资源利用、节材与材料资源利用、室内环境质量、施工管理、运营管理、提高与创新。

绿色建筑的评价分为设计评价和运行评价。设计评价应在建筑工程施工图设计文件审查通过后进行，运行评价应在建筑通过竣工验收并投入使用一年后进行。对多功能的综合性单体建筑，应按此标准全部评价条文逐条对适用的区域进行评价，确定各评价条文的得分。

(1) 评价与等级划分

《绿色建筑评价标准》GB/T 50378—2014 的评价方法为逐条评分后分别计算各类指标得分和加分项得分，然后对各类指标得分加权求和并累加上附加得分计算出总得分。

绿色建筑设计等级：绿色建筑分为一星级、二星级、三星级3个等级。3个等级的绿色建筑均应满足本标准所有控制项的要求，且每类指标的评分项得分不应小于40分。当绿色建筑总得分分别达到50分、60分、80分时，绿色建筑等级分别为一星级、二星级、三星级。

绿色建筑评价的总得分按下式进行计算，其中评价指标体系7类指标评分项的权重 $w_1 \sim w_7$ 按表 2-17 取值。

绿色建筑各类评价指标的权重　　　　　　　　　　　　　　　　表 2-17

		节地与室外环境 w_1	节能与能源利用 w_2	节水与水资源利用 w_3	节材与材料资源利用 w_4	室内环境质量 w_5	施工管理 w_6	运营管理 w_7
设计评价	居住建筑	0.21	0.24	0.20	0.17	0.18	—	—
	公共建筑	0.16	0.28	0.18	0.19	0.19	—	—
运行评价	居住建筑	0.17	0.19	0.16	0.14	0.14	0.10	0.10
	公共建筑	0.13	0.23	0.14	0.15	0.15	0.10	0.10

$$\Sigma Q = w_1 Q_1 + w_2 Q_2 + w_3 Q_3 + w_4 Q_4 + w_5 Q_5 + w_6 Q_6 + w_7 Q_7 + Q_8$$

$Q_1 \sim Q_7$ 分别为以下各类评价指标的总得分；Q_8 为附加得分。

《绿色建筑评价标准》GB/T 50378—2014 评价指标体系（不含加分项）见表 2-18，各专业相关条款数量分布柱状图如图 2-25 所示。

《绿色建筑评价标准》GB/T 50378—2014 评价指标体系（不含加分项）　　表 2-18

	节地与室外环境	节能与能源利用	节水与水资源利用	节材与材料资源利用	室内环境质量	施工管理	运营管理
控制项	选址合规 地安全 污染源 日照标准	节能设计标准 电热设备 用能分项计量 照明功率密度	水资源利用方案 给水排水系统 节水器具	禁限材料 400MPa 钢筋 建筑造型要素	室内噪声级 构件隔声性能 照明数量与质量 空调设计参数 内表面结露 内表面温度 室内空气污染物	施工管理体系 施工环保计划 职业健康安全 绿色专项会审	运行管理制度 垃圾管理制度 污染物排放 绿色设施工况 自控系统工况
评分项	节约集约用地 绿化用地 地下空间 光污染 环境噪声 风环境 降低热岛强度 公交设施 人行道无障碍 停车场所 公共服务设施 生态保护补偿 绿色雨水设施 场地径流总量 绿化方式与植物	建筑设计优化 外窗幕墙可开启 热工性能 冷热源机组 输配系统 系统选择优化 过渡季节能 部分负荷节能 照明功率密度 照明控制 电梯扶梯 其他电气设备 排风热回收 蓄冷蓄热 余热废热利用 可再生能源	节水用水定额 管网漏损 超压出流 用水计量 公用浴室 卫生器具 绿化灌溉 空调冷却技术 其他技术措施 非传统水源 冷却水补水 景观水体	建筑形体规则 结构优化 土建装修一体化 灵活隔断 预制构件 整体化厨卫 本地材料 预拌混凝土 预拌砂浆 高强结构材料 高耐久结构材料 可循环利用材料 利废材料 装饰装修材料	室内噪声级 构件隔声性能 噪声干扰 专项声学设计 户外视野 采光系数 天然采光优化 可调节遮阳 空调末端调节 自然通风优化 室内气流组织 IAQ 监控 CO 监测	施工降尘 施工降噪 施工废弃物 施工用能 施工用水 混凝土损耗 钢筋损耗 定型模板 绿色专项实施 设计变更 耐久性检测 土建装修一体化 竣工调试	管理体系认证 操作规程 管理激励机制 教育宣传机制 设施检查调试 空调系统清洗 非传统水源记录 智能化系统 物业管理信息化 病虫害防治 植物生长状态 垃圾站（间） 垃圾分类

53

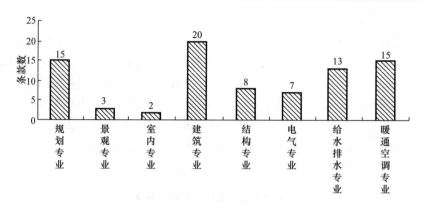

图 2-25　各专业相关条款数量分布柱状图

《绿色建筑评价标准》GB/T 50378—2014 中暖通专业分数主要集中在第 5 章、第 8 章、第 6 章和第 11 章的部分条文,最高贡献得分见表 2-19。

最高贡献得分　　　　　　　　　　　　　　表 2-19

第 5 章 节能与能源利用评价分项	各项总分	暖通最大分值	本项权重（w2）	本章节 暖通最大总分值
Ⅰ 建筑与围护结构	22	0	0.28	16.52
Ⅱ 供暖、通风与空调	37	37		
Ⅲ 照明与电气	21	2		
Ⅳ 能量综合利用	20	20		
总分	100	59		
第 6 章 节水与水资源利用评价分项	各项总分	暖通最大分值	本项权重（w2）	本章节 暖通最大总分值
Ⅰ 节水系统	35	0	0.18	1.8
Ⅱ 节水器具与设备	35	10		
Ⅲ 非传统水源利用	30	0		
总分	100	10		
第 8 章 室内环境质量	各项总分	暖通最大分值	本项权重（w2）	本章节 暖通最大总分值
Ⅰ 室内声环境	22	0	0.19	5.32
Ⅱ 室内光环境与视野	25	0		
Ⅲ 室内热湿环境	20	8		
Ⅳ 室内空气质量	33	20		
总分	100	28		
第 11 章 提高与创新	各项总分	暖通最大分值	本项权重（w2）	本章节 暖通最大总分值
Ⅰ 提高	8	5	0	5
Ⅱ 创新	8	0		
总分	不超过 10 分	5		
国标《绿色建筑评价标准》GB/T 50378—2014			暖通专业总分	28.64

（2）控制和评分项及相应措施

1）节地与室外环境。评价体系与得分柱状图如图 2-26 所示。

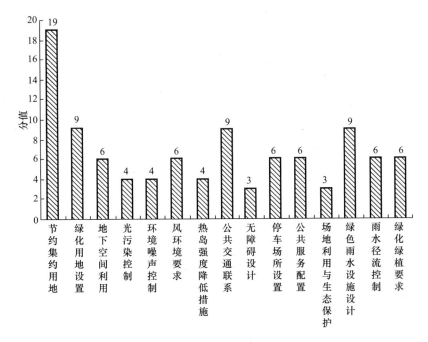

图 2-26 评价体系与得分柱状图

控制项：

a. 场地内不应有排放超标的污染源

【评价方法】设计评价查阅环评报告，审核应对措施的合理性；运行评价在设计评价方法之外还应现场核实。

【关注点】锅炉房、厨房、垃圾中转房等属于建筑工程场地内常见的污染源，其烟、气排放应相关标准要求。相关标准包括《大气污染物综合排放标准》GB 16297—1996、《餐饮业油烟排放标准》GB 18483—2001、《锅炉大气污染物排放标准》GB 13271—2014等。设计要求：施工图设计说明应说明锅炉房、厨房、垃圾中转站等建筑物或构筑物的烟、气排放标准以及所采取的处理措施；主要设备表应列出相关设备及性能参数；施工图设计文件应有系统原理图、平面布置图等信息。

b. 场地内风环境有利于室外行走、活动舒适和建筑的自然通风，评价总分值为 6 分。

（a）在冬季典型风速和风向条件下，按下列规则分别评分并累计：

a）建筑物周围人行区风速小于 5m/s，且室外风速放大系数小于 2，得 2 分；

b）除迎风第一排建筑外，建筑迎风面与背风面表面风压差不大于 5Pa，得 1 分；

（b）过渡季、夏季典型风速和风向条件下，按下列规则分别评分并累计：

a）场地内人活动区不出现涡旋或无风区，得 2 分；

b）50%以上可开启外窗室内外表面的风压差大于 0.5Pa，得 1 分。

【评价方法】本条的评价方法为：设计评价查阅相关设计文件、风环境模拟计算报告；运行评价查阅相关竣工图、风环境模拟计算报告，必要时可进行现场测试。

2）节能与能源利用

评价体系与得分柱状图如图 2-27 所示。

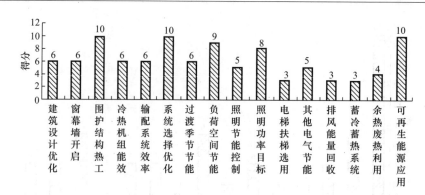

图 2-27　评价体系与得分柱状图

2.8.1.1 控制项

（1）建筑设计应符合国家现行有关建筑节能设计标准中强制性条文的规定。

（2）不应采用电直接加热设备作为供暖空调系统的供暖热源和空气加湿热源。

（3）冷热源、输配系统和照明等各部分能耗应进行独立分项计量。

2.8.1.2　评分项

（1）建筑与围护结构

1）外窗、玻璃幕墙的可开启部分能使建筑获得良好的通风，评价总分值为 6 分，并按下列规则评分：

① 设玻璃幕墙且不设外窗的建筑，其玻璃幕墙透明部分可开启面积比例达到 5％，得4 分；达到 10％，得 4 分。

② 设外窗且不设玻璃幕墙的建筑，外窗可开启面积比例达到 30％，得 4 分；达到 35％，得 6 分。

③ 设玻璃幕墙和外窗的建筑，对其玻璃幕墙透明部分和外窗分别按本条第 1 款和第 2 款进行评价，得分取两项得分的平均值。

【条文解释注意点】仅评判第 18 层及其以下各层的外窗和玻璃幕墙。玻璃幕墙活动窗扇的面积认定为可开启面积，而不再计算实际的或当量的可开启面积。

【评价方法】设计评价查阅相关设计文件、计算书；运行评价查阅相关竣工图、计算书，并现场核实。

2）围护结构热工性能指标优于国家现行有关建筑节能设计标准的规定，评分总分值为 10 分，并按下列规则评分：

① 围护结构热工性能比国家现行有关建筑节能设计标准规定的提高幅度达到 5％，得5 分；达到 10％，得 10 分。

② 供暖空调全年计算负荷降低幅度达到 5％，得 5 分；达到 10％，得 10 分。

【条文解释注意点】：

围护结构热工性能的提高幅度和建筑物所在气候分区相关，需做模拟计算。

【评价方法】：设计评价查阅相关设计文件、计算分析报告；运行评价查阅相关竣工图、计算分析报告，并现场核实。

【得分方法】：本条最高得分 10 分，只满足第一款中的第一条或第二条的要求即可得分，"国家现行有关建筑节能设计标准"为《公共建筑节能设计标准》GB 50189—2015，而不是各地地方节能标准。

(2) 供暖、通风与空调

1) 供暖空调系统的冷、热源机组能效均优于现行国家标准《公共建筑节能设计标准》GB 50189—2015 的规定以及现行有关国家标准能效限定值的要求，评价分值为 6 分。对电机驱动的蒸气压缩循环冷水（热泵）机组，直燃型和蒸汽型溴化锂吸收式冷（温）水机组，单元式空气调节机、风管送风式和屋顶式空调机组，多联式空调（热泵）机组，燃煤、燃油和燃气锅炉，其能效指标比现行国家标准《公共建筑节能设计标准》GB 50189—2015 规定值的提高或降低幅度满足表 2-20 的要求；对房间空气调节器和家用燃气热水炉，其能效等级满足现行国家标准的节能评价值要求。

冷、热源机组能效指标比现行国家标准《公共建筑节能设计标准》
GB 50189—2015 的提高或降低幅度 表 2-20

机组类型		能效指标	提高或降低幅度
电机驱动的蒸气压缩循环冷水（热泵）机组		制冷性能系数（COP）	高 6%
溴化锂吸收式冷水机组	直燃型	制冷、供热性能系数（COP）	高 6%
	蒸汽型	单位制冷量蒸汽耗量	低 6%
单元式空气调节机、风管送风式和屋顶式空调机组		能效比（EER）	高 6%
多联式空调（热泵）机组		制冷综合性能系数（IPLV(C)）	高 8%
锅炉	燃煤	热效率	高 3 个百分点
	燃油燃气	热效率	高 2 个百分点

【关注点】：对城市市政热源，不对其热源机组能效进行评价。用户（住户）自行选择空调供暖系统、设备的，本条不参评。若冷热源机组位于由第三方建设和管理的集中能源站内，本条不参评。

评价方法为：设计评价查阅相关设计文件；运行评价查阅相关竣工图、主要产品型式检验报告，并现场核实。

【得分方法】：按照《公共建筑节能设计标准》GB 50189—2015 的标准，以北京地区、标况下为例：

离心冷水机组基本能达到提升 6% 的要求；

单元式空气调节机基本很难提高到 6%。

选用 IPLV(CC) 基本可提高 6% 的多联式空调（热泵）机组。

2) 集中供暖系统热水循环泵的耗电输热比和通风空调系统风机的单位风量耗功率符合现行国家标准《公共建筑节能设计标准》GB 50189—2015 等的有关规定，且空调冷热水系统循环水泵的耗电输冷（热）比比现行国家标准《民用建筑供暖通风与空气调节设计规范》GB 50736—2012 规定值低 20%，评价分值为 6 分。

【关注点】：对于无集中供暖系统仅配置集中空调的建筑，通风空调系统的单位风量耗功率、空调冷热水系统循环水泵的耗电输冷（热）比满足本条要求，也可得 6 分；对于仅有集中供暖的建筑，集中供暖的供暖系统热水循环泵耗电输热比满足本条文对应要求，也可得 6 分。

【评价方法】：设计评价查阅相关设计文件、计算书；运行评价查阅相关竣工图、主要产品型式检验报告、计算书，并现场核实。

【得分方法】：尽量选择高效水泵，降低水管比摩阻，尽量满足得 6 分的要求。

3）合理选择和优化供暖、通风与空调系统，评价总分值为 10 分，根据系统能耗的降低幅度按表 5-21 的规则评分。

供暖、通风与空调系统能耗降低幅度评分规则　　　　　　　　　　表 2-21

供暖、通风与空调系统能耗降低幅度 D_e	得分
$5\% \leqslant D_e < 10\%$	3
$10\% \leqslant D_e < 15\%$	7
$D_e \geqslant 15\%$	10

【评价方法】：设计评价查阅相关设计文件、计算分析报告；运行评价查阅相关竣工图、主要产品型式检验报告、计算分析报告，并现场核实。

【得分方法】：需做设计系统和参考系统模拟计算

4）采取措施降低过渡季节供暖、通风与空调系统能耗，评价分值为 6 分。

【评价方法】：设计评价查阅相关设计文件；运行评价；查阅相关竣工图、运行记录，并现场核实。

【得分方法】：过渡季节降低供暖、通风与空气调节系统能耗的技术主要有冷却塔免费供冷、全新风或可调新风的全空气系统。对于采用分体空调、可随时开窗通风的公共建筑，本条可直接得分。对于不设暖通空调系统的民用建筑，本条为不参评。对于全空气系统，其可达到的最大新风比不应低于 50%，人员密集的大空间、需全年供冷的空调区，则可达到的最大新风比不应低于 70%。尽量满足得 6 分的要求。

5）采取措施降低部分负荷、部分空间使用下的供暖、通风与空调系统能耗，评价总分值为 9 分，并按下列规则分别评分并累计：

① 区分房间的朝向，细分供暖、空调区域，对系统进行分区控制，得 3 分；

② 合理选配空调冷、热源机组台数与容量，制订实施根据负荷变化调节制冷（热）量的控制策略，且空调冷源的部分负荷性能符合现行国家标准《公共建筑节能设计标准》GB 50189—2015 的规定，得 3 分；

③ 水系统、风系统采用变频技术，且采取相应的水力平衡措施，得 3 分。

【评价方法】：设计评价查阅相关设计文件；运行评价查阅相关竣工图、运行记录，并现场核实。

【得分方法】：尽量满足得 9 分的要求

（3）照明与电气

合理选用节能型电气设备，评价总分值为 5 分，并按下列规则分别评分并累计：

① 三相配电变压器满足现行国家标准《三相配电变压器能效限定值及节能评价值》GB 20052—2013 的节能评价值要求，得 3 分；

② 水泵、风机等设备，及其他电气装置满足相关现行国家标准的节能评价值要求，得 2 分。

【关注点】：暖通空调设计仅涉及第 2 款。与之相关的国家标准包括：《通风机能效限定值及能效等级》GB 19761—2009 和《清水离心泵能效限定值及节能评价值》GB 19762—2007。

【评价方法】：设计评价查阅相关设计文件；运行评价查阅相关竣工图、主要产品型式检验报告，并现场核实。

【得分方法】：在主要设备表中注明风机、水泵的效率或能效等级参数，这些参数应满足上述相关标准要求。尽量满足得 2 分的要求。

（4）能量综合利用

1）排风能量回收系统设计合理并运行可靠，评价分值为 3 分。

【评价方法】：设计评价查阅相关设计文件、计算分析报告；运行评价查阅相关竣工图、主要产品型式检验报告、运行记录、计算分析报告，并现场核实。

【得分方法】：主要设备表应标注排风能量回收装置的进排风温度及热交换效率；进排风温差及热交换效率，尽量满足得 3 分的要求。

2）合理采用蓄冷蓄热系统，评价分值为 3 分。

【条文解释关注点】：若当地峰谷电价差低于 2.5 倍或没有峰谷电价的，本条不参评。

【评价方法】：设计评价查阅相关设计文件、计算分析报告；运行评价查阅相关竣工图、主要产品型式检验报告、运行记录、计算分析报告，并现场核实。

【得分方法】：不参评或者尽量满足得 3 分的要求。

3）合理利用余热废热解决建筑的蒸汽、供暖或生活热水需求，评价分值为 4 分。

【条文解释关注点】：若建筑无可用的余热废热源，或建筑无稳定的热需求，本条不参评。

【评价方法】：设计评价查阅相关设计文件、计算分析报告；运行评价查阅相关竣工图、计算分析报告，并现场核实。

4）根据当地气候和自然资源条件，合理利用可再生能源，评价总分值为 10 分，按表 2-22 的规则评分。

可再生能源利用评分规则

表 2-22

可再生能源利用类型和指标		得分
由可再生能源提供的生活用热水比例 R_{hw}	$20\% \leqslant R_{hw} < 30\%$	2
	$30\% \leqslant R_{hw} < 40\%$	3
	$40\% \leqslant R_{hw} < 50\%$	4
	$50\% \leqslant R_{hw} < 60\%$	5
	$60\% \leqslant R_{hw} < 70\%$	6
	$70\% \leqslant R_{hw} < 80\%$	7
	$80\% \leqslant R_{hw} < 90\%$	8
	$90\% \leqslant R_{hw} < 100\%$	9
	$R_{hw} = 100\%$	10
由可再生能源提供的空调用冷量和热量比例 R_{ch}	$20\% \leqslant R_{ch} < 30\%$	4
	$30\% \leqslant R_{ch} < 40\%$	5
	$40\% \leqslant R_{ch} < 50\%$	6
	$50\% \leqslant R_{ch} < 60\%$	7
	$60\% \leqslant R_{ch} < 70\%$	8
	$70\% \leqslant R_{ch} < 80\%$	9
	$R_{ch} = 80\%$	10

续表

可再生能源利用类型和指标		得分
由可再生能源提供的电量比例 Re	$1.0\% \leqslant Re < 1.5\%$	4
	$1.5\% \leqslant Re < 2.0\%$	5
	$2.0\% \leqslant Re < 2.5\%$	6
	$2.5\% \leqslant Re < 3.0\%$	7
	$3.0\% \leqslant Re < 3.5\%$	8
	$3.5\% \leqslant Re < 4.0\%$	9
	$Re \geqslant 4.0\%$	10

【评价方法】：设计评价查阅相关设计文件、计算分析报告；运行评价查阅相关竣工图、计算分析报告，并现场核实。

【得分方法】：因地制宜的设置地/水源热泵系统，地/水源热泵提供的冷/热量（将机组输入功率考虑在内）与空调系统的总冷、热负荷（冬季供热且夏季供冷的，可简单取冷量和热量的算术和）之比。

（5）节水与水资源利用

节水与水资源利用评价体系与得分柱状图如图2-28所示。

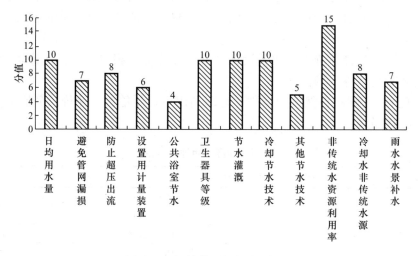

图2-28 评价体系与得分柱状图

节水器具与设备

空调设备或系统采用节水冷却技术，评价总分值为10分，并按下列规则评分：

a. 循环冷却水系统设置水处理措施；采取加大集水盘、设置平衡管或平衡水箱的方式，避免冷却水泵停泵时冷却水溢出，得6分。

b. 运行时，冷却塔的蒸发耗水量占冷却水补水量的比例不低80%，得10分。

c. 采用无蒸发耗水量的冷却技术，得10分。

【关注点】：整个项目所有空调设备或系统均无蒸发耗水量时，如采用多联机、分体空调、风冷式空调（热泵）机组、无冷却塔的地/水源热泵空调系统等，本条第3款可得分。

【设计要求】：施工图设计说明应说明空调冷源设备的冷却方式，主要设备表注明空调冷源设备冷却方式。

【评价方法】：设计评价查阅相关设计文件、计算书、产品说明书；运行评价查阅相关竣工图样、设计说明、产品说明，查阅冷却水系统的运行数据、蒸发量、冷却水补水量的用水计量报告和计算书，并现场核实。

【得分方法】：有冷却塔的情况下保证得 6 分，无冷却塔尽量满足得 10 分的要求。

（6）室内环境质量

室内环境质量评价体系与得分柱状图如图 2-29 所示。

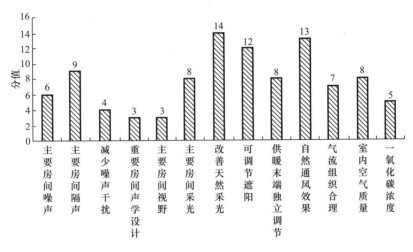

图 2-29　评价体系与得分柱状图

1）控制项

① 主要功能房间的室内噪声级应满足现行国家标准《民用建筑隔声设计规范》GB 50118—2010 中的低限要求。

② 采用集中供暖空调系统的建筑，房间内的温度、湿度、新风量等设计参数应符合现行国家标准《民用建筑供暖通风与空气调节设计规范》GB 50736—2012 的规定。

③ 在室内设计温、湿度条件下，建筑围护结构内表面不得结露。

④ 屋顶和东西外墙隔热性能应满足现行国家标准《民用建筑热工设计规范》GB 50176—2016 的要求。

2）评分项

① 室内声环境

主要功能房间室内噪声级，评价总分值为 6 分。噪声级达到现行国家标准《民用建筑隔声设计规范》GB 50118—2010 中的低限标准限值和高要求标准限值的平均值，得 3 分；达到高要求标准限值，得 6 分。

【评价方法】：设计评价查阅相关设计文件、环评报告或噪声分析报告；运行评价查阅相关竣工图、室内噪声检测报告。

【得分方法】：空调通风设备选型就按噪声要求注明设备噪声水平。

② 室内热湿环境

a. 采取可调节遮阳措施，降低夏季太阳辐射得热，评价总分值为 12 分。外窗和幕墙透明部分中，有可控遮阳调节措施的面积比例达到 25%，得 6 分；达到 50%，得 12 分。

【关注点】：可调遮阳措施包括活动外遮阳设施、永久设施（中空玻璃夹层智能内遮阳）、固定外遮阳加内部高反射率可调节遮阳等措施。对没有阳光直射的透明围护结构，不计入面积计算。

【评价方法】：设计评价查阅相关设计文件、产品说明书、计算书；运行评价查阅相关竣工图、产品说明书、计算书，并现场核实。

b. 供暖空调系统末端现场可独立调节，评价总分值为8分。供暖、空调末端装置可独立启停的主要功能房间数量比例达到70%，得4分；达到90%，得8分。

【评价方法】：设计评价查阅相关设计文件、产品说明书；运行评价查阅相关竣工图、产品说明书，并现场核实。

③ 室内空气质量

a. 优化建筑空间、平面布局和构造设计，改善自然通风效果，评价总分值为13分，并按下列规则评分：

（a）居住建筑：按下列2项的规则分别评分并累计：

a）通风开口面积与房间地板面积的比例在夏热冬暖地区达到10%，在夏热冬冷地区达到8%，在其他地区达到5%，得10分；

b）设有明卫，得3分。

（b）公共建筑：根据在过渡季典型工况下主要功能房间平均自然通风换气次数不小于2次/h的数量比例，按表2-23的规则评分，最高得13分。

公共建筑过渡季典型工况下主要功能房间自然通风评分规则　　　　表2-23

面积比例 R_R	得分
60%≤R_R<65%	6
65%≤R_R<70%	7
70%≤R_R<75%	8
75%≤R_R<80%	9
80%≤R_R<85%	10
85%≤R_R<90%	11
90%≤R_R<95%	12
R_R≥95%	13

【关注点】：

a）在过渡季节典型工况下，自然通风房间可开启外窗净面积不得小于房间地板面积的4%，建筑内区房间若通过邻接房间进行自然通风，其通风开口面积应大于该房间净面积的8%，且不应小于2.3m²（数据源自美国ASHRAE标准62.1）。

b）对于复杂建筑，必要时需采用多区域网络法进行多房间自然通风量的模拟分析计算。

【评价方法】：设计评价查阅相关设计文件、计算书、自然通风模拟分析报告；运行评价查阅相关竣工图、计算书、自然通风模拟分析报告，并现场核实。

b. 气流组织合理，评价总分值为7分，并按下列规则分别评分并累计：

（a）重要功能区域供暖、通风与空调工况下的气流组织满足热环境参数设计要求，得

4 分；

（b）避免卫生间、餐厅、地下车库等区域的空气和污染物串通到其他空间或室外活动场所，得 3 分。

【关注点】：

a）施工图设计说明应包含主要功能房间、高大空间（如剧场、体育场馆、博物馆、展览馆等），以及对于气流组织有特殊要求区域的气流组织设计说明和空调末端风口设计依据。

b）卫生间、餐厅、地下车库等区域应保证负压。进风口与排风口位置应避免短路，排风口位置应避免污染空气窜入其他空间或室外人员活动场所。

【评价方法】：设计评价查阅相关设计文件、气流组织模拟分析报告；运行评价查阅相关竣工图、气流组织模拟分析报告或检测报告，并现场核实。

【得分方法】：尽量满足得分的要求。

c. 主要功能房间中人员密度较高且随时间变化大的区域设置室内空气质量监控系统，评价总分值为 8 分，并按下列规则分别评分并累计：

（a）对室内的二氧化碳浓度进行数据采集、分析，并与通风系统联动，得 5 分；

（b）实现室内污染物浓度超标实时报警，并与通风系统联动，得 3 分。

【评价方法】：设计评价查阅相关设计文件；运行评价查阅相关竣工图、运行记录，并现场核实。

【得分方法】：至少满足得 5 分的要求。

d. 地下车库设置与排风设备联动的一氧化碳浓度监测装置，评价分值为 5 分。

【评价方法】：设计评价查阅相关设计文件；运行评价查阅相关竣工图、运行记录，并现场核实。

【得分方法】：满足得 5 分的要求。

（7）提高与创新

加分项的附加得分为各加分项得分之和。当附加得分大于 10 分时，应取为 10 分。

1）加分项：

① 性能提高：

a. 围护结构热工性能比国家现行有关建筑节能设计标准的规定高 20%，或者供暖空调全年计算负荷降低幅度达到 15%，评价分值为 2 分。

【评价方法】：设计评价查阅相关设计文件、计算分析报告；运行评价查阅相关竣工图、计算分析报告，并现场核实。

b. 供暖空调系统的冷、热源机组能效均优于现行国家标准《公共建筑节能设计标准》GB 50189—2015 的规定以及现行有关国家标准能效节能评价值的要求，评价分值为 1 分。对电机驱动的蒸气压缩循环冷水（热泵）机组，直燃型和蒸汽型溴化锂吸收式冷（温）水机组，单元式空气调节机、风管送风式和屋顶式空调机组，多联式空调（热泵）机组，燃煤、燃油和燃气锅炉，其能效指标比现行国家标准《公共建筑节能设计标准》GB 50189—2015 规定值的提高或降低幅度满足表 2-24 的要求；对房间空气调节器和家用燃气热水炉，其能效等级满足现行有关国家标准规定的 1 级要求。

冷、热源机组能效指标比现行国家标准《公共建筑节能设计标准》

GB 50189—2015 的提高或降低幅度　　　　　　　　　表 2-24

机组类型		能效指标	提高或降低幅度
电机驱动的蒸气压缩循环冷水（热泵）机组		制冷性能系数（COP）	高 12%
溴化锂吸收式冷水机组	直燃型	制冷、供热性能系数（COP）	高 12%
	蒸汽型	单位制冷量蒸汽耗量	低 12%
单元式空气调节机、风管送风式和屋顶式空调机组		能效比（EER）	高 12%
多联式空调（热泵）机组		制冷综合性能系数（IPLV（C））	高 16%
锅炉	燃煤	热效率	高 6 个百分点
	燃油燃气	热效率	高 4 个百分点

【评价方法】：设计评价查阅相关设计文件；运行评价查阅相关竣工图、主要产品型式检验报告，并现场核实

c. 采用分布式热电冷联供技术，系统全年能源综合利用率不低于 70%，评价分值为 1 分。

【评价方法】：设计评价查阅相关设计文件、计算分析报告，包括负荷预测、系统配置、运行模式、经济和环保效益等方面运行评价查阅相关竣工图、主要产品型式检验报告、计算分析报告，并现场核实。

d. 对主要功能房间采取有效的空气处理措施，评价分值为 1 分。

【评价方法】：设计评价查阅暖通空调专业设计图样和文件空气处理措施报告；运行评价查阅暖通空调专业竣工图样、主要产品型式检验报告、运行记录、室内空气品质检测报告等，并现场检查。

间歇性人员密度较高的空间或区域，以及人员经常停留空间或区域的空气处理机组中设置中效过滤段、在主要功能房间设置空气净化装置等。尽量满足得 1 分的要求。

② 创新

a. 进行建筑碳排放计算分析，采取措施降低单位建筑面积碳排放强度，评价分值为 1 分。

【评价方法】：设计评价查阅设计阶段的碳排放计算分析报告以及相应措施；运行评价查阅设计、运行阶段的碳排放计算分析报告，以及相应措施的运行情况。

b. 采取节约能源资源、保护生态环境、保障安全健康的其他创新，并有明显效益，评价总分值为 2 分。采取一项，得 1 分；采取两项及以上，得 2 分。

【评价方法】：设计评价时查阅相关设计文件、分析论证报告及相关证明材料；运行评价时查阅相关竣工图、分析论证报告及相关证明材料，并现场核实。

2.8.2　地标《绿色建筑评价标准》DB11/T 825—2015

按照北京市《绿色建筑评价标准》DB11/T 825—2015 制定了《北京市绿色建筑施工图审查要点（2017 年修订）》。2017 年 10 月 1 日后取得建设工程规划许可证的房屋建筑类项目按此审查要点进行绿色建筑施工图专项审查，其中政府投资公益性建筑和大型公共建筑应按此审查要点达到绿色建筑二星级及以上标准。

本审查要点适用于北京市新建民用建筑工程及类似的其他建筑工程的绿色建筑施工图审查（类似的其他建筑工程是指工业厂区内的办公楼、宿舍等类似民用建筑的建筑工程）；附建在工业厂房的办公用房等非工业部分，其面积占整个建筑面积的比例大于等于 30%，或面积大于等于 1000m²，非工业部分应进行绿色建筑施工图审查。

本审查要点的标准依据是北京市《绿色建筑评价标准》DB11/T 825—2015。

绿色建筑施工图审查与常规施工图审查同时进行，设计单位需提交《绿色建筑施工图审查集成表》，见附录 A。施工图除符合本审查要点外，尚应符合国家及北京市的有关标准的规定。

"得分 Q_i"按照该类指标的"实际得分"除以"适用总分"（"适用总分"为 100 分减去不参评分）再乘以 100 分计算，"得分 Q_i"乘以各类指标的"权重 w_i"即为该类指标的"加权得分"，"总得分 $\sum Q$"为各类指标的"加权得分 $\omega_i Q_i$"和"加分项得分 Q_8"之总和，加分项的附加得分 Q_8 按《绿色建筑评价标准》DB11/T 825—2015 第 11 章的有关规定确定。即 $\sum Q=w_1Q_1+w_2Q_2+w_3Q_3+w_4Q_4+w_5Q_5+Q_8$。和国标要求同样，所有控制项要求应全部满足；每类指标的评分项目"得分 Q_i"不应小于 40 分，一星级绿色建筑"总得分 $\sum Q$"不应小于 50 分；当"总得分 $\sum Q$"分别达到 60 分、80 分时，分别为二星级、三星级。"建议最低分"为达到绿色建筑一星级目标的得分建议，项目可根据实际情况选择适宜的得分项。条文中有"＊"标记的为绿色建筑二星级需增加的内容及需要提供的证明材料。公共建筑评分计算，见表 2-25。

公共建筑评分计算表 表 2-25

工程项目名称						
评价指标		节地与室外环境 w_1	节能与能源利用 w_2	节水与水资源利用 w_3	节材与材料资源利用 w_4	室内环境质量 w_5
指标序号 1		1	2	3	4	5
控制项	评定结果	□满足	□满足	□满足	□满足	□满足
评分项	权重 w_i	0.16	0.28	0.18	0.19	0.19
	适用总分					
	实际得分					
	得分 Q_i					
	加权得分 w_1Q_i					
加分项得分 Q_8						
总得分 $\sum Q$						
绿色建筑等级		□一星级□二星级□三星级				

国标《绿色建筑评价标准》GB/T 50378—2014 中暖通专业分数主要集中在第 5 章、第 8 章和第 6 章、第 11 章的部分条文，地规与国标有微小区别，最高贡献得分见表 2-26。

地标中暖通专业最高贡献得分 表 2-26

第 5 章 节能与能源利用评价分项	各项总分	暖通最大分值	本项权重（w_2）	本章节 暖通最大总分值
Ⅰ 建筑与维护结构	22	0		
Ⅱ 供暖、通风与空调	39	39		
Ⅲ 照明与电气	21	2	0.28	16.52
Ⅳ 能量综合利用	18	18		
总分	100	59		

续表

| 第6章 | 各项总分 | 暖通最大分值 | 本项权重（w_2） | 本章节 |
节水与水资源利用评价分项				暖通最大总分值
Ⅰ节水系统	35	0		
Ⅱ节水器具与设备	35	10	0.18	1.8
Ⅲ非传统水源利用	30	0		
总分	100	10		

| 第8章 | 各项总分 | 暖通最大分值 | 本项权重（w_2） | 本章节 |
室内环境质量				暖通最大总分值
Ⅰ室内声环境	23	0		
Ⅱ室内光环境与视野	25	0		
Ⅲ室内热湿环境	20	8	0.19	5.13
Ⅳ室内空气质量	32	19		
总分	100	27		

| 第11章 | 各项总分 | 暖通最大分值 | 本项权重（w_2） | 本章节 |
提高与创新				暖通最大总分值
Ⅰ提高	9	5		
Ⅱ创新	11	0	0	5
总分	不超过10分	5		
北京市地标《节能建筑评价标准》DB11/T 825—2015			暖通专业总分	28.45

暖通专业相关条文：

（1）节地与室外环境

控制项：

场地内建设项目不应有排放超标的污染物，且应通过合理布局和隔离等措施降低污染源的影响。

a. 暖通专业设计说明中写明废气（含厨房油烟、锅炉等）排放处理要求及排放标准。

b. 暖通平面图中应明确废气、空调废热等排放位置，应避免向行人通过区域排热与排风，或采取高位排放等措施避免对行人产生不利影响。

注：本条还有建筑专业、给水排水专业相关内容。

（2）节能与能源利用

1）控制项

① 当锅炉为热源设备时，除下列情况外，不应采用蒸汽锅炉：

a. 厨房、洗衣、高温消毒以及冬季空调加湿等必须采用蒸汽的热负荷时；

b. 当蒸汽热负荷在总热负荷中的比例大于70%，且总热负荷≤1.4mW时。

（a）没有蒸汽锅炉时可视为达标。

（b）暖通设计说明中应写明热源形式，如采用蒸汽锅炉，应写明蒸汽使用情况、蒸汽热负荷、总热负荷等内容。

② 采用冷却塔释热的水冷式制冷机组时，冷源系统综合性能系数 SCOP 值，应满足现行北京市地方标准《公共建筑节能设计标准》DB 11/687—2015 的规定。

【审查范围】民用建筑；

【审查文件】暖通设计说明、暖通节能计算书、设备表；

【审查内容】

a. 没有采用冷却塔释热的水冷式制冷机组时可视为达标。

b. 暖通设计说明中应写明冷源系统型式和系统综合性能系数 SCOP 值。

c. 暖通节能计算书中应包含系统综合性能系数 SCOP 值计算过程。

d. 设备表中冷水机组、冷却水泵、冷却塔等设备参数应与暖通节能计算书中设备参数一致。

2）评分项

① 建筑与围护结构

围护结构热工性能指标由北京市现行相关建筑节能设计标准规定，评价总分值为 10 分，并按下列规则评分：

（a）围护结构热工性能比北京市现行相关建筑节能设计标准规定的提高幅度达到 3%，得 3 分，每增加 1%，得 1 分，满分 10 分；

（b）按照围护结构热工性能权衡判断的方法和要求计算能耗，设计建筑全年累计暖通空调能耗值比参照建筑降低幅度达到 3%，得 3 分，每增加 1%，得 1 分，满分 10 分。

【审查范围】民用建筑；

【审查文件】全年负荷计算分析报告；

【审查内容】

a）对于居住建筑和乙类公建，本条自动得分；

b）对于公共建筑，需进行建筑全年的暖通空调能耗计算分析，计算分析中需要基于两个算例的建筑暖通空调全年累计综合能耗进行判定。两个算例仅考虑围护结构本身的不同性能，在模拟计算建筑物全楼累计耗冷量时，不考虑室内发热量、新风耗冷量等；在模拟计算建筑物全楼累计耗热量时，不考虑室内发热量、新风耗热量或冷风渗透和侵入耗热量、通风耗热量等。专用模拟软件的选择、参照建筑的参数设定以及围护结构热工性能权衡判断计算的其他要求应符合现行《公共建筑节能设计标准》DB 11/687—2015 的规定。

【建议最低分】

居住建筑和乙类公建 10 分，甲类、丙类公建 3 分。

注：本条还有建筑专业相关内容。

② 供暖、通风与空调

a. 供暖空调系统的冷、热源机组能效指标均优于现行北京市地方标准《公共建筑节能设计标准》DB 11/687—2015 的规定以及现行有关国家标准能效限定值的要求，评价总分值为 6 分，并按下列规则评分：

（a）电机驱动压缩机的蒸汽压缩循环冷水（热泵）机组的制冷性能系数（COP）和冷源系统综合制冷性能系数（SCOP）、单元式空气调节机、风管送风式和屋顶式空调机组的能效比（EER）、直燃型溴化锂吸收式冷水机组的制冷、供热性能系数（COP）：提高 3% 得 3 分，提高 6% 得 6 分；

（b）蒸汽型溴化锂吸收式冷水机组的单位制冷量蒸汽耗量：降低 3% 得 3 分，降低 6% 得 6 分；

　　(c) 多联式空调（热泵）机组的制冷综合性能系数（IPLV(C)）：提高 4% 得 3 分，提高 8% 得 6 分；

　　(d) 燃煤锅炉热效率提高 2 个百分点、燃油燃气锅炉热效率提高 1 个百分点，得 3 分；燃煤锅炉热效率提高 3 个百分点、燃油燃气锅炉热效率提高 2 个百分点，得 6 分。

　　(e) 房间空气调节器和家用燃气热水炉，其能效满足现行国家标准的节能评价值要求，得 6 分。

　　【审查范围】采用空调或供暖的民用建筑；

　　【审查文件】暖通设计说明、设备表；

　　【审查内容】

　　a) 对城市市政热源，不对其热源机组能效进行要求；对于采用区域供冷，且能源站由第三方投资并运营的项目，不对其冷源机组能效进行要求；用户（住户）自行选择空调供暖系统及设备的，本条不参评。

　　b) 锅炉房或集中冷站不在本次施工图报审范围内的项目，应在设计说明中应对其概况进行说明，并应在设计说明中对冷、热源机组能效提出要求。

　　c) 暖通设计说明中应写明冷源系统型式和系统综合性能系数 SCOP 值。

　　d) 暖通设备表中应写明：蒸汽压缩循环冷水（热泵）机组的制冷性能系数（COP）和冷源系统综合制冷性能系数（SCOP）、单元式空气调节机、风管送风式和屋顶式空调机组的能效比（EER）、直燃型溴化锂吸收式冷水机组的制冷、供热性能系数（COP）、蒸汽型溴化锂吸收式冷水机组的单位制冷量蒸汽耗量、多联式空调（热泵）机组的制冷综合性能系数（IPLV(C)）、锅炉热效率、房间空气调节器和家用燃气热水炉的能效等级等。

　　【建议最低分】6 分。

　　b. 优化暖通空调的输配系统，减少输配系统的运行能耗。评价总分值为 6 分，并按下列规则分别评分并累计：

　　(a) 通风空调系统风机的单位风量耗功率符合现行北京市地方标准《公共建筑节能设计标准》DB 11/687 的要求，得 2 分；

　　(b) 供暖系统热水循环泵耗电输热比满足现行北京市地方标准《公共建筑节能设计标准》DB 11/687 的要求；空调冷热水系统循环泵的耗电输冷（热）比比现行北京市地方标准《公共建筑节能设计标准》DB 11/687—2015 规定值低 10%，得 2 分；低 20%，得 4 分。

　　【审查范围】采用供暖、通风或空调的民用建筑；

　　【审查文件】暖通设备表、暖通节能计算书；

　　【审查内容】

　　a) 对于冰蓄冷乙二醇工质循环系统的耗电输冷比，本条不要求。不涉及机械通风系统和（或）空调通风系统的民用建筑，条款 1 直接得 2 分。如空调系统按照北京市《公共建筑节能设计标准》DB 11/687—2015 的要求进行了权衡判断，采用了提高循环水泵耗电输冷（热）比的措施进行补强，则应在补强后提高的基准上再提高相应的百分比。对于仅有集中供暖的建筑，供暖系统热水循环泵耗电输热比符合北京市《公共建筑节能设计标准》DB 11/687—2015 的要求，条款 2 得 4 分。对于供暖和空调系统未采用集中热水和冷冻水输配方式时，条款2得4分。

b）暖通设备表中应标明所选风机的单位风量耗功率、供暖系统热水循环泵耗电输热比、空调冷热水系统循环泵的耗电输冷（热）比（设计值和标准要求值）。

c）暖通节能计算书中应包含供暖系统热水循环泵耗电输热比、空调冷热水系统循环泵的耗电输冷（热）比计算过程。

【建议最低分】4分。

c. 采取措施降低过渡季节供暖、通风与空调系统能耗，评价总分值为6分，并按下列规则分别评分并累计：

（a）全空气空调系统能够实现全新风或变新风运行，且排风系统应与新风量的调节相适应，得3分；

（b）过渡季节改变新风送风温度、优化冷却塔供冷的运行时数及调整供冷温度等节能措施，得3分。

【审查范围】设置集中空调的民用建筑；

【审查文件】暖通设计说明、暖通系统图、暖通平面图；

【审查内容】

a）对于不设暖通空调系统的建筑，本条不参评。对于未设置集中空调采用分体空调和（或）变频多联式空调、可随时开窗通风的民用建筑，当5.2.2条得分时本条得6分。没有全空气空调系统的第1款得3分。

b）设计说明中应写明过渡季节降低供暖、通风与空调系统能耗的措施；

c）暖通系统图和（或）平面图中应体现所采用的节能措施的相关内容；

d）节能措施包括：全空气系统全新风或可调新风比运行；过渡季改变新风送风温度；优化冷却塔供冷运行时数及调整供冷温度等；

【建议最低分】6分。

d. 采取措施降低部分负荷、部分空间使用下的供暖、通风与空调系统能耗，评价总分值为6分，并按下列规则分别评分并累计：

（a）区分房间的朝向，细分供暖、空调区域，对系统进行分区控制，得2分；

（b）合理选配空调冷、热源机组台数与容量，制订实施根据负荷变化调节制冷（热）量的控制策略，且空调冷源的部分负荷性能符合现行北京市地方标准《公共建筑节能设计标准》DB 11/687—2015 的规定，得2分；

（c）水系统、风系统合理采用变频控制技术，符合现行北京市地方标准《公共建筑节能设计标准》DB 11/687—2015 的相关要求，得2分。

【审查范围】采用供暖、通风或空调的民用建筑；

【审查文件】暖通设计说明、暖通系统图、暖通平面图；

【审查内容】

a）设计说明中应写明降低部分负荷、部分空间使用下的供暖、通风与空调系统能耗的措施；

b）暖通平面布置应区分房间朝向，细分空调区域，可实现分区控制；

c）设备表中应标明空调冷源的部分负荷性能系数；

d）空调方式采用分体空调以及多联机的，当其供暖系统满足本款要求能够实现分户控温或没有供暖系统满足第 1 款要求；第 3 款主要针对输配系统，包括供暖、空调、通风等系统，如冷热源和末端一体化而不存在输配系统的，可认定为满足，例如住宅中仅设分体空调以及多联机等。

【建议最低分】6 分。

e. 合理选择和优化供暖、通风与空调系统，评价总分值为 9 分，并按下列规则评分：

（a）系统能耗降低幅度达到 3％，得 3 分；

（b）系统能耗降低幅度达到 5％，得 6 分；

（c）系统能耗降低幅度达到 10％，得 9 分。

【审查范围】进行供暖、通风或空调的民用建筑；

【审查文件】暖通设计文件、暖通空调能耗模拟计算书；

【审查内容】

a）暖通空调能耗模拟计算书中应写明参照建筑与实际建筑的围护结构、供暖、通风和空调系统情况等计算输入条件，并应写明参照建筑和实际建筑的全年供暖、通风与空调能耗以及能耗降低幅度。

b）暖通空调能耗模拟计算书中参照建筑与设计建筑的围护结构输入条件应相同，当第 5.2.3 条得分时，围护结构参数应与第 5.2.3 条优化后的参数一致；设计建筑的系统输入条件应与暖通设计文件一致。

f. 合理设置暖通空调能耗监测与管理系统，评价总分值为 6 分，并按下列规则分别评分并累计：

（a）对暖通空调系统的主要设备可以进行远程启停、监测、报警、记录，得 1 分；

（b）能够对系统的总冷热量瞬时值和累计值进行在线监测，得 1 分；

（c）冷热源机组在三台及以上时，采用机组群控方式，得 1 分；

（d）全空气空调系统变新风比采用自动控制方式，得 1 分；

（e）调速水泵、调速风机及相对应的水阀、风阀采用自动控制方式，得 1 分；

（f）冷却塔风机开启台数或转速可根据冷却塔出水温度自动控制，得 1 分。

【审查范围】采用供暖、通风或空调的民用建筑（未设置条文中条款对应的系统，相应条款不参评）；

【审查文件】暖通设计说明；

【审查内容】暖通设计说明中应写明暖通空调系统的监测与控制的方案及措施；

【建议最低分】3 分。

注：本条还有电气专业相关内容

（3）照明与电气

合理选用节能型电气设备，评价总分值为 5 分，并按下列规则分别评分并累计：

① 三相配电变压器达到现行国家标准《三相配电变压器能效限定值及能效等级》GB 20052—2013 的 2 级能效要求，得 2 分；1 级能效要求，得 3 分；

② 水泵、风机等设备，及其他电气装置满足相关现行国家标准的能效等级 2 级或节能评价值要求，得 2 分。

【审查范围】民用建筑；

【审查文件】暖通设计说明；

【审查内容】暖通设计说明中应写明所采用的水泵、风机满足2级能效或节能评价值要求；

【建议最低分】2分。

注：本条第1款还有电气专业相关内容，第2款还有给水排水专业相关内容。

（4）能量综合利用

1）排风能量回收系统设计合理并运行可靠，评价总分值为2分，并按下列规则评分，参评建筑的排风能量回收满足下列两项之一即可：

① 采用集中空调系统的建筑，利用排风对新风进行预热（预冷）处理，降低新风负荷，且排风热回收装置（全热和显热）的额定热回收效率不低于60%；

② 采用带热回收的新风与排风双向换气装置，且双向换气装置的额定热回收效率不低于55%。

【审查范围】采用供暖、通风或空调的民用建筑（对无独立新风系统的建筑，或其他不宜设置排风能量回收系统的建筑，本条不参评）；

【审查文件】暖通设计说明、设备表、系统图；

【审查内容】

a. 暖通设计说明中应写明设置排风能量回收系统的应用范围、系统形式等内容；

b. 系统图应体现排风能量回收系统的设备及通风路由；

c. 暖通设备表中应标明排风热回收系统的额定热回收效率；

【建议最低分】2分。

2）合理采用蓄冷蓄热系统，评价总分值为3分，并按下列规则评分，参评建筑的蓄冷蓄热系统满足下列两项之一即可：

① 用于蓄冷的电驱动蓄能设备提供的设计日的冷量达到20%；电加热装置的蓄能设备能保证高峰时段不用电；

② 最大限度地利用谷电，谷电时段蓄冷设备全负荷运行的80%能全部蓄存并充分利用。

【审查范围】采用供暖或空调的公共建筑（对于峰谷电价差小于2.5倍的项目，本条不参评）；

【审查文件】暖通设计说明、设备表、系统图、机房详图；

【审查内容】

a. 暖通设计说明中应写明蓄冷蓄热系统设计情况，包括蓄冷蓄热系统规模、运行策略等；

b. 暖通设备材料表中应明确蓄冷蓄热设备的相关参数；

c. 空调机房详图中应体现蓄冷蓄热系统的位置和尺寸；

d. 暖通蓄冷蓄热系统图中应体现运行流程；

3）合理利用余热废热解决建筑的蒸汽、供暖或生活热水需求，评价分值为4分。

【审查范围】民用建筑（采用市政热源的居住建筑，本条不参评）；

【审查文件】暖通设计说明、暖通设备表、暖通系统图；

【审查内容】

① 暖通设计说明中应写明余热废热源、利用的方式、用量及其使用比例；

② 暖通系统图中应体现余热废热利用的相关内容；

③ 暖通设备表中应写明余热废热利用机组及其他设备的相关参数；

④ 本条重点审查余热或废热利用的合理性及提供的能量比例：余热或废热提供的能量分别不少于建筑所需蒸汽设计日总量的 40%、供暖设计日总量的 30%、生活热水设计日总量的 60%；而对于采用空调冷凝热回收的工程，余热提供的能量不少于生活热水能耗的 10%；

⑤ 余热废热利用包含建筑内的热泵、空调余热、其他废热等，和附近热电厂、高能耗工厂等余热、废热。采用空调冷凝热回收、水环热泵、带热回收的多联机或冷凝壁挂炉等热回收技术或设备时，本条直接得分。

注：本条还有给水排水专业相关内容。

4）根据北京市气候和自然资源条件，合理利用可再生能源，评价总分值为 9 分，并按下列规则评分：

① 由可再生能源提供的生活用热水比例 Rhw 达到 20% 得 4 分，在此基础上每提高 10%，多得 1 分；最高得 9 分；

② 由可再生能源提供的空调用冷量和热量比例达到 20%，得 4 分，每提高 10%，加 1 分；最高得 9 分；

③ 由可再生能源提供的电量比例达到 1%，得 4 分；每提高 0.5%，得分增加 1 分；最高得 9 分。

【审查范围】民用建筑；

【审查文件】暖通设计说明、设备表、系统图；

【审查内容】

a. 暖通设计说明中应写明可再生能源利用情况以及使用比例。

b. 系统图应表明可再生能源系统的相关内容。

c. 平面图或机房详图应包括可再生能源利用的相关内容。

注：本条还有给水排水专业、电气专业相关内容。

（5）节水与水资源利用

空调设备或系统采用节水冷却技术，评价总分值为 10 分，并按下列规则评分：

① 循环冷却水系统设置水处理措施；采取加大集水盘、设置平衡管或平衡水箱的方式，避免冷却水泵停泵时冷却水溢出，得 6 分；

② 运行时，冷却塔的蒸发耗水量占冷却水补水量的比例不低于 80%，得 10 分；

③ 采用无蒸发耗水量的冷却技术，得 10 分。

【建议最低分】6 分。

（6）室内环境质量

1）控制项

① 主要功能房间的室内噪声级应满足现行国家标准《民用建筑隔声设计规范》GB 50118—2010 中的低限要求。

【审查范围】民用建筑；

【审查文件】暖通设计说明、暖通设备表；

【审查内容】

a. 暖通设计说明中应写明室内噪声设计参数要求，应写明风机、水泵等有较大振动和噪声的设备所采用的消声减振措施；

b. 暖通设备表中应标明主要设备的噪声值。

注：本条还有建筑专业相关内容。

② 采用集中供暖空调系统的建筑，房间内的温度、湿度、新风量等设计参数应符合现行国家标准《民用建筑供暖通风与空气调节设计规范》GB 50736—2012 的规定。

【审查范围】采用集中供暖空调系统的民用建筑；

【审查文件】暖通设计说明；

【审查内容】暖通设计说明中应写明主要房间的温度、湿度、人员新风量等参数。

③ 室内空气中的氨、甲醛、苯、总挥发性有机物、氡等污染物浓度应符合现行国家标准《室内空气质量标准》GB/T 18883—2002 的有关规定。

设计阶段不参评。

2）评分项

① 室内声环境

a. 采取减少噪声干扰的措施，评价总分值为 4 分，并按下列规则分别评分并累计：

（a）建筑平面、空间布局合理，没有明显的噪声干扰，得 1 分；

（b）对易产生振动及噪声的设备采用隔声、减振措施，得 1 分；

（c）采用同层排水或其他降低排水噪声的有效措施，使用率不小于 50％，得 2 分。

【审查范围】本条第 1 和第 2 款适用于各类民用建筑；本条第 3 款适用于住宅、宾馆、公寓、医院病房、疗养院、福利院、宿舍楼等具有居住功能的建筑；

【审查文件】暖通设计说明；

【审查内容】暖通设计说明中应包含设备隔声、减振、降噪措施的说明。

注：本条还有建筑及给水排水专业相关内容。

② 室内热湿环境

供暖空调系统末端现场可独立调节，评价总分值为 8 分。供暖、空调末端装置可独立启停的主要功能房间数量比例达到 70％，得 4 分；达到 90％，得 8 分。

【审查范围】采用集中供暖空调系统的民用建筑。

【审查文件】暖通设计说明、暖通平面图。

【审查内容】

（a）暖通设计说明中应写明主要功能房间所采用的供暖空调末端形式及调节方式，应写明不能独立启停的主要房间类型及原因。

（b）暖通平面图中主要房间采用的供暖、空调末端形式应与设计说明一致。

（c）独立新风系统不要求末端独立调节。

【建议最低分】8 分。

③ 室内空气质量

a. 气流组织合理，评价总分值为 5 分，并按下列规则分别评分并累计：

（a）重要功能区域供暖、通风与空调工况下的气流组织满足热环境设计参数要求，得 3 分；

（b）避免卫生间、餐厅、地下车库等区域的空气和污染物串通到其他空间或室外活动场所，得 2 分。

【审查范围】民用建筑；

【审查文件】暖通设计说明、暖通平面图；＊气流组织计算书或模拟分析报告。

【审查内容】

a）公共建筑

ⓐ 暖通设计说明中应包含重要功能区域的气流组织设计说明和空调末端风口设计依据。

ⓑ 暖通平面图中空调系统设置应与设计说明描述一致。

ⓒ 暖通设计说明中应写明卫生间、餐厅、地下车库等区域的通风设计参数，应保证上述区域负压。

ⓓ 暖通平面图中上述区域通风系统设置应与设计说明一致。取风口与排风口位置应避免短路，排风口位置应避免污染空气串通到其他空间或室外人员活动场所。

ⓔ 需提供重要功能区域的气流组织计算书或模拟分析报告。本条仅考核重要功能区域，重要功能区域指的是主要功能房间，高大空间（如剧场、体育场馆、博物馆、展览馆等），以及对于气流组织有特殊要求的区域。

b）居住建筑

ⓐ 设计说明中应有室内空调末端和分体空调室外机位置设置说明。室内空调末端不应冷风直吹居住者，室外机位置应保证正常换热、避免气流短路。

ⓑ 暖通平面图中空调末端和室外机位置应与设计说明描述一致。

ⓒ 暖通设计说明中应写明卫生间、餐厅、地下车库等区域的通风设计参数或原则，应保证上述区域负压。

ⓓ 暖通平面图中上述区域通风系统设置应与设计说明一致，取风口与排风口位置应避免短路，排风口位置应避免污染空气串通到其他空间或室外人员活动场所。

【建议最低分】2 分。

b. 主要功能房间中人员密度较高且随时间变化大的区域设置室内空气质量监控系统，评价总分值为 6 分，并按下列规则分别评分并累计：

（a）对室内的二氧化碳浓度进行数据采集、分析，并与通风系统联动，得 4 分；

（b）实现室内污染物浓度超标实时报警，并与通风系统联动，得 2 分。

【审查范围】采用集中通风空调各类公共建筑；

【审查文件】暖通设计说明；

【审查内容】

暖通设计说明中应写明在主要功能房间中人员密度较高且随时间变化大的区域关于室内二氧化碳浓度监控系统或其他（甲醛、颗粒物等）污染物浓度监控系统的相关内容，应包括浓度控制范围和运行策略。

注：人员密度较高且随时间变化大的区域，指设计人员密度超过 0.25 人/m²，设计总人数超过 8 人，且人员随时间变化大的区域；

【建议最低分】4 分。

注：本条还有电气专业相关内容。

c. 地下车库设置与排风设备联动的一氧化碳浓度监测装置，评价分值为 4 分。

【审查范围】设地下车库的民用建筑；

【审查文件】暖通设计说明；

【审查内容】暖通设计说明中应写明地下车库一氧化碳浓度监测装置设置情况以及运行策略；

【建议最低分】4分。

注：本条还有电气专业相关内容。

d. 公共建筑采取有效措施加强对新风的处理，降低进入室内新风中 PM2.5 的浓度，评价分值为 4 分；

【审查范围】公共建筑；

【审查文件】暖通设计说明、设备表；

【审查内容】

（a）暖通设计说明中应写明控制新风系统中 PM2.5 浓度的措施。

（b）暖通设备表中新风处理设备功能应与设计说明中一致。

2.9 酒店管理要求

城市综合体多以大型商业、酒店和写字楼为主导，其中酒店多以五星级酒店为主。在酒店建设期，管理公司在此期间的主要职责是向业主提供酒店品牌的建设标准。业主的主要职责是统筹酒店设计和建设工作，审阅设计图样，以酒管公司提供的标准把控酒店建设质量。

酒店中的相同功能区域，不同酒管公司执行各自的暖通设计标准，且设计标准部分高于行业标准。所以在设计过程中对比甲方下发的设计任务书与国标、地标，如有不同或难以实现的情况，需尽早向甲方反映并得到正式书面答复，以避免设计依据不齐。

以下分为四部分介绍，针对不同的酒店功能设计区，暖通空调专业的设计参数取值和系统设置的内容。

第一部分：《旅馆建筑设计规范》JGJ 62—2014 中暖通专业相关规范条文；

第二部分：酒管公司机电设计导则——暖通部分；

第三部分：酒店各功能分区的常用设计做法；

第四部分：酒店暖通空调设计的几个常见问题。

2.9.1 《旅馆建筑设计规范》JGJ 62—2014 中暖通专业相关规范条文

（1）当利用城市热网供热时，在热网检修期或过渡季节，四级和五级旅馆建筑应设置备用热源，二、三级旅馆建筑宜设置备用热源。

（2）旅馆建筑的供暖、空调和生活用热源，宜整体协调，统一考虑。

（3）空调制冷运行时间较长的四级和五级旅馆建筑宜对空调废热进行回收利用。

（4）暖通空调设计应符合现行国家标准《民用建筑供暖通风与空气调节设计规范》GB 50736—2012、《公共建筑节能设计标准》GB 50189—2015 的规定。

（5）旅馆建筑室内暖通空调设计计算参数应符合表 2-27 的规定。

室内暖通空调设计计算参数　　　　　　　　　　　　表 2-27

房间等级和房间名称		夏季		冬季		新风量 L $[\text{m}^3/(\text{h}\cdot\text{p})]$
		空气温度 t(℃)	相对湿度 RH(%)	空气温度 t(℃)	相对湿度 RH(%)	
客房	一级	26~28	—	18~20	—	—
	二级	26~28	≤65	19~21	—	≥30
	三级	25~27	≤60	20~22	≥35	≥30
	四级	24~26	≤60	21~23	≥40	≥40
	五级	24~26	≤60	22~24	≥40	≥50
餐厅、宴会厅、多功能厅	一级	26~28	—	18~20	—	—
	二级	26~28	—	18~20	—	≥15
	三级	25~27	≤65	19~21	≥30	≥20
	四级	24~26	≤60	20~22	≥35	≥25
	五级	23~25	≤60	21~23	≥40	≥30
商业、服务	一级	26~28	—	18~20	—	—
	二级	25~27	—	18~20	—	≥15
	三级	25~27	≤60	19~21	≥30	≥20
	四级	24~26	≤60	20~22	≥35	≥25
	五级	24~26	≤60	21~23	≥40	≥30
大堂、中庭、门厅	一级	26~28	—	16~18	—	—
	二级	26~28	—	17~19	—	—
	三级	26~28	≤65	18~20	—	—
	四级	25~27	≤65	19~21	≥30	≥10
	五级	25~27	≤65	20~22	≥30	≥10
美容理发室		24~26	≤60	20~22	≥50	≥30
健身、娱乐		24~26	≤60	18~20	≥40	≥30

（6）旅馆建筑供暖及空调系统热源的选择应符合下列规定：

1）严寒和寒冷地区，应优先采用市政热网或区域热网供热；

2）不具备市政或区域热网的地区，可采用自备锅炉房供热或其他方式供热。锅炉房的燃料应结合当地的燃料供应情况确定，并宜采用燃气；

3）宜利用废热或可再生能源。

（7）旅馆建筑空调系统的冷源设备或系统选择，宜符合下列规定：

1）对一级、二级旅馆建筑的空调系统，当仅提供制冷时，宜采用分散式独立冷源设备；

2）三级及以上旅馆建筑的空调系统宜设置集中冷源系统。

（8）集中冷源系统的设置，应满足旅馆建筑部分负荷工况的调节需求，并应符合下列规定：

1）冷水机组直接供冷时，宜采用大小搭配的设置方式；

2）当地电费政策支持时，可采用冰蓄冷或水蓄冷系统；

3）制冷机房的总制冷量应根据空调系统的综合最大冷负荷确定。

（9）采用冰蓄冷系统时，宜设置基载冷水机组。

（10）集中空调水系统应采用变水量系统。

（11）旅馆建筑房间和公共区域空调系统的设置宜符合下列规定：

1）面积或空间较大的公共区域，宜采用全空气空调系统；

2）客房或面积较小的区域，宜设置独立控制室温的房间空调设备。

（12）采用全年空调系统供冷和供热的旅馆建筑，冷热水管道制式应根据旅馆建筑等级或建设需求、当地的气候特点、建筑朝向等因素确定。

（13）旅馆建筑供暖系统的设置应符合下列规定：

1）严寒地区应设置供暖系统；其他地区可根据冷热负荷的变化和需求等因素，经技术经济比较后，采用"冬季供暖＋夏季制冷"或者冬、夏空调系统；

2）严寒和寒冷地区旅馆建筑的门厅、大堂等高大空间以及室内游泳池人员活动地面等，宜设置低温地面辐射供暖系统；

3）供暖系统的热媒应采用热水。

（14）旅馆建筑内的厨房、洗衣机房、地下库房、客房卫生间、公共卫生间、大型设备机房等，应设置通风系统，并应符合下列规定：

1）厨房排油烟系统应独立设置，其室外排风口宜设置在建筑外的较高处，且不应设置于建筑外立面上；

2）洗衣房的洗衣间排风系统的室外排风口的底边，宜高于室外地坪 2m 以上；

3）大型设备机房、地下库房应根据卫生要求和余热量等因素设置通风系统；

4）卫生间的排风系统不应与其他功能房间的排风系统合并设置。

（15）旅馆建筑机械排风系统应符合下列规定：

1）客房卫生间的排风量宜为房间新风量的 $60\%\sim70\%$，或换气次数不宜少于 6 次/h；

2）公共卫生间的换气次数不宜少于 10 次/h。

（16）旅馆建筑通风空调系统防火阀的设置应符合下列规定：

1）厨房排油烟系统的排风管在穿过机房、防火分区等处时，应设置防火阀，其动作温度应为 150℃；

2）当客房新风以及卫生间排风采用竖向系统时，应在每个水平支管上设置 70℃ 防火阀或设置防止回流措施。

（17）旅馆建筑暖通空调系统节能设计应符合下列规定：

1）客房卫生间排风进行热回收时，应采用隔绝式热回收设备，不宜采用转轮式热回收设备；

2）公共区域的全空气定风量空调系统，宜采取过渡季节利用新风降温的措施。

（18）旅馆建筑暖通空调的自动控制与监测应符合下列规定：

1）设置散热器供暖系统的客房，应设置自力式散热器恒温阀；

2）客房空调系统应采取温度自动控制措施；

3）集中空调水系统的末端应设置由温度控制的电动两通调节阀或其他实时变流量调控措施；冷水机组宜设置群控装置。

2.9.2 各酒管公司的机电设计导则——暖通部分

通过对《洲际工程技术标准 Engineering Standards 2011-REV-01》、《凯悦国际技术服务公司——工程建议和最低标准》版本 4.0（2011 版）、《五星级万达酒店机电系统设计导则》（2010 年 4 月版）、三份标准进行对比，汇总出此三家酒店的部分暖通设计标准见表 2-28。

洲际、凯悦、万达酒店机电设计要求对比表 表 2-28

洲际工程技术标准	凯悦工程建议和最低标准	五星级万达酒店机电系统设计导则
客房		
4 管制风机盘管、中档风量满足 22℃/50%（夏季）、24℃（冬季）	4 管制风机盘管、24℃/50%（夏季）、22℃/50%（冬季）	23℃/50%（夏季）、22℃/40%（冬季）
浴室：22℃（夏季）、24℃（冬季）	浴室：无（夏季）、24℃/50%（冬季）	浴室：无（夏季）、24℃（冬季）
新风 90m³/h·标准间	新风 100m³/h·标准间	新风 100m³/h·标准间
排风 85m³/h·标准间	排风 85m³/h·标准间	排风 90m³/h·标准间
噪声限值：NC 27	噪声限值：30～35DB(A)	噪声限值：NR32
客房对外立面有大玻璃窗，可考虑对流取暖器	冬季室外计算温度≤15℃；窗户下应另外提供辐射或对流型热源	靠外墙的卫生间需要考虑采暖措施
有外墙的浴室，加电热采暖器	可提供热水/电地板采暖或热毛巾架	
客房走廊：24.5℃/50%（夏季）、21℃/40%（冬季）、新风：0.54m³/h·m²	客房走廊：25℃/50%（夏季）、21℃/50%（冬季）、新风：0.8m³/h·m²	客房走廊：24℃（夏季）、20℃（冬季）、新风：2AC/H
公共区		
宴会厅、会议厅、餐厅、大堂：VAV 系统　其他大空间：全空气系统	未限制空调形式	均有详细设置要求详见导则
行政餐厅：未注明温湿度要求　新风 25m³h·P	餐厅：24℃/50%（夏季）、21℃/51%（冬季）新风：50m³/h·P	宴会厅：23℃/50%（夏季）、21℃/40%（冬季）新风：30m³/h·P
酒吧、夜总会：未注明温湿度要求　新风 54m³h·P	酒吧、夜总会：24℃/50%（夏季）、21℃/50%（冬季）新风：70m³/h·P	多功能厅：23℃/60%（夏季）、21℃/40%（冬季）
会议室：22℃/50%（夏季）、23℃（冬季）　新风 36m³/h·P	会议室：24℃/50%（夏季）、22℃/50%（冬季）新风：50m³/h·P	会议室：23℃/50%（夏季）、21℃/40%（冬季）新风 40m³/h·P
商店：FCU＋新风＋排风：23℃50%（夏季）、21%（冬季）	商店：27℃/55%（夏季）、19℃/45%（冬季）	全日餐厅：中、西餐厅：24℃/50%（夏季）、21℃/30%（冬季）新风 35m³/h·P
健身房：22℃/50%（夏季）、24℃（冬季）	健身房：24℃/50%（夏季）、22℃/45%（冬季）	健身房：24℃/60%（夏季）、21℃/40%（冬季）新风 50m³/h·P
后勤区		
计算机房、电话室、电梯机房：独立空调	技术区控制室：25℃/50%（夏季）、21℃/45%（冬季）	通信/IT 值班室：24℃（夏季）、21℃（冬季）、新风：30m³/h·P
洗衣房：28℃新风系统，岗位送风	洗衣房：27℃/70%（夏季）、最低供暖温度	洗衣房：≤28℃（夏季）、≥18℃（冬季）洗衣房补风：该部分补风来自新风机组，夏季岗位送风均为 20℃，冬季补风 16℃

续表

洲际工程技术标准	凯悦工程建议和最低标准	五星级万达酒店机电系统设计导则
厨房烹饪区：27℃感应式排油烟风罩岗位送风	厨房烹饪区：27℃/70%（夏季）、22℃/45%（冬季）	厨房烹饪区：≤28℃（夏季）、≥18℃（冬季）厨房排油烟补风：该部分补风来自新风机组，仅在冬季加热后，送风温度为≥5℃，直接补入厨房排油烟罩
厨房加工区：21℃（夏季）、20℃（冬季）	厨房加工区：21℃/55%（夏季）、18℃/50%（冬季）	厨房加工区：≤24℃（夏季）、≥18℃（冬季）厨房全面排风补风：该部分补风来自新风机组，夏季制冷，送风温度为21℃，冬季制热，送风温度为16℃，以岗位送风的形式送入厨房
游泳池		
带潜热回收的变风量系统：28℃	新风 9m³/h·m²	29℃/65%（夏季）、28℃/<60%（冬季）
总冷负荷		
客房：同时使用率80%	未注明取值要求	冷负荷计算按非稳定传热，逐时计算，全年分析的方式
其余区域：同时使用率75%		
环境温度14℃采用自然冷却		
负荷计算依据		
宴会厅及功能厅：1.2m²/人	宴会厅及会议厅：0.65m²/人	宴会厅：0.65m²/人
集合前厅：1m²/人	有器具健身房：4.6m²/人	健身房：10m²/人
餐厅/酒吧：1.4m²/人	娱乐酒廊/舞厅：0.65m²/人	中/西餐厅：2.5m²/人
舞厅：0.65m²/人	登记大堂：1.4m²/人	咖啡/酒吧：2m²/人
大堂：5m²/人	中庭大堂：2.8m²/人	多功能厅：2.5m²/人
冷源配备		
单台制冷量：20~200kW 涡旋式冷冻机：2/3 台（1台不启用时满足67%总冷负荷）	气候温和地区：≥3 台冷机（每台满足35%总冷负荷）	制冷机组的台数不宜少于3台。考虑到万达酒店的档次，要求制冷系统要有足够的可靠性，即当其中一台制冷机故障时，其余的制冷机仍然可以满足75%的计算冷负荷。对于严寒地区的酒店，制冷季通常不超过2个月时，制冷机的装机容量可以不考虑富裕量
单台制冷量：>200kW 离心式冷冻机：3台（2用1备），单台满足50%总负荷	热带地区及度假村：≥3台冷制机（制冷量为50%、50%、30%总冷负荷）	
热源配备		
热水锅炉：冬季室外设计温度<4℃：2台（1用1备，各满足100%热负荷）	热水锅炉：≥2台（互为备用，各满足67%热负荷）	酒店总热负荷需要考虑0.9的系数。根据市政热力的情况，锅炉的类型、台数和总装机容量应有不同的方案考虑
热水锅炉：冬季室外设计温度>5℃：2台（互为备用，各满足67%热负荷）	热水锅炉：≥3台（2用1备，各满足50%热负荷）（设备维护有问题地区）	当没有市政热力时，锅炉应采用燃油/燃气蒸汽锅炉，锅炉的台数不少于3台。锅炉的总装机容量为计算总热负荷的100%，且当其中一台锅炉故障时，其余的锅炉仍然可以满足70%的计算热负荷
蒸汽锅炉：1用1备（各满足100%负荷）		不论市政热力为蒸汽或热水，均采用燃气蒸汽锅炉，数量不少于2台，其中一台需为燃油/燃气锅炉

通过对比发现，不同酒店管理公司对于各功能区暖通设计标准存在一定的区别，并且还存在版本更新中，故需要了解酒管的最新设计标准。

2.9.3 酒店各功能分区的常用设计做法

以《五星级万达酒店机电系统设计导则》（2010 年 4 月版）为例，总结了五星级酒店各功能区的常用暖通设计做法如下：

2.9.3.1 大堂接待区

大堂接待区暖通设计做法见表 2-29。

大堂接待区暖通设计做法 表 2-29

功能区	供暖、通风和空调系统
大堂接待区	1）该区域作为酒店的主要出入口，吊顶下 10m 净高； 2）设计的空调形式为双风机一次回风定风量全空气空调系统。可根据室外空气焓值确定是否采用全新风运行。送风机和回（排）风机宜分开布置，以便于机组风压零点达到预定点； 3）大堂区域辅助低温地板辐射供暖。该区域需要结构降板 100mm，以确保 150mm 厚的建筑垫层厚度； 4）送风口沿首层高位的侧墙布置，采用喷口或双层百叶风口。设计公司需要进行气流组织分析； 5）寒冷/严寒地区，沿大堂外墙考虑设计送风口； 6）寒冷/严寒地区，应在旋转门两侧的外门上设置热空气幕。热空气幕优先考虑采用热水型
大堂吧	设计的空调形式为单风机一次回风定风量全空气空调系统
大堂接待台	宜辅助设计 FCU，以应对该区域客人较集中的状况
大堂办公	设计风机盘管＋新风的空调形式
商店	设计风机盘管＋新风的空调形式。可与办公合用一个 PAU
行李房	设计风机盘管，及机械排风系统

2.9.3.2 公共区

公共区暖通设计做法见表 2-30。

公共区暖通设计做法 表 2-30

功能区	供暖、通风和空调系统
餐厅设计总体要求	1）在沿外玻璃幕墙的天花，应设计条缝型送风口，下送及侧送； 2）为了防止餐厅气味的外泄，排风量大于新风量，餐厅内保持负压； 3）餐厅内排风可以作为厨房补风，通过设在餐厅与厨房间的连通管进入厨房； 4）包房内的卫生间需设计独立的机械排风系统； 5）气流流动方向：前厅→餐厅→厨房
全日餐厅	1）设计的空调形式为双风机一次回风定风量全空气空调系统。可根据室外空气焓值确定是否采用全新风运行。送风机和回（排）风机宜分开布置，以便于机组风压零点； 2）在寒冷/严寒区域，沿外玻璃幕墙的区域（进深 5m）辅助低温地板辐射供暖。该区域需要结构降板 100mm，以确保 150mm 厚的建筑垫层厚度。达到预定点； 3）包房另需设计 FCU，负担 40％的室内冷负荷，其余由 AHU 负担
红酒吧	1）设计的空调形式为单风机一次回风定风量全空气空调系统； 2）在寒冷/严寒区，沿外玻璃幕墙的区域（进深 5m）辅助低温地板辐射供暖； 3）需设计机械排风系统
中餐厅及前厅	设计的空调形式为风机盘管＋新风
公共卫生间	1）根据制冷/供热的需要，设计 FCU 系统； 2）根据通风的需要，设计机械排风系统，补风则通过连接邻近区域的导风管渗透进入

2.9.3.3 商务/会议区

商务/会议区暖通设计做法见表 2-31。

商务/会议区暖通设计做法 表 2-31

功能区	供暖、通风和空调系统
会议室	1) 设计风机盘管＋新风,PAU 风机为双速风机; 2) 设计机械排风机,排风机为双速风机
宴会厅及前厅	1) AHU 的选型:按人员密度 1.2m²/P,灯光负荷 110W/m² 计算; 2) 为每个活动分区设计了 1 台双风机、一次回风全空气定风量空调机组。送风机和回(排)风机宜分开布置,以便于机组风压零点达到预定点; 3) 送风口采用适合高大空间的旋流风口。须注意送风气流不可吹到吊灯。原则上宴会厅气流组织应为"上送下回"方式; 4) 宴会厅 AHU 的送风机、回风机需要设计变频器,工作人员可根据回风温度调节风机转速; 5) 回风口集中设置在宴会厅下方; 6) 气流流动方向:前厅→宴会厅→厨房; 7) 吊顶内管线综合时,需要额外考虑 200mm 高的钢龙骨所占空间
贵宾接待	1) 设计独立冷源的 VRV＋新风的空调形式; 2) 设计机械排风系统
商务中心	1) 设计风机盘管＋新风的空调形式; 2) 设计机械排风系统; 3) 复印室设有排风口
家具库	1) 设计风机盘管; 2) 设计机械排风系统
服务走廊	1) 设计风机盘管; 2) 设计机械排风系统

2.9.3.4 康体中心区

康体中心区暖通设计做法见表 2-32。

康体中心区暖通设计做法 表 2-32

功能区	供暖、通风和空调系统
接待区	设计风机盘管＋新风
游泳池	1) 采用的空调系统是一次回风全空气定风量系统,AHU 采用双风机除湿热泵; 2) 除湿热泵除湿时所吸收的热量和压缩机的压缩热首先用于对送风的加热,其次用于泳池水加热,剩余部分通过户外冷凝器散至室外; 3) 如果户外冷凝器距离除湿热泵的水平距离超过 25m、垂直距离超过 8m 时,则需要采用水冷冷凝器; 4) 对于游泳池的空调系统除了保证舒适的环境外,还要防止围护结构发生结露。送风口应沿玻璃幕墙及外墙送风。回风口则需要布置在池水的上方; 5) 在整个池岸区域的地面需设计低温地板辐射供暖系统,维持地面温度在 30℃; 6) 为了防止潮湿的空气外泄,泳池区域需保持负压。泳池区域的气流流动方向:接待→更衣室→游泳池
健身房	设计风机盘管＋新风的空调形式
美容美发	1) 设计风机盘管＋新风的空调形式; 2) 设计机械排风系统
更衣室	1) 设计风机盘管＋新风的空调形式; 2) 设计机械排风系统; 3) 辅助低温地板辐射供暖系统

续表

功能区	供暖、通风和空调系统
SPA 区	1）洗浴区：设计机械排风＋补风＋FCU，并辅助低温地板辐射供暖系统。在寒冷/严寒地区，PAU 可带有板式显热回收器，排风量需要大于新风量，以防冻； 2）按摩包房：设计风机盘管＋新风＋机械排风系统； 3）接待及办公：设计风机盘管＋新风； 4）为了防止潮湿的空气外泄，SPA 区保持负压

2.9.3.5　客房区

客房区暖通设计做法见表 2-33。

客房区暖通设计做法　　　　表 2-33

功能区	供暖、通风和空调系统
客房	1）客房内设计风机盘管＋预处理新风的空调形式； 2）新风通过中央新风处理机集中进行预处理，由竖向管道输配至每层各客房，每层新风主管同时负担酒店层内走廊新风； 3）在技术经济合理时，应考虑客房 PAU 设有板式显热回收器。设置热回收器时，要尽量确保排风量需要大于新风量，以防冻； 4）考虑合适的新风分区方案，每台 PAU 负担的客房数不宜超过 80 间； 5）客房卫生间设计管道式排风机； 6）靠外墙的卫生间需要考虑供暖措施； 7）为提高新风量、排风量的准确控制，在每个竖向的新风支管处设计定风量阀
走廊及电梯厅	1）电梯厅设 FCU。走廊设新风；如走廊端部有外窗，设 FCU； 2）电梯厅的 FCU 设置独立的冷热水立管和冷凝水立管
布草间	1）设计风机盘管； 2）设计机械排风机

2.9.3.6　后勤区

后勤区暖通设计做法见表 2-34。

后勤区暖通设计做法　　　　表 2-34

功能区	供暖、通风和空调系统
后勤办公	1）采用的空调系统是 FCU＋PAU； 2）设计机械排风系统； 3）复印机间设计排风口
员工服务、员工更衣、淋浴	1）根据通风换气的需要设计机械排风系统和补风系统； 2）采用 FCU 系统供冷和供热
服务走廊	设计新风系统
员工餐厅	1）设计 FCU＋PAU 系统或一次回风全空气定风量系统； 2）排风通过相邻厨房区经机械排风机排出
普通库房	1）根据供暖和通风的需要，设计供暖系统（如需要）和机械送风、排风系统； 2）送风、排风风机为双速风机
洗衣房	1）根据供暖、通风和制冷的需要，设计制冷/热系统和机械送风、排风系统； 2）60％的排风预留给烘干机；另外 40％的排风预留给其他区域和设备； 3）风机均选用单速离心风机。补风设计一台新风机组，并按双速设计； 4）在高温操作区，应采用球形可调风口进行岗位送风； 5）气流组织：低温操作区→高温操作区→高温操作区高位排风口； 6）送、排风系统需要根据洗衣房顾问的具体要求进行详细设计

功能区	供暖、通风和空调系统
锅炉房	根据通风和燃烧空气的需要，设计机械排风系统和机械补风、事故排风系统。排风机采用防爆风机
制冷站/换热站	1）根据通风的需要，设计机械送风、排风系统； 2）每台排风机和送风机采用双速离心风机； 3）值班室采用分体空调或多联机制冷和供暖
变配电室	1）根据通风的需要设计机械送风、排风系统； 2）送风、排风风机为双速风机； 3）设计 FCU 或吊装式空调机组，设备及水管设置在变配电室外； 4）值班室采用分体空调制冷和供暖
中水站	根据通风的需要设计独立机械送风、排风系统
发电机房、储油间	1）根据通风和燃烧空气的需要设计机械送风、排风系统； 2）另设计了 1 台平时通用的排风机
通讯和 IT 机房	1）采用落地柜式分体空调机（风冷或水冷），并辅助利用中央冷冻水的 FCU，每个系统各负担 100% 的冷负荷； 2）其中的办公区需要设计 FCU＋PAU 系统

2.9.3.7 厨房区

厨房区暖通设计做法见表 2-35。

厨房区暖通设计做法   表 2-35

功能区	供暖、通风和空调系统
总体	1）根据供暖和通风的需要，设计制冷/热系统和机械送风、排风系统； 2）负责排油烟罩补风的补风机仅需要在冬季提供预热功能； 3）补风机组的冷热水盘管选型时，室外计算参数按空调室外计算温度计算； 4）全面换气补风机应可提供预冷和预热功能； 5）送风机、排油烟风机为变频风机； 6）通常全面排风机兼作事故排风机，风机通过变频调速。事故排风机采用防爆型风机； 7）所有的排油烟风管均应可以检修和清洗； 8）排油烟风机应设置在系统的末端，以令整个系统处于负压； 9）在水平排风管应有 1% 的坡度，并坡向油烟罩，并在最低处设计排水槽和排水水封； 10）送、排风系统需要根据厨房顾问的具体要求进行详细设计
员工厨房	1）排风：设计排油烟风机； 2）补风：排油烟补风＋来自餐厅的新风
全日餐厅	1）排风：排油烟风机＋全面换气排风机； 2）补风：排油烟补风＋全面换气补风＋来自餐厅的渗透风
风味餐厨房	1）排风：设计 1 套排油烟风机； 2）补风：排油烟补风＋来自餐厅的新风
中餐厨房	1）排风：2 套排油烟风机＋1 套全面换气排风机； 2）补风：排油烟补风＋全面换气补风＋来自餐厅的渗透风
宴会厅厨房	1）排风：2 套排油烟风机＋1 套全面换气排风机； 2）补风：排油烟补风＋全面换气补风＋来自餐厅的渗透风
行政酒廊厨房	1）排风：设计 1 套排油烟风机； 2）补风：来自餐厅的新风

2.9.3.8 粗加工区

粗加工区暖通设计做法见表 2-36。

粗加工区暖通设计做法

表 2-36

功能区	供暖、通风和空调系统
总体	1) 根据供暖和通风的需要，设计了 FCU 制冷/热系统和机械送风、排风系统。送风机、排风机为双速风机； 2) 补风机组的冷热水盘管选型时，室外计算参数按空调室外计算温度计算； 3) 肉类/鱼类加工间、蔬菜加工间和食物、蔬菜储藏间、干货库、花房、饮料库等合用一个送排风系统； 4) 面包房设计独立排风和补风系统。如 BBQ（烧腊间）位于粗加工区时，可与面包房合用一个排风和补风系统； 5) 垃圾房设计独立排风和补风系统； 6) 全面换气补风机应可提供预冷和预热功能； 7) 排风机应设置在系统的末端，以令整个系统处于负压； 8) 送、排风系统需要根据厨房顾问的具体要求进行详细设计
冷菜间、裱花间、巧克力间、果汁加工间	设置独立冷源的空调系统，采用分体空调或水环热泵（冷却水来自冷库冷却水系统）

2.9.4　酒店暖通空调设计的几个问题

（1）酒店入口大堂高大空间冬季不热

应该与建筑单位的设计人员积极配合，争取朝向最好的主出入口，并预留热风幕，入口和人员经常停留的区域采用地板辐射供暖系统，保证大堂及入口处供暖。

（2）酒店内游泳池棚顶墙壁结露

要选择合适的空调和池水加热系统，避免能源的浪费。常规的除湿方式是外排暖湿空气，补充室外的干燥空气并将其加热，但是这种方式的损失很大，设计中可以考虑采用带有除湿功能的除湿热回收机组，这种一体化设备能够很好的节能节水，且运行成本较低，便于管理。

（3）根据设计负荷如何合理选择制冷机

五星级酒店建筑功能多样复杂，不同功能区域之间的冷量需求时间不同，这要求酒店有完善的控制系统和保证冷机在负荷条件下表现最好的控制手段。变频离心式冷水机组和传统恒速机组联合的制冷方式可以同时达到最好的运行效果和降低运行成本。

（4）酒店内有多个厨房带来的风系统平衡问题

酒店通常设有员工厨房、中餐厨房、西餐厨房、全日餐厅厨房以及宴会厅厨房等多个厨房，通常情况下厨房的排油烟量需由厨房顾问提供，如系统设置为多个厨房除拥有各自的油烟净化系统和补风系统，通过共用排油烟管井及未设置变频器的总排风机将油烟排放至屋面。容易出现多个厨房的工作时间不一致，不工作厨房的补风机组没有运行，只能通过围护结构、新风进风口等处无组织引入新风，以达到整个建筑连通区域的压力平衡，这样不仅增加新风负荷，也破坏了相关空调区域的气流组织，增加建筑能耗和影响关联区域的空调效果。

如出现此情况，总排风机需与各厨房排油烟风机连锁控制，通过风量平衡调试确定不同工作模式下的风机频率，满足不同工作模式下的风量需求，或按厨房分别设置补风、油烟净化、排风系统，所带来的管井面积增加、机房面积增加的问题需得到甲方认可。

（5）厨房排油烟风机风量不足

厨房排油烟罩有多种形式，如仅带金属滤网的排油烟罩、紫外线灯过滤的排油烟罩以及运水烟罩等，它们的阻力差别很大，范围可达 100～700Pa。厨房设备一般由厨房顾问选择，暖通空调设计师根据厨房顾问提供的设备阻力数值结合风管布置确定排油烟风机的压头。某酒店在进行厨房空调调试时发现,厨房排油烟风机实际风量仅为铭牌风量的52%,厨房烟罩排风效果很不好,中餐厨房蒸锅产生的蒸汽扩散到厨房里,在厨房补风口处产生凝结水现象。厨房排油烟风机风量不足的主要原因如下。

1) 厨房烟罩采用紫外线灯过滤,额定阻力为450Pa,超出原先厨房顾问为暖通空调设计师提供的阻力数值。

2) 厨房设有2排烟罩,分别设置独立排风管和独立排风机,然后2台排风机再并联在一起将油烟排至室外。由于所谓"并联损失",2台风机并联的总风量是单台风机实际风量的1.45倍,比2台风机单独运行的风量之和小很多。

3) 烟罩顶部排风口尺寸较小,而排油烟风管尺寸较大,两者应通过变径管连接。但在实际施工时由于层高所限,直接将烟罩排风口连接到排油烟风管上,这种安装方式将使局部阻力显著加大。

(6) 精装与机电配合问题

五星级酒店建设过程中过于重视精装效果,精装设计师在项目设计与建造过程中比较强势。精装设计师许多时候以牺牲机电系统性能为代价达到精装效果,或者出于美观目的选择不适合的末端风口或将风口遮挡,亦或为了保持吊顶高度而减小机电设备的安装空间,导致设备性能无法满足设计要求和维修要求等。许多酒店投入运营后,酒店工程部工作人员都要重开检修口以便维修设备,或者发现室内环境参数没有达到设计要求时进行改造,装修效果也遭到破坏。从酒店预订网站和酒店自身统计的客户投诉记录看,客户对噪声、室内温湿度、新风量、卫生间气味及排水效果等室内环境舒适度和机电系统效果的投诉都远超过对装修效果的投诉,应引起相关人员的思考和重视。

2.10 动力站位置的分析与选择

2.10.1 方案阶段需要确定动力站主机房位置

(1) 需要与甲方沟通,明确设计范围,根据甲方的建设标准、管理方式,选择适用、经济的暖通空调系统方案。

(2) 此阶段需要结合总图及建筑方案,空调供暖及生活水热源的机电方案,确定对集中冷热源的方式需求及动力站冷热源机房的位置,估算主机房的面积、净高。为今后的初步设计阶段对动力站主机房设置位置的可行性,准备条件。

(3) 集中冷源部分:必须考虑制冷机房就近设置对应冷却塔设置位置的可行性。

(4) 集中热源部分:必须考虑锅炉房泄爆及锅炉对应烟囱的设置位置选定。

(5) 集中冷热源设置位置:尽量靠近负荷中心,减少输送半径;必须考虑所有大设备的运输通道及吊装孔。

(6) 对于需要设置独立备用锅炉的酒店,总图上需要考虑留有设置储油罐的位置。

2.10.2 初步设计阶段需要落实动力站主机房位置面积及布置

(1) 明确设计范围,确定主要房间的设计参数,估算空调系统的负荷。根据与建筑专业的配合,确定本专业需要设置的系统及布置。

（2）此阶段需要在方案的基础上，落实动力站冷热源主机房的位置及面积（以及需要的冷热交换机房），具体包括如下各项：

1）制冷机、锅炉等大型设备的运输通道及吊装位置；

2）与建筑平面布局相关的冷却塔、烟囱出口等位置；

3）必需的泄爆位置及面积；

4）主要机房的设备平面布置。

5）对应的通风系统设置、风管布置及进出位置；

6）各冷热源水路输送的路由、烟囱管的路由。

（3）布置设备用房、竖井位置、设备运输吊装通道等。确定设置的系统及布置，对结构提供相关资料。包括机房内设备布置、大风管、大水管布置路由、对外的进排风井及风口。

（4）对结构提供：主要机房的荷载、核心筒、剪力墙较大开洞（影响结构计算的大洞，通常宽 800mm 以上）。

（5）吊顶：根据主要管线的布置路由，进行吊顶初综合，确保建筑的吊顶高度及机电系统的可行性。

2.10.3　施工图阶段需要核定的设备机房及管井的准确尺寸

（1）确定主要房间的设计参数，详细计算空调系统的负荷，确定暖通空调设备详细的技术参数要求。

（2）此阶段需要在初设的基础上，核对动力站冷热源主机房的位置及面积（包括冷热交换机房），包括大型设备的运输及吊装通道；核对与建筑平面布局有关的冷却塔、烟囱及其出口等位置；完善配套的控制室、煤气表间、化验室、值班室、卫生间、库房等布置；布置设备机房、核算确定相关竖井尺寸。

（3）向结构提供相关资料，包括机房内设备布置、大风管、水管布置路由；主要机房的荷载、核心筒、剪力墙较大开洞。

（4）与水专业配合，落实供热需求；与电气配合，提供用电压力等级及电量。

（5）对包括烟囱、主机房的水管路由、大风管路由的管道布置，做出吊顶详细综合，确保建筑的层高、吊顶高度要求及机电系统的施工。

（6）暖通主要设备布置时应注意的内容

1）锅炉烟道直径，需要根据烟囱的路由及排放高度，进行计算确定。烟囱排放点尽量设在最高点，水平管线尽量缩短；

2）锅炉房设在地下一层，进排风机的选型需要考虑燃烧空气量；

3）制冷机房、锅炉房、热交换机房等的设备布置、排水沟布置；

4）设备运输通道及吊装孔；设备及大型管道的安装位置；

5）如在严寒地区，需要考虑计算比较冷却塔的防冻技术措施，避免用于冷却塔集水盘的防冻电加热量过大。

6）制冷机组台数、容量、冷却水循环量、水温及冬季使用要求；

7）冷热机房内的设备用电、设备的控制及联动要求；

8）主要管线的路由布置、综合；

9）结构的基础、梁板、剪力墙、楼梯、坡道，布置设备基础、管线路由、开洞，均需要配合；

  10）落实水专业的供热量、用热时段、热媒的温度、压力、用量。

  （7）冷却塔安装高度及冷机冷凝器的承压。

2.10.4　动力站设置位置的确定原则

  （1）设置依据：动力站内主要包括工程集中用冷热源设备及输送设备。根据总图、建筑平面，确定动力站位置。

  （2）设置位置：确定制冷机房的设置位置，并确定对应冷却塔设置位置的可行性；尽量靠近冷负荷中心，减少输送半径，减少冷却水管长度及高度；降低制冷机冷水及冷却水承压。确定锅炉房的位置，要满足安全泄爆要求、烟囱排放点设置要求。

  （3）有条件时单独设置独立建筑；若设在建筑物内时，要注意设备运行噪声对周边功能房间的影响；制冷机房多设在地下最底层；锅炉房多设在地下一层或地上一层。

  （4）设置面积：与集中冷热负源负担的建筑面积、冷热源的形式、设备配置等有关。动力站内制冷机房面积约为集中空调建筑面积的 $0.5\% \sim 1\%$；锅炉房面积约为集中供热面积的 0.8%；热交换机房约为集中供热面积的 $0.3\% \sim 0.5\%$。

  （5）烟囱管径的确定：核算烟囱直径；根据烟囱的拔力及烟囱管道阻力的计算，确保烟气顺利排出，并满足锅炉房烟囱排放标准的要求。

  （6）充分关注制冷机房内制冷机的冷却水与冷却塔连接的路由是否通畅可行；充分关注锅炉与烟囱的相对位置，确保烟囱路由走通的可行性。

  （7）制冷机房及锅炉房的高度要求，需要根据规模确定，需要兼顾制冷机、锅炉设备的高度，通常梁下净高约为 $4.5 \sim 6m$。

2.11　空调通风机房位置的设置原则

2.11.1　初步设计阶段需要落实的设备机房及主要管井

  （1）与建筑专业配合，确定本专业设置的系统及布置。向建筑专业提供各空调通风机房的位置及面积，主要风管、水管的布置路由，对内的送风井及回风井，对外的新风井及排风井及对应的外墙百叶位置及大小，屋面出风井的位置等相关内容。对于商业区域的空调通风机房位置，尽量选在靠近空调区域并且为非商业用的重要区域；例如商业的一、二层，是商业的黄金位置；服务于一层商业用的空调通风机房，宜就近设在地下一层；服务于二层商业设置的空调机房，宜就近设在地上三层；为业主着想，尽可能减少空调机房占用较好的商业用房。

  （2）与建筑配合明确外窗可开启方式，确定楼梯间、前室及各功能房间防烟及排烟应采用的方式，并确定防排烟风机可行的设置位置。

  （3）对结构提供相关资料，包括机房内设备布置、大风管、大水管布置路由；机房的荷载、核心筒、剪力墙较大开洞。

  （4）与水专业配合，落实供热需求；与水电气专业配合，落实水电对房间的温湿度、通风量的要求。提供水专业暖通的用水需求，提供电专业各机电系统的用电点及用电量。

  （5）机房：此阶段需要进行空调通风机房及主要管井的配合；落实各空调机房、新风机房、通风机房及防排烟风机房的设置位置。

（6）管井：风管对内对外的路由、各个进排风风井、送回风风管、进排风百叶；各空调供暖水路的路由、水管井位置。

（7）吊顶：需要对包括水管路由、风管的路由、标准层的管道布置，做出吊顶初综合，确保建筑的吊顶高度及机电系统的可行性。

2.11.2 施工图阶段需要核定的设备机房及管井

（1）机房：因为施工图阶段，会涉及一些功能房间的调整，此阶段需要在初设的基础上，对各个空调机房、通风机房的设置，进行重新核对。

（2）管井：风管对内对外的路由、进排风百叶、各个进排风风井、送回风风管、各空调供暖水路的路由、水管井位置等重新核对，并核对调整相应的面积。

（3）吊顶：需要对包括水管路由、风管的路由、标准层的管道布置，做出吊顶详细综合，确保建筑的吊顶高度及机电系统的可行性。

2.11.3 空调、通风机房设置位置的确定原则

2.11.3.1 空调、新风机房：

（1）依据：根据空调系统的设置情况，确定需要设置的机房类型。

（2）位置：按照防火分区设置系统及机房；相邻防火分区可共用机房，减少机房的占用面积。

（3）面积：空调机房面积，约占空调区域面积的 5%～10%；新风机房，约占空调区域面积的 3%～4%；具体面积大小与单双风机空调系统及新排风热回收系统设置形式有关。避免将新风及空调机组，设置在酒店区域下的管道转换层，因为不利于日常的维护及检修。

（4）相关影响因素

1）风管路由：保证进、排风管及送、回风管，路由可行。

2）水管路由：保证供回水及排水水管，路由可行。

3）同层就近设置：保证消声、隔声的基础上，机房位置尽量靠近空调房间。

4）就近上方设置：保证消声、隔声的基础上，减少风管路由。

5）就近下方设置：保证消声、隔声的基础上，减少风管路由。

6）机房靠外墙设置：便于对外的排风、进风管布置，减少竖行风管的占地面积。

7）机房靠内区设置：减少对应层的外墙百叶。

2.11.3.2 通风机房

（1）依据：根据通风系统的设置情况，确定需要设置的机房类型。

（2）位置：按照防火分区设置系统及机房；相邻防火分区可共用机房，减少机房的占用面积；制冷机房、水泵房、库房等房间，室内噪声要求较低，通风机可以直接吊装在房间内，在没有特殊要求的情况下可以不设置风机房；服务于机械排烟的汽车库，因为风机风量、风压、噪声较大，以及排风兼排烟风机需要设置在通风机房内的要求，汽车库必须设置风机房；对应每个不超过 2000m² 防烟分区的汽车库，通常设置一台双速的离心风机用于排风兼排烟，设置一台平时兼火灾补风用的轴流风机，分别对应设置有效面积不小于

$50m^2$ 的进、排风机房，分别约占 2.5% 的建筑面积。

（3）面积：各通风机房，占通风区域建筑面积的比例约为 2.5%。

（4）相关影响因素

1）风管路由：保证进（排）风管及送（排）风管，路由可行。

2）同层就近设置：保证消声、隔声的基础上，机房位置尽量靠近通风房间。

3）就近上方设置；保证消声、隔声的基础上，减少风管路由。

4）就近下方设置：保证消声、隔声的基础上，减少风管路由。

5）机房靠外墙设置：便于对外的排风、进风管布置，减少竖行风管的占地面积。

6）机房靠内区设置：减少对应层的外墙百叶。

2.11.3.3　消防用防排烟机房

（1）依据：根据消防系统的设置情况，确定需要设置的机房类型。

（2）位置：按照防火分区设置系统及机房；相邻防火分区同类风机可共用机房，减少机房的占用面积。

（3）面积：消防用风机房，面积的确定，通常设置一台轴流风机时面积为 $3 \times 5m^2$。

（4）相关影响因素。

1）风管路由；保证进（排）风管及送（排）风管，路由可行。

2）同层就近设置；保证消声、隔声的基础上，机房位置尽量靠近通风房间。

3）就近上方设置；保证消声、隔声的基础上，减少风管路由。

4）就近下方设置：保证消声、隔声的基础上，减少风管路由

5）机房靠外墙设置：便于对外的排（进）风管布置，减少竖行风管的占地面积。

6）机房靠内区设置：减少对应层的外墙百叶。

2.11.3.4　暖通设备布置时应注意的内容

（1）管井内布置铁皮风管、水管的管井，需要考虑施工操作空间；靠近剪力墙的位置，应留出人员靠近的操作空间；楼板预留洞，满足风管、水管的安装要求即可，楼板预留洞口不宜过大，避免给楼板洞口的封堵带来不必要的困难。

（2）尽量不要将每层均需要设置支管的风井放在核心筒的四个角处，角部和剪力墙端部结构开洞往往困难。

（3）空调机房、通风机房的设备布置，满足设备运行管理及设备检修的要求。

（4）室外机、室外风机布置，减少对建筑外立面的影响，较少运行噪声的影响。

（5）散热器、风机盘管位置，利于室内的温度场及气流组织。

（6）需要设置地板供暖的降板区域及厚度。

（7）机房用水点、排水点。

（8）不需要保证室温的房间，给水排水管道单独设置保温及防冻措施。

（9）对于下方需要设置喷头的大风管位置，密切与喷头布置配合。

（10）散热器、风机盘管、分体空调、多联机、电暖气布置，应避免与电气的开关、插座、消火栓等打架。

（11）变配电室内的风管布置及气流组织，避免风管设在电气柜子上方。

（12）吊顶上的电灯、风口、喷洒、烟感、温感的布置，需要提前确定原则。

（13）主要管线的路由布置、综合，确定机电管线占用的空间高度。

（14）给水排水房间的通风、室温、灾后排气等要求。

（15）电气变配电室、缆线夹层、各弱电机房、柴油发电机房等的空调、通风要求，柴油发电机的烟囱设置位置、室外储油罐的位置。

（16）有厨房功能区，厨房工艺应尽早配合，根据厨房工艺流程及排油烟量的需求，配合建筑预留合理的排油烟井、排油烟风机、对应补风机房位置；通常排油烟井的面积占厨房面积的 0.8%。

2.11.4 相关专业的配合内容

2.11.4.1 与建筑的配合

（1）设备的运输、安装：包括运输路线、吊装口位置及尺寸可行。

（2）冷源机房位置：尽量设在空调负荷中心，减少输送管线距离。

（3）热源机房位置：在烟囱位置及泄爆安全的基础上，再减少输送管线距离。

（4）冷热源机房及有水泵运行的设备机房：减少运行噪声对噪声要求高的房间影响。

（5）空调机房位置：空调机房应就近设置，并应有防止振动及噪声的措施，减少对服务区域的影响。

（6）车库通风机房位置：兼顾进（排）风井便于出室外及室内排风管路由不要过长；

（7）管道井的位置及数量：管道井包括水管道井、风管道井，宜分别设置便于接管；各空调、通风区域，风管道井约占建筑面积的 1%，具体要通过系统布置计算。消防用风道井分为防、排烟管井，每个防烟楼梯间对应设置 1m² 的防烟管井；竖向设置的排烟井位置，要根据竖向需要设置排烟系统的区域，结合建筑的平面布置。

（8）每个防火分区内相应的进排风竖井、机房数量及位置。

（9）功能区有厨房时，应首先确定油烟风井的位置。

（10）由于气流组织的要求，对于沿幕墙设置地面送风口时，要充分考虑其下部空间布置风管的可行性，包括房间功能、高度等。

（11）常选用的空调系统：通常宴会厅、多功能厅、大办公等大空间，采用全空气空调系统采用上送上回、上送下回，侧送下回，下送下回等方式的气流组织，占用空调机房较大，风道尺寸大，占用空间高，梁下占用空间约 400～600mm；小餐厅、小会议室、客房等，采用风机盘管加新排风热回收系统，占用空调机房较小，风道尺寸小，占用空间小；对于独立使用管理的办公室，采用多联机加新排风热回收，占用空调机房较小，风道尺寸小，占用空间小，对应室外机位置；梁下占用空间约 300～400mm。

2.11.4.2 与结构的配合

（1）风管井设置：确保留洞及施工可行。

（2）水管井设置：确保留洞及施工可行。

（3）剪力墙留洞：确保留洞可行。

（4）楼板留洞：留有安装余量。

（5）板洞封堵：便于施工后封堵。

（6）荷载估算：制冷机房、锅炉房：1500kg/m²；换热机房：1000kg/m²；空调机房：800kg/m²；屋顶多联机、风机：300kg/m²；风冷热泵：500kg/m²；地暖：120kg/m²；

2.11.4.3 与水、电的配合

（1）确定本专业设置的系统及布置，对水、电专业提供相关资料。包括机房内设备布置、大风管、大水管布置路由；给水专业提供本专业的用水需求；给电专业提供空调通风各系统的用电点及用电量。

（2）与水电气专业配合，明确水专业的供热需求，了解水电对房间的温湿度、通风量的要求。

2.11.4.4 各系统管线综合

（1）意义：机电专业管道综合，在设计过程中意义重大，它确保合理的设计落实及施工的顺利实施；及早进行管综，指导管线合理走向、实现合理的层高及保证吊顶的净高，确保设计顺利进行，减少后期的修改，起着关键的作用。特别是暖通专业，因为管线尺寸较大、占用建筑吊顶空间大，与建筑功能及布局关系密切，在布置管线路由的时候，要考虑管道安装高度的可行性。

（2）主机房：受包括烟囱、风管、水管及主机的设备高度影响。

（3）全空气系统：具体高度要与系统负担的功能不同、规模大小有关；通常梁下高度为 500～600mm 高。

（4）新风加风机盘管系统：风机盘管的吊装空间高度约 400mm；梁下至少高 250mm 设置水管或风管；具体高度要与系统负担的功能不同、规模大小，水平、竖向设置形式有关；通常梁下高度为 300～400mm。

（5）通风系统：汽车库主风管高度 500mm，喷洒 200mm。

（6）风井净尺寸不小于 500mm、风管断面宽高比不超过 1∶6。

（7）合理划分各专业的管线占用空间；空调供暖的风管水管、给水排水的管道、电气等设备管线，应配合好，减少交叉；散热器、电源插座、电视插座等布置，避免打架。

（8）选择两个工程实例，将相关数据汇总整理，见表 2-37、表 2-38。

项目 A　　　　　　　　　　　　　　　　　　　　　　　　表 2-37

功能区域	分项信息	单位	技术参数
制冷机房 L1	集中负担面积	m²	72000
	建筑功能	—	商业、办公
	机房面积	m²	700
	机房面积比例	%	1
	梁下净高	m	5.5
	冷机设置		2 台 600RT；3 台 300RT
制冷机房 L2	集中负担面积	m²	18000
	建筑功能	—	办公
	机房面积	m²	240
	机房面积比例	%	1.34
	梁下净高	m	5.0
	冷机设置		2 台 200RT
制冷机房 L3	集中负担面积	m²	42400
	建筑功能	—	酒店
	机房面积	m²	340
	机房面积比例	%	0.8
	梁下净高	m	5.5
	冷机设置		3 台 300RT

续表

功能区域	分项信息	单位	技术参数
锅炉房 G1	集中负担面积	m²	42400
	建筑功能	—	酒店生活热源水
	机房面积	m²	260
	机房面积比例	%	0.7
	梁下净高	m	5.5
	锅炉设置		2 台真空锅炉 1400kW；2 台 1t 蒸汽锅炉
热交换机房 R1、R2	集中负担面积	m²	369000
	建筑功能	—	全部供热热源
	机房面积	m²	1200
	机房面积比例	%	0.32
	梁下净高	m	4.0～4.4
	热交换设置		委托热力公司
商业	负担空调面积	m²	1100
	空调机房面积	m²	40
	机房面积比例	%	3.5
	吊顶高度	mm	450
办公	负担空调面积	m²	1100
	空调机房面积	m²	40
	机房面积比例	%	3.5
	吊顶高度	mm	450
酒店	负担空调面积	m²	1350
	空调机房面积	m²	40
	机房面积比例	%	3
	吊顶高度	mm	300
公寓	空调形式	—	设置分体空调
	供暖形式	—	地板供暖

项目 B 表 2-38

功能区域	分项信息	单位	技术参数
制冷机房 L	集中负担面积	m²	340000
	建筑功能	—	商业、办公、酒店
	机房面积	m²	3200
	机房面积比例	%	1
	梁下净高	m	＞7
	冷机设置		3 台 1850RT 双工况离心机，1 台 600RT 离心机
锅炉房 G	集中负担面积	m²	490000
	建筑功能	—	商业、办公、酒店、公寓
	机房面积	m²	1400
	机房面积比例	%	0.3
	梁下净高	m	＞7
	锅炉设置		公建：2 台 14000kW 承压热水锅炉；1 台 7000kW 承压热水锅炉；酒店：2 台 1400kW 承压热水锅炉；2 台 1t 蒸汽锅炉洗衣房用 公寓：2 台 2800kW 承压热水锅炉

功能区域	分项信息	单位	技术参数
冷热交换机房	集中负担面积	m²	490000
	建筑功能	—	商业、办公、酒店、公寓、住宅
	机房面积	m²	1850
	机房面积比例	%	0.4
	梁下净高	m	>4～5
	设备设置		按功能区，分别设置冷热水热交换机房，共8个
商业	负担空调面积	m²	6000
	空调机房面积	m²	500
	机房面积比例	%	8
	吊顶高度	mm	700（局部1000）
办公	负担空调面积	m²	1100
	空调机房面积	m²	40
	机房面积比例	%	～4
	吊顶高度	mm	450（空调新风及水管为水平系统）
酒店	负担空调面积	m²	2240
	空调机房面积	m²	70
	机房面积比例	%	～3
	吊顶高度	mm	450（空调新风及水管为水平系统）
公寓	空调形式	—	100
	供暖形式	—	～200

设备机房设置位置实例如图2-30～图2-36所示。

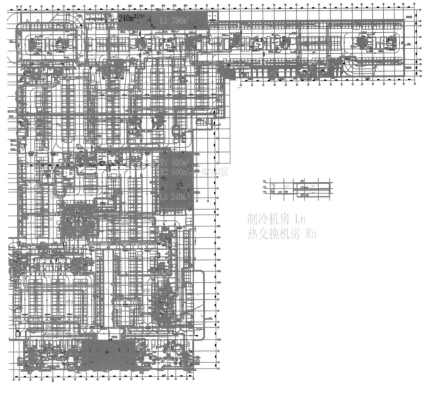

图2-30 3个制冷机房及1个热交换机房设置

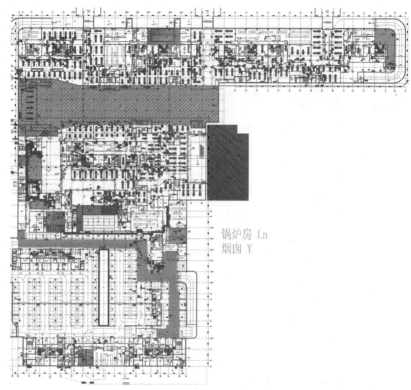

锅炉房 Ln
烟囱 Y

图 2-31　1 个锅炉房设置（BIF）

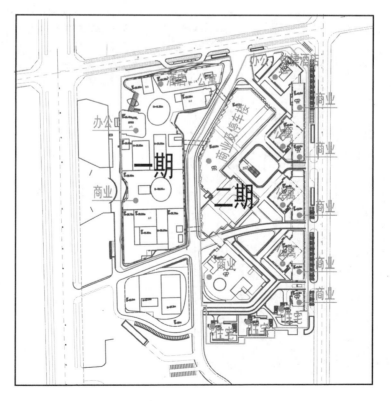

图 2-32　总平面图

图 2-33 动力站位置图

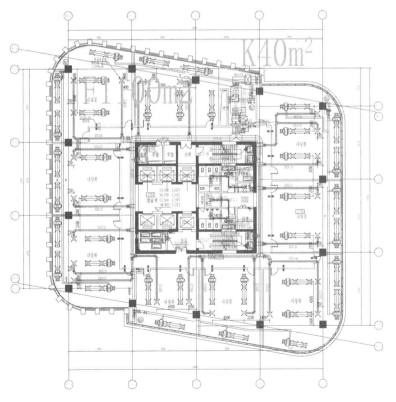

图 2-34 办公新风机房设置

95

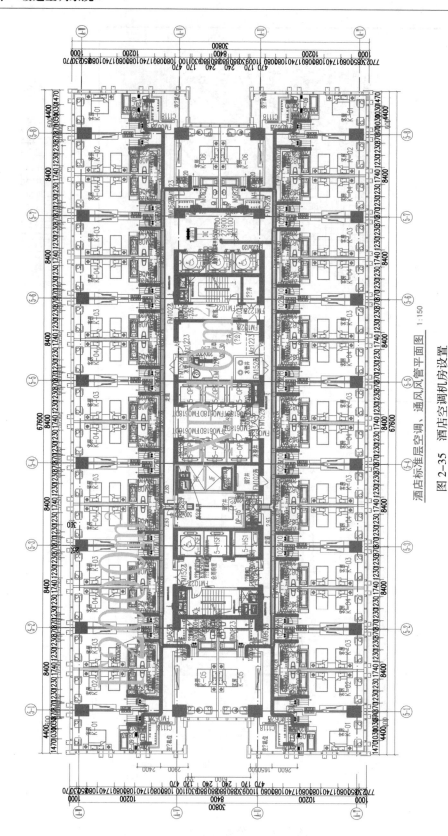

酒店标准层空调、通风风管平面图　1:150

图 2-35　酒店空调机房设置

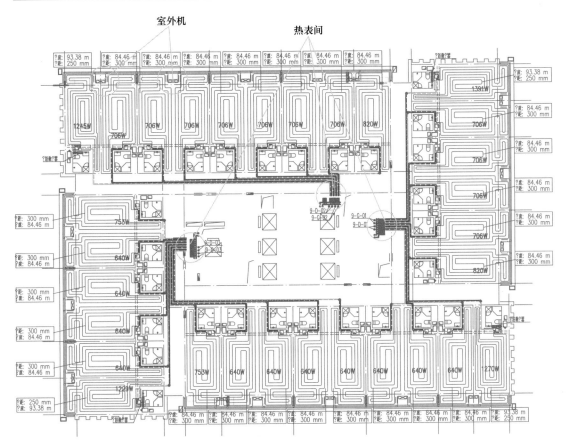

图 2-36 公寓标准层供暖表间及室外机设置

第3章 给水排水系统

3.1 供水系统节能分析

3.1.1 商业综合体项目调研情况

通过对若干综合体的设计及实际运行用水情况进行了详细调研，分析综合体的用水规律及特点。下面列举典型案例南宁恒大国际中心项目的用水数据。

南宁恒大国际中心项目

（1）生活用水量分析

商业、酒店用水计算表见表 3-1～表 3-3。

商业用水量计算表　　　　　　　　　　　　　　　　　表 3-1

序号	用水项目	使用数量	用水量标准	使用时间（h）	小时变化系数	用水量（m³）			备注
						最高日	最大时	平均时	
一					商业				
1.1	餐饮	14136人	25L/人·d	12	1.5	353.40	44.18	29.45	
1.2	餐饮服务人员	900人	50L/人·d	12	1.5	45.00	5.63	3.75	
1.3	商业	70940m²	8L/人·m²	12	1.2	567.52	56.75	47.29	
1.4	物管人员	200人	50L/人·d	10	1.5	10.00	1.50	1.00	
1.5	员工餐厅	400人	20L/人·d	12	1.5	8.00	1.00	0.67	
1.6	小计					983.92	109.05	82.16	
1.7	未预见水量	小计的10%			98.39	10.91	8.22		
1.8	合计					1082.31	119.96	90.38	
二					地下部分				
2.1	冲洗车库	79000m²	2L/m²·次	6	1	158.00	26.33	26.33	
三					总用水量				
3.1	合计					1240.31	146.29	116.71	
四					综合用水量指标				
	商业总建筑面积（m²）	133385		综合用水量指标（L/m²）		9.30			
	商业及地库总建筑面积（m²）	212385				6.21			

B栋总用水量计算表　　　　　　　　　　　　　　　　　　　　表3-2

序号	分区编号	楼层	用水项目	使用数量（人/d）	用水量标准（L/人·d）	使用时间（h）	小时变化系数	用水量（m³）			备注
								最高日	最大时	平均时	
一							办公部分				
1.1	一区	5～8F	办公人员	216人	200	24	2.2	43.20	3.96	1.80	
1.2	二区	10～14F	办公人员	270人	200	24	2.2	54.00	4.95	2.25	
1.3	三区	15～17F	办公人员	162人	200	24	2.2	32.40	2.97	1.35	
1.4	四区	19～23F	办公人员	270人	200	24	2.2	54.00	4.95	2.25	
1.5	五区	24～26F	办公人员	162人	200	24	2.2	32.40	2.97	1.35	
1.6	六区	28～33F	办公人员	182人	200	24	2.2	36.40	3.34	1.52	
1.7	七区	34～36F	办公人员	36人	200	24	2.2	7.20	0.66	0.30	
			小计	1298				259.60	23.80	10.82	
			未预见水量	小计的10%				25.96	2.38	1.08	
			合计					285.56	26.18	11.90	
二							综合用水量指标				
	BC办公总建筑面积（m²）			106800	综合用水量指标（L/m²）			5.35			

A栋总用水量计算表　　　　　　　　　　　　　　　　　　　　表3-3

序号	分区编号	楼层	用水项目	使用数量（人/d）	用水量标准（L/人·d）	使用时间（h）	小时变化系数	用水量（m³）			备注
								最高日	最大时	平均时	
一							办公部分				
1.1	一区	5～11F	办公人员	1261	50	10	1.5	63.05	9.46	6.31	
1.2	二区	12～17F	办公人员	1136	50	10	1.5	56.80	8.52	5.68	
1.3	三区	18～23F	办公人员	947	50	10	1.5	47.35	7.10	4.74	
1.4	四区	24～29F	办公人员	1136	50	10	1.5	56.80	8.52	5.68	
1.5	五区	30～34F	办公人员	896	50	10	1.5	44.80	6.72	4.48	
			小计	5376				224.00	33.60	22.40	
			未预见水量	小计的10%				22.40	3.36	2.24	
			合计					246.40	36.96	24.64	
二							酒店部分				
2.1			酒店员工	300人	100	24	2	30.00	2.50	1.25	
2.2			会议	1800人次	6L/人·次	8	1.5	10.80	2.03	1.35	
2.3	低区	-2～4F	餐饮	1952人次	40L/人·次	16	1.5	78.08	7.32	4.88	
2.4			员工餐厅	1000人	25	16	1.5	25.00	2.34	1.56	
2.5			洗衣房	3858kg干衣	40L/kg干衣	8	1.5	154.32	28.94	19.29	
2.6			酒店员工	200人	100	24	2	20.00	1.67	0.83	
2.7	一区	35～38F	餐饮	800人	40	16	1.5	32.00	3.00	2.00	
2.8			游泳池补水	550m³	0.05	12	1	27.50	2.29	2.29	
2.9			康体	300人	50	12	1.5	15.00	1.88	1.25	
2.10	二区	39～44F	住店客人	220人	400	24	2	88.00	7.33	3.67	
2.11	三区	45～51F	住店客人	308人	400	24	2	123.20	10.27	5.13	
2.12	四区	52～59F	住店客人	176人	400	24	2	70.40	5.87	2.93	
2.13			餐饮	660人	40	16	1.5	26.40	2.48	1.65	

续表

序号	分区编号	楼层	用水项目	使用数量（人/d）	用水量标准（L/人·d）	使用时间（h）	小时变化系数	用水量（m³）			备注
								最高日	最大时	平均时	
二					酒店部分			700.70	77.90	48.09	
			小计					700.70	77.90	48.09	
			未预见水量	小计的10%				70.07	7.79	4.81	
			合计					770.77	85.69	52.90	
三					总用水量						
3.1			合计					1017.17	122.65	77.54	
四					综合用水量指标						
	A办公总建筑面积（m²）			78796		综合用水量指标		3.13（L/m²）			
	A酒店总建筑面积（m²）			65148				11.83（L/m²）			1092（L/床·日）
	A办公、酒店总建筑面积（m²）			143944				7.07（L/m²）			

（2）生活给水系统分析

1）分区原则

根据业主提供的任务书要求，办公、商业（办公楼底商）最不利用水点压力控制在0.15MPa。给水系统优先采用分区减压的供水方式，对于分区内局部超压部分采用减压阀等减压措施减压。各级供水系统压力分区控制在0.45MPa以内。

2）变频供水系统分区及分区供水量

本方案最高的生活水箱设于27层，24层以下采用水箱重力供水，以上楼层由设于27层的变频供水设备供水，采用减压阀分区，其优点为不需要设置屋顶高位生活水箱间，节省设备用房面积。

B、C座按供水水箱设置分为三个大的供水区，5～15层由18层避难层的高位生活水箱负担，16～23层由27层避难层的高位生活水箱负担，24层至顶层由27层的高位生活水箱负担。避难层、机房层高位生活水箱由各自的地下四层转输水泵供水。

B、C座管网系统竖向分为4个供水区。一区（5～15层）：18层避难层的高位生活水箱重力流供水；二区（16～23层）：27层的高位生活水箱重力流供水；三区（24～30层）、四区（31～36层）：由变频调速泵组装置从27层的高位生活水箱吸水加压供水；1～3区再用减压阀细分压力区。各供水区域服务范围、用水量、水箱设置见表3-4。

B、C座给水系统各供水区域服务范围、供水量、水箱、水泵设置　　表3-4

分区	服务范围	供水方式	用水量（m³）		生活水箱		水泵参数
			最高日	最大时	容积（m³）	底标高（m）	
	B4				90	−18.90	$Q=28m^3/h$，$H=143m$，$N=18.5kW$
一区	5～14F	重力供水	97.20	8.91			
	18F避难层				10	90.74	$Q=15m^3/h$，$H=65m$，$N=5.5kW$
二区	15～23F	重力供水	86.40	7.02			
	27F避难层				8	136.46	变频泵组 $Q=26m^3/h$，$H=92m$，$N=4.0kW$（三用一备）
三区	24～30F	变频调速泵组	76.02	6.97			
四区	31～36F	变频调速泵组					

3）重力供水系统分区及分区供水量

本方案尽量采用生活水箱重力供水，除顶部三层压力不够部分采用变频供水泵组供水外，其余楼层均采用水箱重力供水。其优点为水压值恒定，大部分水泵均为工频运行。

B、C座按供水水箱设置分为三个大的供水区，5～15层由18层避难层的高位生活水箱负担，16～23层由27层避难层的高位生活水箱负担，24～顶层由屋顶机房层的高位生活水箱负担。避难层、机房层高位生活水箱由各自的地下四层转输水泵供水。

B、C座管网系统竖向分为4个供水区。一区（5～15层）：18层避难层的高位生活水箱重力流供水；二区（16～23层）：27层的高位生活水箱重力流供水；三区（24～33层）：屋顶层的高位生活水箱重力流供水；四区（34～36层）：由变频调速泵组装置从机房层的高位生活水箱吸水加压供水；1～3区再用减压阀细分压力区。各供水区域服务范围、用水量、水箱、水泵设置见表3-5。

B、C座给水系统各供水区域服务范围、供水量、水箱、水泵设置 表3-5

分区	服务范围	供水方式	用水量（m³）		生活水箱		水泵参数
			最高日	最大时	容积（m³）	底标高（m）	
	B4				90	−18.90	$Q=28m^3/h$，$H=143m$，$N=18.5kW$
一区	5～14F	重力供水	97.20	8.91			
	18F 避难层				10	90.74	$Q=15m^3/h$，$H=130m$，$N=11kW$
二区	15～23F	重力供水	86.40	7.02			
	27F 避难层				4	136.46	
三区	24～33F	重力供水	68.80	6.31			
四区	34～36F	变频调速泵组	7.22	0.66			
	机房层				6	187.26	变频泵组 $Q=10m^3/h$，$H=13m$，$N=0.55kW$（二用一备）

（3）酒店供水系统分析

根据业主提供的"酒店设计要求及指引"，生活水箱容积之和原则上不小于最高日用水量的50％，采用两个容积相当的不锈钢水箱；水箱进水控制阀采用过滤活塞式遥控浮球阀，公称直径不应超过DN100，设置紫外线消毒设施。

A座按功能分为办公、酒店二个分区。按供水水箱设置分为五个大的供水区，3～5层由地下四层酒店低位生活水箱负担，6～17层由21层避难层的高位生活水箱负担，18～34层由32层避难层的高位生活水箱负担，35～38层由41层避难层的高位生活水箱负担，39层以上由屋顶机房层的高位生活水箱负担。避难层、机房层高位生活水箱由地下四层转输水泵供水。

A座管网系统竖向分为6个供水区。一区（地下4层～2层）：由城市自来水管网直接供水；二区（3～5层）：由地下4层酒店生活水箱经变频调速泵组装置加压供水；三区（6～17层）：21层避难层的高位生活水箱重力流供水；四区（18～34层）：32层避难层的高位生活水箱重力流供水，局部压力不足区域由变频调速泵组装置从32层避难层的高位生活水箱吸水加压供水；五区（35～38层）：41层避难层的高位生活水箱重力流供水；六区

（39～59层）：屋顶机房层的高位生活水箱重力流供水；三～六区再用减压阀和变频调速泵组细分压力区。各供水区域服务范围、用水量、水箱设置见表3-6、表3-7。

酒店裙房及地下给水系统各供水区域服务范围、供水量、水箱设置　　　　表3-6

分区	服务范围	供水方式	用水量（m³）		生活水箱		水泵参数
			最高日	最大时	容积（m³）	底标高（m）	
	BF				320	−18.90	$Q=35m^3/h$, $H=59m$, $N=5.5kW×3$
一区	−4～2F	市政管网直供	230.25	37.16			
二区	3～4F	酒店低区变频调速泵组	183.43	24.16	315	−18.0	

A座给水系统各供水区域服务范围、供水量、水箱设置　　　　表3-7

分区	服务范围	供水方式	用水量（m³）		生活水箱		水泵参数
			最高日	最大时	容积（m³）	底标高（m）	
办公部分							
	B4				75	−18.30	$Q=55m^3/h$, $H=143m$, $N=37kW$
三区	5～17F	重力供水	131.84	19.78	12	97.9	
四区	18～34F	重力供水、变频调速泵组	163.85	24.58	10	148.0	
酒店部分							
	B4				320	−18.90	$Q=50m^3/h$, $H=143m$, $N=37kW$
	21F				20	95.65	$Q=50m^3/h$, $H=123m$, $N=37kW$
五区	35～38F	重力供水	103.95	9.72			
	41F				15	196.4	$Q=25m^3/h$, $H=115m$, $N=18.5kW$
六区	39～59F	重力供水	338.80	28.54			
	52F				8	242.65	
	设备层				15	293.7	

（4）综合用水量指标

1）BC办公部分综合用水量指标见表3-8。

BC办公部分综合用水量指标　　　　表3-8

		建筑面积（m²）	综合用水量指标	手册估算值	
1	BC办公	106800	5.35（L/m²）	普通办公	3～5（L/m²）

2）A塔酒店及办公部分综合用水量指标见表3-9。

A 座综合用水量指标 表 3-9

		建筑面积（m²）	综合用水量指标		手册估算值	
1	A 办公	78796	3.13（L/m²）		高级办公	2～3（L/m²）
2	A 酒店	65148	11.83（L/m²）	1092（L/床·日）	高标准旅馆	1000～1200（L/床·日）
3	A 办公、酒店综合	143944	7.07（L/m²）			

3.1.2 综合体用水特点分析

3.1.2.1 商业类用水特点分析

商业建筑功能复杂（含餐饮、影城、超市、百货等），表 3-10 为商业部分综合用水量指标统计表。

商业部分综合用水量指标 表 3-10

项目	餐饮		餐厅、酒楼		超市	百货	影城		其他	合计
	(L/m²·d)	(L/人·d)	(L/m²·d)	(L/人·d)	(L/m²·d)	(L/m²·d)	(L/m²·d)	(L/人·d)	(L/m²·d)	(L/m²·d)
南宁恒大										8.11
越洋国际广场	64	32	126.58	86	—	8.88	—			41.15
太古汇	82.5	27.5	88	44		8.8	11.86	5.55	—	16.50
青岛万达广场	12.22	54.75	38.87	109.5	19.80	7.15	31.88	13.69	14.13	14.39
昆明百集龙	168.87	44.16	—		6.00	—	12.38	2.48	6.00	14.59
方正·尚都	46.54	44	—		—	—	2.45	6	2.91	7.07
益田假日广场										6.9

商业建筑中的各类餐饮不同于职工食堂也不同于星级酒店的餐厅，在建筑之初，餐饮形式很难确定，预留的厨房与餐饮位置也会随着招租、市场需求而变化。另外，已经建成的商业建筑，因市场环境需要，餐饮面积、类型也在变化。在功能性质均不确定的条件下，合理确定用水量是给水排水主要面临的问题之一。

《建筑给水排水设计规范》GB 50015—2013（2009 年版）（以下简称《建水规范》）中对不同类型餐饮建筑餐饮用水及生活用水定额做了明确的规定（表 3-11、表 3-12）：

不同类型餐饮建筑餐饮用水定额 表 3-11

餐饮类型	用水量标准（L/人·次）	使用时数（h）	小时变化系数
中餐酒楼	40～60	10～12	15～1.2
快餐店、职工、学生食堂	20～25	12～16	
酒吧、咖啡馆、茶座、卡拉 OK 房	5～15	8～16	

不同类型餐饮生活用水定额 表 3-12

餐饮类型	单位建筑面积最高日生活用水量（L/m²）
西餐厅	25～40
中餐酒楼	125～185
快餐厅	90～115
酒吧、咖啡馆、茶座	40～100
宴会厅（多功能厅）	50～60

不同类型餐厅的单位面积用水量不同，同类型的餐厅在不同地区的用水量指标差异也很大，不同低区的综合平均用水量差别较大，这就要求在建筑设计阶段，不仅要考虑餐饮类型，还需要了解餐厅所在区域、人气和客流量，设计用水量取值针对地区差别取用对应的指标，而且还需适当放大以满足不可预见的餐饮用水。

3.1.2.2 办公用水特点分析

(1) 办公类建筑生活用水规律

瞬时用水变化规律：办公类建筑生活饮用水系统一般在上午上班时和午休之后分布有一个小的用水高峰，其他时间用水相对均匀（图3-1）。

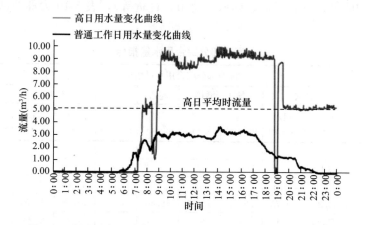

图 3-1　生活用水量最高日及普通工作日的瞬时流量变化曲线

用水时间：《建水规范》中办公使用时数为 8～10h，根据文献，实际中工作日的用水时间可能为 6：00～22：30，节假日的平均用水时间为 6：00～18：30，用水时间可能超过规范的上限。

小时变化系数大，用水波动幅度大。《建水规范》中办公用水的 K_h《建筑给水排水设计规范》GB 50015 取值范围为 1.5～1.2，实际中该值可能超过 1.5。

(2) 办公用水设计需注意事项

各省市对办公用水定额的规定见表 3-13。

各省市对办公用水定额的规定　　　　　　　　　　　　　表 3-13

地区	建筑类型		单位	用水定额
天津市	机关事业单位	办公面积<1500m²	L/人·日	80～125
		办公面积≥1500m²	L/人·日	105～145
河南省	较大城市的办公楼		L/人·日	50
江苏省	办公楼		L/人·日	50
福建省	国家行政机构	机关事业单位办公	L/人·日	180～200
徐州市	办公楼（含写字楼）		L/人·次	100
	只有上水龙头的办公楼			20
黑龙江省	有上下水和公共卫生间的办公楼		L/人·日	80
	有上下水和淋浴设备的办公楼			120

在空调制冷时期用水量增加。

3.1.2.3 酒店类用水特点分析

(1) 酒店供水压力要求

建筑给水排水规范规定各分区最低卫生器具配水点处的静水压力不宜大于0.45MPa，静水压力大于0.35MPa的入户管（配水横管），宜设置减压或调压设施。节水规范规定供水压力不宜超0.2MPa（表3-14）。

各酒店供水压力要求　　　　　　　　　　　表3-14

项目	供水压力要求	
	最小压力	最大压力
洲际	$1.5 \pm 0.5 \text{kg/cm}^2$	5.5kg/cm^2
凯宾斯基	0.15MPa	0.45MPa
万豪	0.21MPa	
恒大	0.2MPa	—
绿地	0.2MPa	0.4MPa

(2) 酒店生活用水定额

各个酒店用水量标准见表3-15。

各个酒店用水量标准　　　　　　　　　　　表3-15

消费类别	国家标准	洲际酒店		凯宾斯基酒店
客人	250-40 (L/d)	客人	230 (L/d)	180 (L/d)
		每床	115 (L/d)	
		日本	350 (L/d)	
		热带国家	300 (L/d)	
职工	80-100 (L/d)	50 (L/d)		
宴会厅				20 (L/人·次)
餐饮	40-60 (L/人·次)	35 (L/人·次)		60 (L/人·次)
洗衣房	40～80L/kg 干衣	无循环系统	25L/kg 亚麻布	
		有循环系统	15L/kg 亚麻布	
		要洗的衣服量	7.5L/kg 亚麻布/已住人的客房/d	
		干洗（仅负责客人衣物）		30kg·床/月 80 (L/kg)
会议厅	6～8 (L/人·d)	35 (L/人·d)		6 (L/人·d)
SPA				
健身房	30～50 (L/人·d)			200 (L/人·次)
泳池补水	5%～15%总容积			10%总容积
绿化及道路浇洒	1.0～3.0 (L/m²·次)			2 (L/m²·次)

需要注意的是，高级酒店由旅馆、商场、餐饮、洗浴等组成，因此，应该根据不同建筑类别，分别计算各部分的最高日用水量，然后将同时使用的部分合理叠加，取最大一组用水量作为整个建筑的最高日用水量。

3.1.3　能耗分析小节

经调研,对调研结果做如下分析:

3.1.3.1　供水系统分析

综合体业态复杂,在进行供水系统分析时应充分考虑不同业态用水特点、物业管理、分期建设的需求宜按照业态分为相对独立的子系统。各个子系统宜设置独立的进水管、地下生活水箱及高位水箱。同时冷却塔补水、消防水池补水等宜设置单独进水管。若物业考虑统一管理,可以考虑相同使用性质的区域集中供水(南宁恒大国际中心 A、B、C 塔办公部分),可减少设备数量及设备投资。

从调研的综合体项目分析,供水系统多为重力供水+变频供水系统相结合的形式。

商业裙房层数不高,多采用市政直供+变频泵组加压供水。

建筑高度 100m 以下建筑,加压供水部分多采用变频泵组加压供水,不同分区分别设置供水泵组;有条件在屋顶设置生活水箱的建筑,也可以高区部分采用重力水箱供水,局部压力不足楼层设置变频泵组供水。

建筑高度 100m 以上超高层,加压供水部分多为重力供水+变频供水系统相结合的形式;结合避难层的位置,设置生活水箱或减压水箱,水箱重力供水分区不超过两个区,压力不足部分采用变频泵组加压供水。

3.1.3.2　重力供水与变频供水

金爵万象三期工程调研结果显示变频泵组实际效率在 40%～50% 之间。相对于变频供水,重力水箱供水水压、水量相对恒定。在条件允许的情况下,适当扩大重力供水范围,可以降低整个系统的运行成本(表 3-16)。

常用给水系统优缺点一览表　　　　　　　　　　　　　　　　　　　　表 3-16

	系统组成	优点	缺点
水箱重力供水	高低区分别设置生活水箱,各区重力供水	该供水方式为水泵分段提升,利用水箱减压、稳压供水;各分区均设有水箱,贮有一定的调节水量,供水安全可靠;各分区之间受干扰较小	一次性投资较高。水箱较多,容易受到二次污染。当人员不足时,水箱用水循环和更新周期较长,不利于水质安全卫生; 水箱多、容积大,占用的设备机房面积大,也增加了建筑荷载; 维护管理成本较高
重力+变频供水系统	在中区避难层设置生活水箱,低区采用水箱重力供水,高区采用变频直供	减少了中间和屋顶水箱、水泵,节省了建筑面积及降低了二次污染的机会; 利用分区减压阀减压供水方式,从而减少管材,投资省。设备相对集中布置,便于维护管理; 仅在中区设置一个储水箱,减少水的跑、冒、漏现象,同时减少了定期清洗水箱用水	采用减压阀供水,对减压阀的要求较高,因此要选用高质量的减压阀,以保证供水的安全性; 设备层供水水泵产生噪声,布置应远离人员密集区,布置位置存在一定困难; 当人员不足时,水箱用水循环和更新周期较长,不利于水质安全卫生
变频泵组直供	高低区采用不同变频泵组分别直供	减少了中间和屋顶水箱、水泵,节省了避难层的建筑面积及降低了二次污染的机会; 利用分区供水方式,设备相对集中布置,便于维护管理; 储水箱数量少,减少水的跑、冒、漏现象,同时减少了定期清洗水箱用水	占用的设备机房面积大,管线较多; 小流量高扬程变频供水,供水能耗较高; 供水安全性、稳定性稍差

3.1.3.3 综合用水量指标分析

经调研统计研究分析，得出综合体项目的综合用水量指标，详见表3-17、表3-18。

部分大型综合体综合用水量指标表 表3-17

	综合用水量指标（L/m²·d）								
	总建筑面积（m²）	商业（%）	酒店（%）	办公（%）	停车库（%）	其他（%）	绿化（%）	整体（不含冷却塔及车库）	整体（不含冷却塔）	整体（L/m²·d）
金爵万象三期工程	114018									13.12
益田假日广场	125182	55.92		23.96		15.97		17.31	13.72	19.04
天津环贸商务中心	158000									11.74
上海越洋国际广场	203687	13.66	47.04	29.86	7.86	7.86		9.30	8.8	9.64
大连万达中心	207400							9.21		10.15
青岛万达广场	211145	69.55			29.88			16.19	10.89	13.52
呼和浩特市方正·尚都	232390	39.84	15.01	13.61	26.52		3.44	8.86	6.33	11.75
南京紫峰大厦	260000							9.39	8.02	13.05
昆明百集龙	285272	21.45		26.07	14.9		2.52	9.63	5.00	5.00
广州珠江新城西塔	448000	8.47		14.32				17.92	15.78	18.02
广州太古汇	457444	27.23	40.11	29.98	8.98		3.99	8.51	7.96	8.15
南宁恒大国际中心	615499	21.67	10.58	30.15	12.84	24.76		6.21	5.05	8.38

其他类似项目综合用水量指标表 表3-18

项目名称	总建筑面积（m²）	最高日（m³/d）	综合用水量指标（L/m²·d）
珠海海洋温泉旅游度假村	182000	3292.5	18.09
徐州国际商厦	134300	700	5.21
富华金宝	170000	1094.52	6.44
西直门综合交通枢纽	260000	3543.67	13.63
天元港国际中心	110580	958.6	8.67
天津津塔	344200	3293.6	9.57
远洋中心	220000	2528.3	11.49
通州运河 one	369000	2092.4	5.67
银川大悦城	313500	1775.9	5.66
金泉广场	380000	3000	7.89
京西	380000	2400	6.32

3.1.3.4 综合用水量指标小节

经大量调研统计分析，得出了我国不同地区综合用水量指标表，见表3-19。

综合体用水量指标表 表3-19

区域	总建筑面积（万 m²）	商业占比例	综合用水量指标（L/m²·d）
华南地区	10～30	＞50	15～20
	＞30	＜30	10～15
		餐饮较多	15～20
其他地区	10～30		8～16
		无循环冷却水系统	5～8
	＞30		6～10

注：由调研数据可以得出，总建筑面积与水量指标取值成反比。

3.2 热水系统水质安全技术

3.2.1 关注生活热水水质

生活热水作为城市二次供水的重要组成部分（城市二次供水按使用目的可分为生活给水和生活热水两部分），当生活给水为生活热水水源时，虽然生活给水水质符合水质标准要求，但在经水加热设备、热水管道输送和用水器具使用过程中，均有可能产生军团菌及其他致病菌。

随着社会的进步，人民生活水平的提高，在生活给水水质安全之外，人们开始更多的关注生活热水的水质安全。随着以军团菌和非结核分枝杆菌为代表的OPPPs引起的疾病发病率逐年攀升，生活热水这一特定环境下水质产生的影响不容忽视。

3.2.2 国内外生活热水水质现状

3.2.2.1 国内热水水质现状

近年来，生活热水的水质安全引起了人们的广泛关注，我国各地卫生部门对沐浴热水水质进行了大量调查，多个地区沐浴热水中发现军团菌污染的现象，见表3-20。

我国热水系统军团菌检出统计　　表3-20

检测单位	检测时间（年份）	检出地点	采样点数（房间）	样品数（件）	检出数（株）	阳性率（%）
广州市疾病预防控制中心	2010	广州市亚运接待宾馆酒店淋浴热水	48	108	10	9.30
顺义区疾病预防控制中心	2008	涉奥公共场所的淋浴热水	8	6	2	33.30
北京市疾病预防控制中心	2008	北京市三星级以上宾馆饭店淋浴热水	5	76	5	6.58
北京市朝阳区疾病预防控制中心	2008	北京市朝阳区奥运场馆周边宾馆淋浴热水	10	43	3	6.90%

中国疾病预防与控制中心于2008年9月和2009年7月对我国南方三城市的公共场所淋浴水和淋浴喷头涂抹样中的嗜肺军团菌进行了监测，检测结果见表3-21。

苏州、常州、上海市公共场所淋浴水和淋浴喷头涂抹样中嗜肺军团菌检出情况　表3-21

采样地点	淋浴水 *					淋浴喷头涂抹样				
	场所数（户）	样本数（件）	阳性数（件）	阳性率（%）	LP1（%）	场所数（户）	样本数（件）	阳性数（件）	阳性率（%）	嗜肺军团菌（%）
苏州	9	43	19	44	84	9	45	0	0	0
常州	9	45	8	18	18	9	45	0	0	0
上海	11	5	22	40	40	11	55	4	7	25
合计	29	143	49	34	34	29	145	4	3	25

注：* 苏州、常州、上海市淋浴水样品合格率差异有统计学意义，P＜0.05。

上海市 8 所医院 2009 年的供水系统水中分别检出军团菌和阿米巴，其中 7 所医院存在军团菌污染，且污染军团菌浓度高（103cfu/L）。无论是浓度还是污染比率均-于警戒水平以上，检测结果见表 3-22。

上海市 8 所医院供水系统军团菌属和阿米巴污染阳性率 表 3-22

医院	样本数	军团菌属		嗜肺军团菌		阿米巴	
		株数	阳性率（%）	株数	阳性率（%）	株数	阳性率（%）
1	49	20	40.8	8	16.3	38	77.6
2	26	19	73.1	5	19.2	25	96.2
3	25	1	4.0	0	0.0	13	52.0
4	22	15	68.2	3	13.6	22	100.0
5	18	14	77.8	8	44.4	18	100.0
6	9	9	100.0	9	100.0	9	100.0
7	22	0	0.0	0	0.0	21	95.5
8	22	5	22.7	0	0.0	20	90.0
合计	193	83	43.0	33	17.1	166	86.0

上海市对 68 所医院的供水系统出水末端水龙头进行非结核分枝杆菌的污染情况开展调查，208 份样本中，约一半的样本抗酸染色呈阳性，三级医院检出率为 40.21%，二级医院检出率为 55.86%，由此可见上海市医院供水系统中普遍存在非结核分枝杆菌污染的现象。上海市疾病预防控制中心陈超等人在上海城市生活饮用水中对非结核分枝杆菌开展调查，发现来自自来水厂原水、出厂水及居民生活饮用水终端的 48 份样品进行检测分析，检出率为 16.7%，其中出厂水检出率为 25%、居民生活饮用水终端检出率为 10.3%。北京市丰台区疾病预防控制中心对丰台区 6 家宾馆的水样品非结核分枝杆菌的调查中，66 件样品中非结核分枝杆菌的阳性率为 63.6%，自来水阳性率为 50.0%，淋浴水的阳性率为 83.3%，热水的阳性率较高。

由以上检测数据说明，相比自来水，非结核分枝杆菌和军团菌在生活热水中的阳性率更高，长繁殖条件，易引起大量的致病微生物在管道系统中繁殖，导致水体污染，使生活热水成为引起疾病暴发的潜在感染源，无法满足人们健康、安全的基本需求。

3.2.2.2 国外热水水质现状

据 WHO 统计，在世界各国宾馆饭店的供水系统受军团菌感染高，如欧洲 5 个国家（澳大利亚、西班牙、德国、意大利和英国）平均感染率约为 55%。英国为 33%～66%；西班牙 114 家饭店，阳性率 45.6%；英国在 1982～1984 年阳性率为 20%～52%。法国共发生 803 例军团菌病，其中约 14% 为医院获得性感染。约 60%～85% 的医疗机构供水管道系统中定值军团菌感染率最高。在德国饭店（1988 年）管道系统中军团菌检出 10～10^3cfu/mL，最高达 10^5cfu/mL。而文献记载意大利酒店的热水系统被军团菌定植的情况严重，总共对 40 个酒店检测其中 30 个呈阳性，阳性率为 75%，取样 119 个其中有 72 个呈阳性，阳性率为 60.5%，至少被一种军团菌污染的建筑物进行了分检查，其中 60% 的水样已被军团菌污染，浓度水平都超过 10^3cfu/L。

日本县邦雄先生在"特定建筑物内军团菌防止的对策"讲演中提供热水和温泉受军团菌污染的调研资料，见表 3-23 和表 3-24。

供应热水军团菌调查（日本佐藤弘和） 表3-23

加热方式	检测数	检出数	检出率	检出军团菌数
即热式	20	0	0.0	0
贮热式	20	2	10.0	4.0×10^0
循环式	40	5	12.5	$2.4 \times 10^1 \sim 1.7 \times 10^2$
合计	80	7	8.8	$4.0 \times 10^0 \sim 1.7 \times 10^2$

集中循环式余氯 0.1mg/L 以下，检出率达 30.3%（10/33）、55℃以下检出率高，40℃以下检出率更高。

日本全国温泉水军团菌的分布（2003.4～2004.4古畑先生） 表3-24

军团菌属数（cfu/100mL）	检出数（%）
未检出（10以下）	506（71%）
10～100以下	98（14%）
100～1000以下	71（10%）
1000～10000以下	29（4%）
10000以上	6（0.8%）
合计	710（100%）

注：检出率 29%，最高为 34000cfu/100mL。

上述国内外热水水质现状为研究掌握沐浴水水质变化和热水系统被军团菌定植污染提供了证据，进一步证实了目前沐浴水和热水系统中水质存在不安全因素，因此有必要进一步调研沐浴水和热水水质状况和研制开发控制军团菌的有效可行性方法，势在必行。

3.2.2.3 我国生活热水水质调研

2014 年课题组对我国某一线城市，包括大型酒店、医院、居民小区、高校和工厂等 14 个采样点的二次供水生活给水及生活热水用水末端进行采样分析。采用在线快速检测结合实验室检测的方法，分析水样中以下理化、微生物指标：TOC、DOC、COD_{Mn}、UV254、pH、温度、电导率、ATP、余氯、三卤甲烷、细菌总数、异养菌数和浊度。

14 个采样点中仅有 2 个热水系统末端出水水温高于 45℃，且低于 50℃；平均生活给水 TOC 为 1.56mg/L，平均生活热水 TOC 为 1.808mg/L；平均生活给水 DOC 为 1.48mg/L，平均生活热水 DOC 为 1.618mg/L；平均生活给水 COD_{Mn} 为 1.829mg/L，平均生活热水 COD_{Mn} 为 1.925mg/L；平均生活给水 UV254 为 0.017mg/L，平均生活热水 UV254 为 0.019mg/L。随着水温的升高，热水系统中 TOC、DOC、COD_{Mn}、UV254 这些表征有机物的指标含量都有所增加。

2016 年课题组对全国多个城市宾馆酒店、高校、医院、住宅等集中热水系统的生活热水水质进行调查研究，主要调研指标为：水温、浊度、余氯、pH 值、溶解氧、钙硬度、总碱度、溶解性总固体等，其中 56.5% 的生活热水出水温度不能够达到 45℃，其中 73.9% 生活热水出水余氯不能够达到 0.05mg/L，钙硬度检测结果显示，我国黄河以南生活热水中钙硬度平均低于 100mg/L，而北方地区钙硬度明显偏高，40% 检测点钙硬度超过 450mg/L。采用英国百灵达的军团菌快速检测结果显示，12 个采样点中有 3 个采样点检测为嗜肺军团菌 1 型阳性，目前仍没得出军团菌实验室检测结果，需进一步与实验室检测结果相验证。

影响热水水质发生变化的因素有很多，如水温、有机物、余氯、电导率等。从国外对热水水质卫生状况的调查研究中可知，加热使水中余氯含量减少或消失，异养菌数增多，细菌总数增多，热水系统中的水质达不到生活饮用的水质标准。

综上所述，随着水温的升高，热水系统中 TOC、DOC、COD$_{Mn}$、UV254 这些表征有机物的指标含量都有所增加。水中的有机基质含量是管网细菌再生长的首要限制因子，通过有机物含量可以推测水中微生物再生长的能力。明显的是，生活热水有机物含量比生活给水高，说明生活给水经过热水系统加热成生活热水后，生活热水中有机物含量升高，为生活热水系统微生物大量繁殖提供了条件，同时对于热水系统中存在的死水区域或长时间不使用的管段易形成生物膜，危及热水系统水质安全。也就是说含有大量细菌和有机物的生活给水经热水系统加热后进入生活热水系统，在水温 30～40℃ 的管段内，细菌生长繁殖速率加快，微生物污染风险增大。同时，随着温度的升高，三卤甲烷含量增加，电导率增加，余氯降低，从而也降低了热水系统本身对微生物污染的抵御能力。

3.2.3 《生活热水水质标准》GJ／T 521—2018

《生活热水水质标准》CJ/T 521—2018 中规定了冷水经加热后明显发生变化且危害水质安全的各项水质指标（理化和微生物），为生活热水水质安全提供了有力依据。国家疾控部门可依据此标准对现有集中热水系统水质进行评判，从预防和治理两个方面管理监控集中热水系统水质，以保障用水者的用水安全。同时，根据相应的水质标准要求，针对不同建筑类型集中热水系统中的微生物的防治，采用相应的水质保障技术措施，如消毒、清洗等。

生活热水水质应符合下列基本要求：

1）生活热水原水水质应符合《生活饮用水卫生标准》GB 5749—2006 的要求。

2）生活热水水质应符合表 3-25、表 3-26 的卫生要求。

常规指标及限值 表 3-25

项目		限值	备注
常规指标	水温（℃）	≥46	
	总硬度（以 CaCO$_3$ 计）/(mg/L)	≤300	
	浑浊度（NTU）	≤2	
	耗氧量（COD$_{Mn}$）(mg/L)	≤3	
	溶解氧（DO）(mg/L)	≤8	
	总有机碳（TOC）(mg/L)	≤4	
	氯化物/(mg/L)	≤200	
	稳定指数（Ryznar Stability Index, R. S. I）	6.0＜R. S. I.≤7.0	需检测：水温、溶解性总固体、钙硬度、总碱度、pH 值
微生物指标	菌落总数（CFU/mL）	≤100	
	异养菌数＊（HPC）(CFU/mL)	≤500	
	总大肠菌群/(MPN/100mL 或 CFU/100mL)	不得检出	
	嗜肺军团菌	不得检出	采样量 500mL

注：稳定指数计算方法参见附录 A。

消毒剂余量及要求 表 3-26

消毒剂指标	管网末梢水中余量
游离余氯（采用氯消毒时测定）（mg/L）	≥0.05
二氧化氯（采用二氧化氯消毒时测定）（mg/L）	≥0.02
银离子（采用银离子消毒时）（mg/L）	≤0.05

除表 3-25、表 3-26 中指标以外，生活热水水质其他指标及限值，还应符合《生活饮用水卫生标准》GB 5749—2006 的规定。

3.2.4 热水水质保障技术措施

3.2.4.1 热水系统设计的温度保证措施

维持热水供水系统较高的温度，通常不低于 49℃，是控制军团菌的有效措施；分枝杆菌在温度大于 53℃ 时生长受到抑制，控制非结合分枝杆菌水温需高于 55℃。这也是热水系统设计的最核心部分。

3.2.4.2 热源问题

为了保证最不利点的热水温度，水加热设备或换热设备出水温度必须足够高。对于采用换热器的热水系统，热媒温度必须足够高。热媒采用市政热力的热水系统，很多存在热媒供回水温度偏低的问题，导致热水供水温度也低于设计温度，特别是夏季，市政热网温度普遍较低，使系统存在卫生安全隐患。而目前应用越来越广泛的太阳能、热泵系统，同样存在水温偏低的问题。太阳能加热器水温长时间运行在低于 60℃ 的工况，热泵机组出水温度不高于 60℃。对供水温度不足的系统必须考虑采取相应的安全技术措施来保证水质。如德国对太阳能系统规定采取防范措施防止军团菌在预热水箱中滋生。

3.2.4.3 热水供应系统

为保证输配水管道水温，通常需要设计循环管道，热水系统循环是热水系统设计的难点所在。一般可通过采用管道同程布置确保系统循环的效果，但现实中由于建筑功能布局的不规则、用水区域功能的差异等，同程布置很难实现；另外同程布置使得管线长度增加，系统热损失增大。国外通常采用热水平衡阀、限流阀等阀门，一方面实现热水系统有效循环，另一方面简化系统设计，这将是热水系统设计发展的方向。

刘振印等在《集中热水供应系统循环效果的保证措施——热水循环系统的测试与研究》一文经试验研究提出以下措施用以保证循环效果：

1）应尽量采用上行下给布管的循环系统，下行上给系统的循环措施应提高一个档次，并不宜采用大阻力短管作为循环元件。

2）一般居住建筑维护管理条件较差，可首选设导流三通、同程布管、设大阻力短管（适用于水质较软的系统）等调试、维护管理工作量小的循环方式；宾馆、医院等公共建筑可首选设温控循环阀、流量平衡阀等可以调节、节能效果较明显但相对调试维护管理工作量较大的循环方式。

3）带有多个子系统或供给多栋建筑的共用循环系统，可采用上述多种循环元件或布管方式组合的循环方式，即子系统可依据其供水管道布置条件采用同程布管或设循环管件、阀件、子系统连接母系统，可采用温控循环阀、流量平衡阀、小循环泵保证子、母系统的循环。

热水系统在水加热器供水温度一定的情况下,通过减小配水管网的热损失,减小供回水温差,从而提高系统最不利点水温。通过加强循环、增强保温,可以把供回水温度控制在5℃以内。

为保证用水点用水温度,减少冷水的浪费,规范和酒店管理公司通常对不循环支管长度有限制。对于要求高的建筑,一般采用支管电伴热来保证管道水温,目前也有热水系统不设计循环管道,用电伴热来维持管道温度的工程设计(如北京某办公楼,卫生间及食堂设有集中生活热水,建筑面积17.5万m²,不设循环系统,全部采用电伴热系统维持系统水温,项目已竣工使用15年)。电伴热技术在热水系统中的应用目前也没有标准和设计依据,需要总结实际工程经验,提出合理、可行的技术标准。

3.2.5 管道腐蚀结垢

碳酸钙是造成结垢的主要原因之一,除此以外还有磷酸钙垢和硅酸盐垢。在水-碳酸盐系统中,当水中的碳酸钙含量超过其饱和值时,就会出现碳酸钙沉淀,表现出结垢性。当水中的碳酸钙含量低于其饱和值时,则水对碳酸钙具有溶解的能力,能够将已经沉淀的碳酸钙溶解于水中,表现出腐蚀性。腐蚀性的水对于金属管产生腐蚀。

根据分析比较认为采用稳定指数(RSI)来代替饱和指数(LSI)作为判断水质的依据。RSI指数表明在特定条件下,一种水引起结垢或腐蚀程度。雷兹纳通过实验,用比较定量的数值来表示水质稳定性,提出了稳定指数判断,见表3-27。

水质稳定倾向判断表 表3-27

稳定指数RSI	水的倾向
RSI<3.7	严重结垢
3.7<RSI<6.0	轻度结垢
RSI≈6.0	基本稳定
6.0<RSI<7.5	轻微腐蚀
RSI>7.5	严重腐蚀

有研究表明,对于各种水样的硬度,温度的升高总使得所析出的垢量增大。硬度大于14德国度(250mg/L CaCO₃)时,结垢随温度变化明显。温度大于60℃时,结垢量明显增大。在满足热水使用温度的条件下,温度60℃是控制析出垢量明显增大的控制温度值。

根据WHO的有关资料,硬度对人体健康没有影响,有些国家的水质标准中并未对硬度提出限值,只是对总溶解固体有要求。在没有特别使用要求的情况下,设计中主要考虑控制换热器盘管表面结垢问题,通常做法是采用物理处理器,抑制结垢。物理处理器主要分为磁处理、电场处理、超声波处理。如根据《高频电磁场综合水处理器技术条件》GB/T 26962—2011,应用高频电磁场原理制成的装置与复合过滤器组合而成的多功能综合水处理器,用于对水系统起到缓蚀、阻垢、杀菌灭藻、过滤作用;用于热水系统时,水温不大于95℃,其阻垢率不小于85%。

高级酒店的酒店管理公司往往对水质硬度有要求,根据以往工程实践,通常不大于120mg/L;厨房设备如咖啡机、制冰机一般要求不大于50mg/L;洗衣房一般不大于80mg/L。软化水对金属管道有腐蚀作用,有资料表明软化水中金属离子(铜、铁)有明显增加，严重的情况会出现蓝水现象。

高硬度水容易发生结垢，低硬度水容易导致腐蚀，这就需要对热水中的硬度进行合理的控制。硬度的设置还需要考虑使用舒适性、用水工艺等。高温容易导致结垢，军团菌控制则需要较高的水温，两者也需要协调处理。

国内外在生活给水系统中应用较多的缓蚀阻垢剂是聚磷酸盐。聚磷酸盐通常是由食品级高纯多聚磷酸钠、氧化钙等经高温熔炼制成的玻璃状透明球体，具有在水中缓慢溶解的特性，对于铸铁水管、低碳钢水管或镀锌水管、铜管及其他金属材质管道及设备的腐蚀和结垢有抑制作用。

3.2.6 管材的选择

有关研究表明水温每上升 10℃，腐蚀速度就增加 1～3 倍。热水系统管道较冷水系统更容易腐蚀，因此对管材的要求也就更加严格。水质软化会导致水的腐蚀倾向，管材选择也要考虑硬度的影响。热水系统的灭菌技术，如氯、臭氧灭菌等，需要考虑灭菌剂对管材选择的影响。热水系统管材需能够有效避免军团菌的滋生，有研究表明交联聚乙烯塑料管相对不锈钢管及铜管易滋生军团菌。根据对国内外资料的整理得出，集中生活热水供应系统宜采用薄壁不锈钢管、铜管、氯化聚氯乙烯（PVC-C）塑料热水管和复合管等管材。

热水供应系统采用不锈钢管道时应根据热水原水中氯化物含量选用相应型号的管材，并符合下列要求：

1）热水原水中氯化物含量小于 50mg/L 时，可采用 S30408（06Cr19Ni10）、S30403（022Cr19Ni10）、S31608（06Cr17Ni12Mo2）、S31603（022Cr17Ni12Mo2）不锈钢；

2）热水原水中氯化物含量大于 50mg/L、小于 250mg/L 时，应采用 S31608、S31603 不锈钢管道；

3）热水原水中氯化物含量大于 250mg/L 时，不宜使用不锈钢管道。

热水供应系统采用铜管时，氯化物含量不宜高于 30mg/L，pH 值应介于 6.5～8.5，溶解性总固体不宜小于 300mg/L。

3.2.7 灭菌技术

3.2.7.1 紫外光催化二氧化钛灭菌装置

紫外光催化二氧化钛灭菌装置是一种利用光催化材料在紫外光的照射下发生光催化反应，通过其产生的一种强氧化的羟基，破坏病菌细胞壁，从而杀灭细菌。该设备杀菌彻底，可以迅速杀灭、分解水系统中滋生的各类微生物、细菌、病毒等。由于在负载 TiO_2 表面产生具有强氧化性的电子空穴及电子的强还原能力，可以破坏微生物细胞的细胞膜，造成细胞的原生质的流失，导致细胞整体分解，使微生物细胞失去了复活、繁殖的物质基础，对细菌、粪大肠杆菌的去除是彻底的、永久性的，不存在细菌重新复活的可能。该设备还可以去除藻类和有机物，可以杀灭、分解水系统中滋生的各种藻类和有机物。光催化产品化学特性稳定，本身不参与反应，无二次污染，作用持久，使用寿命长，设备维护简单，使用方便，适用于建筑生活系统。

3.2.7.2 银离子灭菌装置

银离子能够有效灭火热水系统的军团菌，中国建筑设计院有限公司进行银离子灭活生活热水中军团菌的试验研究。采用模拟管道中试系统研究银离子对生活热水中军团菌及常规细菌的灭活作用。试验结果表明，银离子对军团菌和常规细菌均有显著的灭活效果。银离子浓度为 0.10mg/L 时，灭活 210min 后，1.20×10^3 CFU/mL 浓度军团菌的灭活率达99.92％。银离子浓度在 0.05～0.07mg/L 时，灭活 180min 后细菌总数灭活率达 97.86％，异养菌的平均灭活率达 85.71。银离子对 35℃热水与 24℃常温水的细菌总数和异养菌灭活规律类似，灭活效果显著，表明银离子具有广谱灭菌的作用。

目前欧盟和世界卫生组织对银子灭菌还没有标准，英国的相关规范要求用水点银离子浓度不低于 0.02mg/L，不超过 0.1mg/L。pH 值高于 7.6 时不宜采用。投加位置为热水系统冷水补水管、水加热器出水管或循环回水管上，投加位置不应设置在能够吸附银子的水处理设备前。

3.2.7.3 高温灭菌

高温灭菌既通过升高热水系统的水温并持续一定的时间来杀灭军团。采用热冲击灭菌时，热水系统应禁止使用或采取其他能避免使用者烫伤的管理或技术措施。

日常运行中可以定期对管网进行热冲击灭菌。最不利点水温不低于 60℃，持续时间不小于 1h，每周不少于一次。

热冲击灭菌处理时，最不利点水温不低于 60℃，系统持续运行时间不小于 1h，各用水点冲洗时间不小于 5min。

对于采用电伴热维持温度的系统（支管电伴热或干管电伴热），需要设置相应的控制装置，使系统温度暂时升高。

3.2.7.4 二氧化氯灭菌

根据对国外相关资料的研究分析，二氧化氯特别适合医院热水系统的灭菌处理。最不利点的二氧化氯浓度不低于 0.1mg/L，投加量不高于 0.5mg/L。投加位置为热水系统冷水补水管、水加热器出水管或循环回水管上。二氧化氯用于应急处理管网系统生物膜，应采用离线方式，二氧化氯浓度 8～19mg/L，运行时间不小于 2h，灭菌后投入使用前应进行冲洗。二氧化氯宜采用电解发生器现场制取。

3.2.7.5 氯灭菌

氯作为应用最广泛的消毒剂，可以用于热水系统在发生军团菌事故后的应急处理，投加量宜为 20～50mg/L，最不利出水点游离余氯浓度不应低于 2mg/L，运行时间不应小于2h，灭菌后使用前必须冲洗。

3.2.8 热水系统维护管理

热水系统设备、配件较多，通常有加热器、储热罐、膨胀罐、循环泵及管道等，容易为细菌滋生提供适合环境。平时的维护管理也不容忽视。

生活热水系统应进行日常供水水质检验，水质检验项目及频率应符合《生活热水水质标准》CJ/T 521—2018 的规定。

热水贮水罐（箱）及膨胀罐须定期排水及清洗，在贮水罐（箱）底端设置排水口。

热水配水管网须定期排水及清洗，应拆除积水的多余管段；当不可避免出现滞水区，宜在管段末端设冲洗阀，进行排水、冲洗。冲洗方法可根据管材不同采取银离子灭菌、高温灭菌、二氧化氯灭菌、高浓度氯灭菌等方法。

热水系统配件须定期检查及清洗维护。恒温混水阀、循环泵、安全阀、热交换器等应定期清洗。

热水设备及其管网、配件进行冲洗时应尽量避免产生水雾，并应设专用排水管段将冲洗废水引至排水沟。

为确保系统维护管理的质量和效果，热水系统宜建立热水系统危害分析的关键点。

3.3 管道直饮水系统水质保障技术

综合体建筑中的管道直饮水系统，多根据不同使用功能的单体建筑需求，独立设置。因管理要求不同，单体建筑高度及供水分区不同，循环管路回水循环系统不同，很难将综合体建筑中的管道直饮水系统整体考虑。根据单体建筑来独立设置系统，反而更有利于系统的管理和维护，有利于系统循环，有利于水质安全卫生。

3.3.1 管道直饮水水量

最高日直饮水定额因建筑性质和地区条件不同综合确定，对于综合体建筑，应根据设置直饮水系统的建筑性质分别确定直饮水量和总处理水量（表3-28）。

最高日直饮用水定额（q_d） 表3-28

用水场所	单位	最高日直饮用水定额
住宅楼、公寓	L/(人·日)	2.0～2.5
办公楼	L/(人·班)	1.0～2.0
教学楼	L/(人·日)	1.0～2.0
旅馆	L/(床·日)	2.0～3.0
医院	L/(床·日)	2.0～3.0
体育场馆	L/(观众·场)	0.2
会展中心（博物馆、展览馆）	L/(人·日)	0.4
航站楼、火车站、客运站	L/(人·日)	0.2～0.4

注：1. 本表中定额仅为饮用水量；
　　2. 经济发达地区的居民住宅楼可提高至4～5L/(人·日)；
　　3. 最高日直饮水定额亦可根据用户要求确定；
　　4. 表中数据引用《建筑与小区管道直饮水系统技术规程》CJJ/T 110—2017。

3.3.2 管道直饮水水质

管道直饮水系统原水水质应符合现行国家标准《生活饮用水卫生标准》GB 5749—2006的相关规定；管道直饮水系统用户端水质应符合国家现行行业标准《饮用净水水质标准》CJ 94—2005，相关水质指标摘录见表3-29、表3-30。

饮用净水水质指标及限值 表3-29

项目		限值
感官性状指标	色度（铂钴色度单位）	≤5
	浑浊度（散射浑浊度单位）（NTU）	≤0.3
	臭和味	无异臭异味
	肉眼可见物	无

项目	限值
pH	6.5～8.5（当采用反渗透工艺时 6.0～8.5）
总硬度（以 $CaCO_3$ 计）（mg/L）	≤200
铁（mg/L）	≤0.20
锰（mg/L）	≤0.05
铜（mg/L）	≤1.0
锌（mg/L）	≤1.0
铝（mg/L）	≤0.05
阴离子合成洗涤剂（mg/L）	≤0.20
硫酸盐（mg/L）	≤100
氯化物（mg/L）	≤100
溶解性总固体（mg/L）	≤300
总有机碳（TOC）（mg/L）	≤1.0
耗氧量（COD_{Mn}，以 O_2 计）（mg/L）	≤2.0
氟化物（mg/L）	≤1.0
硝酸盐（以 N 计）（mg/L）	≤10
砷（mg/L）	≤0.01
硒（mg/L）	≤0.01
汞（mg/L）	≤0.001
镉（mg/L）	≤0.003
铬（六价）（mg/L）	≤0.05
铅（mg/L）	≤0.01
银（采用载银活性炭时测定）（mg/L）	≤0.05
三氯甲烷（mg/L）	≤0.03
四氯化碳（mg/L）	≤0.002
亚氯酸盐（采用 ClO_2 消毒时测定）（mg/L）	≤0.70
氯酸盐（采用复合 ClO_2 消毒时测定）（mg/L）	≤0.70
溴酸盐（采用 O_3 消毒时测定）（mg/L）	≤0.01
甲醛（采用 O_3 消毒时测定）（mg/L）	≤0.9
菌落总数（CFU/mL）	≤50
异养菌数*（CFU/mL）	≤100
总大肠菌群（MPN/100mL 或 CFU/100mL）	不得检出
耐热大肠菌群（MPN/100mL 或 CFU/100mL）	不得检出
大肠埃希氏菌（MPN/100mL 或 CFU/100mL）	不得检出

注：1. * 为试行标准；

2. 总有机碳（TOC）与耗氧量（COD_{Mn}，以 O_2 计）两项指标可选测一项；

3. 当水样检出总大肠菌群时，应进一步检测大肠埃希氏菌或耐热大肠菌群；水样未检出总大肠菌群，不必检验大肠埃希氏菌或耐热大肠菌群。

消毒剂余量要求　　　　　　　　　　　　　表 3-30

消毒剂指标	管网末梢水中余量
游离性余氯（mg/L）	≥0.01
臭氧（采用 O_3 消毒时测定）（mg/L）	≥0.01
二氧化氯（采用 ClO_2 消毒时测定）（mg/L）	≥0.01

注：表中数据引用《饮用净水水质标准》CJ 94—2005。

3.3.3 管道直饮水水压要求

对于综合体中不同功能区域的水嘴压力要求略有差别。住宅各分区最低饮水嘴处的静水压力不宜大于 0.35MPa；办公楼各分区最低饮水嘴处的静水压力不宜大于 0.40MPa；其他类型建筑的分区静水压力控制值可根据建筑性质、高度、供水范围等因素，参考住宅、办公楼的分区压力要求确定。

3.3.4 管道直饮水供应系统选用原则

综合体建筑应根据建筑体量、使用性质、楼栋分布等多种要求综合考虑系统形式的选择，选择类型可参照表 3-31。

直饮水系统建议选型表　　　　　　　　　　表 3-31

按直饮水管网循环控制分类	全日循环直饮水供应系统	
	定时循环直饮水供应系统	
按直饮水管网布置图式分类	下供上回式直饮水供应系统	基本形式
	上供下回式直饮水供应系统	
按小区直饮水供应系统建筑高度分类	多层建筑直饮水供应系统	
	多、高层建筑直饮水供应系统	
按直饮水供应系统供水方式分类	加压式直饮水供应系统	组合形式
	重力式直饮水供应系统	
按直饮水供水系统分区方式分类	净水机房集中设置的直饮水供应系统	
	净水机房分散设置的直饮水供应系统	

为了保证管网内水质，管道直饮水系统应设置循环管，供、回水管网应设计为同程式。管道直饮水重力式供水系统建议采用定时循环，并设置循环水泵；管道直饮水加压式供水系统（供水泵兼作循环水泵）可采用定时循环，也可采用全日循环，并设置循环流量控制装置。建筑小区内各建筑循环管可接至小区循环管上，此时应采取安装流量平衡阀等限流或保证同阻的措施。

为保证循环效果，建议建筑物内高低区供水管网的回水分别回流至净水机房；因受条件限制，回水管需连接至同一循环回水干管时，高区回水管上应设置减压稳压阀，使高低区回水管的压力平衡，以保证系统正常循环。

小区管道直饮水系统回水可回流至净水箱或原水箱，单栋建筑可回流至净水箱。回流到净水箱时，应加强消毒，或设置精密过滤器与消毒。净水机房内循环回水管末端的压力控制应考虑下列因素：进应控制回水进水管的出水压力；根据工程情况，可设置调压装置（即减压阀）；进入净水箱时，还应满足消毒装置和过滤器的工作压力。

直饮水在供、回水系统管网中的停留时间不应超过 12h。定时循环系统可采用时间控制器控制循环水泵在系统用水量少时运行，每天至少循环 2 次。

3.3.5 管道直饮水处理工艺

3.3.5.1 确定水处理工艺时应该注意的问题

1）确定工艺流程前，应进行原水水质的收集和校对，原水水质分析资料是确定直饮水制备工艺流程的一项重要资料。应视原水水质情况和用户对水质要求，考虑到水质安全性和对人体健康的潜在危险，应有针对性的选择工艺流程，以满足直饮水卫生安全的要求。

2）不同水源经常规处理工艺的水厂出水水质又不相同，所以居住小区和建筑管道直饮水处理工艺流程的选择，一定要根据原水的水质情况来确定。不同的处理技术有不同的水质适用条件，而且造价、能耗、水的利用率、运行管理的要求等亦不相同。

3）选择合理工艺，经济高效地去除不同污染是工艺选择的目的。处理后的管道直饮水水质除符合饮用净水水质标准外，还需满足健康的要求，既去除水中有害物质，亦应保留对人体有益的成分和微量元素。

3.3.5.2 膜处理技术分类

管道直饮水系统因水量小、水质要求高，通常使用膜分离法。目前膜处理技术分类如下：

1）微滤（MF）：微滤膜的结构为筛网型，孔径范围在 $0.1 \sim 1 \mu m$，因而微滤过程满足筛分机理，可去除 $0.1 \sim 10 \mu m$ 的物质及尺寸大小相近的其他杂质，如悬浮物（浑浊度）、细菌、藻类等。操作压力一般小于 0.3MPa，典型操作压力为 $0.01 \sim 0.2$MPa。

2）超滤（UF）：超滤膜介于微滤与纳滤之间，且三者之间无明显的分界线。一般来说，超滤膜的截留分子量在 $500 \sim 1000000$D，而相应的孔径在 $0.01 \sim 0.1 \mu m$ 之间，这时的渗透压很小，可以忽略。因而超滤膜的操作压力较小，一般为 $0.2 \sim 0.4$MPa，主要用于截留去除水中的悬浮物、胶体、微粒、细菌和病毒等大分子物质。因此超滤过程除了物理筛分作用以外，还应考虑这些物质与膜材料之间的相互作用所产生的物化影响。

3）纳滤（NF）：纳滤膜是 20 世纪 80 年代末发展起来的新型膜技术。通常，纳滤的特性包括以下六个方面：

① 介于反渗透与超滤之间；

② 孔径在 1nm 左右，一般 $1 \sim 2$nm；

③ 截留分子量在 $200 \sim 1000$D；

④ 膜材料可采用多种材质，如醋酸纤维素、醋酸-三醋酸纤维素、磺化聚砜、磺化聚醚砜、芳香聚酰胺复合材料和无机材料等；

⑤ 一般膜表面带负电；

⑥ 对氯化钠的截留率小于 90%。

3.3.6 管道直饮水计量

综合体建筑应根据建筑性质细分直饮水系统计量，有条件的情况下宜采用分级计量作为检漏的重要手段。

当计量水表数量较多，位置分散时，宜优先采用远传型直饮水专用水表。

因管道直饮水系统设有循环回水管，总计量水表应在供水管和回水管上分别设置，计量值取两者差值。

3.3.7 管材及附件选用

3.3.7.1 管材

管材是直饮水系统的重要组成部分之一，对水质卫生、系统安全运行起着重要作用。在工程设计中应选用优质、耐腐蚀、抑制细菌繁殖、连接牢固可靠的管材。

1）管材选用应符合其现行国家标准的规定。管道、管件的工作压力不得大于产品标准标称的允许工作压力。

2）管材应选用不锈钢管、铜管等符合食品级卫生要求的优质管材。

3）系统中宜采用与管道同种材质的管件。

4）选用不锈钢管时，应注意选用型号的耐水中氯离子浓度的能力，以免造成腐蚀，条件许可时，材质宜采用 0Cr17Ni12Mo2（316）或 00Cr17Ni14Mo2（316L）。

5）当采用反渗透膜工艺时，因出水 pH 值可能小于 6，会对铜管造成腐蚀。另外，从直饮水管道系统考虑，管网和管道中的流速要求有较高流速，则铜管内流速应限制在允许范围之内。

6）无论是不锈钢管、铜管，均应达到国家卫生部 2001 年颁布的《生活饮用水输配水设备及防护材料卫生安全评价标准》GB/T 17219—1998 的要求。

3.3.7.2 附配件

管道直饮水系统的附配件包括：直饮水专用水嘴、直饮水表、自动排气阀、流量平衡阀、限流阀、持压阀、空气呼吸器、减压阀、截止阀、闸阀等。材质宜与管道材质一致，并应达到国家卫生部 2001 年颁布的《生活饮用水输配水设备及防护材料卫生安全评价标准》GB/T 17219—1998 的要求。

1）直饮水专用水嘴：材质为不锈钢，额定流量宜为 0.04～0.06L/s，工作压力不小于 0.03MPa，规格为 $DN10$。

直饮水专用水嘴根据操作型式分为普通型、拨动型及监测型（进口产品）三类产品。

2）直饮水表：材质为不锈钢，计量精度等级按最小流量和分界流量分为 C、D 二个等级，水平安装为 D 级、非水平安装不低于 C 级标准，内部带有防止回流装置，并应符合国家现行标准《饮用净水水表》CJ/T 241—2007。规格为 $DN8$～$DN40$，可采用普通、远传或 IC 卡直饮水表。

3）自动排气阀：对于设有直饮水表的工程，为保证计量准确，应在系统及各分区最高点设置自动排气阀，排气阀处应有滤菌、防尘装置，避免直饮水遭受污染。

4）流量控制阀：也称作流量平衡阀，在暖通专业的供暖和空调系统中使用，目的是保证系统各环路循环，消除因系统管网不合理导致的循环短路现象。暖通专业的系统均为闭式系统，利用流量控制阀前、后压差和阀门开度控制流量，该阀是针对闭式系统开发的。管道直饮水系统属于开式、闭式交替运行的系统，有用水时为开式、不用水时为闭式，使用流量控制阀必须根据其种类和工作原理，通过在其前、后增加其他阀门实现控制循环流量的目的。

3.4 消防系统特点分析

3.4.1 消火栓系统

3.4.1.1 消火栓系统的定义及分类

消火栓系统是由供水设施、消火栓、配水管网和阀门等组成的系统。按照压力形式可分为高压消防给水系统和临时高压消防给水系统。高压消防给水系统能始终保持满足水灭火设施所需的工作压力和流量，火灾时无须消防水泵直接加压的供水系统。临时高压消防给水系统平时不能满足水灭火设施所需的工作压力和流量，火灾时能自动启动消防水泵以满足水灭火设施所需的工作压力和流量的供水系统。

按照充水形式可分为湿式消火栓系统与干式消火栓系统。湿式消火栓系统是平时配水管网内充满水的消火栓系统，干式消火栓系统平时配水管网内不充水，火灾时向配水管网充水的消火栓系统。

3.4.1.2 消火栓系统基本参数

（1）建筑物室外消火栓设计流量

建筑物室外消火栓设计流量，应根据建筑物的用途功能、体积、耐火等级、火灾危险性等因素综合分析确定。建筑物室外消火栓设计流量不应小于表 3-32 的规定。

建筑物室外消火栓设计流量（L/s）　　　　　表 3-32

耐火等级	建筑物名称及类别		建筑体积（m³）					
			$V \leqslant 1500$	$1500 < V \leqslant 3000$	$3000 < V \leqslant 5000$	$5000 < V \leqslant 20000$	$20000 < V \leqslant 50000$	$V > 50000$
一、二级	工业建筑	厂房 甲、乙	15		20	25	30	35
		厂房 丙	15		20	25	30	40
		厂房 丁、戊	15					20
		仓库 甲、乙	15		25			
		仓库 丙	15		25		35	45
		仓库 丁、戊	15					20
	民用建筑	住宅	15					
		公共建筑 单层及多层	15			25	30	40
		公共建筑 高层	—			25	30	40
	地下建筑（包括地铁）、平战结合的人防工程		15			20	25	30
三级	工业建筑	乙、丙	15	20	30	40	45	—
		丁、戊	15			20	25	35
	单层及多层民用建筑		15		20	25	30	
四级	丁、戊类工业建筑		15		20	25	—	
	单层及多层民用建筑		15		20	25		

注：此表来源于《消防给水及消火栓系统技术规范》GB 50974—2014（以下简称《消水规》）表 3.3.2。

（2）室内消火栓设计流量

建筑物室内消火栓设计流量，应根据建筑物的用途功能、体积、高度、耐火等级、火灾危险性等因素综合确定。建筑物室内消火栓设计流量不应小于表3-33的规定。

建筑物室内消火栓设计流量 表3-33

建筑物名称			高度 h(m)、层数、体积 V(m³)、座位数 (n)、火灾危险性		消火栓设计流量（L/s）	同时使用消防水枪数（支）	每根竖管最小流量（L/s）
工业建筑	厂房		$h{\leqslant}24$	甲、乙、丁、戊	10	2	10
				丙	20	4	15
			$24{<}h{\leqslant}50$	乙、丁、戊	25	5	15
				丙	30	6	15
			$h{>}50$	乙、丁、戊	30	6	15
				丙	40	8	15
	仓库		$h{\leqslant}24$	甲、乙、丁、戊	10	2	10
				丙	20	4	15
			$h{>}24$	丁、戊	30	6	15
				丙	40	8	15
民用建筑	单层及多层	科研楼、试验楼	$V{\leqslant}1000$		10	2	10
			$V{>}10000$		15	3	10
		车站、码头、机场的候车（船、机）楼和展览建筑（包括博物馆）等	$5000{<}V{\leqslant}25000$		10	2	10
			$25000{<}V{\leqslant}50000$		15	3	10
			$V{>}50000$		20	4	15
		剧场、电影院、会堂、礼堂、体育馆等	$800{<}n{\leqslant}1200$		10	2	10
			$1200{<}n{\leqslant}5000$		15	3	10
			$5000{<}n{\leqslant}10000$		20	4	15
			$n{>}10000$		30	6	15
		旅馆	$5000{<}V{\leqslant}10000$		10	2	10
			$10000{<}V{\leqslant}25000$		15	3	10
			$V{>}25000$		20	4	15
		商店、图书馆、档案馆等	$5000{<}V{\leqslant}10000$		15	3	10
			$10000{<}V{\leqslant}25000$		25	5	15
			$V{>}25000$		40	8	15
		病房楼、门诊楼等	$5000{<}V{\leqslant}25000$		10	2	10
			$V{>}25000$		15	3	10
		办公楼、教学楼等其他建筑	$V{>}10000$		15	3	10
		住宅	$21{<}h{\leqslant}27$		5	2	10
	高层	住宅	$27{<}h{\leqslant}54$		10	2	10
			$h{>}54$		20	4	10
		二类公共建筑	$h{\leqslant}50$		20	4	10
		一类公共建筑	$h{\leqslant}50$		30	6	15
			$h{>}50$		40	8	15

注：此表来源于《消防给水及消火栓系统技术规范》GB 50974—2014表3.5.2。

（3）消防用水量

消防给水一起火灾灭火用水量应按需要同时作用的室内外消防给水用水量之和计算，两座及以上建筑合用时，应取最大者，并应按式（3-1）～式（3-3）计算：

$$V = V_1 + V_2 \tag{3-1}$$

$$V_1 = 3.6 \sum_{i=1}^{i=n} q_{1i} t_{1i} \tag{3-2}$$

$$V_2 = 3.6 \sum_{i=1}^{i=m} q_{2i} t_{2i} \tag{3-3}$$

式中　V——建筑消防给水一起火灾灭火用水总量（m³）；

V_1——室外消防给水一起火灾灭火用水量（m³）

V_2——室内消防给水一起火灾灭火用水量（m³）；

q_{1i}——室外第 i 种水灭火系统的设计流量（L/s）；

t_{1i}——室外第 i 种水灭火系统的火灾延续时间（h）；

n——建筑需要同时作用的室外水灭火系统数量；

q_{2i}——室内第 i 种水灭火系统的设计流量（L/s）；

t_{2i}——室内第 i 种水灭火系统的火灾延续时间（h）；

m——建筑需要同时作用的室内水灭火系统数量。

不同场所消火栓系统的火灾延续时间不应小于表 3-34 的规定。

不同场所的火灾延续时间　　　　表 3-34

建筑			场所与火灾危险性	火灾延续时间（h）
建筑物	工业建筑	仓库	甲、乙、丙类仓库	3.0
			丁、戊类仓库	2.0
		厂房	甲、乙、丙类厂房	3.0
			丁、戊类厂房	2.0
	民用建筑	公共建筑	高层建筑中的商业楼、展览楼、综合楼，建筑高度大于50m的财贸金融楼、图书馆、书库、重要的档案楼、科研楼和高级宾馆等	3.0
			其他公共建筑	2.0
			住宅	
	人防工程		建筑面积小于3000m²	1.0
			建筑面积大于或等于3000m²	2.0
			地下建筑、地铁车站	

注：此表来源于《消防给水及消火栓系统技术规范》GB 50974—2014 表 3.6.2。

3.4.1.3 消防水源

市政给水、消防水池、天然水源等可作为消防水源，并宜采用市政给水；雨水清水池、中水清水池、水景和游泳池可作为备用消防水源。当市政给水管网连续供水时，消防给水系统可采用市政给水管网直接供水。

符合下列规定之一时，应设置消防水池：

1) 当生产、生活用水量达到最大时，市政给水管网或入户引入管不能满足室内、室外消防给水设计流量；

2) 当采用一路消防供水或只有一条入户引入管，且室外消火栓设计流量大于 20L/s 或建筑高度大于 50m；

3) 市政消防给水设计流量小于建筑室内外消防给水设计流量。

3.4.1.4 供水设施

（1）消防水泵

1) 消防水泵的性能应满足消防给水系统所需流量和压力的要求；

2) 防水泵所配驱动器的功率应满足所选水泵流量扬程性能曲线上任何一点运行所需功率的要求；

3) 当采用电动机驱动的消防水泵时，应选择电动机干式安装的消防水泵；

4) 流量扬程性能曲线应为无驼峰、无拐点的光滑曲线，零流量时的压力不应大于设计工作压力的 140%，且宜大于设计工作压力的 120%；

5) 当出流量为设计流量的 150% 时，其出口压力不应低于设计工作压力的 65%；

6) 泵轴的密封方式和材料应满足消防水泵在低流量时运转的要求；

7) 消防给水同一泵组的消防水泵型号宜一致，且工作泵不宜超过 3 台；

8) 多台消防水泵并联时，应校核流量叠加对消防水泵出口压力的影响。

（2）高位消防水箱

临时高压消防给水系统的高位消防水箱的有效容积应满足初期火灾消防用水量的要求，并应符合下列规定：一类高层公共建筑，不应小于 36m³，但当建筑高度大于 100m 时，不应小于 50m³，当建筑高度大于 150m 时，不应小于 100m³；多层公共建筑、二类高层公共建筑和一类高层住宅，不应小于 18m³，当一类高层住宅建筑高度超过 100m 时，不应小于 36m³；总建筑面积大于 10000m² 且小于 30000m² 的商店建筑，不应小于 36m³，总建筑面积大于 30000m² 的商店，不应小于 50m³。

高位消防水箱的设置位置应高于其所服务的水灭火设施，且最低有效水位应满足水灭火设施最不利点处的静水压力，并应按下列规定确定：一类高层公共建筑，不应低于 0.10MPa，但当建筑高度超过 100m 时，不应低于 0.15MPa；高层住宅、二类高层公共建筑、多层公共建筑，不应低于 0.07MPa，多层住宅不宜低于 0.07MPa；当高位消防水箱不能满足以上的静压要求时，应设稳压泵。

（3）稳压泵

稳压泵的设计流量应符合下列规定：稳压泵的设计流量宜按消防给水设计流量的 1%～3% 计，且不宜小于 1L/s；稳压泵的设计压力应保持系统自动启泵压力设置点处的压力在准工作状态时大于系统设置自动启泵压力值，且增加值宜为 0.07～0.10MPa；稳压泵的设计压力应保持系统最不利点处水灭火设施在准工作状态时的静水压力应大于 0.15MPa。

3.4.1.5 给水形式

（1）符合下列条件时，消防给水系统应分区供水：

1) 系统工作压力大于 2.40MPa；

2) 消火栓栓口处静压大于 1.0MPa；

3) 自动水灭火系统报警阀处的工作压力大于 1.60MPa 或喷头处的工作压力大于 1.20MPa。

（2）分区供水形式应根据系统压力、建筑特征，经技术经济和安全可靠性等综合因素确定，可采用消防水泵并行或串联、减压水箱和减压阀减压的形式，但当系统的工作压力大于 2.40MPa 时，应采用消防水泵串联或减压水箱分区供水形式。

3.4.1.6 消火栓系统

（1）系统选择

市政消火栓和建筑室外消火栓应采用湿式消火栓系统。室内环境温度不低于 4℃，且不高于 70℃的场所，应采用湿式室内消火栓系统；室内环境温度低于 4℃或高于 70℃的场所，宜采用干式消火栓系统。

干式消火栓系统的充水时间不应大于 5min，在供水干管上宜设干式报警阀、雨淋阀或电磁阀、电动阀等快速启闭装置；当采用电动阀时开启时间不应超过 30s；当采用雨淋阀、电磁阀和电动阀时，在消火栓箱处应设置直接开启快速启闭装置的手动按钮；在系统管道的最高处应设置快速排气阀。

（2）室外消火栓

建筑室外消火栓保护半径不应大于 150m，每个室外消火栓的出流量宜按 10~15L/s 计算。室外消火栓宜沿建筑周围均匀布置，且不宜集中布置在建筑一侧；建筑消防扑救面一侧的室外消火栓数量不宜少于 2 个。停车场的室外消火栓宜沿停车场周边设置，且与最近一排汽车的距离不宜小于 7m，距加油站或油库不宜小于 15m。

（3）室内消火栓

室内消火栓的配置应采用 DN65 室内消火栓，并可与消防软管卷盘或轻便水龙设置在同一箱体内；应配置公称直径 65 有内衬里的消防水带，长度不宜超过 25.0m；消防软管卷盘应配置内径不小于 Φ19 的消防软管，其长度宜为 30.0m；轻便水龙应配置公称直径 25 有内衬里的消防水带，长度宜为 30.0m；宜配置当量喷嘴直径 16mm 或 19mm 的消防水枪，但当消火栓设计流量为 2.5L/s 时宜配置当量喷嘴直径 11mm 或 13mm 的消防水枪；消防软管卷盘和轻便水龙应配置当量喷嘴直径 6mm 的消防水枪。

设置室内消火栓的建筑，包括设备层在内的各层均应设置消火栓；消防电梯前室应设置室内消火栓，并应计入消火栓使用数量；室内消火栓应设置在楼梯间及其休息平台和前室、走道等明显易于取用，以及便于火灾扑救的位置；住宅的室内消火栓宜设置在楼梯间及其休息平台；汽车库内消火栓的设置不应影响汽车的通行和车位的设置，并应确保消火栓的开启；同一楼梯间及其附近不同层设置的消火栓，其平面位置宜相同。

消火栓栓口动压力不应大于 0.50MPa；当大于 0.70MPa 时必须设置减压装置；高层建筑、库房和室内净空高度超过 8m 的民用建筑等场所，消火栓栓口动压不应小于 0.35MPa，且消防水枪充实水柱应按 13m 计算；其他场所，消火栓栓口动压不应小于 0.25MPa，且消防水枪充实水柱应按 10m 计算。

3.4.1.7 水力计算

（1）损失计算

消防给水的设计压力应满足所服务的各种水灭火系统最不利点处水灭火设施的压力要求。消防给水管道单位长度管道沿程水头损失应根据管材、水力条件等因素选择，可按下列公式计算：

1）消防给水管道或室外塑料管可采用式（3-4）～式（3-8）计算：

$$i = 10^{-6} \frac{\lambda}{d_i} \frac{\rho v^2}{2} \tag{3-4}$$

$$\frac{1}{\sqrt{\lambda}} = -2.0\log\left(\frac{2.51}{Re\sqrt{\lambda}} + \frac{\varepsilon}{3.71d_i}\right) \tag{3-5}$$

$$Re = \frac{v d_i \rho}{\mu} \tag{3-6}$$

$$\mu = \rho v \tag{3-7}$$

$$v = \frac{1.775 \times 10^{-6}}{1 + 0.0337T + 0.000221T^2} \tag{3-8}$$

式中　i——单位长度管道沿程水头损失（MPa/m）；

d_i——管道的内径（m）；

v——管道内水的平均流速（m/s）；

ρ——水的密度（kg/m³）；

λ——沿程损失阻力系数；

ε——当量粗糙度，可按表 10.1.2 取值（m）；

Re——雷诺数，无量纲；

μ——水的动力黏滞系数（Pa/s）；

v——水的运动黏滞系数（m²/s）；

T——水的温度，宜取 10℃。

2）管道沿程水头损失计算：

$$P_f = iL$$

式中　P_f——管道沿程水头损失（MPa）；

L——管道直线段的长度（m）。

3）管道局部水头损失宜按式（3-9）计算。当资料不全时，局部水头损失可按根据管道沿程水头损失的 10%～30% 估算，消防给水干管和室内消火栓可按 10%～20% 计。

$$P_p = iLp \tag{3-9}$$

式中　P_p——管道和阀门等的局部水头损失（MPa）；

L_p——管体和阀门等当量长度按照《消水规》取值（m）。

室内消火栓的保护半径可按式（3-10）计算：

$$R_o = k_3 L_d + L_s \tag{3-10}$$

式中　R_o——消火栓保护半径（m）；

k_3——消防水带弯曲折减系数，宜根据消防水带转弯数量取 0.8～0.9；

L_d——消防水带长度（m）；

L_s——水枪充实水柱长度在平面上的投影长度。按水枪倾角为 45°时计算，取 0.71 S_k（m）；

S_k——水枪充实水柱长度。

（2）减压计算

减压孔板的水头损失，应按式（3-11）、式（3-12）计算：

$$H_k = 0.01\zeta_1 \frac{V_k^2}{2g} \qquad (3\text{-}11)$$

$$\zeta_1 = \left[1.75\frac{d_i^2}{d_k^2} \cdot \frac{1.1 - \dfrac{d_k^2}{d_i^2}}{1.175 - \dfrac{d_k^2}{d_i^2}} - 1\right]^2 \qquad (3\text{-}12)$$

式中　H_k——减压孔板的水头损失（MPa）；

V_k——减压孔板后管道内水的平均流速（m/s）；

g——重力加速度（m/s²）；

ζ_1——减压孔板的局部阻力系数，也可按《消水规》取值；

d_k——减压孔板孔口的计算内径；取值应按减压孔板孔口直径减 1mm 确定（m）；

d_i——管道的内径（m）。

3.4.1.8　控制与操作

（1）稳压泵由气压罐上的压力开关或压力变送器控制。

（2）设有稳压泵时，加压泵由其出水干管上设置的压力开关直接自动启动，且压力开关引入消防水泵控制柜内。启泵压力值 P_2 见消火栓系统图。加压泵启动后，稳压泵停止。屋顶水箱出水管上的流量开关在 3.5L/s 的流量下发出报警信号。

未设置稳压泵时，加压泵由屋顶水箱出水管上的流量开关直接自动启动。流量开关在 2.0L/s 的流量下发出启泵信号。

（3）消火栓箱内的按钮可向消防中心发出报警信号。

3.4.2　自动喷水灭火系统

3.4.2.1　系统类型

自动喷水灭火系统从报警阀形式主要可以分为湿式系统、预作用系统、干式系统及雨淋系统等。本节主要对城市综合体常用的湿式系统及预作用系统进行叙述。

湿式系统为准工作状态时配水管道内充满用于启动系统的有压水的闭式系统（图 3-2）。

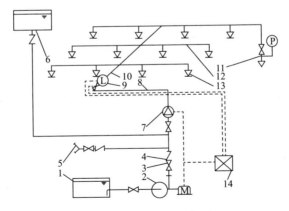

图 3-2　湿式系统示意图

1—水池；2—水泵；3—闸阀；4—止回阀；5—水泵接合器；6—消防水箱；7—湿式报警阀组；8—配水干管；
9—水流指示器；10—配水管；11—末端试水装置；12—配水支管；13—闭式洒水喷头；
14—报警控制器；P—压力表；M—驱动电机；L—水流指示器

预作用系统为准工作状态时配水管道内不充水，发生火灾时由火灾自动报警系统、充气管道上的压力开关联锁控制预作用装置和启动消防水泵，向配水管道供水的闭式系统（图3-3）。

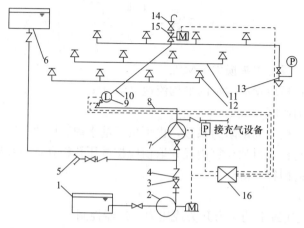

图 3-3 干式系统示意图

1—水池；2—水泵；3—闸阀；4—止回阀；5—水泵接合器；6—消防水箱；7—干式报警阀组；8—配水干管；
9—水流指示器；10—配水管；11—配水支管；12—闭式喷头；13—末端试水装置；
14—快速排气阀；15—电动阀；16—报警控制器

3.4.2.2 设置场所火灾危险等级

设置场所的火灾危险等级应划分为轻危险级、中危险级（Ⅰ级、Ⅱ级）、严重危险级（Ⅰ级、Ⅱ级）和仓库危险级（Ⅰ级、Ⅱ级、Ⅲ级）。

设置场所的火灾危险等级，应根据其用途、容纳物品的火灾荷载及室内空间条件等因素，在分析火灾特点和热气流驱动洒水喷头开放及喷水到位的难易程度后确定，具体详见表3-35。

设计场所危险等级分类   表 3-35

火灾危险等级		设置场所分类
轻危险级		住宅建筑、幼儿园、老年人建筑、建筑高度为24m及以下的旅馆、办公楼；仅在走道设置闭式系统的建筑等
中危险级	Ⅰ级	1）高层民用建筑：旅馆、办公楼、综合楼、邮政楼、金融电信楼、指挥调度楼、广播电视楼（塔）等； 2）公共建筑（含单多高层）：医院、疗养院；图书馆（书库除外）、档案馆、展览馆（厅）；影剧院、音乐厅和礼堂（舞台除外）及其他娱乐场所；火车站、机场及码头的建筑；总建筑面积小于5000m²的商场、总建筑面积小于1000m²的地下商场等； 3）文化遗产建筑：木结构古建筑、国家文物保护单位等； 4）工业建筑：食品、家用电器、玻璃制品等工厂的备料与生产车间等；冷藏库、钢屋架等建筑构件
	Ⅱ级	1）民用建筑：书库、舞台（葡萄架除外）、汽车停车场（库）、总建筑面积5000m²及以上的商场、总建筑面积1000m²及以上的地下商场、净空高度不超过8m、物品高度不超过3.5m的超级市场等； 2）工业建筑：棉毛麻丝及化纤的纺织、织物及制品、木材木器及胶合板、谷物加工、烟草及制品、饮用酒（啤酒除外）、皮革及制品、造纸及纸制品、制药等工厂的备料与生产车间等
严重危险级	Ⅰ类	印刷厂、酒精制品、可燃液体制品等工厂的备料与车间、净空高度不超过8m、物品高度超过3.5m的超级市场等
	Ⅱ级	易燃液体喷雾操作区域、固体易燃物品、可燃的气溶胶制品、溶剂清洗、喷涂油漆、沥青制品等工厂的备料及生产车间、摄影棚、舞台葡萄架下部等

注：此表来源于《自动喷水灭火系统设计规范》GB 50084—2017附录A。

3.4.2.3 系统基本要求

（1）一般规定

自动喷水灭火系统不适用于存在遇水发生爆炸或加速燃烧的物品、遇水发生剧烈化学反应或产生有毒有害物质的物品、洒水将导致喷溅或沸溢的液体等的场所。

自动喷水灭火系统的闭式喷头或启动系统的火灾探测器，应能有效探测初期火灾；湿式系统、干式系统应在开放一只喷头后自动启动，预作用系统应在火灾自动报警系统报警后或者充气管道上设置的压力开关动作后自动启动、雨淋系统应在火灾自动报警系统报警后自动启动；作用面积内开放的喷头，应在规定时间内按设计选定的强度持续喷水；喷头洒水时，应均匀分布，且不应受阻挡。

（2）系统选择

环境温度不低于 4℃，且不高于 70℃ 的场所应采用湿式系统；环境温度低于 4℃，或高于 70℃ 的场所应采用干式系统。系统处于准工作状态时严禁误喷的场所、系统处于准工作状态时严禁管道充水的场所、用于替代干式系统的场所等应采用预作用系统。

3.4.2.4 设计基本参数

民用建筑和厂房采用湿式系统时的系统设计参数不应低于表 3-36 的规定。

民用建筑采用湿式系统的设计基本参数   表 3-36

火灾危险等级		最大净空高度 h(m)	喷水强度 [L/(min·m²)]	作用面积（m²）
轻危险级			4	
中危险级	Ⅰ级	h≤8	6	160
	Ⅱ级		8	
严重危险级	Ⅰ级		12	260
	Ⅱ级		16	

注：此表来源于《自动喷水灭火系统设计规范》GB 50084—2017 表 5.0.1。

民用建筑和厂房高大空间场所采用湿式系统的设计基本参数不应低于表 3-37 的规定。

民用建筑高大空间场所采用湿式系统的设计基本参数   表 3-37

适用场所		最大净空高度 h(m)	喷水强度 [L/(min·m²)]	作用面积（m²）	喷头间距 S(m)
民用建筑	中庭、体育馆、航站楼等	8<h≤12	12	160	1.8≤S≤3.0
		12<h≤18	15		
	影剧院、音乐厅、会展中心等	8<h≤12	15		
		12<h≤18	20		
厂房	制衣制鞋、玩具、木器、电子生产车间等	8<h≤12	15		
	棉纺厂、麻纺厂、泡沫塑料生产车间等		20		

注：1. 表中未列入的场所，应根据本表规定场所的火灾危险性类比确定。
    2. 当民用建筑高大空间场所的最大净空高度为 12m<h≤18m 时，应采用非仓库型特殊应用喷头。
    3. 此表来源于《自动喷水灭火系统设计规范》GB 50084—2017 表 5.0.2。

除《自动喷水灭火系统设计规范》GB 50084—2017 中另有规定外，自动喷水灭火系统的持续喷水时间应按火灾延续时间不小于 1h 确定。

3.4.2.5　系统组件

（1）喷头

湿式系统的洒水喷头选型应符合下列规定：

1）不做吊顶的场所，当配水支管布置在梁下时，应采用直立型洒水喷头；

2）吊顶下布置的洒水喷头，应采用下垂型洒水喷头或吊顶型洒水喷头；

3）顶板为水平面的轻危险级、中危险级Ⅰ级住宅建筑、宿舍、旅馆、医疗建筑病房和办公室，可采用边墙型洒水喷头；

4）易受碰撞的部位，应采用带保护罩的洒水喷头或吊顶型洒水喷头；

5）顶板为水平面，且无梁、通风管道等障碍物影响洒水喷头的场所，可采用扩大覆盖面积洒水喷头；

6）住宅建筑和宿舍、公寓等非住宅类居住建筑宜采用家用喷头；

7）不宜选用隐蔽式洒水喷头，确需采用时，应仅适用于轻危险级和中危险Ⅰ级场所。

预作用系统应采用直立型洒水喷头或干式下垂型洒水喷头。公共娱乐场所、中庭环廊；医院、疗养院的病房及治疗区域，老年、少儿、残疾人的集体活动场所，超出消防水泵接合器供水高度的楼层，地下的商业场所宜采用快速响应洒水喷头。

（2）报警阀组

自动喷水灭火系统应设报警阀组。保护室内钢屋架等建筑构件的闭式系统，应设独立的报警阀组。水幕系统应设独立的报警阀组或感温雨淋报警阀。

串联接入湿式系统配水干管的其他自动喷水灭火系统，应分别设置独立的报警阀组，其控制的洒水喷头数计入湿式阀组控制的洒水喷头总数。

一个报警阀组控制的洒水喷头数应符合下列规定：湿式系统、预作用系统不宜超过800 只；干式系统不宜超过 500 只；当配水支管同时设置保护吊顶下方和上方空间的洒水喷头时，应只将数量较多一侧的洒水喷头计入报警阀组控制的洒水喷头总数。每个报警阀组供水的最高与最低位置洒水喷头，其高程差不宜大于50m。报警阀组宜设在安全及易于操作的地点，报警阀距地面的高度宜为 1.2m。安装报警阀的部位应设有排水设施。

连接报警阀进出口的控制阀应采用信号阀。当不采用信号阀时，控制阀应设锁定阀位的锁具。

水力警铃的工作压力不应小于 0.05MPa，应设在有人值班的地点附近或公共通道的外墙上；与报警阀连接的管道，其管径应为 20mm，总长不宜大于 20m。

（3）水流指示器

除报警阀组控制的洒水喷头只保护不超过防火分区面积的同层场所外，每个防火分区、每个楼层均应设水流指示器；当水流指示器入口前设置控制阀时，应采用信号阀。

（4）末端试水装置

每个报警阀组控制的最不利点洒水喷头处应设末端试水装置，其他防火分区、楼层均应设直径为 25mm 的试水阀。

末端试水装置应由试水阀、压力表以及试水接头组成。试水接头出水口的流量系数，应等同于同楼层或防火分区内的最小流量系数。

水喷头。末端试水装置的出水，应采取孔口出流的方式排入排水管道，排水立管宜设伸顶通气管，且管径不应小于 75mm。

末端试水装置和试水阀应有标识，距地面的高度宜为 1.5m，并应采取不被他用的措施。

3.4.2.6 喷头布置

直立型、下垂型标准覆盖面积洒水喷头的布置，包括同一根配水支管上喷头的间距及相邻配水支管的间距，应根据设置场所的火灾危险等级、洒水喷头类型和工作压力确定，并不应大于表 3-38 的规定，且不宜小于 1.8m。

直立型、下垂型标准覆盖面积洒水喷头的布置   表 3-38

火灾危险等级	正方形布置的边长（m）	矩形或平行四边形布置的长边边长（m）	一只喷头的最大保护面积（m²）	喷头与端墙的距离（m）	
				最大	最小
轻危险级	4.4	4.5	20.0	2.2	
中危险级Ⅰ级	3.6	4.0	12.5	1.8	
中危险级Ⅱ级	3.4	3.6	11.5	1.7	0.1
严重危险级、仓库危险级	3.0	3.6	9.0	1.5	

注：1 设置单排洒水喷头的闭式系统，其洒水喷头间距应按地面不留漏喷空白点确定。
    2 严重危险级或仓库危险级场所宜采用流量系数大于 80 的洒水喷头。
    3 此表来源于《自动喷水灭火系统设计规范》GB 50084—2017 表 7.1.2。

边墙型标准覆盖面积洒水喷头的最大保护跨度与间距，应符合表 3-39 的规定。

边墙型标准覆盖面积洒水喷头的最大保护跨度与间距   表 3-39

火灾危险等级	配水支管上喷头的最大间距（m）	单排喷头的最大保护跨度（m）	两排相对喷头的最大保护跨度（m）
轻危险级	3.6	3.6	7.2
中危险级Ⅰ级	3.0	3.0	6.0

注：1 两排相对洒水喷头应交错布置。
    2 室内跨度大于两排相对喷头的最大保护跨度时，应在两排相对喷头中间增设一排喷头。
    3 此表来源于《自动喷水灭火系统设计规范》GB 50084—2017 表 7.1.3。

直立型、下垂型扩大覆盖面积洒水喷头应采用正方形布置，其布置间距不应大于表 3-40 的规定，且不应小于 2.4m。

直立型、下垂型扩大覆盖面积洒水喷头的布置间距   表 3-40

火灾危险等级	正方形布置的边长（m）	一只喷头的最大保护面积（m²）	喷头与端墙的距离（m）	
			最大	最小
轻危险级	5.4	29.0	2.7	
中危险级Ⅰ级	4.8	23.0	2.4	
中危险级Ⅱ级	4.2	17.5	2.1	0.1
严重危险级	3.6	13.0	1.8	

注：此表来源于《自动喷水灭火系统设计规范》GB 50084—2017 表 7.1.4。

3.4.2.7 管道

配水管道的工作压力不应大于 1.20MPa，并不应设置其他用水设施。配水管道应采用内外壁热镀锌钢管、涂覆钢管、铜管、不锈钢管和氯化聚氯乙烯（PVC-C）管。

镀锌钢管、涂覆钢管可采用沟槽式连接件（卡箍）、螺纹或法兰连接。当报警阀前采用内壁不防腐钢管时，可焊接连接；铜管可采用钎焊、沟槽式连接件（卡箍）、法兰、卡压等连接方式；不锈钢管可采用沟槽式连接件（卡箍）、法兰、卡压等连接方式，不宜采用焊接；氯化聚氯乙烯（PVC-C）管材、管件可采用粘接连接、氯化聚氯乙烯（PVC-C）管材、管件与其他材质管材、管件之间可采用螺纹、法兰或沟槽式连接件（卡箍）连接；铜管、不锈钢管、氯化聚氯乙烯（PVC-C）管应采用配套的支架、吊架。系统中直径等于或大于100mm的管道，应分段采用法兰或沟槽式连接件（卡箍）连接。水平管道上法兰间的管道长度不宜大于20m；立管上法兰间的距离，不应跨越3个及以上楼层。净空高度大于8m的场所内，立管上应有法兰。管道的直径应经水力计算确定。配水管道的布置，应使配水管入口的压力均衡。轻危险级、中危险级场所中各配水管入口的压力均不宜大于0.40MPa。配水管两侧每根配水支管控制的标准流量洒水喷头数量，轻危险级、中危险级场所不应超过8只，同时在吊顶上下安装喷头的配水支管，上下侧均不应超过8只。严重危险级及仓库危险级场所均不应超过6只。轻危险级、中危险级场所中配水支管、配水管控制的标准流量洒水喷头数量，不应超过表3-41的规定。

轻中危险级场所中配水支管、配水管控制的标准流量洒水喷头数量　　表3-41

公称管径（mm）	控制的喷头数（只）	
	轻危险级	中危险级
32	3	3
40	5	4
50	10	8
65	18	12
80	48	32
100	—	64

注：此表来源于《自动喷水灭火系统设计规范》GB 50084—2017 表8.0.9。

水平设置的管道宜有坡度，并应坡向泄水阀。充水管道的坡度不宜小于2‰，准工作状态不充水管道的坡度不宜小于4‰。

3.4.2.8　水力计算

（1）系统的设计流量

系统最不利点处喷头的工作压力应有计算确定，流量应按式（3-13）计算：

$$q = K\sqrt{10P} \tag{3-13}$$

式中　q——喷头流量（L/min）；

　　　P——喷头工作压力（MPa）；

　　　K——喷头流量系数。

水力计算选定的最不利点处作用面积宜为矩形，其长边应平行于配水支管，其长度不宜小于作用面积平方根的1.2倍。

系统的设计流量，应按最不利点处作用面积内喷头同时喷水的总流量确定，且应按式（3-14）计算：

$$Q_s = \frac{1}{60}\sum_{i=1}^{n} q_i \tag{3-14}$$

式中 Q_s——系统设计流量（L/s）；

    q_i——最不利点处作用面积内各喷头节点的流量（L/min）；

    n——最不利点处作用面积内的喷头数。

（2）管道水力计算

管道内的水流速度宜采用经济流速，必要时可超过 5m/s，但不应大于 10m/s。管道单位长度的沿程阻力损失应按式（3-15）计算：

$$i = 6.05\left(\frac{q_g^{1.85}}{C_h^{1.85} d_j^{4.87}}\right) \times 10^7 \tag{3-15}$$

式中 i——管道单位长度的水头损失（kPa/m）；

    d_j——管道计算内径（mm）；

    q_g——管道设计流量（L/min）；

    C_h——海澄—威廉系数见《自动喷水灭火系统设计规范》GB 50084—2017 表 9.2.2。

水泵扬程或系统入口的供水压力应按式（3-16）计算：

$$H = (1.20 \sim 1.40)\sum P_p + P_0 + Z - h_c \tag{3-16}$$

式中 H——水泵扬程或系统入口的供水压力（MPa）；

    $\sum P_p$——管道沿程和局部水头损失的累计值（MPa），报警阀的局部水头损失应按照产品样本或检测数据确定。当无上述数据时，湿式报警阀取值 0.04MPa、干式报警阀取值 0.02MPa、预作用装置取值 0.08MPa、雨淋报警阀取值 0.07MPa、水流指示器取值 0.02MPa；

    P_0——最不利点处喷头的工作压力（MPa）；

    Z——最不利点处喷头与消防水池的最低水位或系统入口管水平中心线之间的高程差，当系统入口管或消防水池最低水位高于最不利点处喷头时，Z 应取负值（MPa）；

    h_c——从城市市政管网直接抽水时城市管网的最低水压（MPa）；当从消防水池吸水时，h_c 取 0。

减压孔板的水头损失，应按式（3-17）计算：

$$H_k = \xi \frac{V_k^2}{2g} \tag{3-17}$$

式中 H_k——减压孔板的水头损失（10^{-2} MPa）；

    V_k——减压孔板后管道内水的平均流速（m/s）；

    ξ——减压孔板的局部阻力系数，取值应按《自动喷水灭火系统设计规范》GB 50084—2017 附录 D 确定。

3.4.2.9 供水

（1）消防水泵

采用临时高压给水系统的自动喷水灭火系统，宜设置独立的消防水泵，并应按一用一备或二用一备，及最大一台消防水泵的工作性能设置备用泵。

系统的消防水泵、稳压泵，应采用自灌式吸水方式。采用天然水源时，消防水泵的吸水口应采取防止杂物堵塞的措施。

每组消防水泵的吸水管不应少于 2 根。报警阀入口前设置环状管道的系统，每组消防水泵的出水管不应少于 2 根。消防水泵的吸水管应设控制阀和压力表；出水管应设控制阀、止回阀和压力表，出水管上还应设置流量和压力检测装置或预留可供连接流量和压力检测装置的接口。必要时，应采取控制消防水泵出口压力的措施。

（2）消防水箱

采用临时高压给水系统的自动喷水灭火系统，应设高位消防水箱。自动喷水灭火系统可与消火栓系统合用高位消水箱。高位消防水箱的设置高度不能满足系统最不利点处喷头处的工作压力时，系统应设置增压稳压设施。

3.4.2.10　操作与控制

湿式系统、干式系统应由消防水泵出水干管上设置的压力开关、高位消防水箱出水管上的流量开关和报警阀组压力开关直接自动启动消防水泵。

预作用系统应由火灾自动报警系统、消防水泵出水干管上设置的压力开关、高位消防水箱出水管上的流量开关和报警阀组压力开关直接自动启动消防水泵。

消防水泵除具有自动控制启动方式外，还应具备下列启动方式：消防控制室（盘）远程控制；消防水泵房现场应急操作。

预作用装置的自动控制方式可采用仅有火灾自动报警系统直接控制，或由火灾自动报警系统和充气管道上设置的压力开关控制，并应符合下列要求：处于准工作状态时严禁误喷的场所，宜采用仅有火灾自动报警系统直接控制的预作用系统；处于准工作状态时严禁管道充水的场所和用于替代干式系统的场所，宜由火灾自动报警系统和充气管道上设置的压力开关控制的预作用系统。

预作用系统、雨淋系统和自动控制的水幕系统，应同时具备下列三种开启报警阀组的控制方式：自动控制；消防控制室（盘）远程控制；预作用装置或雨淋报警阀处现场手动应急操作。

消防控制室（盘）应能显示水流指示器、压力开关、信号阀、消防水泵、消防水池及水箱水位、有压气体管道气压，以及电源和备用动力等是否处于正常状态的反馈信号，并应能控制消防水泵、电磁阀、电动阀等的操作。

3.4.3　大空间智能型主动喷水灭火系统

3.4.3.1　设置场所及适用条件

大空间智能型主动喷水灭火系统适用于扑灭大空间场所的 A 类火灾。凡按照国家有关消防设计规范的要求应设置自动喷水灭火系统，火灾类别为 A 类，但由于空间高度较高，采用其他自动喷水灭火系统难以有效探测、扑灭及控制火灾的大空间场所应设置大空间智能型主动喷水灭火系统。

A 类火灾的大空间场所举例见表 3-42。

A 类火灾的大空间场所举例 表 3-42

序号	建筑类型	设置场所
1	会展中心、展览馆、交易会等展览建筑	大空间门厅、展厅、中庭等场所
2	商场、超级市场、购物中心、百货大楼、室内商业街等商业建筑	大空间门厅、中庭、室内步行街等场所

续表

序号	建筑类型	设置场所
3	办公楼、写字楼、综合楼、邮政楼、金融大楼、电信楼、指挥调度楼、广播电视楼（塔）、商务大厦等行政办公建筑	大空间门厅、中庭、会议厅、多功能厅等场所
4	医院、疗养院、康复中心等医院康复建筑	大空间门厅、中庭等场所
5	飞机场、火车站、汽车站、码头等客运站场的旅客候机（车、船）楼	大空间门厅、中庭、旅客候机（车、船）大厅、售票大厅等场所
6	购书中心、书市、图书馆、文化中心、博物馆、档案馆、美术馆、艺术馆、市民中心、科技中心、观光塔、儿童活动中心等文化建筑	大空间门厅、中庭、会议厅、演讲厅、展示厅、阅读室等场所
7	歌剧院、舞剧院、音乐厅、电影院、礼堂、纪念堂、剧团的排演场等演艺排演建筑	大空间门厅、中庭、舞台、观众厅等场所
8	体育比赛场馆、训练场馆等体育建筑	大空间门厅、中庭、看台、比赛训练场地、器材库等场所
9	旅馆、宾馆、酒店、会议中心	大空间门厅、中庭、会议厅、宴会厅等场所
10	生产贮存 A 类物品的建筑	大空间厂房、仓库等场所
11	其他适合用水灭火的大空间民用与工业建筑	各种大空间场所

注：此表来源于《大空间智能型主动喷水灭火系统技术规程》CECS 263—2009 条文说明表 1。

不同类型智能型自动灭火装置的适用条件见表 3-43。

不同类型智能型灭火装置的适用条件　　　　　　　　　　　　　　表 3-43

序号	灭火装置的名称	型号规格	喷头接口直径（mm）	单个喷头标准喷水流量（L/s）	单个喷头标准保护半径（m）	喷头安装高度（m）	设置场所最大净空高度（m）	喷水方式
1	大空间智能灭火装置	标准型	DN40	5	≤6	≥6 ≤25	顶部安装≤25 架空安装不限	着火点及周边圆形区域均匀洒水
2	自动扫描射水灭火装置	标准型	DN20	2	≤6	≥2.5 ≤6	顶部安装≤6 架空安装不限 边墙安装不限 退层平台安装不限	着火点及周边扇形区域扫描射水
3	自动扫描射水高空水炮灭火装置	标准型	DN25	5	≤20	≥6 ≤20	顶部安装≤20 架空安装不限 边墙安装不限 退层平台安装不限	着火点及周边矩形区域扫描射水

注：此表来源于《大空间智能型主动喷水灭火系统技术规程》CECS 263—2009 表 3.0.5。

3.4.3.2　系统选择和配置

大空间智能型主动喷水灭火系统的选择，应根据设置场所的火灾类别、火灾特点、环境条件、空间高度、保护区域的形状、保护区域内障碍物的情况、建筑美观要求及配置不同灭火装置的大空间智能型主动喷水灭火系统的适用条件来确定。

火灾危险等级为中危险级或轻危险级的场所可采用配置各种类型大空间灭火装置的系统。

火灾危险等级为严重危险级的场所宜采用配置大空间智能灭火装置的系统。

3.4.3.3 基本设计参数

（1）标准型大空间智能灭火装置喷头的设计基本参数见表 3-44。

标准型大空间智能灭火装置的基本设计参数　　　　表 3-44

内容			设计参数
标准喷水流量（L/s）			5
标准喷水强度（L/min·m²）			2.5
接管口径（mm）			40
喷头及探头最大安装高度（m）			25
喷头及探头最低安装高度（m）			6
标准工作压力（MPa）			0.25
标准圆形保护半径（m）			6
标准圆形保护面积（m²）			113.04
标准矩形保护范围及面积 $[a(m)\times b(m)=S(m^2)]$	轻危险级		8.4×8.4＝70.56 8×8.8＝70.4 7×9.6＝67.2 6×10.4＝62.4 5×10.8＝54 4×11.2＝44.8 3×11.6＝34.8
	中危险级	Ⅰ	7×7＝49 6×8.2＝49.2 5×10＝50 4×11.3＝45.2 3×11.6＝34.8
标准矩形保护范围及面积 $[a(m)\times b(m)=S(m^2)]$	中危险级	Ⅱ	6×6＝36 5×7.5＝37.5 4×9.2＝36.8 3×11.6＝34.8
	严重危险级	Ⅰ	5×5＝25 4×6.2＝24.8 3×8.2＝24.6
		Ⅱ	4.2×4.2＝17.64 3×6.2＝18.6

注：此表来源于《大空间智能型主动喷水灭火系统技术规程》CECS 263—2009 表 5.0.1-1。

（2）标准型自动扫描射水灭火装置喷头的设计基本参数见表 3-45。

标准型自动扫描射水灭火装置的基本设计参数　　　　表 3-45

内容		设计参数
标准喷水流量（L/s）		2
标准喷水强度（L/min·m²）	轻危险级	4（扫射角度：90°）
	中危险级Ⅰ级	6（扫射角度60°）
	中危险级Ⅱ级	8（扫射角度：45°）
接口直径（mm）		20

内容	设计参数
喷头及探头最大安装高度（m）	6
喷头及探头最低安装高度（m）	2.5
标准工作压力（MPa）	0.15
最大扇形保护角度（度）	360
标准圆形保护半径（m）	6
标准圆形保护面积（m²）	113.04
标准矩形保护范围及面积 $[a(m) \times b(m) = S(m^2)]$	$8.4 \times 8.4 = 70.56$ $8 \times 8.8 = 70.4$ $7 \times 9.6 = 67.2$ $6 \times 10.4 = 62.4$ $5 \times 10.8 = 54$ $4 \times 11.2 = 44.8$ $3 \times 11.6 = 34.8$

注：此表来源于《大空间智能型主动喷水灭火系统技术规程》CECS 263—2009 表 5.0.1-2。

（3）标准型自动扫描射水高空水炮的基本设计参数见表 3-46。

标准型自动扫描射水高空水炮灭火装置的基本设计参数　　　　　表 3-46

内容	设计参数
标准喷水流量（L/s）	5
接口直径（mm）	25
喷头及探头最大安装高度（m）	20
喷头及探头最低安装高度（m）	6
标准工作压力（MPa）	0.6
标准圆形保护半径（m）	20
标准圆形保护面积（m²）	1256
标准矩形保护范围及面积 $[a(m) \times b(m) = S(m^2)]$	$28.2 \times 28.2 = 795.24$ $25 \times 31 = 775$ $20 \times 34 = 680$ $15 \times 37 = 555$ $10 \times 38 = 380$

注：此表来源于《大空间智能型主动喷水灭火系统技术规程》CECS 263—2009 表 5.0.1-3。

标准型大空间智能灭火装置的系统设计流量见表 3-47。

标准型系统设计流量　　　　　表 3-47

喷头设置方式	列数	喷头布置（个）	设置同时开启喷头数（个）	系统设计流量（L/s）
1 行布置时	1	1	1	5
	2	2	2	10
	3	3	3	15
	≥4	≥4	4	20
2 行布置时	1	2	2	10
	2	4	4	20
	3	6	6	30
	≥4	≥8	8	40

续表

喷头设置方式	列数	喷头布置（个）	设置同时开启喷头数（个）	系统设计流量（L/s）
3行布置时	1	3	3	15
	2	6	6	30
	3	9	9	45
	≥4	≥12	12	60
4行布置时	1	4	4	20
	2	8	8	40
	3	12	12	60
	≥4	≥16	16	80
超过4行×4列布置		≥16	16	80

注：此表来源于《大空间智能型主动喷水灭火系统技术规程》CECS 263—2009 表5.0.2-1。

标准型自动扫描射水灭火装置的系统设计流量见表3-48。

标准型系统设计流量 表 3-48

喷头设置方式	列数	喷头布置（个）	设置同时开启喷头数（个）	系统设计流量（L/s）
1行布置时	1	1	1	2
	2	2	2	4
	3	3	3	6
	≥4	≥4	4	8
2行布置时	1	2	2	4
	2	4	4	8
	3	6	6	12
	≥4	≥8	8	16
3行布置时	1	3	3	6
	2	6	6	12
	3	9	9	18
	≥4	≥12	12	24
4行布置时	1	4	4	8
	2	8	8	16
	3	12	12	24
	≥4	≥16	16	32
超过4行×4列布置		≥16	16	32

注：此表来源于《大空间智能型主动喷水灭火系统技术规程》CECS 263—2009 表5.0.2-2。

标准型自动扫描射水高空水炮灭火装置的大空间智能型主动喷水灭火系统的设计流量见表3-49。

标准型系统设计流量 表 3-49

喷头设置方式	列数	喷头布置（个）	设置同时开启喷头数（个）	系统设计流量（L/s）
1行布置时	1	1	1	5
	2	2	2	10
	≥3	≥3	3	15

喷头设置方式	列数	喷头布置（个）	设置同时开启喷头数（个）	系统设计流量（L/s）
2行布置时	1	2	2	10
	2	4	4	20
	≥3	≥6	6	30
3行布置时	1	3	3	15
	2	6	6	30
	≥3	≥9	9	45
超过3行×3列布置		≥9	9	45

注：此表来源于《大空间智能型主动喷水灭火系统技术规程》CECS 263—2009 表5.0.2-3。

3.4.3.4 喷头及高空水炮的布置

大空间智能灭火装置喷头间的布置间距及喷头与边墙间的距离最大不应超过表3-50的规定。

标准型大空间智能灭火装置喷头间的布置间距及喷头与边墙间的距离　　　表 3-50

布置方式	危险等级		喷头间距（m）		喷头与边墙的间距（m）	
			a	b	a/2	b/2
矩形布置或方形布置	轻危险级		8.4	8.4	4.2	4.2
			8.0	8.8	4.0	4.4
			7.0	9.6	3.5	4.8
			6.0	10.4	3.0	5.2
			5.0	10.8	2.5	5.4
			4.0	11.2	2.0	5.6
			3.0	11.6	1.5	5.8
	中危险级	Ⅰ级	7.0	7.0	3.5	3.5
			6.0	8.2	3.0	4.1
			5.0	10.0	2.5	5.0
			4.0	11.3	2.0	5.65
			3.0	11.6	1.5	5.8
		Ⅱ级	6.0	6.0	3.0	3.0
			5.0	7.5	2.5	3.75
			4.0	9.2	2.0	4.6
			3.0	11.6	1.5	5.8
	严重危险级	Ⅰ级	5.0	5.0	2.5	2.5
			4.0	6.2	2.0	3.1
			3.0	8.2	1.5	4.1
		Ⅱ级	4.2	4.2	2.1	2.1
			3.0	6.2	1.5	3.1

注：此表来源于《大空间智能型主动喷水灭火系统技术规程》CECS 263—2009 表7.1.1。

自动扫描射水灭火装置喷头的布置间距及喷头与边墙的距离最大不应超过表3-51的规定。

标准型自动扫描射水灭火装置喷头间的布置间距及喷头与边墙的距离　　表 3-51

布置方式	喷头间距（m）		喷头与边墙的距离（m）	
	a	b	$a/2$	$b/2$
矩形布置或方形布置	8.4	8.4	4.2	4.2
	8.0	8.8	4.0	4.4
	7.0	9.6	3.5	4.8
	6.0	10.4	3.0	5.2
	5.0	10.8	2.5	5.4
	4.0	11.2	2.0	5.6
	3.0	11.6	1.5	5.8

注：此表来源于《大空间智能型主动喷水灭火系统技术规程》CECS 263—2009 表 7.2.1。

自动扫描射水高空水炮灭火装置水炮间布置间距及水炮与边墙间的距离最大不应超过表 3-52 的规定。

标准型自动扫描射水高空水炮灭火装置水炮间布置间距及水炮与边墙的距离　　表 3-52

布置方式	水炮间距（m）		水炮与边墙的间距（m）	
	a	b	$a/2$	$b/2$
矩形布置或方形布置	28.2	28.2	14.1	14.1
	25.0	31.0	12.5	15.5
	20.0	34.0	10.0	17.0
矩形布置或方形布置	15.0	37.0	7.5	18.5
	10.0	38.0	5.0	19.0

注：此表来源于《大空间智能型主动喷水灭火系统技术规程》CECS 263—2009 表 7.3.1。

3.4.3.5　管段的设计流量和估算管径的选定

大空间智能灭火装置的配水管的设计流量和估算管径见表 3-53。

配置大空间智能灭火装置的大空间智能型主动喷水灭火系统的配水管
和配水干管管段的设计流量及配管管径　　表 3-53

管段负荷的最大同时开启喷头数（个）	管段的设计流量（L/s）	配管公称管径（mm）	配管的根数（根）
1	5	50	1
2	10	80	1
3	15	100	1
4	20	125～150	1
5	25	125～150	1
6	30	150	1
7	35	150	1
8	40	150	1
9～15	45～75	150	2
≥16	80	150	2

注：此表来源于《大空间智能型主动喷水灭火系统技术规程》CECS 263—2009 表 10.3.4。

自动扫描射水灭火装置的配水管的设计流量和估算管径见表 3-54。

配置自动扫描射水灭火装置的大空间智能型主动喷水灭火系统的配水管
和配水干管管段的设计流量及配管管径   表 3-54

管段负荷的最大同时开启喷头数（个）	管段的设计流量（L/s）	配管公称管径（mm）	配管的根数（根）
1	2	40	1
2	4	50	1
3	6	65	1
4	8	80	1
5	10	100	1
6	12	100	1
7	14	100	1
8	16	125～150	1
9	18	125～150	1
10～15	20～30	150	1
≥16	32	150	1

注：此表来源于《大空间智能型主动喷水灭火系统技术规程》CECS 263—2009 表 10.3.5。

    自动扫描射水高空水炮灭火装置的配水管的设计流量确定以后，应经计算选配水管管径，见表 3-55。

配置自动扫描射水高空水炮灭火装置的大空间智能型主动喷水灭火系统的配水管
和配水干管管段的设计流量及配管管径   表 3-55

管段负荷的最大同时开启喷头数（个）	管段的设计流量（L/s）	配管公称管径（mm）	配管的根数（根）
1	5	50	1
2	10	80	1
3	15	100	1
4	20	125～150	1
5	25	150	1
6	30	150	1
7～8	35～40	150	1
≥9	45	150	2

注：此表来源于《大空间智能型主动喷水灭火系统技术规程》CECS 263—2009 表 10.3.6。

3.4.3.6　控制系统的操作与控制

    大空间智能型主动喷水灭火控制系统应由下列部分或全部部件组成：

    （1）智能灭火装置控制器；

    （2）智能型探测组件；

    （3）电源装置；

    （4）火灾警报装置；

    （5）水泵控制箱；

    （6）其他控制配件。

    大空间智能型主动喷水灭火系统可设置专用的智能灭火装置控制器，也可纳入建筑物火灾自动报警及联动控制系统，由建筑物火灾自动报警及联动控制器统一控制。当采用专用的智能灭火装置控制器时，应设置与建筑物火灾自动报警及联动控制器联网的监控接口。

大空间智能型主动喷水灭火系统应在开启一个喷头、高空水炮的同时自动启动并报警。

大空间智能型主动喷水灭火系统中的电磁阀应有下列控制方式（各种控制方式应能进行相互转换）：

（1）由智能型探测组件自动控制；

（2）消防控制室手动强制控制并设有防误操作设施；

（3）现场人工控制（严禁误喷场所）。

大空间智能型主动喷水灭火系统的消防水泵应同时具备自动控制、消防控制室手动强制控制和水泵房现场控制三种控制方式。

在舞台、演播厅、可兼作演艺用的体育比赛场馆等场所设置的大空间智能型主动喷水灭火系统应增设手动与自动控制的转换装置。当演出及排练时，应将灭火系统转换到手动控制位；在演出及排练结束后，应恢复到自动控制位。

智能灭火装置控制器及电源装置应设置在建筑物消防控制室（中心）或专用的控制值班室内。

消防控制室应能显示智能型探测组件的报警信号；显示信号阀、水流指示器工作状态，显示消防水泵的运行、停止和故障状态；显示消防水池及高位水箱的低水位信号。

大空间智能型主动喷水灭火系统应设火灾警报装置，并应满足下列要求：

（1）每个防火分区至少应设一个火灾警报装置，其位置宜设在保护区域内靠近出口处。

（2）火灾警报装置应采用声光报警器。

（3）在环境噪声大于 60dB 的场所设置火灾警报装置时，其声音警报器的声压级至少应高于背景噪声 15dB。

3.4.4　自动喷水防护冷却系统

3.4.4.1　定义及设置场所

自动喷水防护冷却系统由闭式洒水喷头、湿式报警阀组等组成，发生火灾时用于冷却防火卷帘、防火玻璃墙等防火分隔设施的闭式系统。

在城市综合体建筑中，建筑空间体量巨大，使用功能众多。多由室内步行街贯通多层，连接建筑两侧的商铺，形成一个集商业零售、餐饮、娱乐、休闲等于一体的建筑群。根据有关规范的要求，需采用防火措施来划分防火分区，但在现实工程中，无论是防火卷帘还是防火墙都难以满足功能及使用上的需求。我国现行国家标准《建筑设计防火规范》GB 50016—2014、《人民防空工程设计防火规范》GB 50098—2009 均规定，防火分区间可采用防火卷帘分隔，当防火卷帘的耐火极限不符合要求时，可采用设置自动喷水灭火系统保护。《建筑设计防火规范》GB 50016—2014 中还规定，建筑内中庭与周围连通空间，以及步行街两侧建筑商铺面向步行街一侧的围护构件采用耐火完整性不低于 1.00h 的非隔热性防火玻璃墙时，应设置闭式自动喷水灭火系统保护，并规定自动喷水灭火系统的设计应符合现行国家标准《自动喷水灭火系统设计规范》GB 50084—2017 的有关规定。因此，为满足使用安全性以及空间通透性，综合体建筑中多采用钢化玻璃自动喷水防护冷却灭火系统作为防火分隔，避免因大量采用大跨度、大面积的防火卷帘，增加设施的不可靠性，防护冷却喷淋是改善钢化玻璃耐火完整性和热辐射照度等方面性能的重要措施。

3.4.4.2 系统设置要求

当采用自动喷水防护冷却系统保护防火卷帘、防火玻璃墙等防火分隔设施时，系统应独立设置专门的加压设备及管网系统，其供水管网宜成环状布置。对于需与商业自动喷水灭火系统合用供水设施的，在性能化设计允许的情况下，应在湿式报警阀前分开设置，并按两者同时工作时最大水量之和确定系统用水量。

自动喷水防护冷却系统须采用闭式系统。开式系统需要配置火灾报警联动系统，管道充水存在一定的喷水延时，且用水量较大；与之相比，闭式系统喷头可在温度达到预定标准后及时启动对玻璃进行冷却保护，控制玻璃温度升高，保证玻璃完整性，故宜优先选用闭式系统以提高系统可靠性。

3.4.4.3 设计参数

（1）设计流量及加压系统

自动喷水防护冷却系统设计用水量与喷水强度、保护长度和设计喷水时间密切相关。当喷头设置高度不超过 4m 时，喷水强度不应小于 0.5L/(s·m)；当超过 4m 时，每增加 1m，喷水强度应增加 0.1L/(s·m)；但超过 9m 时喷水强度仍采用 1.0L/(s·m)。喷头的设计工作压力不应小于 0.1MPa。系统计算保护长度按以下两种方式确定：当室内设有自动喷水灭火系统时，保护长度按照实际最大防火分隔设施的长度计，并按照《自动喷水灭火系统设计规范》GB 50084—2017 第 9.12 条校核；当室内未设自动喷水灭火系统时，应该取整个防火分隔设施的长度之和。

持续喷水时间不应小于系统设置部位的耐火极限要求，通常与防火分隔物的耐火极限一致，采用 1.00h。

（2）喷头的选型

参照《自动喷水灭火系统设计规范》GB 50084—2017 的相关规定，自动喷水防护冷却系统可采用边墙型洒水喷头；喷头设置高度不应超过 8m，当设置高度为 4～8m 时，应采用快速响应洒水喷头。根据文献试验表明边墙式喷头、窗式玻璃喷头、高压细水雾喷头均能实现对玻璃的喷水冷却保护。但窗式玻璃喷头的保护效果最好，形成的水帘面均匀，且能完全覆盖整块玻璃，不存在布水盲区。因此，对于自动喷水冷却系统的喷头宜优先选用窗式玻璃喷头。此喷头特殊设计的喷头溅水板使布水曲线较标准喷头更平缓，可以最大限度地将水喷向防火玻璃，形成完全均匀的水膜使防火玻璃得到冷却降温，同时此喷头配备直径 3mm 的玻璃泡作为感温元件，动作温度为 68℃，具有快速响应的热敏能力可避免因冷却系统的延时启动防火玻璃冷脆炸裂的情况。与窗式喷头相比，普通边墙型喷头的优点是在保护玻璃的同时对其下方一定范围内火源兼具灭火功能，缺点是其水流呈一定角度的伞状，所保护玻璃上边缘左右两侧存在盲区，不能对玻璃进行完全保护。因此，当采用边墙型喷头时，设计应考虑适当增大喷头安装密度或工作压力来减小死角范围。当采用高压细水雾喷头时，由于雾化作用较大，可完全保护玻璃，但试验过程中房间内很快充满雾滴，室内能见度下降速度较快，故对于火灾情况下的人员疏散可能造成较为不利影响，且可能导致火灾烟气因温度降低而提前沉降。因此，对于人员密集场所不建议采用高压细水雾系统对玻璃进行冷却保护。

（3）喷头的布置

自动喷水防护冷却系统的喷头应设在顶板或吊顶下易于接触到火灾热烟气流，并有利于均匀喷洒水量的位置，应防止障碍物屏障热烟气流和破坏喷头洒水分布。这是喷头布置的基本要求。因此，喷头和玻璃之间不能有任何遮挡物。为使喷头及时感温动作，喷头应安装在店铺内侧吊顶下方，喷头上方必须采用实板吊顶，不能采用格栅等吊顶以免影响烟气及热量的聚集。

自动喷水防护冷却系统的喷头宜单排布置，并根据可燃物的情况一侧或两侧布置喷头。当玻璃两侧有火灾同时起火的可能性时，应在玻璃两侧设置喷头；若仅有一侧可能发生火灾则仅在这一侧设置喷头。外墙可只在需要保护的一侧布置。

喷头的布置应确保喷头直接将水喷向被保护对象，且喷洒到被保护对象后布水均匀，结合系统最小工作压力要求，根据表 3-56 喷头间距计算表所示，喷头间距不宜小于1.8m，《自动喷水灭火系统设计规范》GB 50084—2017 第 5.0.15 条要求，喷头间距应为1.8~2.4m；喷头溅水盘与防火分隔设施的水平距离不应大于 0.3m，与顶板的距离不应小于 150mm，且不应大于 300mm，且保证溅水盘安装高度不低于玻璃上沿。

表 3-56

喷头间距计算表

喷头工作压力 P(MPa)	喷头流量系数 K	喷头出水量 q（L/s）	喷头出水量（L/s）		喷水强度（L/s·m）	喷头间距（m）	
			70%	80%		70%出水量	80%出水量
0.05	80	0.94	0.66	0.75	0.50	1.32	1.51
	115	1.36	0.95	1.08	0.50	1.90	2.17
0.10	80	1.33	0.93	1.07	0.50	1.87	2.13
	115	1.92	1.34	1.53	0.50	2.68	3.07
0.15	80	1.63	1.14	1.31	0.50	2.29	2.61
	115	2.35	1.64	1.88	0.50	3.29	3.76
0.20	80	1.89	1.32	1.51	0.50	2.64	3.02
	115	2.71	1.90	2.17	0.50	3.79	4.34
0.25	80	2.11	1.48	1.69	0.50	2.95	3.37
	115	3.03	2.12	2.42	0.50	4.24	4.85

注：按高度≤4m计算，喷头间距未考虑各节点喷头出水量不均衡性。

保护玻璃喷头的布置还应考虑到出水后对周围其他系统标准喷头的影响。因此，用于冷却玻璃的喷头与商铺内自动喷水灭火系统喷头之间应保持一定的水平间距（性能化设计要求应大于 0.9m），或两者之间设置凹槽或挡板，以避免冷却用喷头启动后降低周围烟气温度，延迟灭火系统洒水喷头的启动时间。冷却喷头之间需要考虑不能喷湿相邻喷头，不能因喷水阻碍烟气上升而影响相邻喷头感热并动作（图 3-4）。

（4）管道布置

管道的布置，应使配水入口的压力均衡。轻危险级、中危险级场所中各配水管入口的压力不宜大于 0.40MPa。配水管两侧每根配水支管控制的标准流量洒水喷头数量，轻危险级、中危险级场所不应超过 8 只，同时在吊顶上下设置喷头的配水支管，上下侧均不应超过 8 只。严重危险级场所不应超过 6 只。配水支管、配水管控制的标准流量洒水喷头数量按照《自动喷水灭火系统设计规范》GB 50084—2017 表 8.0.9 的要求确定。短立管及末端试水装置的连接管，其管径不应小于 25mm。水平设置的管道宜有坡度，坡度不宜小于2‰，并应坡向泄水阀。

3.4.4.4　操作与控制

自动喷水防护冷却系统单独设置加压泵及管网系统，备用泵能自动切换投入工作；增压稳压泵可与自动喷水灭火系统合用。

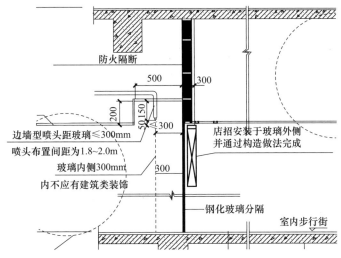

图 3-4　喷头安装示意图

增压稳压装置的压力控制器可自动启动自动喷水防护冷却系统加压泵。压力控制器设于增压稳压装置的气压罐连接管上。增压泵平时运转由压力控制器控制，压力控制器设 3 个压力控制点：增压泵启，停泵压力 PS1、PS2 和自动喷水防护冷却系统加压泵启泵压力 P2。

当设有自动喷水防护冷却系统的区域内有自动喷水灭火系统喷头动作时，自动喷水灭火系统的报警阀组开启，压力开关动作，信号传到消防泵房，启动自动喷水系统加压泵，并联动自动喷水防护冷却系统加压泵。

加压泵和稳压泵的运行情况显示于消防控制中心和泵房内控制屏上。报警阀组、信号阀和各层水流指示器动作讯号将显示于消防控制中心。报警阀上的压力开关直接自动启动自动喷水防护冷却系统加压泵。防护冷却系统加压泵在消防控制中心和消防泵房内可手动启、停。加压泵启动后，便不能自动停止，消防结束后，手动停泵。

3.4.4.5　管材及管件

配水管道的工作压力不应大于 1.20MPa，并不应设置其他用水设施。配水管道可采用内外壁热镀锌钢管、涂覆钢管、铜管、不锈钢管。当报警阀入口前管道采用不防腐的钢管时，应在报警阀前设置过滤器。

配水管道的连接方式应符合下列要求：

（1）镀锌钢管、涂覆钢管可采用沟槽式连接件（卡箍）、螺纹或法兰连接，当报警阀前采用内壁不防腐钢管时，可焊接连接；

（2）铜管可采用钎焊、沟槽式连接件（卡箍）、法兰和卡压等连接方式；

（3）不锈钢管可采用沟槽式连接件（卡箍）、法兰、卡压等连接方式，不宜采用焊接；

（4）铜管、不锈钢管应采用配套的支架、吊架。

系统中直径等于或大于 100mm 的管道，应分段采用法兰或沟槽式连接件（卡箍）连接。水平管道上法兰间的管道长度不宜大于 20m；立管上法兰间的距离，不应跨越 3 个及以上楼层。净空高度大于 8m 的场所内，立管上应有法兰。

3.4.4.6　供水安全

（1）一般规定

自动喷水防护冷却系统用水应无污染、无腐蚀、无悬浮物。可由市政或企业的生产、消防给水管道供给，也可由消防水池或天然水源供给，并应确保持续喷水时间内的用水量。与生活用水合用的消防水箱和消防水池，其储水的水质应符合应用水标准。严寒与寒冷地区，对系统中遭受冰冻影响的部分，应采取防冻措施。当系统设有两个及以上报警阀组时，报警阀组前应设环状供水管道，环状供水管道上设置的控制阀应采用信号阀；当不采用信号阀时，应设锁定阀位的锁具。

（2）消防水泵

自动喷水防护冷却系统的备用泵应按照一用一备或二用一备，及最大一台消防水泵的工作性能设置。按照二级负荷供电的建筑，宜采用柴油机泵作为备用泵。系统的消防水泵、稳压泵，应采用自灌吸水方式。采用天然水源时，消防水泵的吸水口应采取防止杂物堵塞的措施。每组消防水泵的吸水管不应少于2根。报警阀入口前设置环状管道的系统，每组消防水泵的出水管不应少于2根。消防水泵的吸水管应设控制阀和压力表；出水管应设控制阀、止回阀和压力表，出水管上还应设置流量和压力检测装置或预留可供连接流量和压力检测装置的接口。必要时应采取控制消防水泵出口压力的措施。

（3）高位消防水箱

采用临时高压给水系统的自动喷水防护冷却系统应设高位消防水箱。自动喷水防护冷却系统可与消火栓系统合用消防水箱，其设置应符合现行国家标准《消防给水及消火栓系统技术规范》GB 50974的要求。高位消防水箱的设置高度不能满足系统最不利点处喷头的工作压力时，系统应设置增压稳压设施，增压稳压设施的设置位置应符合现行国家标准《消防给水及消火栓系统技术规范》GB 50974—2014的要求。采用临时高压给水系统的自动喷水防护冷却系统，当按现行国家标准《消防给水及消火栓系统技术规范》GB 50974—2014的规定可不设置高位消防水箱时，系统应设气压供水设备。气压供水设备的有效容积，应按系统最不利处4只喷头在最低工作压力下的5min用水量确定。高位消防水箱的出水管应设止回阀，并应与报警阀入口前管道连接，出水管管径应经计算确定，且不应小于100mm。

（4）消防水泵接合器

自动喷水防护冷却系统应设消防水泵接合器，其数量应按系统流量的设计流量确定，每个消防水泵接合器的流量宜按10～15L/s计算。当消防水泵接合器的供水能力不能满足最不利点处作用面积的流量和压力要求时，应采取增压措施。

3.4.4.7 结语

城市综合体建筑是城市形态发展到一定程度的必然产物，随着建筑规模的发展，建筑面积越来越大，建筑高度也不断刷新，已远远超过了城市消防的补救能力，对于此类体积庞大且功能复杂的建筑物，消防系统应立足于以自救为主，玻璃窗自动喷水防护冷却系统就是城市综合体中经常采用的重要防火加强措施。当商铺与步行街之间使用的玻璃隔断有自动喷水系统进行冷却保护时，洒水喷头会在火灾发生后迅速启动，并在玻璃表面形成布水帘面，由于水流不断带走热量冷却玻璃，使得玻璃温度得到较好的控制，保证了防火分隔的完整性及有效性。在设计工作中应把握好系统各参数间的关联关系，合理选用参数，优化喷头布置，优化系统设置，从而使系统更加安全可靠，经济合理，达到减少火灾损失的目的。对于消防新技术的应用，还需要根据建筑物自身的特点，进一步进行相关试验性研究，对技术性问题进行总结和完善。

3.4.5 气体灭火系统设计选择分析

3.4.5.1 气体灭火系统的基本概念、分类及适用范围

（1）基本概念

气体灭火系统是指平时灭火剂以液体、液化气体或气体状态存贮于压力容器内，灭火时以气体（包括蒸汽、气雾）状态喷射作为灭火介质的灭火系统。并能在防护区空间内形成各方向均一的气体浓度，而且至少能保持该灭火浓度达到规范规定的浸渍时间，实现扑灭该防护区的空间、立体火灾。

（2）分类及适用范围

气体灭火系统按照系统组成分为单元独立灭火系统和组合分配系统，单元独立式系统适用于防护区少而又有条件设置多个钢瓶间的工程，组合分配式系统适用于防护区多而又没有条件设置多个钢瓶间，且每个防护区不同时着火的工程。按应用在灭火对象的形式分为全淹没灭火系统和局部应用灭火系统，某些种类的气体灭火系统可采用局部应用的形式，最常见的为二氧化碳灭火系统。按照灭火装置的固定方式分为固定式气体灭火系统（即管网灭火系统）和半固定式气体灭火装置，其适用范围按照规范执行。最常见分类形式按照灭火剂的种类分主要分为氢氟烃类灭火系统、惰性气体灭火系统、卤代烷灭火系统及其他种类的灭火系统。卤代烷灭火系统属早期灭火产品，目前规范已废除不得使用。其他种类的灭火系统，应根据灭火对象特点、投资成本及产品市场应用情况等选取。各种气体灭火系统图的种类及适用条件见表3-57。

气体灭火系统的分类和适用条件   表 3-57

分类		主要特征	适用条件
按气体种类分	氢氟烃类	**贮压式七氟丙烷灭火系统** 对大气臭氧层损耗潜能值 $ODP=0$，温室效应潜能值 $GWP=2050$。灭火效率高，设计浓度低，灭火剂以液体储存，储存容器安全性好，药剂瓶占地面积小，灭火剂输送距离较短，驱动气体的氮气和灭火药剂贮存在同一钢瓶内，综合价较高	适用于防护区相对集中，输送距离近，防护区内物品受酸性物质影响较小的工程
		备压式七氟丙烷灭火系统 与贮压式系统不同的是驱动气体的氮气和灭火药剂贮存在不同的钢瓶内。在系统启动时，氮气经减压注入药剂瓶内推动药剂向喷嘴输送，使得灭火剂输送距离大大加长	适用于能用七氟丙烷灭火且防护区相对较多，输送距离较远的场所
		三氟甲烷灭火系统 对大气臭氧层损耗潜能值 $ODP=0$，灭火效率高，绝缘性高，设计浓度适中，灭火剂以液体储存，储存容器安全性好，蒸汽压高，不需氮气增压，药剂瓶占地面积小	因为绝缘性能良好，最适合电气火灾；在低温下的储藏压力高，适合寒冷地区；其气体密度小，适合高空间场所
	惰性气体类	**混合气体灭火系统（IG-541）** 是一种氮气、氩气、二氧化碳混合而成的完全环保的灭火剂，$ODP=0$，$GWP=0$。对人体和设备没有任何危害。灭火效率高，设计浓度较高。灭火剂以气态储存，高压储存对容器的安全性要求较高，药剂瓶占地面积大，灭火剂输送距离长，综合价高	适用于防护区数量较多且楼层跨度大，又没有条件设置多个钢瓶间的工程；防护区经常有人的场所
		氮气灭火系统（IG-100） 存在于大气层中纯氮气，是一种非常容易制成的完全环保的灭火剂，$ODP=0$，$GWP=0$。对人体和设备没有任何危害。灭火效率高，设计浓度较高。灭火剂以气态储存，高压储存对容器的安全性要求较高，药剂瓶占地面积大	适用于防护区数量较多且楼层跨度大，又没有条件设置多个钢瓶间的工程；防护区经常有人的场所

分类		主要特征	适用条件
其他	高压二氧化碳灭火系统	是一种技术成熟且价廉的灭火剂，$ODP=0$，$GWP<1$。灭火效率高。灭火剂以液态储存。高压 CO_2 以常温方式储存，储存压力 15MPa，高压系统有较长的输送距离，但增加管网成本和施工难度。CO_2 本身具有低毒性，浓度达到 20% 会对人致死	主要用于仓库等无人经常停留的场所
	低压二氧化碳灭火系统	与高压 CO_2 不同的是低压 CO_2 采用制冷系统将灭火剂的储存压力降低到 2.0MPa，$-18\sim-20$℃才能液化，要求极高的可靠性。灭火剂在释放的过程中，由于固态 CO_2（干冰）存在，使防护区的温度急剧下降，会对精密仪器、设备有一定影响。且管道易发生冷脆现象。灭火剂储存空间比高压 CO_2 小	主要用于仓库等无人经常停留的场所；高层建筑内一般不选用低压 CO_2 系统

注：1. 管道等效长度＝实管长＋管件的当量长度。
2. 本表摘自《给水排水设计手册》（第二版）。

另外探火管自动灭火装置也是气体灭火的一种形式。按应用方式可以为全淹没灭火装置和局部应用灭火装置；按介质分为七氟丙烷探火管灭火装置和二氧化碳探火管灭火装置；按照探火释放形式分为直接式探火管自动探火灭火装置和间接式探火管自动探火灭火装置。

3.4.5.2 基本设计条件及参数

（1）基本设计要求

工程设计时，根据规范中气体灭火种类的适用范围选用适当的气体灭火系统。

根据需要防护场所的功能、面积及体积确定灭火系统的形式。并且符合以下规定：采用预制式灭火系统时，一个防护区的面积不宜大于 500m²，且容积不宜大于 1600m³；采用管网灭火系统时，一个防护区的面积不宜大于 800m²，且容积不宜大于 3600m³。

（2）系统形式的确定

城市综合体中以下部位需要采用气体灭火系统：变配电室、弱电机房、微波机房、分米波机房、米波机房及不间断电源（UPS）室、数据交换机房、控制室、珍品库房、档案库房及其他特殊重要设备机房等。

在设计时应根据防护对象的面积、体积及火灾特点等选择系统形式。

1）对于保护对象内人员活动频率相对较高，资金相对宽裕时，且保护区分布较为分散时可采用 IG541 灭火系统。否则，一般采用七氟丙烷灭火系统。

2）在进行设计时，可根据保护对象的具体分布位置分别选用灭火系统形式，例如当综合体中存在多个变配电室或弱电机房且位置比较分散时可采用预制式与管网式相结合的方式。防护区面积及体积较小时可采用预制式灭火系统，防护区面积体积较大时采用管网式灭火系统，并根据投资控制规模选用单元独立式系统或者组合分配系统。

3）较常用的形式为组合分配系统，组合分配系统的灭火剂储存量应按储存量最大的防护区确定。管网计算应按各个防护区分别进行计算。此部分一般为厂家二次深化设计。

3.4.5.3 管网式气体灭火系统的布置要点

气体灭火系统应布置成均衡管网，喷头的布置间距应符合规范的要求，在此基础上调整喷头的布置情况将系统布置成均衡（准均衡）管网。单元独立式系统在布置时布置成均衡管网，不能均衡时应通过调整分配管管径、喷头规格等措施来减轻对系统的影响。采用组合分配系统时，通过合理划分防护区的范围来保证各个防护区可设计成均衡气体灭火系统。

3.4.5.4 设计计算要点

（1）灭火剂用量计算

灭火剂用量按照基本计算公式计算：

1）七氟丙烷灭火系统防护区灭火设计用量或惰化设计用量：

$$W = K \cdot \frac{V}{S} \cdot \frac{C_1}{(100 - C_1)} \qquad (3\text{-}18)$$

式中　W——灭火剂设计用量或惰化设计用量（kg）；

　　　C_1——灭火设计浓度或惰化设计浓度（%）；

　　　S——灭火剂过热蒸气在 101kPa 大气压和防护区最低环境温度下的质量体积（m^3/kg）；

　　　V——防护区净容积（m^3）；

　　　K——海拔高度修正系数，可按《气体灭火设计规范》GB 50370 附录 B 取值。

2）IG541 混合气体灭火系统防护区灭火设计用量或惰化设计用量：

$$W = K \cdot \frac{V}{S} \cdot \ln\left(\frac{100}{100 - C_1}\right) \qquad (3\text{-}19)$$

式中　W——灭火设计用量或惰化设计用量（kg）；

　　　C_1——灭火设计浓度或惰化设计浓度（%）；

　　　V——防护区净容积（m^3）；

　　　S——灭火剂气体在 101kPa 大气压和防护区最低环境温度下的质量体积（m^3/kg）；

　　　K——海拔高度修正系数，可按《气体灭火设计规范》GB 50370 附录 B 取值。

在计算时应注意考虑式中各参数对灭火剂用量的影响，尤其是海拔高度修正系数取值应尽量精确，可根据规范附录中给出的数据做出预测函数来计算其余位置海报高度的修正系数。防护区净容积，计算时要除去防护区内障碍物体积。尤其是在综合体建筑中，有些设备机房设备数量众多，设备容积很大，房间里存在较多的隔墙柱子及吊顶等，这些在计算净容积时均需要扣除。

3）系统灭火剂储存量：

$$W_0 = W + \Delta W_1 + \Delta W_2 \qquad (3\text{-}20)$$

式中　W_0——系统灭火剂储存量（kg）；

　　　ΔW_1——储存容器内的灭火剂剩余量（kg）；

　　　ΔW_2——管道内的灭火剂剩余量（kg）；

系统灭火剂存储量除考虑灭火用量还应考虑剩余用量以保证系统充压压力充足及喷射均匀。城市综合体设计中因系统管网较大，应着重考虑管道内的灭火剂剩余量，尤其是在非均衡管网中的剩余灭火剂用量。

（2）系统管网设计计算

气体灭火系统管网计算需要确定的参数与自动喷水灭火系统相似，但因在系统进行灭火时气体与液体在管道中的流动状态不同，作用过程液体与气体的压力变化过程完全不同，因此阻力计算方式不同。在进行管网设计时，需要确定以下参数：各段管道设计

流量 Q、管网阻力损失、各段管道管径、喷头的工作压力 P、喷头等效孔口面积、喷头规格等。

一般管网设计计算可选择从系统的起端或者末端，根据设定或者已知参数逐步计算。例如自动喷水灭火系统，可从管网末端即喷头处，已知单个喷头的流量、管径及喷头处的压力，逐段逐级计算管道损失及各管道处的压力及流量。然而气体灭火系统管网计算需要先选定喷头的规格，因为气体灭火系统的规格多种多样，喷射性能也差别很大。

因气体灭火系统设计对厂家二次深化的内容，管网设计计算主要包含压力、流量、管径及喷头规格计算。流量按照平均法计算，管径计算以估算为主，根据管网平均流量逐级估算管道管径。压力计算时各个系统略有不同，但基本思路均为通过计算得出喷头入口处的压力，根据喷头入口处的压力与喷头喷射率、喷射率与喷头等效孔口的关系选定喷头规格。以七氟丙烷系统为例，压力计算时选定初始压力和过程中点两个状态点的压力，计算过程中点时喷头入口处的压力，而 IG541 混合气体灭火系统的压力计算则是通过减压孔板前后的两个压力状态来计算喷头入口处的压力，从而完成后续压力计算确定喷头规格。

管网计算时应注意结合喷头布置情况进行，必要时可根据管径及喷头规格计算结果调整喷头布置。

（3）泄压计算及选型

对采用气体灭火系统防护区的围护结构及门、窗的允许压强有一定的规定，使其能够承受气体灭火系统启动后房间内气压的急剧增加。同时，防护区应在外墙上设置泄压口，以防止气体灭火剂从储存容器内释放出来后对建筑结构造成破坏。泄压口面积经计算确定。

泄压口面积是围护结构允许的压强和灭火剂喷放速率的函数，不同灭火剂灭火系统其计算公式不同。

例如，变配电室采用七氟丙烷灭火系统，其泄压口面积的计算如下：已知灭火设计用量 W 为 408kg，灭火剂的喷射时间 t 为 10s，其围护结构允许承受的压力为 1200kPa，则泄压口的面积根据以上公式，代入数据得出泄压面积 F_x 为 0.18m²。

在设计计算时应注意不同维护结构的承压不尽相同，应根据每个防护区的承压能力分别进行泄压装置的计算。得知泄压面积后，应预留相应面积的泄压口，或者选用满足相应泄压面积要求的泄压装置。

3.4.5.5　控制及操作

管网式灭火系统的控制设有自动（气启动和电启动）、手动和机械应急操作三种启动方式；预制式灭火系统的控制设有自动和手动两种启动方式。有人工作或值班时，采用电气手动控制，无人值班的情况下，采用自动控制方式。自动、手动控制方式的转换，可在灭火控制盘上实现（在防护区的门外设置手动控制盒，手动控制盒内设有紧急停止和紧急启动按钮）。

（1）自动启动

自动探测报警，发出火警信号，自动启动灭火系统进行灭火。有两种自动控制方式可供选择：

1）气启动。用安装在容器阀上的气动阀门启动器来实现气启动。压力是由氮气小钢瓶来提供，由小钢瓶内的氮气压力启动器打开容器阀。单个或多个钢瓶系统需要一个气启动器和一个气动阀。其余的钢瓶将由启动钢瓶的压力来启动；

2）电启动。用安装在容器阀上的电磁阀启动器和一个控制系统来实现电启动。

每个防护区域内都设有双探测回路，当某一个回路报警时，系统进入报警状态，警铃鸣响；当两个回路都报警时设在该防护区域内外的蜂鸣器及闪灯将动作，通知防护区内人员疏散，关闭空调系统、通风管道上的防火阀和防护区的门窗；经过30s延时或根据需要不延时，控制盘将启动气体钢瓶组上容器阀的电磁阀启动器和对应防护区的选择阀，或启动对应氮气小钢瓶的电磁瓶头阀和对应防护区的选择阀。气体释放后，设在管道上的压力开关将灭火剂已经释放的信号送回控制盘或消防控制中心的火灾报警系统。而保护区域门外的蜂鸣器及闪灯，在灭火期间一直工作，警告所有人员不能进入防护区域，直至确认火灾已经扑灭。打开通风系统，向灭火作用区送入新鲜的空气，废气排除干净后，指示灯显示，才允许人员进入。

（2）手动启动

发现火警时，经电气手动启动灭火系统执行灭火。不论灭火控制按钮处于哪一种工况，当人为发出火警时，都可以使用该火警区的手动控制盒，电气手动启动灭火系统进行灭火。手动控制盒的另一项功能是可以在灭火系统动作前，撤销灭火控制盘发出的本区域的指令，以防止不需要由灭火系统进行灭火时启动灭火系统。

（3）机械应急操作工况

当自动控制和电气手动控制均失灵，不能执行灭火指令的情况下，可通过操作设在钢瓶间中钢瓶容器阀上的手动启动器和区域选择阀上的手动启动器，来开启整个气体灭火系统，执行灭火功能。但这务必提前关闭影响灭火效果的设备，通知并确认人员已经撤离后方可实施。

（4）对火灾报警系统的要求

气体灭火系统作为一个相对独立的系统，配置了自动控制所需的火灾探测器，可以独立完成整个灭火过程。火灾时，火灾自动报警系统能接收每个防护区域的气体灭火系统控制盘送出的火警信号和气体释放后的动作信号，同时也能接收每个防护区的气体灭火系统控制盘送出的系统故障信号。火灾自动报警系统在每一个钢瓶间中设置能接收上述信号的模块。

3.4.5.6 安全设计要求

防护区围护结构（含门、窗）强度不小于1200kPa，防护区直通安全通道的门，向外开启。每个防护区均设泄压口，泄压口位于外墙上防护区净高的2/3以上。防护区入口应设声光报警器和指示灯，防护区内配置空气呼吸器。火灾扑灭后，应开窗或打开排风机将残余有害气体排出。穿过有爆炸危险和变、配电间的气体灭火管道以及预制式气体灭火装置的金属箱体时，应设防静电接地。

泄压口的面积应按照规范进行计算，泄压口的面积与灭火剂在防护区内的平均喷放速率成正比，而与围护结构承受内压的允许压强成反向关系。不同防护区的泄压口应设泄压装置，其泄压压力应低于维护构件最低耐压强度的作用力。而不应采用门、窗缝隙，也不应在防护区墙上直接开设洞口作为泄压口，或在泄压口中设置百叶窗结构，因这些措施都属于泄压口常开状态，没有考虑到灭火时需要保证防护区内灭火剂浓度的要求。

应在防护墙上设置能根据防护区内的压力自动打开的泄压阀。

3.4.5.7　施工及验收要求

（1）施工要求

气体灭火系统工程的施工单位应符合规范相应的要求。气体灭火系统工程施工前应具备规范规定的各种条件，施工过程中应按要求进行施工过程质量控制。

（2）验收要求

气体灭火系统工程应作为独立的系统工程项在施工单位自行检查评定合格的基础上组织四方验收。验收各项应符合规范规定的其他要求。气体灭火系统工程施工质量不符合要求时，应按规范要求整改重新验收。未经验收或验收不合格的气体灭火系统工程不得投入使用，投入使用的气体灭火系统应进行日常维护管理，确保系统的安全可靠。

3.4.6　城市综合体厨房灭火系统研究

随着我国经济高速发展和人们生活方式的转变，餐饮服务业得到了迅速的发展。餐饮服务业的崛起使得厨房火灾事故也随即增加，2007年，辽宁省朝阳市百姓楼总店厨房大量燃料泄漏造成特大火灾，11人死亡，16人受伤；2016年长沙市河西餐厅厨房因燃气泄漏造成特大火灾，造成10人受伤。城市综合体厨房除具有一般火灾的危险性外，还因其位置处于商业区具有人员密集，餐饮厨房与商铺间距小，可燃物堆放集中，通道狭窄不好扑救等特点，因此一般综合体厨房火灾均造成巨大的经济损失和人员伤亡，而且造成严重的社会影响。

3.4.6.1　厨房火灾的特点及火灾的原因

厨房是建筑物中唯一有火源，并且频繁使用火源进行食用油类加工的场所，据统计30%以上的火灾由厨房引起。

根据燃烧的三要素，预防火灾的有效手段是隔离可燃物与点火源。但在厨房内可燃物与点火源同时存在，厨房发生火灾有以下几种可能的情况：

（1）食用油因温度升高达到自燃温度而燃烧引发火灾

厨房的动植物油火灾为F类火灾，动植物油的主要成分是甘油三酯，密度为$0.95\sim0.95g/ml$，密度比水小且不溶于水，火灾时遇水易产生喷溅。食用油自燃温度较高为$350\sim380℃$，在烹饪中一旦温度过高就会发生火灾。此外食用油火灾易复燃，一旦燃烧2min后油面温度可达400℃，在350℃后会发生化学反应，生成自燃温度为65℃的可燃物。

（2）厨房灶台燃料泄漏引发火灾

现行的消防技术规范对于使用燃气的锅炉房在设置位置、平面布局、燃料选择及供给管道、消防设施、通风排烟和防爆泄压等方便做了详细的规定，而对于同样使用燃油或燃气且经常使用明火作业的厨房却没有进行相应的规定。厨房是使用明火进行作业的场所，使用燃料一般有液化石油气、天然气、煤炭等，在操作和使用过程中，若不能按章操作，很容易产生泄漏、燃烧、爆炸以及毒气中毒等事故。

（3）排烟罩或排烟道内累积的油污遇明火而着火

厨房要常年与煤炭、气火打交道，因其场所的特殊性，所处环境一般都比较潮湿，在这种条件下，燃料燃烧过程中产生的不均匀燃烧物及油气蒸发产生的油烟很容易积聚下来，日积月累，会形成一定厚度的可燃物油层和粉层，附着在墙壁、烟道和抽油烟机的表面，如果清扫不及时，就会引发油烟火灾。

（4）厨房电气线路老化短路引发火灾

厨房电器线路敷设在装修施工中须引起高度重视，在平时应加强维修和保养。但在厨房里，装修用铝心线代替铜心线、电线不穿管、龟闸不设保护盖的现象处处可见。这些设施在水汽、油气和烟气的长期腐蚀下，绝缘层老化变质极快，很容易发等漏电、短路起火。另外，厨房内运行的机器也较多，超负荷电现象十分严重，特别是一些大功率的电器设施，在使用过程中会因电流过大导致插头、线路发热起火，这也是引发厨房火灾事故的一个方面。

3.4.6.2　综合体厨房火灾的特点及引起火灾的原因

随着建筑技术的发展，新的建筑结构、装饰装修材料和烹饪设备在大型综合体中往往得到广泛应用，也成为新的火灾隐患。

（1）综合体厨房布局多样化

在大型综合体内，购物、餐饮、娱乐为一体，既有封闭式大型商用厨房，又有敞开式仅做区域分隔的小型商业厨房，且由于商业开发滞后，在初期建设时往往不预先考虑商业厨房的特殊功能，由普通结构临时构建或装修分隔，造成商业厨房内与其他部位没有完备的防火措施，还有许多商业及厨房设置在地下建筑内，严重阻碍火灾发生时人员的逃生与安全疏散，火灾危险性极大。

（2）综合体厨房通风系统复杂

大型综合体建筑四周多为封闭式构造，为保证厨房内空气质量，一般需要设置复杂的通风系统、长距离的排烟管道，带来了火灾危险性。厨房因其场所的特殊性，所处环境一般都比较潮湿，在这种条件下，燃料燃烧过程中产生的不均匀燃烧物及油气蒸发产生的油烟很容易积聚下来，日积月累会形成一定厚度的可燃物油层和粉层附着在烟道表面，如果清扫不及时，就会有引发油烟火灾的可能。此外，排烟管道外层保温材料一般可燃，排烟管内温度过高可能引燃隔温材料，使火灾沿排烟管道蔓延。

（3）厨房设备多样化

综合体厨房的使用空间一般都比较紧凑，各种大型厨房设备种类繁多，为满足人们的各种需求，其厨房设备往往具有多样化、复杂化、专业化、多功能的特点。

1）烹饪设备多样化要求出示具备相应的操作水平，若操作人员缺乏相关培训很容易因误操作引起火灾。

2）商用灶头火力猛，烹调用食用油升温迅速，许多烹饪手法均是在烹调油温超过自燃点的燃烧状态下进行。

3）餐饮行业厨房用火用电设备集中，相互连接，错乱的各种电线、电缆、插排等。厨房设备用电功率不断增大，但是电气线路疏于改造；厨房湿度大，油污易附着沉积，容易使绝缘层氧化造成线路短路；此外厨房内的其他电气、电动厨具设备和灯具开关等在大量烟尘、油垢作用下，也容易造成短路，引起火灾。

（4）油烟净化装置不规范

为了防止饮食业油烟对大衣环境和居住环境的污染，餐饮业厨房必须安装油烟净化装置，但是没有对齐消防安全作出规定，使其成为火灾的一个隐患。

3.4.6.3　厨房火灾相关规定

国际上对火灾分类的趋势是将食用油火灾单独划分，NFPA10（《NFPA10 Standard

for Portable Fire Extinguishers》）明确规定涉及可燃烹饪介质的厨具设备火灾为 K 类火灾。美国已有相关规范对选择 K 类危险物质灭火剂提出要去，NFPA10 规定存在可燃烹饪用油的厨房区域必须设置 K 类火灾灭火器，推荐有限选择湿式灭火器。NFPA17（《NFPA17 Standard for Dry Chemical Extinguishing Systems》）规定干粉灭火系统可用于保护餐饮和商业厨房的集烟罩、排烟管。NFPA17A（《NFPA17A Standard for Wet Chemical Extinguishing Systems》）规定湿式化学灭火系统主要用于餐饮和商业厨房烹饪设备及附属设备。NFPA96（《NFPA96 Stand for Ventilation Control and Fire Protection of Commercial Cooking Operations》）规定商业厨房烹饪设备安全操作方法及防火间距，对集烟罩、油烟净化装置、排烟管、进排风管道的材料、尺寸安装方法等均提出了消防要求，电气、照明灯辅助设备的消防安全及其与灭火系统和排气系统的联动等均提出了要求，并明确提出来油烟净化装置、集烟罩排气增压系统和管道系统必须安装灭火设备。

我国对火灾分类采用《火灾分类》GB 4968—2008 中规定的火灾种类，将烹饪器具内的食用油火灾进行了独立分类，定义为 F 类火灾。但是泡沫灭火剂、灭火器设置规范等尚未将厨房食用油火单独分类。在实际工程设计中，仍将厨房火灾归类为 B 类液体火灾，由于厨房火灾的特性，采用专用的厨房设备灭火装置对于降低厨房火灾发生几率，减少厨房火灾损失十分必要。《建筑设计防火规范》GB 50016—2014 第 8.3.11 条规定，餐厅建筑面积大于 $1000m^2$ 的餐馆或食堂，其烹饪操作间的排油烟罩及烹饪部位应设置自动灭火装置，并应在燃气或燃油管道上设置与自动灭火装置联动的自动切断装置。食品工业加工场所内有明火作业或高温食用油的食品加工部位宜设置自动灭火装置。对于厨房自动灭火装置的设计安装应满足《厨房设备灭火装置技术规程》CECS 233—2007 的规定。对于厨房设备灭火装置的基本参数、要求、试验方法等应满足《厨房设备灭火装置》GA 498—2012 的规定。

3.4.6.4　厨房火灾灭火机理

厨房内既有可燃液体，又有可燃气体，所以厨房火灾是不能单纯用水来扑救的。厨房食用油火灾是 F 类火灾，应采用专用灭火剂。目前国内主要有细水雾灭火系统，轻水泡沫灭火系统和皂化反应泡沫专用灭火系统。

细水雾的灭火机理是冷却和局部窒息，轻水泡沫灭火系统的灭火机理是隔离灭火，皂化反应的灭火机理是与可燃物发生化学反应间接灭火。食用油火灾的特点一是燃点高；二是火灾时产生自燃温度很低的化学物易复燃。皂化反应泡沫可在最低 70℃时促进食用油水解皂化生成硬质酸碱金属化合物，其为双极性物质，一级与油相容；另一极与水相溶，且该物质能产生泡沫，致使油的表面形成一层可靠的泡沫隔离层，隔绝空气与高温食用油，起到灭火的作用。高温食用油通过牢固皂化泡沫层加热泡沫层上的水，使水蒸发从而起到冷却国内食用油的作用，防止油复燃。国内的厨房专用灭火系统多采用皂化反应泡沫与冷却水相结合的方式，先喷射湿式灭火剂灭火，在喷射冷却水进一步冷却。

轻水泡沫灭火剂是指包含水成膜泡沫、氟蛋白泡沫、防冻剂等水基剂的灭火剂。我国已对水基泡沫灭火剂给出了定义和分类，其毒性和灾后清洗难度均大于皂化反应泡沫和细水雾灭火剂。

3.4.6.5　厨房专用灭火装置

（1）厨房专用灭火装置的组成

厨房设备灭火装置由火灾探测器、灭火剂贮存容器组件、驱动气体贮存容器组件、管路、喷嘴、阀门、阀门驱动装置、火灾探测部件、控制装置、冷却水切换构件及紧急手动装置组成，在发生火灾时能够自动探测火灾并实施灭火的成套装置。它弥补了单独设置自动喷水灭火系统，气体灭火系统或泡沫灭火系统不够经济、灭火效果不佳的缺陷（图3-5）。

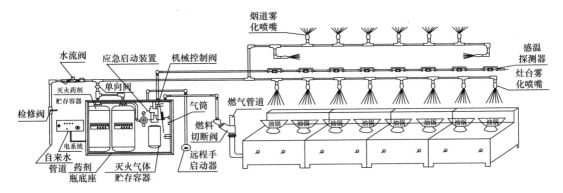

图 3-5　厨房专用灭火装置组成示意图

（2）厨房专用灭火装置的特点

厨房设备灭火装置可以自动探测火灾，自动实施灭火；自动关闭风机，自动切断燃料供应；喷放灭火剂后，能自动切换喷放冷却水，防止复燃；设有手动启动及机械启动构件，在没有电源的非常情况下也能正常启动，实施灭火；可自动发出声光报警，冰箱消防控制中心输送火灾信号。

（3）厨房专用灭火装置工作原理

当油锅内的食用油加热至自燃或集油烟罩和烟道内积存的油垢遇到火星而燃烧，其温度达到感温易熔金属探测器设定的温度时，感温易熔金属探测器会自动断开，通过机械驱动器关闭紧急燃料切断阀，切断燃料供给，同时可启动声光报警器、切断厨房内电源、关闭风机、将信号传至消防控制中心。并向被保护对象喷洒灭火剂，火灾扑灭后，装置会自动切换到自来水或采用消防水，向被保护对象进行喷洒降温并对厨房灶台进行冲洗。装置的喷嘴既满足了喷放灭火剂的要求，又满足了喷放自来水进行冷却的功能，而且还有防止使食用油外溅的功能，因此喷嘴有其特殊性能（图3-6）。

（4）厨房灭火系统的控制联动

厨房专用灭火装置控制原理示意如图3-7所示。

3.4.6.6　厨房设备专用灭火装置的设计

厨房设备灭火装置适用于控制和扑救厨房内烹饪设备及其排烟罩和排烟管道部位的火灾。

（1）厨房专用灭火装置的设置要求

1）灭火介质采用厨房设备专用灭火剂。

2）一套厨房设备灭火装置只保护一个防护单元。一个防护单元需采用多套厨房设备灭火装置保护时，应保证这些灭火装置在灭火时同时启动。

3）喷嘴应设置在灶具上部的中心轴线处。喷嘴的布置应使厨房设备灭火装置所保护的面积内不留空白，并应均匀喷放灭火剂。

4）烹饪设备的每个灶具上部应设置感温器和喷嘴。

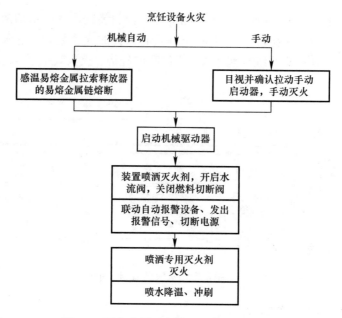

图 3-6 厨房专用灭火装置工作原理示意图

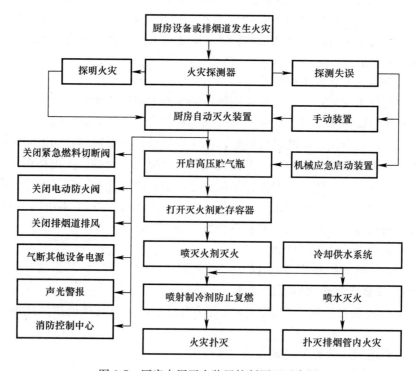

图 3-7 厨房专用灭火装置控制原理示意图

5）排烟管道应在每个烟道进口端设置至少 1 只向排烟管道内喷防灭火剂的喷嘴。

6）保护排烟罩的喷嘴应设置在滤油网板的上部，宜采用水平喷放方式。

7）同一个防护单元内的所有喷嘴应在系统动作时同时喷放灭火剂。

8）冷却水管可与生活用水或消防用水管道连接，但不得直接接在生活用水设施管道阀的后面。

9）厨房设备灭火装置处于正常工作状态时，冷却水进水端的检修阀应处于开启状态。

（2）厨房专用灭火装置的设计

厨房设备灭火装置的保护范围应按防护单元的面积确定：

1）烹饪设备按期最大水平投影表面积确定；

2）排烟罩按滤油网板表面积确定；

3）排烟管道按所保护的排烟管道内表面积确定。

（3）基本设计参数

1）设计喷射强度：烹饪设备 $0.4L/S. m^2$，排烟罩和排烟管道 $0.02L/S. m^2$；

2）灭火剂持续喷射时间 10s；

3）喷嘴最小工作压力 0.1MPa；

4）冷却水喷嘴最小工作压力 0.05MPa；

5）冷却水持续喷洒时间 5min。

（4）厨房自动灭火设备设计用量按式（3-21）计算：

$$m = (1.05 \sim 1.1)NQ^t \tag{3-21}$$

式中 m——厨房自动灭火装置设计用量（L）；

N——防护单元内所需设置的喷嘴数量；

Q——单个喷嘴的喷射速率（L/s）。

t——灭火剂喷射时间；

（5）喷嘴数量计算

防护区内所需设置的喷嘴数量应按式（3-22）计算：

$$N = \sum_{i=1}^{N}\left(\frac{SiWi}{Q}\right) \tag{3-22}$$

式中 N——防护单元内所需设置的喷嘴数量；

n——保护对象的个数；

S——保护对象的面积（m²）；

W——保护对象所需的设计喷射浓度（L/s·m²）；

（6）厨房专用灭火装置安全设计要求

1）厨房专用灭火装置设置的形式及数量，应根据厨房设备的类型、规模、环境条件等因素综合考虑确定。

2）厨房专用灭火装置应在燃气或燃油管道上设置与自动灭火装置联动的自动切断装置。

3）排烟管道的保护长度，应自距离排烟管道延伸段最近的烟道口进口端算起，向内延伸不小于 6m。

4）厨房专用灭火装置应采用经国家消防产品质量监督检验测试中心型式检验合格的产品。

（7）系统组件及管材选用

1）系统组件要求

① 贮存装置应设置在防护单元附件，并采用防腐措施。

② 驱动气体应选用惰性气体，宜选用氮气。

③ 喷嘴应设有放置灰尘或者油脂杜塞喷空的防护装置。

2）管材选用

① 管道及附件应能承受最高环境温度下的工作压力。

② 灭火剂输送管道宜采用不锈钢无缝钢管，不应使用碳钢管和复合管。

③ 驱动气体输送管道应采用铜管或高压软管。

④ 管道变径时应使用异径管。

⑤ 管道应设固定支吊架，间距不应大于 2.5m。

（8）操作与控制

1）厨房专用自动灭火装置应具有自动控制、手动控制和应急操作 3 种启动方式。

2）厨房专用灭火装置启动时应联动自动关闭燃料阀。喷放完灭火剂需喷放冷却水时，应在喷放灭火剂后 5s 内自动切换到喷放冷却水装置。

3）厨房专用灭火装置的手动操作桩子和相关阀门处应设置清晰明显的标志。

3.4.6.7　结论及展望

商业厨房火灾具有发生频率高、蔓延速度快、扑灭难度大等高危险性特点，在经济快速发展下，我国综合体厨房在建筑格局、通风系统、环保设备等方面呈现出严峻的火灾形势。我国消防法规对于综合体厨房消防重视程度不够，综合体厨房防火措施落后，灭火装备投入不足，在火灾高发部位存在盲区，从而加大了综合体厨房火灾危险性。在工程设计中设计人员遇到厨房时，应在初步设计中明确厨房灭火系统设置设计原则，根据厨房的规模估算厨房灭火系统的大小及厨房灭火系统形式。在施工图设计中应配合厨房专项设计，确定灭火装置的设计位置和安装技术要求，并对于供水、燃气供应联动和火灾报警系统与控制中心的接口等技术内容。

3.4.7　灭火器设置

3.4.7.1　配置场所的火灾种类和危险等级

灭火器的配置场所是指存在可燃气体、液体和固体物质，有可能发生火灾，需要配置灭火器的所有场所。综合体中灭火器的配置场所，一般指其中的功能房间，如办公室、会议室、资料室、阅览室、厨房、餐厅、展厅、观众厅等。

本文中所述灭火器是指各种类型、规格的手提式灭火器和推车式灭火器。

（1）火灾种类

灭火器配置场所的火灾种类可划分为以下五类：

1）A 类火灾：固体物质火灾。

2）B 类火灾：液体火灾或可熔化固体物质火灾。

3）C 类火灾：气体火灾。

4）D 类火灾：金属火灾。

5）E 类火灾（带电火灾）：物体带电燃烧的火灾。

（2）火灾场所

A 类火灾场所：指固体物质火灾如木材、棉、毛、麻、纸张及其制品等燃烧的火灾场所。

B 类火灾场所：指液体火灾或可熔化固体如汽油、煤油、柴油、原油、甲醇、乙醇、沥青、石蜡等燃烧的火灾场所。

C 类火灾场所：指气体如煤气、天然气、甲烷、乙烷、丙烷、氢气等燃烧的火灾场所。

D 类火灾场所：指金属如钾、钠、镁、钛、锆、锂、铝镁合金等燃烧的火灾场所。

E 类火灾（带电火灾）场所：指燃烧时仍带电的物体如发电机、变压器、配电盘、开关箱、仪器仪表、电子计算机等带电物体燃烧的火灾场所。

对于那些仅有常规照明线路和普通照明灯具，并没有上述电气设备的普通建筑场所，可不按 E 类火灾场所的规定配置灭火器。

（3）危险等级

民用建筑灭火器配置场所的危险等级，应根据其使用性质，人员密集程度，用电用火情况，可燃物数量，火灾蔓延速度，扑救难易程度等因素，划分为以下三级：

1）严重危险级：使用性质重要，人员密集，用电用火多，可燃物多，起火后蔓延迅速，扑救困难，容易造成重大财产损失或人员群死群伤的场所。

2）中危险级：使用性质较重要，人员较密集，用电用火较多，可燃物较多起火后蔓延较迅速，扑救较难的场所。

3）轻危险级：使用性质一般，人员不密集，用电用火较少，可燃物较少，起火后蔓延较缓慢，扑救较易的场所。

以上规定可简要概括为表 3-58。

危险因素与危险等级对应关系　　　　　　　　表 3-58

危险因素 危险等级	使用性质	人员密集程度	用电用火设备	可燃物数量	火灾蔓延速度	扑救难度
严重危险级	重要	密集	多	多	迅速	大
中危险级	较重要	较密集	较多	较多	较迅速	较大
轻危险级	一般	不密集	较少	较少	较缓慢	较小

注：此表来源于《建筑给水排水设计手册》第二版（上册）表 6.9-3。

综合体中各种类型场所众多，均需配置灭火器，灭火器配置场所的危险等级参见《建筑灭火器配置设计规范》GB 50140—2005 附录 D。

3.4.7.2　灭火器的选择

首先应确定灭火器配置场所的火灾种类，选择适用的灭火器类型。

（1）A 类火灾场所应选择水型灭火器、磷酸铵盐干粉灭火器、泡沫灭火器或卤代烷灭火器。

（2）B 类火灾场所应选择泡沫灭火器、碳酸氢钠干粉灭火器、磷酸铵盐干粉灭火器、二氧化碳灭火器、灭 B 类火灾的水型灭火器或卤代烷灭火器。极性溶剂的 B 类火灾场所应选择灭 B 类火灾的抗溶性灭火器。

（3）C 类火灾场所应选择磷酸铵盐干粉灭火器、碳酸氢钠干粉灭火器、二氧化碳灭火器或卤代烷灭火器。

（4）D 类火灾场所应选择扑灭金属火灾的专用灭火器。

（5）E 类火灾场所应选择磷酸铵盐干粉灭火器、碳酸氢钠干粉灭火器、卤代烷灭火器或二氧化碳灭火器，但不得选用装有金属喇叭喷筒的二氧化碳灭火器。

（6）非必要场所不用配置卤代烷灭火器；非必要场所的举例详见《建筑灭火器配置设计规范》GB 50140—2005 附录 F。

其次，根据灭火器配置场所的火灾危险性等因素确定该场所的危险等级。

对于同一场所可能有几种类型的灭火器均适用，但不同类型的灭火器在灭火效能方面尚有明显差异，包括：灭火能力即灭火级别的大小、扑灭同一灭火级别火试模型的灭火器用量多少、灭火速度的快慢等。

在同一灭火器配置场所，宜选用相同类型和操作方法的灭火器。当同一个灭火器配置场所存在不同火灾种类时，应选择通用性灭火器。

灭火器配置点的环境温度应限制在灭火器适用温度范围之内。

为了保护贵重物资与设备免受不必要的污渍损伤，选择灭火器应考虑其对保护对象的污损程度。

在同一个灭火器配置场所，当选用两种或两种以上类型灭火器时，应采用灭火器相容的灭火器。不相容的灭火剂举例详见《建筑灭火器配置设计规范》GB 50140—2005 附录 E。

3.4.7.3　灭火器的设置

灭火器的设置，主要包括灭火器的设置要求和最大保护距离，以及根据这两个方面，选择和定位灭火器设置点等内容。

（1）灭火器的位置一旦设定后，不得随意改变。如果场所的使用性质发生变化，需要改变灭火器设置点的位置，则应重新进行设计确定。

灭火器应设置在位置明显和便于取用的地点，且不得影响安全疏散。对有视线障碍的灭火器设置点，应设置指示其位置的发光标志。在室内，通常应沿着经常有人通过的通道、楼梯间、电梯间和出入口等处设置灭火器，且不应有遮挡物。灭火器箱的箱门及灭火器的挂钩、托架的操作空间不应占据疏散通道。灭火器的箱体正面和灭火器筒体/铭牌应粘贴发光标志。

（2）手提式灭火器应放置在灭火器箱内或挂钩、托架上，摆放稳固。其铭牌（包括：操作方式、扑救的火灾种类、警告标记等内容）应朝外、可见。灭火器箱不得上锁。

（3）手提式灭火器的顶部离地面一般可为 1～1.5m 之间，不应大于 1.5m；底部离地面高度不宜小于 0.08m。对于环境条件较好的场所，如专用电子计算机房等，可将灭火器直接放在干燥、洁净的地面上。

（4）灭火器不宜设置在潮湿和强腐蚀性的地点。当必须设置时，应有相应的保护措施。

（5）灭火器不得设置在超出其使用温度范围的地点。

（6）灭火器最大保护距离是指灭火器配置场所内，灭火器设置点到最不利点的直线行走距离。与场所的火灾种类、危险等级和灭火器形式有关。独立计算单元中灭火器的保护距离，是指由灭火器设置点到最不利点（距灭火器设置点最远的地点）的直线行走距离，可忽略该计算单元（即一个房间一个灭火器配置场所）内桌椅、冰箱等小型家具或家电的影响。灭火器保护距离的规定有以下几种情况：

1）设置在 A 类火灾场所的灭火器，其最大保护距离应符合表 3-59 的规定。

A 类火灾场所的灭火器最大保护距离（m）

表 3-59

危险等级	灭火器型式 手提式灭火器	推车式灭火器
严重危险级	15	30
中危险级	20	40
轻危险级	25	50

注：此表来源于《建筑灭火器配置设计规范》GB 50140—2005 表 5.2.1。

2）设置在 B、C 类火灾场所的灭火器，其最大保护距离应符合表 3-60 的规定。

B、C类火灾场所的灭火器最大保护距离（m） 表3-60

危险等级 ＼ 灭火器型式	手提式灭火器	推车式灭火器
严重危险级	9	18
中危险级	12	24
轻危险级	15	30

注：此表来源于《建筑灭火器配置设计规范》GB 50140—2005表5.2.2。

3）D类火灾场所的灭火器其最大保护距离应根据具体情况研究确定。

4）E类火灾场所的灭火器其最大保护距离不应低于该场所内A类或B类火灾的规定。

（7）灭火器设置点的位置和数量应根据灭火器的设置要求和灭火器的最大保护距离确定，并应保证最不利点至少在1具灭火器的保护范围内。

在选择、定位灭火器设置点时，有以下几项基本原则：

1）灭火器设置点应均衡布置，即不得过于集中，也不宜过于分散。每个设置点配置灭火器的数量不宜多余5具。

2）在通常情况下，灭火器设置点应避开门窗、风管和工艺设备，而选设在房间的内边墙或走廊的墙壁上。必要时，设置点可选择定位在房间中央或墙角处。

3）如果房间面积较小，在房中或内边墙上，仅选一个设置点即可使房间内所有部位都在该点灭火器的保护范围之内，允许设置点数为1。由于每个计算单元至少应配置2具灭火器，故该设置点应设置2具灭火器。

4）对于独立单元（如由一个房间组成），设置点应定位于室内，即灭火器要设置在室内，而且设置点上灭火器的最大保护距离仅在该单元所辖的房间范围内有效；对于组合单元，其设置点可定位于走廊、楼梯间或（和）某些房间内，设置点上灭火器的最大保护距离在该组合单元所辖的所有房间、走廊和楼梯间等范围内均有效。

3.4.7.4 灭火器的配置

（1）计算单元是指灭火器配置的计算区域。在一个计算单元内配置的灭火器数量不得少于2具。

（2）设置点是指在灭火器配置场所内具体放置灭火器的地点/位置。每个设置点的灭火器数量不宜多于5具。

（3）灭火器的配置基准主要包括：单位灭火级别最大保护面积，单具灭火器最小配置灭火级别等。

各火灾种类场所类灭火器最低配置基准如下：

1）A类火灾场所灭火器的最低配置基准应符合表3-61的规定。

A类火灾场所灭火器的最低配置基准 表3-61

危险等级	严重危险级	中危险级	轻危险级
单具灭火器最小配置灭火级别	3A	2A	1A
单位灭火级别最大保护面积（m²/A）	50	75	100

注：此表来源于《建筑灭火器配置设计规范》GB 50140—2005表3.2.1。

2）B、C类火灾场所灭火器的最低配置基准应符合表3-62的规定。

B、C 类火灾场所灭火器的最低配置基准			表 3-62
危险等级	严重危险级	中危险级	轻危险级
单具灭火器最小配置灭火级别	89B	55B	21B
单位灭火级别最大保护面积（m²/B）	0.5	1.0	1.5

注：此表来源于《建筑灭火器配置设计规范》GB 50140—2005 表 3.2.2。

3）D 类火灾场所的灭火器最低配置基准应根据金属的种类、物态及其特性等研究确定。

4）E 类火灾场所的灭火器最低配置基准不应低于该场所内 A 类（或 B 类）火灾的规定。

3.4.7.5 灭火器配置设计计算

综合体中灭火器配置的设计与计算应按计算单元进行。每个设置点配置的灭火器的类型、规格，原则上要求相同。在设计计算过程中，灭火器最小需配灭火级别和最少需配数量的计算值应进位取整。这是为了保证扑灭初起火灾的最低灭火能力。

为了保证扑灭初起火灾的最低灭火能力，要求经过建筑灭火器配置点实配的各具灭火器的灭火级别合计值和灭火器的配置数量不得小于计算得出的最小需配灭火级别和最小需配数量。

综合体中灭火器配置及计算程序如下：

（1）确定各灭火器配置场所的火灾种类和危险等级；

（2）划分计算单元，计算各计算单元的保护面积；

计算单元划分可遵循以下 3 个原则：

1）当一个楼层和一个水平防火分区内各场所的危险等级和火灾种类相同时，可将其作为一个计算单元。

2）当一个楼层和一个水平防火分区内各场所的危险等级和火灾种类不相同时，应将其分别作为不同的计算单元。

3）同一计算单元不得跨越防火分区和楼层。

综合体中各计算单元应按其建筑面积作为灭火器的保护面积。

（3）计算各计算单元的最小需配灭火级别

1）计算单元的最小需配灭火级别应按式（3-23）计算：

$$Q = K \frac{S}{U} \tag{3-23}$$

式中　Q——计算单元的最小需配灭火级别（A 或 B）；

　　　S——计算单元的保护面积（m²）；

　　　U——A 类或 B 类火灾场所单位灭火级别最大保护面积（m²/A 或 m²/B）；

　　　K——修正系数。

2）修正系数应按表 3-63 的规定取值。

修正系数	表 3-63
计算单元	K
未设室内消火栓系统和灭火系统	1.0
设有室内消火栓系统	0.9
设有灭火系统	0.7

计算单元	K
设有室内消火栓系统和灭火系统	0.5
可燃物露天堆场 甲、乙、丙类液体储罐区 可燃气体储罐区	0.3

注：此表来源于《建筑灭火器配置设计规范》GB 50140—2005 表 7.3.2。

3）歌舞娱乐放映游艺场所、网吧、商场、寺庙以及地下场所等计算单元最小需配灭火级别应按式（3-24）计算：

$$Q = 1.3K\frac{S}{U}　　　　　　　(3-24)$$

（4）确定各计算单元中的灭火器设置点的位置和数量

通过计算得到的计算单元的最小需配灭火级别计算值，就是该单元扑救初起火灾所需灭火器的灭火级别最低值。因此，实配灭火器的灭火级别合计值一定要大于或等于最小需配灭火级别的计算值。

（5）计算每个灭火器设置点的最小需配灭火级别，应按式（3-25）计算：

$$Q_c = \frac{Q}{N}　　　　　　　(3-25)$$

式中　Q——计算单元中每个灭火器设置点的最小需配灭火级别（A 或 B）；

　　　N——计算单元中的灭火器设置点数（个）。

要求每个设置点的实配灭火器的灭火级别合计值，均应大于或等于该设置点的最小需配灭火级别的计算值。

（6）确定每个设置点灭火器的类型、规格与数量

灭火器配置规格与数量是相互关联的两个参数。通常是根据单具灭火器最小配置灭火级别，确定选取的灭火器最小规格，也可以选取比之大一级的规格。另外，为了简化维护和均衡设置，在一个设置点所选配的灭火器的灭火级别应相同。然后，将该设置点的最小需配灭火级别除以所选的灭火器灭火级别，得到的值进位取整，即为需配的灭火器数量。

（7）确定每具灭火器的设置方式和要求。

（8）在工程设计图上用灭火器图例和文字标明灭火器的型号、数量与设置位置。

3.5　建筑排水

3.5.1　排水系统的选择和排水方式

3.5.1.1　排水系统

建筑排水系统应根据排水性质、水量、污染程度、排放去向（市政管网或附近水体）、有利综合利用和处理等因素，经技术经济比较确定。室内排水管道系统应根据建筑标准、建筑高度与功能、卫生间器具布置与数量、设计流量等因素确定。一般排水体制与系统详见表 3-64。

一般排水体制与系统 表 3-64

序号	排水系统	使用条件与技术要求
1	雨污分流	室内、室外生活排水和雨水应采用分流制排水系统
2	污废宜分流	生活污水和生活废水一般采用合流制排水系统。但下列情况室内宜采用分流制排水系统： 1. 建筑物使用性质对卫生标准要求较高时； 2. 生活废水量较大，且环卫部门要求生活污水需经化粪池处理后才能排入城镇排水管道时； 3. 生活排水需回收利用时，有中水处理要求时宜污废分流，无中水处理要求时宜污废合流
3	污废应分流	下列排水应采用分流制，单独排水至水处理或回收构筑物。经处理后的水或回收后的余水，再排入生活排水系统： 1. 食堂、营业餐厅的厨房含有大量油脂的洗涤废水排入隔油池（或油脂分离器）处理； 2. 机械自动汽车台冲洗水排入沉淀隔油池处理； 3. 水温超过 40℃ 的锅炉、水加热器等加热设备排水，需设降温池降温处理后排放入生活或雨水系统； 4. 用作回用水水源的生活排水应处理回用，详建筑中水章节； 5. 理发室洗头废水经毛发截留器截流后排入生活排水系统
4	卫生器具以外的其他排水	视水质污染程度和水量可分别接入生活排水或雨水排除系统。如污染较轻或无污染的，如生活水池和水箱的溢流水或泄水、机房地面排水、空调冷凝水、冷却水系统排水、消防电梯井下排水、泳池及喷水池排水等可排入就近雨水管系统（一般应采用间接排水法）。污染较重或严重的，如：污水集水池、车库地面冲洗废水、洗衣机房排水、食品仓库排水、中水处理站排水等，可排入生活排水管系统
5	室内排水管道系统	不通气排水系统：用于建筑物底层单独排出且无条件伸顶通气
		单立管排水系统：用于多层群房建筑或建筑标准要求不高的高层建筑
		专用通气立管排水系统：适用于： 1. 建筑标准要求较高的公建和标准要求较高的≥10 层的高层建筑； 2. 排水负荷超出普通单立管系统排水能力的建筑
		环形通气排水系统：适用于： 1. 横支管连接卫生器具≥4 个且长度 $L > 12m$ 的建筑； 2. 连接 6 个及以上大便器的卫生间的建筑； 3. 卫生条件要求较高的建筑
		器具通气排水系统：用于卫生和安静要求高的建筑
		特殊配件单立管排水系统：适用于： 1. 卫生间器具较少且设置层数≥10 的建筑，如：公寓、酒店客房等； 2. 卫生间管道井面积较小，需要设置专用通气立管但难以布置； 3. 排水负荷超出普通单立管系统排水能力的建筑； 4. 卫生间单层接入立管的横支管数等于或大于 3 根
		自循环通气排水系统：用于屋顶和外墙无法伸出通气管的建筑

注：不同业态、产权归属排水立管宜分别设置，塔楼和裙房排水宜分设立管。

3.5.1.2　排水方式

从方便、安全、节能和经济诸方面讲，建筑生活排水和雨水排出均应采用重力自流并直接排除，压力提升排水和间接排水只适用于特定场合。排水方式的选用见表 3-65。

排水方式的选用　　　　　　　　　　表 3-65

序号	排水方式	适用条件
1	重力自流	适用室内、室外所有排水系统，应首选
2	压力提升	下列情况应设水泵提升排水： 1. 室内卫生器具或排水设备的排水口标高，或室内排水地漏的受水口标高低于接入的室外排水管系附近的检查井井盖标高时，如地下室或半地下室排水，室内应设集水池用泵提升排出； 2. 室外排水管道埋设太深、重力流排除管道敷设经技术经济比较后不经济，应设中途提升泵站； 3. 室外排水管道的排水端口内底低于接入的市政管、渠的设计水位或排入的小区水体设计水位时，应设提升泵站
3	真空排水	适用场所： 1. 当小区排水点分散且室外管网需要浅埋时； 2. 特殊情况下，经技术经济比较合理时
4	间接排水	下列构筑物和设备的排水不得与污废水管道系统直接连接，应采取间接排水的方式： 1. 生活饮用水池（箱）的溢水管或泄水管； 2. 开水器、热水器排水； 3. 蒸发式冷却器、空调设备的冷凝水的排水； 4. 贮存视频或饮料的冷藏库房的地面排水和冷风机溶霜水盘的排水； 5. 公共厨房洗碗机、洗肉池排水； 6. 下列场所的排水，由于操作工艺或接管麻烦，也常采取间接排水方式，如：各类水泵房设备和地面排水、洗衣机房的地面和设备排水、中餐厨房等，常设集水沟收集排水，再接入排水管道系统或集水池。当接入生活排水管系时，应在集水沟处（或附近）设水封装置（水封井或带水封地漏）

3.5.2　管材和管道附件

3.5.2.1　管材

常用管材、接口方法和适用条件见表 3-66。

常用管材、接口方法和适用条件　　　　　　　表 3-66

序号	管材名称		规格管径	接口方法	特性	适用场所
1	机制排水铸铁管	《建筑排水用柔性接口承插式铸铁管及管件》CJ/T 178—2003 和《排水用柔性接口铸铁管、管件及附件》GB/T 12772—2016	50、75、100、125、150、200	承插接口、橡胶圈密封，法兰压紧密封圈	接口不能承受拉力	1. 对防火等级要求较高的建筑； 2. 要求环境安静的场所； 3. 各类建筑（含超高层建筑）； 4. 适宜地面上敷设； 5. 不锈钢卡箍接口较美观，管道明装时宜优先选用； 6. 用于生活排水管、通气管； 7. 多层建筑雨水管道也可采用； 8. 施工安装参见国标 04S409《建筑排水用柔性接口铸铁管安装》
		《建筑排水用卡箍式铸铁管及管件》CJ/T 177—2011 和《排水用柔性接口铸铁管、管件及附件》GB/T 12772—2016	50～300	平口对接、橡胶圈密封，不锈钢卡箍卡紧		
		刚性接口铸铁管	50～150	承插水泥捻口		室内外埋地或埋垫层

续表

序号	管材名称		规格管径	接口方法	特性	适用场所
2	排水塑料管	《建筑排水用硬聚氯乙烯（PVC-U）管材》GB/T 5836.1—2006 和《建筑排水用硬聚氯乙烯（PVC-U）管件》GB/T 5836.2—2006	32～200	胶粘剂粘接、橡胶密封圈连接	接口不能承受拉力	1. 环境温度≥0℃场所；2. 连续排水温度≤40℃或瞬时排水温度≤80℃的排水管道；3. 排放带酸、碱性废水的场所；4. 对噪声环境要求不高时可采用 PVC-U 管；5. 各类≤100m 高的建筑；6. 多层建筑雨水管道也可采用；7. 施工安装参见国标 10S406《建筑排水塑料管道安装》
		《排水用芯层发泡硬聚氯乙烯（PVC-U）管材》GB/T 16800—2008	40～200	胶粘剂粘接		
		《聚丙烯静音排水管材及管件》CJ/T 273—2008	50～160	橡胶密封圈连接		
		《建筑排水用高密度聚乙烯（HDPE）管材及管件》CJ/T 250—2007	32～315	熔融连接	接口承拉不详	
3	埋地排水塑料管	《埋地排水用硬聚氯乙烯（PVC-U）结构壁管道系统 第1部分 双壁波纹管材》GB/T 18477.1—2007	160～1200	承插式弹性密封圈连接	1. 管顶最大覆土深度≤8m 2. 接口不能承受拉力	1. 适用于建筑室外生活排水和雨水排水管道；2. 适用于一般土质条件。当地基为淤泥、淤泥质土、充填土或软土地基时，应进行地基处理。3. 施工安装参见国标 04S520《埋地塑料排水管道施工》
		《埋地用硬聚氯乙烯（PVC-U）加筋管材》QB/T 2782	150～500	承插式弹性密封圈连接		
		《埋地用聚乙烯（PE）结构壁管道系统 第1部分 聚乙烯双壁波纹管材》GB/T 19472.1—2004	160～1200	承插式弹性密封圈连接		
		《埋地用聚乙烯（PE）结构壁管道系统 第2部分 聚乙烯缠绕结构壁管材》GB/T 19472.1—2004	160～1200	承插式弹性密封圈、熔接、卡箍、法兰连接等		
4	钢筋混凝土管		150～1200	承插接口、平口对接、企口连接		适用于管径≥500mm 的雨、污水埋地排水管
5	镀锌钢管、衬塑钢管、焊接钢管、给水铸铁管		32～1200	丝扣接口、法兰接口、沟槽接口	承压能力详给水	排水泵出水管、屋面雨水管、灌水高度超过 10m 的重力排水管、管径小于 50mm 的排水管、通气管

3.5.2.2 管道附件

管道附件种类和设置要求见表 3-67，排水横管的直线管段上检查口或清扫口之间的最大距离见表 3-68，排水主管底部或排出管上的清扫口至室外检查井中心的最大长度见表 3-69。

管道附件种类和设置要求 表 3-67

序号	名称	直径规格	技术要求（含规格、种类）
1	地漏	50、75、100、150	1. 种类 | 普通地漏	适用于无特殊要求的各类场合
侧墙地漏	适用于管道不能下穿楼板的场所
密闭地漏	适用于不允许发生臭气污染的较洁净场所排水，平时密闭，需排水时打开
磁性密封翻斗式地漏	可抑制存水弯的水封蒸发，可用于卫生间
多通道地漏	适用于汇集脸盆、浴缸排水场所
带网筐地漏	适用于排水中含杂物较多的场所，如浴室、厨房等
防爆地漏	适用于人防工程，但须征得当地人防主管部门允许
自动补水地漏	适用于室内空气卫生条件要求较高的场所
自带水封地漏	适用于需要水封的排水点
不带水封地漏	适用于为减少水封损失采用存水弯的场所、不与室内排水管网相连的场所（比地漏排水管排至明沟）	 2. 设置场所：淋浴间、洗衣机处、开水间、厕所、盥洗室、洁净房间或车间、管道技术层、给水排水机房（泵房、水箱间、中水处理机房等）、空调冷冻机房、设给水栓的垃圾间等需经常从地面排水的场所 3. 设置要求 （1）种类和规格应根据设置场所的排水要求确定：一般卫生间为 DN50；空调机房、厨房、车库冲洗排水不小于 DN75；淋浴室的地漏，可按下表设置，当采用排水沟排水时，8 个淋浴器可设置一个 DN100 的地漏； 	沐浴器数量（个）	地漏直径（mm）
------------------	----------------
1～2	50
3	75
4～5	100	 地面不经常排水场所的地漏宜设密闭地漏或有机械密封的地漏 洁净房间的地漏应采用密闭地漏； 洗脸盆、拖布池处的地漏宜设多通道地漏或自动补水地漏； 公共餐饮业，厨房和公共浴室等排水中挟有大块杂物时，应设置网筐式地漏； 当排水管道不允许穿越下层楼板时，可设置侧墙式地漏、直埋式地漏、浅水封高水封强度的地漏 （2）与排水管系直接连接时应设水封。自带水封的地漏，水封深度不得小于 50mm （3）地漏应设置在易溅水的器具，如浴盆、拖布池、脸盆等附近的地面最低处，地漏顶标高应低于地面 5～10mm，周围地面应以 0.01 的坡度坡向地漏 （4）地漏安装详国标 04S301《建筑排水设备附件选用安装》
2	检查口	同排水管径	1. 重力自流排水管道下列部位应设置检查口： （1）排水立管上。两检查口的距离：铸铁管不宜大于 10m，塑料管宜每 6 层； （2）在最低层和设有卫生器具的二层以上建筑物的最高层应设； （3）立管水平拐弯或有乙字管时，在该层立管拐弯处和乙字管的上部； （4）排水横管在水流偏转角大于 45°的转弯处应设检查口或清扫口，也可采用带清扫口的转角配件替代； （5）在最冷月平均气温低于−13℃的地区，立管最高层离室内顶棚 0.5m 处宜设置； 2. 检查口设置应符合下列规定： （1）排水横管的直线管段上检查口或清扫口之间的最大间距应符合表 3-68 的规定； （2）设置在立管上的检查口，应在地（楼）面以上 1.0m，并应高于该层卫生器具上边缘 0.15m； （3）埋地横管上设置检查口时，检查口应设在砖砌的井内。也可采用密闭塑料排水检查井替代检查口； （4）地下室立管上设置检查口时，检查口应设置在立管底部之上； （5）立管上检查口的检查盖应面向便于检查清扫的方位；横干管上的检查口应垂直向上； 3. 检查口安装详国标 04S301《建筑排水设备附件选用安装》

续表

序号	名称	直径规格	技术要求（含规格、种类）
3	清扫口	同排水管径，但不大于 100	1. 重力自流排水管道下列部位需设置清扫口： （1）连接 2 个及 2 个以上的大便器或 3 个及以上的卫生器具的铸铁排水横管上； （2）在连接 4 个及 4 个以上的卫生器具的塑料排水横管上； （3）排水立管底部或排出管上的清扫口至室外检查井中心的最大长度大于表 3-69 数值的排出管上； 2. 清扫口的设置应符合下列规定： （1）横管上的清扫口宜上升到楼板或地坪上与地面相平； （2）排水横管起点的清扫口与其端部相垂直的墙面的距离不得小于 0.20m，设置堵头代替清扫口时，堵头与墙面应有不小于 0.4m 的距离。也可利用带清扫口的弯头配件代替清扫口； （3）当排出管悬吊在地下室顶板下设置有困难时，可用检查口替代清扫口； （4）清扫口应与管道同径，但最大不超过 100mm； （5）排水横管连接清扫口的连接管管件应与清扫口同径，并采用 45°斜三通和 45°弯头或由两个 45°弯头组合的管件。倾斜方向应与清通和水流方向一致； （6）铸铁排水管道设置的清扫口，其材质应为铜质；硬聚氯乙烯管道上设置的清扫口材质应与管道相同； 3. 清扫口安装详见国标 04S301《建筑排水设备附件选用安装》

排水横管的直线管段上检查口或清扫口之间的最大距离　　　　　　　　表 3-68

管径 （mm）	清扫设备 种类	距离（m）	
		生活废水	生活污水
50～75	检查口	15	12
	清扫口	10	8
100～150	检查口	20	15
	清扫口	15	10
200	检查口	25	20

排水立管底部或排出管上的清扫口至室外检查井中心的最大长度　　　　　表 3-69

管径（mm）	50	75	100	100 以上
最大长度（m）	10	12	15	20

3.5.3　排水管道敷设

3.5.3.1　室内管道布置和敷设应充分满足排水通畅、管路最短、安全、卫生、美观和维修方便等诸因素要求，见表 3-70。

底部排水支管连接及横干管转弯连接如图 3-8 所示。

排水管道敷设要求　　　　　　　　　　　　　　　　　　表 3-70

项目	技术要求
管道布置和敷设	1. 排水管道应如下布置和敷设： （1）高于室外地面的排水应重力排到室外； （2）立管宜靠近排水量最大或水质最脏的排水点； （3）管道行走距离最短，转弯最少； （4）污、废水分流且有条件时，粪便污水立管宜靠近大便器，废水立管宜靠近浴盆； （5）厨房和卫生间的排水立管应分别设置；

项目	技术要求
管道布置和敷设	(6) 机房（空调机房、给水水泵房）、开水间的地漏排水应与卫生器具污、废水管道分开设置； (7) 宜在地下或在地面上、楼板下明设，如建筑有要求时，可在管槽、管道井、管窿、管沟或吊顶、架空层内暗设，但应便于安装和检修。在气温较高、全年不结冻的地区，可沿建筑物外墙敷设； (8) 卫生间立管一般设于管井或管槽内，且立管检查口处设检修门； (9) 当排水管道外表面可能结露时，应根据建筑物性质和使用要求，采取防结露措施； (10) 排水管道在穿越楼层设套管且立管底部架空时，应在立管底部设支墩或其他固定措施。地下室立管与排水管转弯处也应设置支墩或固定措施； (11) 穿楼板和防火墙的洞口间隙、套管间隙应采用防火材料封堵； (12) 高层建筑底层排水必须单独排放（塔楼设备转换层上层排水宜单独排放）； (13) 餐饮店提供一个 DN100 的厨房排水地漏，服务类店铺提供一个 DN100 的卫生间排水地漏，个别用户根据需求两个均设。集中厨房预留 DN150 排水管。根据管道布置条件及面积大小，一个店铺可设置多个下水点； 2. 排水管道（包括污废水和雨水）不得布置在下列场所： (1) 生活饮用水池部位的上方； (2) 食堂、饮食业厨房的主副食操作、烹调和备餐的上方。当受条件限制不能避免时，应采取防护措施，如：可在排水管下方设楼板夹层或托板，托板横向应有翘起的边缘〔即横断面呈槽形〕，纵向应与排水管有一致的坡度，末端有管道引至地漏或排水沟； (3) 遇水会引起燃烧、爆炸的原料、产品和设备的上面； (4) 卧室、住宅客厅、餐厅、书房、影厅、重要会议室等对声环境有特殊要求的场所内； (5) 浴池、游泳池的上方； (6) 对生产工艺或卫生有特殊要求的生产厂房内，以及食品和贵重商品仓库、通风小室、电气机房和电梯机房内； (7) 图书馆的书库、档案馆库区； (8) 不得穿过沉降缝、伸缩缝、变形缝、烟道和风道。当必须穿过沉降缝、伸缩缝、变形缝时，应采取相应技术措施，比如：柔性接口铸铁管增加接口数量，塑料管采用专用接头； (9) 可能受重物压坏处或穿越生产设备基础； (10) 结构层或结构柱内； (11) 靠近与卧室和书库相邻的内墙、穿越橱窗和壁柜； (12) 穿过建筑的大厅等美观要求较高处。 3. 特殊单立管 (1) 排水支管与立管连接处应设旋流器或混合器； (2) 立管底部应设消减正压的特制配件； (3) 立管偏转处应设通气管
管道连接	1. 室内管道的连接应符合下列规定： (1) 卫生器具排水管与排水横支管垂直连接，宜采用 90°斜三通； (2) 排水管道的横管与立管连接，宜采用 45°斜三通或 45°斜四通和顺水三通或顺水四通； (3) 排水立管与排出管端部的连接，宜采用两个 45°弯头、弯曲半径不小于 4 倍管径的 90°弯头或 90°变径弯头；当排水立管采用内螺旋管时，排水立管底部宜采用长弯变径接头与排出管连接； (4) 排水立管应避免在轴线偏置，当受条件限制时，宜用乙字管或两个 45°弯头连接； (5) 当排水支管、排水立管接入横干管时，应在横干管管顶或其两侧 45°范围内采用 45°斜三通接入； (6) 横管接入横干管的水平连接宜采用 45°斜三通或 45°斜四通，并应管顶平接； (7) 排水横管作 90°水平转弯时，宜采用两个 45°弯头或大转弯半径 90°弯头； (8) 横管需变径时，宜采用偏心异径管，管顶平接。 2. 靠近排水立管底部的排水支管连接，应符合下列要求： (1) 排水立管最低排水横支管与立管连接处距排水立管管底的垂直距离不得小于下表的规定； 表见下

立管连接卫生器具的层数	垂直距离（m）	
	仅设伸顶通气	设通气立管
≤4	0.45	按配件最小安装尺寸定
5~6	0.75	按配件最小安装尺寸定
7~12	1.20	按配件最小安装尺寸定
13~19	3.00	0.75
≥20	3.00	1.20

续表

项目	技术要求
管道连接	(2) 排水支管连接在排出管或排水横干管上时，连接点距立管底部下游水平距离 L 不得小于1.5m； (3) 横支管接入横干管竖直转向管段时，连接点应距转向处以下不得小于0.6m； (4) 排出管、排水横管在距上游立管底部1.5m的距离内有90°水平转弯时，则底层排水支管不应接入该排出管或排水横管
同层排水	1. 设置条件： (1) 住宅的排水管道穿越楼板进入他户难以维修被要求不得穿越时，应采用同层排水； (2) 卫生间下层为卧室、生活饮用水池、遇水会引起燃烧、爆炸的原料、产品和设备时，应采用同层排水； (3) 排水横管设于板下难以安装维修的场所，如下层为高大空间等场所； (4) 同层排水应优先选用非降板方式，有困难时，也可采用降板方式。 2. 同层排水应符合下列技术要求： (1) 设置地漏时，设置要求与非同层排水相同，但可采用侧墙地漏； (2) 器具排水横支管布置和设置标高不得造成排水滞留、地漏冒溢； (3) 埋设于填层中的管道不得采用密封圈橡胶接口，塑料管道应采用粘接，铸铁管道应采用承插水泥接口； (4) 降板深度应根据器具和地漏排水管道安装竖向空间要求确定，一般取250～350mm； (5) 下沉的楼板、周壁在敷设管道和填埋前应严格做好防水，并应将防水延伸到装修地面之上，填平的建筑地面亦应做防水； (6) 回填材料、面层应能承载器具、设备的荷载
支、吊架	1. 柔性接口排水铸铁管支、吊架应符合下列要求： (1) 立管应每层设固定支架，固定支架间距不应超过3m。两个固定支架间应设滑动支架； (2) 立管底部弯头和三通处应设支墩或固定支（吊）架； (3) 横管上的支、吊架间距一般不大于2m； (4) 横管起端和终端的支（吊）架应为固定支（吊）架； (5) 横管在平面转弯时，弯头处应增设支（吊）架； (6) 吊钩或卡箍应固定在承重结构上； (7) 立管和支管支架应靠近接口处，承插式柔性接口的支架应位于承口下方，卡箍式柔性接口的支架应位于承重托管下方； (8) 横管支（吊）架应靠近接口处。 2. 塑料排水管道支、吊架间距应符合《建筑给水排水及采暖工程施工质量验收规范》GB 50242—2002第5.2.9条的规定； 3. 管道支、吊架设置详国标图03S402《室内管道支架及吊架》
排出管	1. 排出管应以最短距离出户； 2. 排水管与室外排水管道连接时，排出管管顶标高不得低于室外排水管管顶标高；当建筑物沉降可能导致排出管倒坡时，应充分考虑沉降值； 3. 下列情况下底层排水支管应单独排至室外或者采取有效的防反压措施： (1) 排出管及其立管不符合接入底层排水支管条件； (2) 排出管、排水横管在距立管底部1.5m范围内有90°水平转弯； 4. 排出管管径宜放大一号（单根排水立管的排出管不宜放大）； 5. 排水管穿过地下室外墙或地下构筑物的墙壁处，应采取防水措施，如防水套管； 6. 室内排水沟与室外排水管道连接处，应设水封装置； 7. 应尽可能抬高排出管埋设深度，可不高于土壤冰冻线以上0.50m，且覆土深度不宜小于0.7m
间接排水	1. 下列构筑物和设备的排水管不得与污、废水管道直接连接，应采用间接排水，并不得直接接入室外检查井： (1) 生活饮用水贮水箱（池）的泄水管和溢流管； (2) 医疗灭菌消毒设备的排水； (3) 公共厨房设备排水； (4) 贮存食品或饮料的冷藏库房的地面排水和冷风机溶霜水盘的排水； (5) 洁净房间的事故排水口； (6) 开水器、热水器、饮料贮水箱的排水； (7) 蒸发式冷却器、空调设备冷凝水的排水。 2. 设备间接排水宜排入临近的洗涤盆、地漏、排水明沟、排水漏斗或容器。间接排水口最小空气间隙，宜按下表确定：

项目	技术要求
间接排水	<table><tr><td>间接排水管管径（mm）</td><td>排水口最小空气间隙（mm）</td></tr><tr><td>≤25</td><td>50</td></tr><tr><td>32~50</td><td>100</td></tr><tr><td>>50</td><td>150</td></tr></table>注：饮料用贮水箱的间接排水口最小空气间隙，不得小于150mm。 3. 间接排水的漏斗或容器不得产生溅水、溢流，并应布置在容易检查、清洁的位置
排水沟设置	1. 生活废水在下列情况下，可采用有盖的排水沟排除： （1）废水中含有大量悬浮物或沉淀物需经常冲洗； （2）设备排水支管很多，用管道连接有困难； （3）设备排水点的位置不固定； （4）地面需要经常冲洗。 2. 排水沟设置举例： （1）中餐厅厨房应设排水沟，承接厨房设备排水和地面清洗排水； （2）下列部位宜设排水沟排水：公共浴室、各类水泵房和水处理机房、洗衣房、菜市场水鲜区。洗衣机房排水集中，排水沟断面需考虑此因素； （3）汽车库地面排水不宜采用明沟。如必须设置时，地沟不应贯通防火分区； （4）废水中如夹带纤维或大块物体，应在与排水管道连接处设置格网、格栅或采用带网筐地漏
塑料管隔热、防火、防伸缩	1. 塑料排水管应避免布置在热源附近，如不能避免，并导致管道表面受热温度大于60℃时，应采取隔热措施。塑料排水立管与家用灶具边净距不得小于0.4m； 2. 建筑塑料排水管穿越楼层、防火墙、管道井井壁时，应根据建筑物性质、管径和设置条件以及穿越部位防火等级等要求设置阻火装置； 3. 高层建筑中管径≥110mm时，穿楼板、防火墙、每层封堵的管井壁时应设阻火圈或防火套管。阻火圈或防火套管设置的详细要求见国标图04S301《建筑排水设备附件选用安装》； 4. 塑料排水管道应避免布置在易受机械撞击处。如不能避免时，应采取设金属套管、做管井或管窿、加防护遮挡等保护措施； 5. 塑料排水管道应根据其管道的伸缩量设置伸缩节，伸缩节宜设置在汇合配件处。排水横管应设置专用伸缩节。但下列情况可不设伸缩节： （1）排水管道如采用橡胶密封配件时； （2）室内、外埋地管道

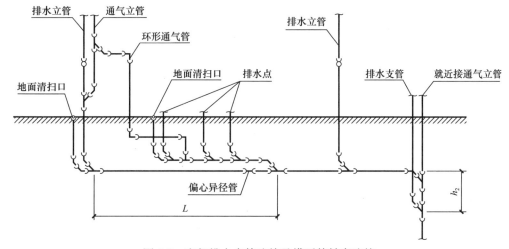

图 3-8 底部排水支管连接及横干管转弯连接

3.5.3.2 室外管道布置和敷设应根据小区规划、道路布置、地面标高、排水流向，按管线短、埋深小、尽可能自流排水的原则确定。当排水管道不能以重力自流排入市政排水管道或处理构筑物时，应设排水集水池和排水泵提升排出。

3.5.4 通气管系统

3.5.4.1 通气管系统和设置

通气管系统设置和要求详见表 3-71，通气管系统图示和连接如图 3-9 所示。

通气管系统设置和要求
表 3-71

序号	名称	设置条件	连接和布置要求
1	伸顶通气管	生活排水管道的立管顶端，应设置伸顶通气管。当遇特殊情况，伸顶通气管无法伸出屋面时，可采用下列通气方式： (1) 设置侧墙通气； (2) 在室内设置成汇合通气管后在侧墙伸出延伸到屋面以上	(1) 通气管高出屋面不得小于 0.3m（从屋顶隔热层板面算起），且应大于最大积雪厚度，通气管顶端应装设风帽或网罩； (2) 在通气管口周围 4m 以内有门窗时，通气管口应高出窗顶 0.6m 或引向无门窗一侧； (3) 在经常有人停留的平屋面上，通气管口应高出屋面 2m，当排水管为金属管材时，应根据防雷要求考虑防雷装置； (4) 通气管口不宜设在建筑物挑出部分（如屋檐檐口、阳台和雨篷等）的下面
2	通气立管	下列情况应设置通气立管： (1) 建筑标准要求较高的：住宅、公共建筑； (2) 生活排水立管所承担的设计流量超过仅设伸顶通气管的排水立管最大排水能力时； (3) 设有环形通气管时； (4) 设有器具通气管时	(1) 专用通气立管和主通气立管的上端可在最高层卫生器具上边缘以上不少于 0.15m 检查口以上与排水立管通气部分以斜三通连接。下端应在最低排水横支管以下与排水立管以斜三通连接； (2) 专用通气立管宜每层或隔层、主通气立管不宜多于 8 层设结合通气管与排水立管连接； (3) 副通气立管出屋顶或侧墙时的布置要求同伸顶通气管； (4) 通气立管不得接纳器具污水、废水和雨水，不得与风道和烟道连接
3	环形通气管	下列排水管段应设置环形通气管： (1) 连接卫生器具≥4 个且长度>12m 的排水横支管； (2) 连接 6 个及以上大便器的污水横支管； (3) 设有器具通气管	(1) 在横支管上设环形通气管时，应在其最始端的两个卫生器具之间接出，并应在排水支管中心线以上与排水支管呈垂直或 45°连接； (2) 环形通气管应在卫生器具上边缘以上不小于 0.15m 处按不小于 0.01 的上升坡度与通气立管相连； (3) 建筑物内各层的排水管道上设有环形通气管时，环形通气管应每层与主通气立管或副通气立管连接
4	器具通气管	对卫生、安静要求较高的建筑物内，生活排水管道宜设置器具通气管	(1) 器具通气管应设在存水弯出口端； (2) 器具通气管应在卫生器具上边缘以上不小于 0.15m 处按不小于 0.01 的上升坡度与通气立管相连
5	自循环通气	当下列情况同时存在时，可设置自循环通气管道系统： (1) 无法设置伸顶通气管； (2) 无法设置侧墙通气； (3) 无法在室内设置成汇合通气管后在侧墙伸出延伸到屋面以上	(1) 顶端应在卫生器具上边缘以上不小于 0.15m 处采用 2 个 90°弯头相连； (2) 通气立管下端应在排水横管或排出管上采用倒顺水三通或倒斜三通相接； (3) 宜在其室外接户管的起始检查井上设置管径≥100mm 的通气管

续表

序号	名称	设置条件	连接和布置要求
6	结合通气管	设有专用通气立管或主通气立管时，应设结合通气管或H管	结合通气管下端宜在排水横支管以下与排水立管以斜三通连接；上端可在卫生器具上边缘以上不小于0.15m处与通气立管以斜三通连接
7	H管	(1) 可替代结合通气管； (2) 最低排水横支管与立管连接点以下的结合通气管不得用H管替代	(1) H管与通气管的连接点应设在卫生器具上边缘以上不小于0.15m处； (2) 当污水立管与废水立管合用一根通气立管时，H管配件可隔层分别与污水立管和废水立管连接
8	汇合通气管	为减少排水立管的伸顶管根数时可采用	各排水立管顶端应以≥1%上升坡度与汇合通气管连接
9	注意	(1) 在建筑物内不得设置吸气阀替代通气管； (2) 通气横管均应以不小于0.01的坡度坡向排水管	

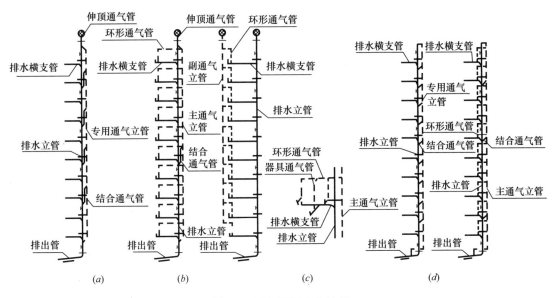

图 3-9 通气管图示和连接

（a）专用通气立管排气系统；（b）环形通气排水系统；（c）器具通气排水系统；（d）自循环通气排水系统

3.5.4.2 通气管管径和管材

（1）通气管最小管径不宜小于排水管管径的1/2，通常按表3-72确定。

通气管管径要求（一）　　　　　　　　　　　　　　表3-72

通气管名称	排水管管径②							
	32	40	50	75	90	100	125	150
器具通气管	32	32	32	—	—	50	50	—
环形通气管	—	—	32	40	40	50	50	—
通气立管①	—	—	40	50	—	75	100	100

注：① 表中通气立管系指专用通气立管、主通气立管、副通气立管。
　　② 表中排水管管径100、150，当采用塑料排水管时，其公称外径分别为110mm、160mm。
　　自循环通气立管管径应与排水立管管径相等。

（2）通气管管径应根据排水负荷、排水管管径和长度决定，见表3-73。

173

通气管管径要求（二）　　　　　　　　　　表 3-73

序号	通气管名称	服务的排水立管		通气管管径
		高度/m	根数/根	
1	通气立管	>50m	单根	同排水立管
			≥2 根	同最大一根排水立管
		≤50m	单根	按表 3-72 确定
			≥2 根	以最大一根排水立管按表 3-72 确定，但不小于其余排水管管径
2	结合通气管			同通气立管； 当≥2 根排水管，有小于通气立管管径时，该管的结合通气管管径应同排水立管
3	汇合通气管			断面面积≥最大通气立管断面积＋25％其余通气立管断面积之和
4	伸顶通气管			同排水立管； 最冷月平均气温<−13℃地区，在室内平顶或吊顶以下 0.3m 处开始放大一级出屋面

3.5.5　集水坑及污水泵

3.5.5.1　设置位置

（1）服务于室内排水的集水池应设于室内。当设于室外时，应确保池盖或人孔不被雨水淹没倒灌。

（2）室内集水池一般设在地下室最底层，并应靠近主要排水点。

1）对卫生条件要求较高的宜采用成品提升装置并设置在专用房间内。

2）污水间不宜设置在对卫生条件要求较高的区域（如厨房、餐厅、会议室等）。

（3）消防电梯排水池设于电梯坑附近，如图 3-10、图 3-11 所示。水泵设于集水池内时，水池宜靠近墙体，便于水泵出水管沿墙敷设。

（4）室外排水泵及水池宜设在室外管网的汇总点或其下游。

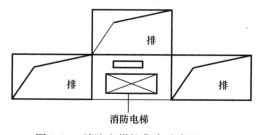

图 3-10　消防电梯坑集水池布置（一）

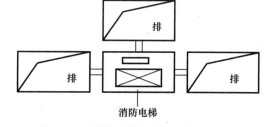

图 3-11　消防电梯坑集水池布置（二）

3.5.5.2　集水坑容积及排水泵选型

排水集水坑设置技术条件要求详见表 3-74，集水池控制水位如图 3-12 所示。

排水集水坑设置技术条件要求　　　　　　　　表 3-74

序号	项目	技术条件（要求）
1	容积	（1）有效容积不宜小于最大一台污水泵 5min 的出水量，且污水泵每小时启动次数不宜超过 6 次； （2）有效容积应是启泵水位和停泵水位之间的容积； （3）集水池除满足有效容积外，还应满足水泵设置、水位控制器、格栅等安装、检查要求； （4）生活排水调节池的有效容积不得大于 6h 平均小时流量

序号	项目	技术条件（要求）
2	水池设置	（1）集水池设计最低水位应满足水泵吸水要求； （2）集水池底应有不小于 0.05 坡度坡向泵位。集水坑的深度及其平面尺寸，应按水泵类型而定； （3）应设停泵水位、启泵水位、超高报警水位等
3	附属配置	（1）室内地下室污水集水池，其池盖应密封，并设通气管系；排水机房内有敞开的污水池时，应设强制通风装置； （2）水池盖一般为钢筋混凝土。盖上设人孔，池壁设下人爬梯。污水池人孔盖板应设密封圈； （3）集水池应设置水位指示装置，必要时应设置超警戒水位报警装置，将信号引至物业管理中心
4	标准图	国标 08S305《小型潜水排污泵选用及安装》

3.5.5.3　污水泵泵站设计

污水泵宜采用潜水污水泵或自耦式潜水污水泵，因安装、检修方便，不占空间，不需单设泵房。粪便污水、厨房污水等污染较重的应采用自耦式潜水污水泵。污水泵站设计技术要求见表 3-75。

3.5.6　小型排水构筑物和设施

3.5.6.1　设置条件

根据污水排放条件要求，下列污水应经适当处理后方准排入城镇污水管道，见表 3-76。

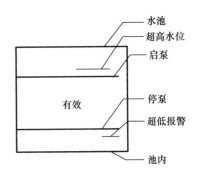

图 3-12　集水池控制水位

污水泵站设计技术要求　　　　表 3-75

项目			技术要求
选泵	流量	室内	（1）按生活排水设计秒流量选定； （2）当有排水量调节时，可按最大小时生活排水流量确定； （3）当集水池接纳水池溢流水、泄空水时，应按水池溢流量、泄流量与排入集水池的其他排水量中大者确定
		室外	按最大小时排水流量选定
	扬程		应按提升高度、管路系统水头损失、另附加 2～3m 流出水头计算
	备用泵设置		公共建筑内应以每个生活污水集水池为单元设置一台备用泵。地下室、设备机房、车库冲洗地面的排水，如有 2 台及 2 台以上排水泵时可不设备用泵
	供电要求		泵 1 用 1 备时，用电量为单台泵； 泵 2 台同时使用时，按 2 台备用电负荷计； 水泵应有双电源或双回路供电，自控应要求不间断供电
	自控要求		自动：受水池水位控制，当水池水达高位时启泵，低位时停泵。当有可能出现超排水量之涌水时，则池水达超高水位时，备用泵自动投入，两台泵同时向外排水，并同时向值班室或控制中心发出声、光报警讯号
	安装方式		固定式安装（硬管），单泵、双泵二种形式
			带自动耦合装置固定式安装，单泵、双泵二种形式，用于粪便、厨房等较脏污水
			移动式（软管）单泵安装，仅限于电机功率 $N \leqslant 7.5\mathrm{kW}$ 的排水泵及管道 $DN \leqslant 100$ 的场合
	检修装置		单台污水泵重量大于 80kg 的污水池检修孔上方楼板或梁上宜预埋吊钩，其规格及具体位置由设计人定

续表

项目	技术要求
水泵出水管	(1) 污水泵宜设置排水管单独排至室外，不应与室内生活排水重力管道合流。排出管的横管段应有坡度坡向出口； (2) 当两台或两台以上水泵共用一条出水管时，应在每台水泵出水管上装设阀门和止回阀； (3) 单台水泵排水的出水管上应设止回阀，也可将出水管中途局部抬高至高于室外检查井井盖标高后再降低排出，但局部抬高处的上游横管应坡向水泵

污水排放要求 表 3-76

序号	污水类别	处理构筑物
1	生活排水接入城镇排水管网有下列情况之一者应设化粪池： (1) 城镇没有污水厂或污水厂尚未建成投入运行者； (2) 市政管理部门有要求者； (3) 大、中城市排水管网管线较长，市政部门要求需防止管道内淤积者； (4) 城市排水管网为合流制系统者	化粪池
2	职工食堂、营业餐厅的厨房等含油污水	除油装置 (隔油池、隔油器、油脂分离器等)
3	温度高于 40℃的不连续排水	热量回收利用，当不可行或不合理时，设降温池
4	汽（修）车库洗车台、机加工或维修车间以及其他工业用油场所，排水含有汽油、煤油、柴油、润滑油时	隔油沉淀池
6	小区生活排水直接或间接排入地表水体或海域时	应进行二级处理

3.5.6.2 处理构筑物设置技术要求

处理构筑物设置技术要求见表 3-77。

处理构筑物设置技术要求 表 3-77

序号	项目	技术要求	处理效果
1	化粪池	1. 位置 (1) 距离地下取水构筑物不得小于 30m； (2) 接户管的下游端，便于机动车清掏的位置； (3) 池外壁距建筑物外墙不宜小于 5m，并不得影响建筑物基础。当受条件限制设于建筑物内时，应采取通气、防臭和防暴措施 2. 容积 根据排水系统，确定排水种类和水量，确定建筑内粪便污水与生活废水合流或单独排放，根据不同类型建筑物、不同用水量标准、设计总人数、日用水时间、不同清掏周期确定化粪池容积。 3. 构造要求 (1) 化粪池的长度与深度、宽度的比例应按污水中悬浮物的沉降条件和积存数量，经水力计算确定，但深度（水面至池底）不得小于 0.75m，长度不得小于 1.0m，圆形化粪池直径不得小于 1.0m； (2) 双格化粪池第一格的容量宜为计算总容量的 75%，三格化粪池第一格的容量宜为总容量的 60%，第二格和第三格各宜为总容量的 20%； (3) 化粪池格与格、池与连接井之间应设通气孔洞； (4) 化粪池进水口、出水口应设置连接井与进水管、出水管相接； (5) 化粪池进水管口应设导流装置，出水口处及格与格之间应设拦截污泥浮渣的设施； (6) 化粪池池壁和池底，应防止渗漏； (7) 化粪池顶板上应设有人孔和盖板。	

序号	项目	技术要求	处理效果
1	化粪池	4. 选用 参见国标图 02S701《砖砌化粪池》、03S702《钢筋混凝土化粪池》、08SS704《混凝土模块式化粪池》，注意： (1) 化粪池分无覆土和有覆土两种。在寒冷地区，当采暖计算温度低于－10℃时，必须采用覆土化粪池； (2) 选择化粪池应考虑有无地下水、池顶地面是否过汽车等因素； (3) 当施工场地狭窄，不便开挖或开挖会影响邻近建筑物基础安全，可选用沉井式化粪池； (4) 当施工工期较紧时，可采用玻璃钢成品化粪池	
2	隔油池	1. 位置：设于室外污水排出管处，要考虑车行通道及人行步道；不宜设置在车行道路下； 2. 容积 (1) 污水流量按设计秒流量计算，池内流速不得大于 0.005m/s； (2) 污水停留时间宜为 2~10min； (3) 隔油池内存油部分的容积不得小于该池有效容积的 25%。 3. 构造要求 (1) 隔油池应设活动盖板。进水管应考虑有清通的可能； (2) 隔油池出水管管底至池底的深度，不得小于 0.6m； (3) 室内隔油池应设通气管。 4. 选用参见国标图 04S519《小型排水构筑物》，注意： (1) 分无覆土和有覆土、砖砌（无地下水）和钢筋混凝土、有无地下水等多种，均按不过车设置； (2) 在寒冷地区，当采暖计算温度低于－10℃时，应采用有保温措施的隔油池	出水油脂含量≤100mg/L
3	隔油器及油脂分离器	1. 位置：设置在设备间内，设备间应有通风排气装置，换气次数不宜小于 15 次/时，需考虑油污清运的便利性； 2. 容积：同隔油池； 3. 构造要求 (1) 含油污水在容器应有拦截固体残渣装置，并便于清理； (2) 容器内宜设置气浮、加热、过滤等油水分离装置； (3) 隔油器应设置超越管，超越管管径与进水管管径相同； (4) 密闭式隔油器应设置通气管，通气管应单独接至室外； (5) 应设可移动集油桶； (6) 有电加热融油和无加热两种； (7) 可替代室外隔油池	出水油脂含量≤100mg/L
4	隔油沉淀池	1. 位置：设于洗车台附近，不得设于室内； 2. 容积 (1) 污水停留时间 10min； (2) 污水流速不得大于 0.005m/s； (3) 污泥容积按每辆车冲洗水量 3% 计，污泥清除周期 15d。 3. 构造要求 (1) 洗车污水量较大时，沉淀后的水应循环使用； (2) 隔油沉淀池设通气管。 4. 选用参见国标图 04S519《小型排水构筑物》，注意： (1) 分无覆土和有覆土、砖砌和钢筋混凝土、过车和不过车、有无地下水等多种； (2) 在寒冷地区，当采暖计算温度低于－10℃时，应采用覆土隔油沉淀池并采取保温措施； (3) 可用轻质油油脂分离器替代隔油沉淀池	

续表

序号	项目	技术要求	处理效果
5	降温池	(1) 用于定期排污的锅炉房，排水温度＞40℃，不连续排污； (2) 应优先考虑将热量回收利用。如不可能或不合理时，再排入降温池。降温一般用冷水（温度＜30℃）在池内混合降温； (3) 冷水应尽可能利用低温废水或再生水。如采用自来水作冷却水时，应采取防止回流污染措施； (4) 为保证降温效果，冷水与高温水应充分混合，可采用穿孔管喷洒； (5) 降温池一般设在室外。当受条件限制需设在室内时，水池应作密闭处理，并应设置人孔和通向室外的通气管； (6) 根据工程现场情况二次蒸发筒附近应设栏杆，以防烫伤； (7) 应避开建筑物的主要出入口，并注意蒸发筒对室外景观的影响	出水温度 ≤40℃

3.6 雨水控制与利用及海绵城市技术

3.6.1 雨水与海绵城市

3.6.1.1 水的自然循环与社会循环

水的自然循环即指自然界的水循环，是指水通过蒸发、植物蒸腾、水汽输送、降水、地表径流、下渗、地下径流等环节，在水圈、大气圈、岩石圈、生物圈中进行连续运动的过程。根据循环范围的不同自然界的水循环分为大循环和小循环。从海洋蒸发出来的水蒸气被气流带到陆地上空，以雨、雪、雾、露、霜等形式形成降水降落到地面，其中一部分因蒸发、蒸腾返回大气，其余部分成为地面径流或地下径流等，最终回归海洋，这种海洋和陆地之间水的往复运动过程称为水的大循环；仅在局部地区（陆地或海洋）进行的水循环称为水的小循环。

水的社会循环是指有人直接参与的水的循环，例如跨流域调水、取水工程（地表水、地下水）、排水工程、海水淡化工程、人工降雨等。

城市在自然环境中虽只是局部区域，整体上不能违背自然界的水循环，但是，由于城市是高度的人工环境，其内部的水循环较自然界水循环具有特殊性。城市水系统是一完整系统，各构成要素之间具有紧密的联系，要实现城市水系统的可持续性，就必须统筹考虑，而不能以偏概全、顾此失彼，因此就有必要分析城市水系的组成，分析各要素之间的联系。

城市水系统包括地下水、地表水、大气水，而它们之间则通过各种途径相联系。地表水通过自然蒸发、植物蒸腾而成为大气水，此外，有一部分水由于人类活动而蒸发散失（如工业冷却、食品加工、洗涤、浇洒等）。大气水通过降水回到地表，形成地表水。部分地表水入渗补给地下水，部分形成径流排放到城市下游水体。

城市地表负责接收输送降水，对城市区域水循环具有决定性的作用。城市地表可分为以下几类：建筑，是城市的主要组成要素，汇水面可以简单理解为屋面，完全不能透水，排水速度快；道路，主要指车行道路，多为混凝土或沥青，一般不透水，排水速度快；硬铺装，包括人行道、广场，通常不透水；绿地，用于栽植，透水，但一般因受扰动，透水速率会降低；水体，可归为两类，一类为用于城市排水、调蓄用的河道及水体，一类为建筑区域不具有排水调蓄功能的景观水体。城市中只有绿地和第一类水体具有透水性，接近自然地表条件，其余用地同自然条件完全不同。城市的绿地率在30％左右，一般新建城区高一些，旧城区低一些，因此，城市约有一半以上的地表性能与自然状态完全不同。

城市的水循环增加了人们生产生活的水循环过程。一个城市需要有供水系统，以地表水（水库存水）或地下水为水源，经净水厂通过供水管网为城市工业及人们的生活供给所需用水，该系统包括取水泵站，净水厂，加压泵站等；用水而产生污水、废水则需要通过排水系统收集并排放，该系统包括排水管网、泵站、污水处理厂等；城市雨水排放系统，包括雨水管网、泵站、河道、湖泊等水体。城市的河道湖泊等水体是城市供水的水源，又是城市排水的受体，一方面要为城市提供淡水资源，一方面又受排水污染；一方面要有能力排出降雨时的雨水避免水涝，一方面又要调蓄储存淡水；可见众多的问题交织在一起，即相互矛盾又相互统一（图3-13）。

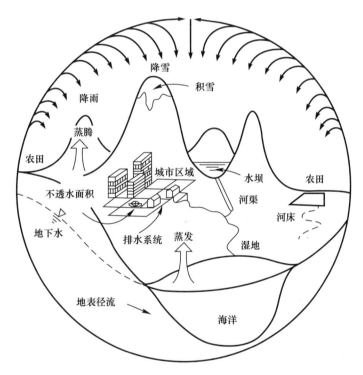

图 3-13　水的社会与自然循环系统示意图

3.6.1.2　降雨

大气中的水以液态或固态水的形式降落到地表即为降水。按成因不同降水又有雨、雪、雾、露、霜、雹等多种形式。雨是云质粒经各种物理过程长大到不能为上升气流支托时降落到地面的液态水。雨由雨滴组成，大部分雨滴的直径大于0.5mm。

降雨的大小可以用降雨量和降雨强度来表示。降雨量是指降雨深度（厚度），常以mm计，也可用单位面积上的降雨体积（L/hm²）表示。降雨强度是指单位时间内的降雨量，例如每分钟的降雨量（mm/min）。通常将一场（次）降雨持续的时间称为降雨历时，即从降雨开始到降雨过程中某一时刻（或降雨终止时刻）所经历的时间。在研究和应用中，为便于计算，通常用某一时间段内的降雨量除以时间（ΔT）求得平均降雨强度来作为该时段内的降雨强度。

降雨量是一场降雨大小的量度，而降雨强度则是降雨剧烈程度的量度。降雨量大，历时短，则降雨强度大；反之亦然。表3-78是国家气象局颁布的降雨强度等级划分标准。

降雨强度等级划分标准（内陆部分）　　　　　　表 3-78

项目	24h 降水总量（mm）	12h 降水总量（mm）
小雨、阵雨	0.1～9.9	≤4.9
小雨—中雨	5.0～16.9	3.0～9.9
中雨	10.0～24.9	5.0～14.9
中雨—大雨	17.0～37.9	10.0～22.9
大雨	25.0～49.9	15.0～29.9
大雨—暴雨	33.0～74.9	23.0～49.9
暴雨	50.0～99.9	30.0～69.9
暴雨—大暴雨	75.0～174.9	50.0～104.9
大暴雨	100.0～249.9	70.0～139.9
大暴雨—特大暴雨	175.0～299.9	105.0～169.9
特大暴雨	≥250.0	≥140.0

降雨量记录是降雨分析的基本资料。降雨强度是一瞬时值，在降雨过程中一直在变化，不能直接测得，只能通过降雨量记录间接得到。根据降雨强度的定义，降雨量曲线的斜率就是降雨强度。

降雨过程分为两种，一种为实际降雨过程，一种为模拟降雨过程。实际降雨过程来自自记雨量计的记录纸，为累积雨量变化曲线。

模拟降雨过程则是将雨量按一定的法则在降雨历时内进行分配所得降雨过程。降雨量在降雨历时内的分配就是降雨量的时程分布。常用的降雨量时程分布（即雨型）有：均匀雨型、芝加哥雨型、SCS 雨型，此外还有各地区统计所得标准雨型。

（1）均匀雨

均匀雨型是假设雨强在整个降雨过程中保持不变，即用一场降雨的平均降雨强度作为瞬时雨强。该方法可用于项目设计的初步设计，估计径流峰值流量。

（2）芝加哥雨型

Keifer 和 Chu 提出的芝加哥雨型可由降雨强度公式推求降雨过程，比较便于应用。若暴雨公式为：

$$\bar{i} = \frac{A_1(1+C\lg P)}{(t+b)^n} \tag{3-26}$$

式中　　　　　$\bar{i}$——历时 t 内的平均雨强；

A_1、C、b、n——暴雨公式参数；

P——设计降雨重现期；

t——降雨历时。

则雨强过程为：

峰前　　　　　$$i(t_1) = \frac{A_1(1+C\lg P)}{(t_1/r+b)^n}\left[1 - \frac{nt_1}{t_1+rb}\right] \tag{3-27}$$

峰后

$$i(t_2) = \frac{A_1(1+\mathrm{Clg}P)}{(t_2/(1-r)+b)^n}\left[1 - \frac{nt_2}{t_2+(1-r)b}\right] \tag{3-28}$$

式中 $i(t)$——瞬时雨强；

$\quad t_1$、t_2——峰前、峰后历时（距峰值的时间）；

$\quad\quad r$——雨峰相对位置（峰前历时与总历时之比），取值为 $0.35 \sim 0.45$。

若降雨总历时为 T，则雨强过程可表示为式（3-29）：

$$i(t) = \begin{cases} \dfrac{A_1(1+\mathrm{Clg}P)}{\left(\dfrac{rT-t}{r}+b\right)^n}\left[1 - \dfrac{n(rT-t)}{rT-t+b}\right] & 0 \leqslant t \leqslant rT \\[2em] \dfrac{A_1(1+\mathrm{Clg}P)}{\left(\dfrac{t-rT}{1-r}+b\right)^n}\left[1 - \dfrac{n(t-rT)}{t-rT+(1-r)b}\right] & rT \leqslant t \leqslant T \\[2em] 0 & t > T \end{cases} \tag{3-29}$$

降雨量通过对雨强过程积分得到，即式（3-30）：

$$H(t) = \int_0^t i(t)\mathrm{d}t = \begin{cases} A_1(1+\mathrm{Clg}P)\left[\dfrac{rT}{(T+b)^n} - \dfrac{rT-t}{(T-t/r+b)^n}\right] & 0 \leqslant t \leqslant rT \\[1.5em] A_1(1+\mathrm{Clg}P)\left[\dfrac{rT}{(T+b)^n} + \dfrac{t-rT}{[(t-rT)/(1-r)+b]^n}\right] & rT \leqslant t \leqslant T \\[1.5em] H(T) & t > T \end{cases} \tag{3-30}$$

例如，北京暴雨强度公式为 $\bar{i} = \dfrac{12.006(1+0.811\lg P)}{(t+8)^{0.711}}$，当 $P = 5$ 年，$T = 60\mathrm{min}$ 时，降雨过程如图 3-14 所示（r 取 0.4）。

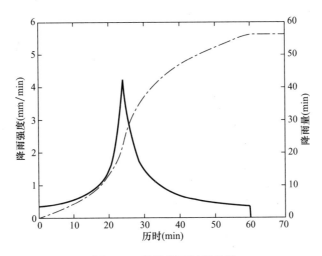

图 3-14 设计降雨过程曲线

在已知降雨量 H 和降雨历时 T 的情况下，可按照下述方法进行时程分配。

$$H = \bar{i}\,T = \frac{A_1(1+\mathrm{Clg}P)}{(T+b)^n}T \tag{3-31}$$

$$a = A_1(1 + C\lg P) = H\frac{(T+b)^n}{T} \tag{3-32}$$

将式（3-31）、式（3-32）代入式（3-29）、式（3-30）即可得到降雨过程。

（3）SCS 雨型

SCS 是美国农业部水土保持局-Soil Conservation Service 的简称，现为 Natural Resources Conservation Service（NRCS）。由于降雨在时间和空间上分布不均匀，为了表示全美国不同地区的降雨过程，SCS 统计出 4 种 24h 的合成雨型（图 3-15，Ⅰ、Ⅱ、Ⅲ 和 Ⅳ）。Ⅳ 型降雨强度最小；Ⅱ 型代表短历时高强度降雨。Ⅰ、Ⅳ 型代表冬季湿润夏季干旱的太平洋海洋气候；Ⅲ 型代表墨西哥湾和大西洋沿岸；Ⅱ 代表其他地区（图 3-16）。

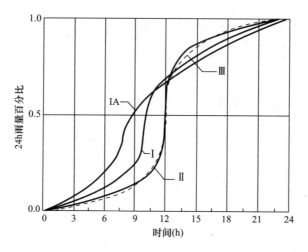

图 3-15　SCS 24h 雨型

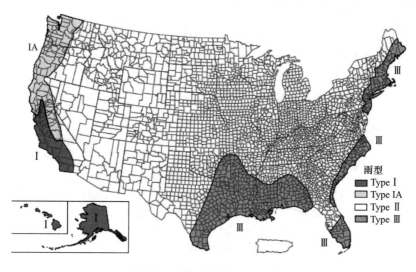

图 3-16　美国 SCS 雨型地区分布

（4）地区标准雨型

对地区的降雨进行统计分析，则可以得到不同重现期、不同降雨历时的标准雨型。降雨雨型对径流量的影响在大汇水面的情况下不能忽略，水利部门在流域水文分析中经常用到，我国的水利部门一般具有相关的资料，水文手册中常给出一些标准雨型，在应用时可参考。随着城市规模的不断加大，研究水平的不断提高，传统的水利和市政设计的划分已经不能适应现代发展的需求，今后两者之间必然要逐渐融合实现技术统一和资料共享。

3.6.1.3 降雨与城市建设

降雨与人类的活动密切相关，然而从影响范围的不同可以分为不同的层次：

（1）防洪

当流域内发生降雨产生径流时，都依其远近先后汇集于河道的出口断面处。当近处的径流到达时，河水流量开始增加，水位相应上涨，及至大部分的地表径流汇集到出口断面时，河水流量增至最大值称为洪峰流量，其相应的最高水位，称为洪峰水位。为了防御、减轻洪涝灾害，维护人民的生命和财产安全需要进行防洪。

（2）建筑及小区雨水排放

建筑及小区雨水系统是为了保证建筑的使用功能而采取的工程措施，包括建筑雨水系统和室外场地雨水系统。

（3）传统的城市雨水系统及问题

1）雨水资源大量流失

雨水是淡水的主要来源，作为一种宝贵的资源，在城市水循环系统和流域水环境系统中起着十分重要的作用。城市建设使原有植被减少或破坏，不透水面积增加，阻断了雨水下渗补充地下淡水资源的途径，割断了地下水与地表水之间的联系；不能入渗的雨水形成径流，未被收集利用而直接排放，最终流归大海，导致雨水流失量增加和水循环系统的平衡遭到破坏。我国许多城市水资源严重不足，大量雨水资源却白白流失，雨水利用率不到10%。

2）雨水径流污染加剧淡水资源不足

城市化发展还导致了雨水径流污染。降雨过程就是城市在"淋浴"，径流雨水就是城市的"淋浴"废水。城市的"皮肤"上黏附不同物质，沥青油毡屋面、沥青混凝土道路、刷涂料的建筑外墙、裸露的金属制品，以及磨损的轮胎、融雪剂、农药、杀虫剂、动物粪便、丢弃的生活垃圾、建筑工地上的淤泥、植物残枝落叶等，这些使径流雨水中含有大量污染物：有机物、病原体、重金属、油、悬浮固体等。径流将大量污染物带入城市水体，使城市水体水质变差，可利用淡水减少，加剧城市缺水问题。对北京城区 1998～2004 年不同月份屋面和路面径流水质的大量数据分析表明，城区屋面、道路雨水径流污染都非常严重，其初期雨水的污染程度甚至超过城市污水。如北京屋面和道路雨水初期径流的COD 范围为 200～1200mg/L，粗略估算，一场雨的雨水径流污染物负荷总量平均可达COD380～630t，SS440～670t，TN 近 30t，TP 近 8t。全年每年降雨径流污染物总量 COD和 SS 分别可达 12000～23000t 和 9000～19000t。此外，径流量增加直接导致合流制管网雨天溢流次数和水量增加，大量污染物在短时间内排入水体，使水质迅速恶化。

3）防洪涝灾害成本加大

城市化改变了地貌情况和流域排水性能，使雨水径流的特性也发生了变化。城市化增加了城市的不透水面积，如建筑、道路、停车场等，使城市地表多为不透水表面所覆盖，致使雨（雪）水无法直接渗入地下，洼地蓄水大量减少。一般天然地表洼地蓄水，砂地可达 5mm，黏土可达 3mm，草坪可达 4～10mm，甚至有报告观测到，在植物密集地区可高达 25mm 的记录，而光滑、平坦的水泥地面在产生径流前只能保持 1mm 的降水。城市土地利用情况的改变造成从降雨到产流的时间大大缩短，产流速度增加，径流峰值流量增大，因此，为保证城市防洪涝安全就必须采用更粗的管道或修建更大断面的渠道，增大排水泵站等，增加了防洪涝的成本。

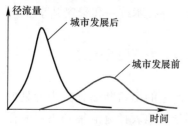

图 3-17　城市化前后雨水流量过程线的变化

排水管渠的完善，如设置道路边沟、大量采用雨水管网和排洪沟，原有的天然河道截弯取直，疏浚整治（如河底和堤岸衬砌）等措施，减小排水粗糙度，提高了汇流的水力效率，导致径流总量和洪峰流量进一步加大，峰现时间提前（图 3-17）。

4）生态系统遭破坏

透水的植被区域往往是由动植物、微生物等所组成的生态系统，它们同自然界之间维持一种动态平衡，一方面受环境影响，另一方面能调节环境，因此其环境具有弹性，具有自我修复完善的能力。传统的城市排水系统，未考虑城市的生态问题，用管网和硬化河道取代自然的溪流和湿地，使原有生态系统完全消失，生物多样性遭破坏，环境的自我修复能力消失，导致城市环境的脆弱。

3.6.1.4　城市可持续排水系统概念

（1）最佳管理措施 BMP

最佳管理措施（Best Managemetn Practices-BMPs）是实现城市降雨径流非点源污染控制最为重要的措施。美国环保局 U. S. EPA 将 BMP 定义为：利用适当的技术保护自然环境、提高生活标准和生活质量。BMP 也可以理解为"任何能够减少或预防水资源污染的方法、措施或操作程序，包括工程和非工程措施和维护程序"。

BMP 应用于降雨管理可以追溯到一百多年前，人们从湿地、冲积平原中排地表水为农业发展服务。后来，随着城市化发展，洪水量增加并对能源的需求增长，人们开始控制洪水和发展水利水电事业。20 世纪 50 年代随着城市向郊区逐渐扩张，出现了一些有效的排水系统，迅速将街道和庭院内的雨水排到河流中，但这种发展模式的弊端逐渐显露，人们意识到应使用地区雨水调节池。20 世纪 70 年代后，在许多城市大量研究基础上，如美国"国家城市径流"这样的大规模综合性研究，获得大量的基础数据，人们发现对城市非点源污染的治理越来越重要。到 20 世纪 90 年代初，美国提出了 BMP 并应用于对城市雨水径流污染的全面控制。1995 年美国环保局用于控制非点源污染的财政拨款就达 3.7 亿美元。近年来由于城市"空间限制"和提倡"与自然景观的融合"，出现了第二代雨水最佳管理模式，更强调与植物、绿地、水体等自然条件和景观结合的生态设计和非工程性的各种管理方法。BMP 的各种措施更加完善细化。

目前，BMP 已在美国、新西兰、德国等发达国家和南非的城市地区成功应用，BMP成为雨水管理最为常用的关键词之一，是实现城市降雨径流非点源污染控制的最为重要的技术与管理体系。

（2）低影响开发 LID

经过多年的研究，1999 年马里兰州环境资源局（Department of Environmental Resources）开始推行低影响开发的设计措施（Low-Impact Development Design Strategies)。低影响开发 LID 是一种暴雨管理策略，它通过维持或恢复地区的水文功能来实现自然资源保护、满足环保规定要求。LID 采取各种自然和人工降低径流速度的措施来去除径流中的污染物、增强雨水下渗；通过减少污染、增加下渗来改善地表受纳水体水质并控制河流流量。该技术体系将项目水文功能设计与污染控制措施相结合来减轻城市开发对地区水文和水质的影响。例如通过减少地表不透水面积、保护自然资源和生态系统、保留天然排水渠道、减少管道的使用、减少裸露地表和降低地表坡度来使暴雨的影响降到最低；通过使用各种调蓄、调节措施来储存径流；通过设计径流排放路径来维持径流的流行时间、控制径流排放，以维持开发前的集流时间；采取有效的公众教育来鼓励业主采取污染防治措施，对景观环境进行必要的维护以维持其正常的水文功能。其组成主要包括了用地规划（Sit Planning）、水文分析（Hydrologic Analysis）、综合管理措施（Integrated Management Practices）、侵蚀和沉积物控制（Erosion and Sediment Control）和公众参与（Public Outreach），如图 3-18 所示。在 LID 中，各种分散的小规模的源头控制技术被称为综合管理措施（IMP），通过分散应用小规模 IMP 能够有效减少径流。常用的 IMP 有生物滞留（Bioretention）、干式渗井（Dry Well）、过滤缓冲带（Filter/Buffer Strip）、植草沟（Swales）、渗透渠（Infiltration Trench）等。

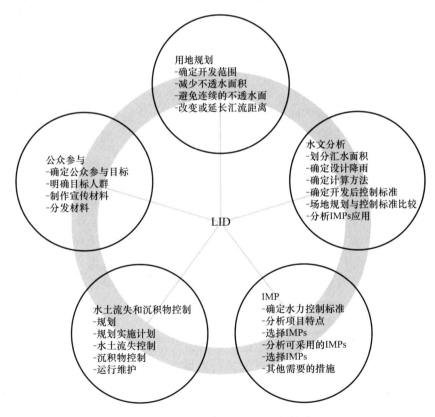

图 3-18　美国马里兰州 LID 的构成

　　LID 在新西兰也得到了应用和进一步的发展（如 LIUDD），例如奥克兰市在 2000 年出版发行了低影响设计手册（Low Impact Design Manual for The Auckland Region），其中指出：低影响设计是保护开发区域的原有特性并将区域的特性同侵蚀和沉积物控制以及雨水管理规划相结合的设计方法。其主要观点有：实现雨水管理的多个目标、在场地规划阶段融入雨水管理和设计、预防优于治理、突出源头控制减少雨水汇集和输送、依靠土壤和植物的自然净化功能。低影响设计方法有：集约型的土地利用、优化土地使用法案、减少建筑退让距离（建筑红线同建筑退让线的距离）、减少不透水表面、减少对开发区域的扰动、植被过滤缓冲带、植被浅沟（旱溪流）、雨水花园、雨水利用等。

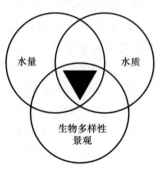

图 3-19　SUDS 设计理念

（3）可持续城市排水系统 SUDS

可持续性城市排水系统（SUDS）是英国在可持续城市发展上所取得的重要研究成果。该技术体系比传统的排水系统更具有可持续性，因为它以环境保护和可持续建设为前提。2007 年出版的 SUDS 设计手册中将其定义为具有可持续发展理念的地表水排放系统。他同时考虑水质、洪涝、环境质量和生物多样性（图 3-19），其指导思想是尽力实现开发前的自然排水效果。

其主要技术方法有：降低径流速度，从而降低河流下游发生洪涝的可能性；减少由于城市化而带来的径流增量和径流的频率，因为他们会使受纳水体水质恶化；在适宜地区增加地下水入渗来减轻对含水层和河流基流流量的影响；减少径流中污染物的浓度，保护受纳水体水质；因事故发生污染物泄漏时，作为缓冲带防止污染物直接进入水体；减少进入合流制排水系统的径流雨水，从而减少由于合流制溢流而进入水体的污染物；改善景观环境质量，提高环境的舒适性；在城市地区为野生动物提供栖息地，增强生物的多样性等。它强调源头分散利用小规模的技术措施单元，同时分级采取不同的技术措施来形成"技术链条"来模拟自然地表的水文过程。常用的技术措施有，过滤带、浅沟（旱溪流）、渗透塘、湿式雨水塘、强化调蓄塘、人工湿地、滤排、渗透、透水铺装、绿化屋面等。

（4）水敏感性城市设计 WSUD

在澳大利亚，现代城市水管理技术体系称为水敏感性城市设计（Water Sensitive Urban Design-WSUD）。WSUD 依靠设计技术来维持或人工构建开发前的水循环，从而形成一个具有同样水文功能的景观。为实现可持续的城市水循环管理，综合运用各种最佳规划方法（Best Planning Practices-BPPs）和最佳管理措施（BMPs），通过控制城市发展对整个水循环的负面影响实现城市环境设计的可持续性。主要包括以下几方面的内容：

1）使城市雨水径流水质和水量尽量维持开发前的水平；

2）减少不同地区间的水量传输，包括给水的引水和污水外排；

3）优化城市区域雨水的使用。可见它是针对城市水循环的可持续管理，雨水系统是其中的一个重要组成部分。和雨水相关的技术点有：保护城市流域内的自然系统，包括湿地、溪水、河流；通过改变城市排放的径流水质来保护水体；通过使用雨水处理系统将雨水处理融入景观设计之中，以实现水质处理、动物栖息地、公众开放空间、娱乐、景观的多重社会效益；通过就地储存（利用）、减少不透面积降低来自开发区域的径流峰值流量；减少开发成本，增加长期效益；通过将雨水收集回用作非饮用水，减少饮用水的使用量。其中的技术措施见表 3-79。

典型的 WSUD 技术措施 表 3-79

层次	位置	典型 WSUD 措施
源头	单体建筑	雨水池、渗透渠、植物过滤带、种植床、渗透铺装
传输过程	雨水传输到街道和渠道前	植物过滤带、浅沟、在线生物滞留、自然渠道、街道景观
排放	建筑/汇水区域排水出口	生物滞留、渗透塘、沙滤、人工湿地、调蓄塘
自然水系	城市流域	自然水体、河流、沼泽、湿地、植物

3.6.1.5 海绵城市

"海绵城市"的理论基础是最佳管理措施（BMPs）、低影响开发（LID）等现代雨水管理技术。

2012 年 4 月，在《2012 低碳城市与区域发展科技论坛》中，"海绵城市"的概念首次提出；2013 年 12 月 12 日，《中央城镇化工作会议》中强调："提升城市排水系统时要优先考虑把有限的雨水留下来，优先考虑更多利用自然力量排水，建设自然存积、自然渗透、自然净化的海绵城市"。

《海绵城市建设技术指南——低影响开发雨水系统构建（试行）》（建城函〔2014〕275号）以及《海绵城市（LID）的内涵、途径与展望》则对"海绵城市"的概念给出了明确的定义，即城市能够像海绵一样，在适应环境变化和应对自然灾害等方面具有良好的"弹性"，下雨时吸水、蓄水、渗水、净水，需要时将蓄存的水"释放"并加以利用。提升城市生态系统功能和减少城市洪涝灾害的发生。

总体来说，海绵城市的建设主要包括 3 方面内容：1）保护原有生态系统；2）恢复和修复受破坏的水体及其他自然环境；3）运用低影响开发措施建设城市生态环境。海绵城市技术基础设施除了自然河流、湖泊、林地等外，城市绿地应当受到高度重视。在满足绿地功能的前提下，通过研究适宜绿地的低影响开发控制目标和指标、规模与布局方式、与周边汇水区有效衔接模式、植物及优化管理技术等，可以显著提高城市绿地对雨水管控能力。

3.6.2 海绵城市技术

3.6.2.1 海绵城市系统内涵

海绵城市——低影响开发雨水系统构建需统筹协调城市开发建设各个环节在城市各层级、各相关规划中均应遵循低影响开发理念，明确低影响开发控制目标，结合城市开发区域或项目特点确定相应的规划控制指标，落实低影响开发设施建设的主要内容。设计阶段应对不同低影响开发设施及其组合进行科学合理的平面与竖向设计，在建筑与小区、城市道路、绿地与广场、水系等规划建设中，应统筹考虑景观水体、滨水带等开放空间，建设低影响开发设施，构建低影响开发雨水系统。低影响开发雨水系统的构建与所在区域的规划控制目标、水文、气象、土地利用条件等关系密切，因此，选择低影响开发雨水系统的流程、单项设施或其组合系统时，需要进行技术经济分析和比较，优化设计方案。低影响开发设施建成后应明确维护管理责任单位，落实设施管理人员，细化日常维护管理内容，确保低影响开发设施运行正常。低影响开发雨水系统构建途径示意如图 3-20 所示。

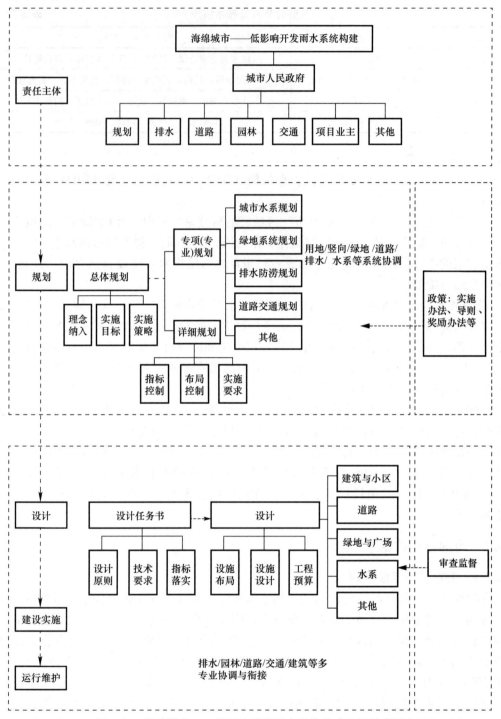

图 3-20 海绵城市——低影响开发雨水系统构建途径示意图

3.6.2.2 海绵城市建设国家建筑标准设计体系

2016 年 1 月 22 日住房城乡建设部印发《海绵城市建设国家建筑标准设计体系》，标准体系分为三个部分：规划设计、源头径流控制系统，城市雨水管渠系统，超标雨水径流排放系统（图 3-21）。

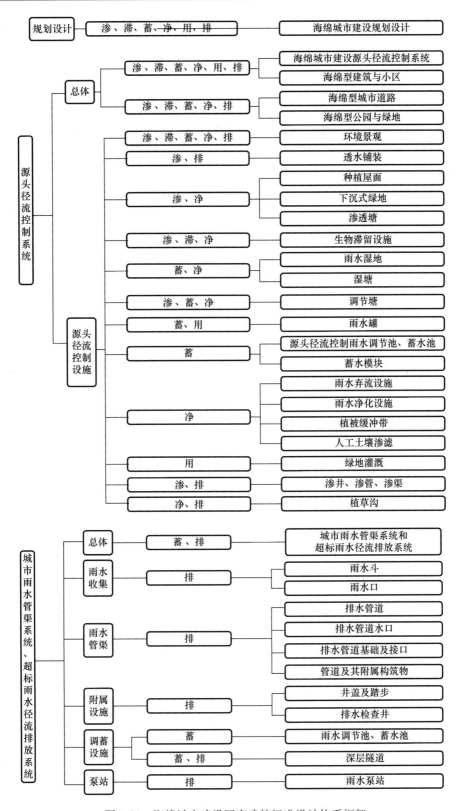

图 3-21　海绵城市建设国家建筑标准设计体系框架

建筑标准体系见表3-80、表3-81。

源头径流控制系统 表3-80

标准设计类型分类		技术内容分类	专业分类	名称	编制状态
设计指导	总体	海绵城市建设源头径流控制系统	总图、给水排水、建筑、道路、风景园林	海绵城市建设设计示例（包括规划设计、源头径流控制系统、城市雨水管渠系统和超标雨水径流排放系统）	计划新编
设计、施工		海绵型建筑与小区	给水排水、建筑、道路、风景园林	雨水综合利用（修编名称改为海绵型建筑与小区雨水控制与利用）	17S705
		海绵型城市道路		城市道路与开放空间低影响开发雨水设施	15MR105
		海绵型公园与绿地			
设计、施工	源头径流控制设施	环境景观	给水排水、建筑、风景园林	环境景观——室外工程细部构造	15J012-1
		透水铺装	道路	城市道路——透水人行道铺设（修编名称改为透水铺装）	10MR204，计划修编
				环保型道路路面	15MR205
		种植屋面	建筑、风景园林	种植屋面建筑构造	14J206
		下沉式绿地	给水排水、建筑、风景园林	下沉式绿地	15MR105已包含
		渗透塘		源头径流控制设施——渗透塘	待新编
		生物滞留设施		源头径流控制设施——生物滞留设施	待新编
		雨水湿地		源头径流控制设施——雨水湿地	待新编
		湿塘		源头径流控制设施——湿塘	待新编
		调节塘		源头径流控制设施——调节塘	待新编
		雨水罐	给水排水	雨水罐	17S705
		源头径流控制雨水调节池、蓄水池	给水排水、结构	雨水调节池、蓄水池（包括源头径流控制系统、城市雨水管渠系统和超标雨水径流排放系统）	计划新编
		蓄水模块		蓄水模块选用与施工	计划新编
		雨水弃流设施	给水排水	雨水弃流设施	17S705
		雨水净化设施		雨水净化设施	
		植被缓冲带	给水排水、建筑、风景园林	源头径流控制设施——植被缓冲带	待新编
		人工土壤渗滤		源头径流控制设施——人工土壤渗滤	待新编
		绿地灌溉	给水排水	绿地灌溉与体育场地给水排水设施	在新编
		渗井、渗管、渗渠		渗井、渗管、渗渠	17S705
		植草沟	给水排水、建筑、风景园林	植草沟	15MR105已包含

城市雨水管渠系统、超标雨水径流排放系统　　　　表 3-81

标准设计类型分类	技术内容分类		专业分类	标准设计名称	编制状态
设计施工指导	总体	城市雨水管渠系统和超标雨水径流排放系统	规划、建筑、结构、给水排水、暖通、电气、道路、风景园林、水文	全国民用建筑工程设计技术措施—海绵城市建设雨水控制与利用专篇（包括规划、源头径流控制、城市雨水管渠和超标雨水径流排放技术措施）	计划新编
设计、施工	雨水收集	雨水斗	给水排水	雨水斗选用与安装	09S302
		雨水口		雨水口	05S518
				溢流雨水口	15MR105 已包含这部分内容
	雨水管渠	排水管道	给水排水、结构	屋面雨水排水管道安装	15S412
				埋地塑料排水管道施工	04S520，计划修编
		排水管道出水口		排水管道出水口	95S517
		排水管道基础及接口		混凝土排水管道基础及接口	04S516
		管道及其附属构筑物		埋地矩形雨水管道及其附属构筑物（混凝土模块砌体）	09SMS202-1
				埋地矩形雨水管道及其附属构筑物（砖、石砌体）	10SMS202-2
	附属设施	井盖及踏步	给水排水、结构	单层、双层井盖及踏步	S501-1～2（2015 年合订本）
		排水检查井		排水检查井（含 2003 年局部修改版）	02S515、02（03）S515
				混凝土模块式排水检查井	12S522
				塑料排水检查井（二）	在新编
	调蓄设施	雨水调节池、蓄水池	建筑、结构、地下工程、给水排水、暖通、电气	雨水调节池、蓄水池（包括源头径流控制系统、城市雨水管渠系统和超标雨水径流排放系统）	计划新编
		深层隧道		深层隧道	待新编
	泵站	雨水泵站	给水排水、结构、电气	小型潜水排污泵选用及安装	08S305
			建筑、结构、给水排水、暖通、电气	圆形沉井式雨水泵站	在新编
			给水排水、电气	一体化雨水泵站	待新编

3.6.2.3 海绵城市技术

技术按主要功能一般可分为渗透、储存、调节、转输、截污净化等几类。通过各类技术的组合应用，可实现径流总量控制、径流峰值控制、径流污染控制、雨水资源化利用等目标。

主要有透水铺装、绿色屋顶、下沉式绿地、生物滞留设施、渗透塘、渗井、湿塘、雨水湿地、蓄水池、雨水罐、调节塘、调节池、植草沟、渗管/渠、植被缓冲带、初期雨水弃流设施、人工土壤渗滤等。

(1) 透水铺装

透水铺装按照面层材料不同可分为透水砖铺装、透水水泥混凝土铺装和透水沥青混凝土铺装，嵌草砖、园林铺装中的鹅卵石、碎石铺装等也属于渗透铺装。

透水铺装结构应符合《透水砖路面技术规程》CJJ/T 188—2012、《透水沥青路面技术规程》CJJ/T 190—2012 和《透水水泥混凝土路面技术规程》CJJ/T 135—2009 的规定（图 3-22）。

图 3-22 透水铺装形式

（2）绿色屋顶

绿色屋顶也称种植屋面、屋顶绿化等，根据种植基质深度和景观复杂程度，绿色屋顶又分为简单式和花园式，基质深度根据植物需求及屋顶荷载确定，简单式绿色屋顶的基质深度一般不大于150mm，花园式绿色屋顶在种植乔木时基质深度可超过600mm。绿色屋顶的设计可参考《种植屋面工程技术规程》JGJ 155—2013。

图 3-23　绿色屋顶

（3）下沉式绿地

下沉式绿地具有狭义和广义之分，狭义的下沉式绿地指低于周边铺砌地面或道路在200mm 以内的绿地；广义的下沉式绿地泛指具有一定的调蓄容积（在以径流总量控制为目标进行目标分解或设计计算时，不包括调节容积），且可用于调蓄和净化径流雨水的绿地，包括生物滞留设施、渗透塘、湿塘、雨水湿地、调节塘等（图 3-24）。

（4）生物滞留设施

生物滞留设施是指在地势较低的区域，通过植物、土壤和微生物系统蓄渗、净化径流雨水的设施。生物滞留设施分为简易型生物滞留设施和复杂型生物滞留设施，按应用位置不同又称作雨水花园、生物滞留带、高位花坛、生态树池等（图 3-25）。

图 3-24　下沉式绿地

图 3-25　生物滞留设施（一）

图 3-25　生物滞留设施（二）

（5）渗透塘

渗透塘是一种用于雨水下渗补充地下水的洼地，具有一定的净化雨水和削减峰值流量的作用（图 3-26）。

图 3-26　渗透塘

（6）渗井

渗井是指通过井壁和井底进行雨水下渗的设施，为增大渗透效果，可在渗井周围设置水平渗排管，并在渗排管周围铺设砾（碎）石。

（7）湿塘

湿塘是指具有雨水调蓄和净化功能的景观水体，雨水同时作为其主要的补水水源。湿塘有时可结合绿地、开放空间等场地条件设计为多功能调蓄水体，即平时发挥正常的景观及休闲、娱乐功能，暴雨发生时发挥调蓄功能，实现土地资源的多功能利用（图 3-27）。

195

图 3-27　湿塘

（8）雨水湿地

雨水湿地利用物理、水生植物及微生物等作用净化雨水，是一种高效的径流污染控制设施，雨水湿地分为雨水表流湿地和雨水潜流湿地，一般设计成防渗型以便维持雨水湿地植物所需要的水量，雨水湿地常与湿塘合建并设计一定的调蓄容积（图 3-28）。

图 3-28　雨水湿地

（9）蓄水池

蓄水池指具有雨水储存功能的集蓄利用设施，同时也具有削减峰值流量的作用，主要包括钢筋混凝土蓄水池，砖、石砌筑蓄水池及塑料蓄水模块拼装式蓄水池，用地紧张的城市大多采用地下封闭式蓄水池。蓄水池典型构造可参照国家建筑标准设计图集《雨水综合利用》（17S705）（图 3-29）。

图 3-29 雨水池

（10）雨水罐

雨水罐也称雨水桶，为地上或地下封闭式的简易雨水集蓄利用设施，可用塑料、玻璃钢或金属等材料制成（图 3-30）。

图 3-30 雨水罐

（11）调节塘

调节塘也称干塘，以削减峰值流量功能为主，一般由进水口、调节区、出口设施、护坡及堤岸构成，也可通过合理设计使其具有渗透功能，起到一定的补充地下水和净化雨水的作用（图 3-31）。

图 3-31　调节塘

（12）调节池

调节池为调节设施的一种，主要用于削减雨水管渠峰值流量，一般常用溢流堰式或底部流槽式，可以是地上敞口式调节池或地下封闭式调节池，其典型构造可参见《给水排水设计手册》（第 5 册）。

（13）植草沟

植草沟是指种有植被的地表沟渠，可收集、输送和排放径流雨水，并具有一定的雨水净化作用，可用于衔接其他各单项设施、城市雨水管渠系统和超标雨水径流排放系统。除转输型植草沟外，还包括渗透型的干式植草沟及常有水的湿式植草沟，可分别提高径流总量和径流污染控制效果（图 3-32）。

图 3-32　植草沟（一）

图 3-32 植草沟（二）

（14）渗管/渠

渗管/渠指具有渗透功能的雨水管/渠，可采用穿孔塑料管、无砂混凝土管/渠和砾（碎）石等材料组合而成（图 3-33）。

图 3-33 渗管/渠

（15）植被缓冲带

植被缓冲带为坡度较缓的植被区，经植被拦截及土壤下渗作用减缓地表径流流速，并去除径流中的部分污染物，植被缓冲带坡度一般为 2%～6%，宽度不宜小于 2m。

（16）初期雨水弃流设施

初期雨水弃流是指通过一定方法或装置将存在初期冲刷效应、污染物浓度较高的降雨初期径流予以弃除，以降低雨水的后续处理难度。弃流雨水应进行处理，如排入市政污水管网（或雨污合流管网）由污水处理厂进行集中处理等。常见的初期弃流方法包括容积法弃流、小管弃流（水流切换法）等，弃流形式包括自控弃流、渗透弃流、弃流池、雨落管弃流等（图 3-34）。

图 3-34 初期雨水弃流设施

（17）人工土壤渗滤

人工土壤渗滤主要作为蓄水池等雨水储存设施的配套雨水设施，以达到回用水水质指标。人工土壤渗滤设施的典型构造可参照复杂型生物滞留设施（图 3-35）。

图 3-35　人工土壤渗滤

3.6.3　城市综合体与海绵城市设计

城市综合体项目一般建筑规模大，建筑容积率高、绿化率低，通常设置有地下室且地下室范围较大，因此适用于城市综合体的技术主要有以下几种。

3.6.3.1　透水铺装

透水铺装由地表铺装材料和基质层构造两部分组成。

1）地表铺装材料常用的有嵌草砖、多孔沥青或水泥、碎石、透水混凝土等；

2）基质层用来保证地面径流雨水能迅速渗入土壤层，包括小粒径碎石过滤层、大粒径的蓄水层。

以下分别介绍几种具体的透水铺装的设计要点。

（1）多孔沥青透水地面

典型的多孔沥青透水地面为：表面沥青层（避免使用细小骨料，沥青重量比为 5.5％～6％，孔隙率为 12％～16％，厚度为 6～7cm）、沥青层下设两层碎石（上层碎石粒径 1.3cm，厚 5cm；下层碎石粒径 2.5～5cm，厚 10～15cm，孔隙率为 38％～40％），具体如图 3-36 所示。

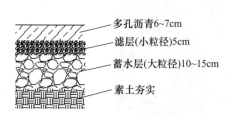

多孔沥青6~7cm
滤层(小粒径)5cm
蓄水层(大粒径)10~15cm
素土夯实

图 3-36　多孔沥青透水地面示意图

（2）多孔混凝土地面

多孔混凝土地面构造类似于多孔沥青地面，只是表层为无砂混凝土，厚度为 10～15cm，开孔率可达 15％～25％。

（3）嵌草砖

嵌草砖是带有各种形状空隙的混凝土砖，开孔率可达 20％～30％，具体形式如图 3-37 所示。因为有植物生长，能更有效的净化径流雨水、调节大气温度和湿度、延缓径流速度及美化环境。嵌草砖基本上不存在堵塞问题，但混凝土块若经过多、过重车辆碾压，易发生不均匀沉降或错位，因此嵌草砖不宜设置于交通繁忙地段（图 3-37）。

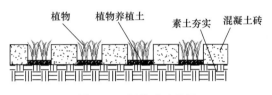

图 3-37 嵌草砖示意图

3.6.3.2 绿色屋顶

屋顶绿化的基本构造层由下至上依次是保护层、排水层、过滤层和植被层组成，如图 3-38 所示。

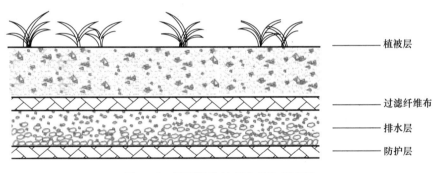

图 3-38 屋顶绿化的基本构造示意图

（1）保护层

保护层是屋面的防水层和对植物根系的防护层，以及在以后绿化屋顶的维护时起到防止机械损坏的作用。保护层可以由塑料、水泥砂浆抹面等铺设。

（2）排水层

排水层的作用是吸收种植层中渗出的水分，并将其输送到排水装置中，同时防止种植层淹水。一般可用天然砂砾、碎石、陶粒、浮石、膨胀页岩等，也可使用塑料编织垫、泡沫塑料板、碎煤渣等，其厚度一般可采用 5～15cm。

（3）过滤层

过滤层的主要作用是滤除被水从种植层冲走的泥沙，防止排水层堵塞和排水管泥沙淤积。一般可采用土工布铺设。其规格一般为 $150～300g/m^2$。接口处要考虑土工布之间的搭接长度不少于 15cm。

（4）植被种植层

植被种植层土壤的选择非常重要。一般应选择孔隙率高、密度小、耐冲刷、可供植物生长的洁净天然或人工材料。最常用的有火山石、沸石、浮石、膨胀页岩、膨胀黏土、炉渣等与土壤的混合料，也有一些公司生产的专门种植材料。

3.6.3.3　下沉式绿地

下沉式绿地的设计要点如下：

（1）下凹的深度

低势绿地的下凹深度一般小于 250mm。

（2）面积的确定

低势绿地不按输水功能设计，没有固定形状与断面。用于收集并处理建筑屋面、广场、人行道等小面积汇水区域的径流雨水。

（3）土壤

以雨水收集利用为目的时，表层土壤为砂性土壤即渗透系数大于 3.53×10^{-6}m/s 的情况时不宜大面积使用低势绿地，以减少雨水的渗透损失。如要使用则建议降低低势绿地深度或将低势绿地的表层土壤更换为黏土等渗透性较小的土壤。

以雨水渗透为目的时，土壤的渗透系数宜大于 $10\sim6$m/s，也可通过在土壤中掺入炉渣、碎陶粒等措施增大土壤渗透系数，增大土壤的渗透能力，同时能缩短低势绿地中植物的受淹时间。

（4）植物

一般选择具有一定耐淹时间的草类，植物的耐淹时间最好为 $1\sim3$d。

3.6.3.4　蓄水池

钢筋混凝土地下调蓄池结构如图 3-39 所示。雨水地下封闭式调蓄池一般应考虑超高，不小于 0.3m；还应考虑溢流设计（可考虑将人孔综合利用为溢流口）。

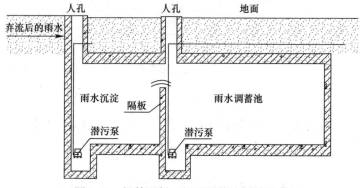

图 3-39　钢筋混凝土地下调蓄池剖面示意

地下调蓄池规模的确定一般根据设计场所多年的日降雨资料以及场所面积确定其大小，必须满足当地规范的相关要求。

3.6.3.5　渗管/渠

渗管包括穿孔管和管周围的填充砾石或其他多孔材料。

（1）穿孔管

穿孔管一般采用 PVC 管、无砂混凝土、钢筋混凝土管制成，管材的开孔率不少于 2%。

（2）管外填充材料

填充材料粒径范围在 10～20mm，外包土工布，以保证渗透顺利，同时防止土粒进入砾石孔隙发生堵塞。土工布的搭接不少于 150mm。

渗渠的构成与渗管差不多，只是将穿孔管改为透水明渠。由于渗管被埋设在地下，运行管理不便，应用地面敞开式渗渠或带有盖板的渗透暗渠，同样能达到排水和渗透的目的。

3.7　机房和主要管井面积指标分析

3.7.1　现行规范及标准图对机房布置的相关要求

3.7.1.1　生活给水泵房

（1）《建筑给水排水设计规范》GB 50015—2003（以下简称《建水规》）3.7.3.2 条：池（箱）外壁与建筑本体结构墙面或其他池壁之间的净距，应满足施工或装配的要求，无管道的侧面，净距不宜小于 0.7m；安装有管道的侧面，净距不宜小于 1.0m，且管道外壁与建筑本体墙面之间的通道宽度不宜小于 0.6m；设有人孔的池顶，顶板面与上面建筑本体板底的净空不应小于 0.8m。

（2）《建水规》3.7.5.2 条：高位水箱箱壁与水箱间墙壁及箱顶与水箱间顶面的净距应符合本规范第 3.7.3 条第 2 款的规定，箱底与水箱间地面板的净距，当有管道敷设时不宜小于 0.8m。

（3）水泵机组的布置，参照表 3-82（《建水规》3.8.14 条表 3.8.14）。

水泵机组外轮廓面与墙和相邻机组间的间距　　　　　　　　　　表 3-82

电动机额定功率（kW）	水泵机组外轮廓面与墙面之间最小间距（m）	水泵机组外轮廓面之间最小间距（m）
≤22	0.8	0.4
>22～<55	1.0	0.8
≥55～≤160	1.2	1.2

注：1. 水泵侧面有管道时，外轮廓面计至管道外壁面。
　　2. 水泵机组是指水泵与电动机的联合体，或已安装在金属座架上的多台水泵组合体。

（4）《建水规》3.8.16 条：泵房内宜有检修水泵的场地，检修场地尺寸宜按水泵或电机外形尺寸四周有不小于 0.7m 的通道确定。泵房内配电柜和控制柜前面通道宽度不宜小于 1.5m。泵房内宜设置手动起重设备。

（5）国标图 14S104《二次供水消毒设备选用及安装》：紫外线消毒器一端需有大于 1.2m 的检修空间，另一端靠墙最近距离大于 0.6m。

3.7.1.2　热水换热机房

（1）《建水规》5.4.16 条水加热设备的布置，应符合下列要求：

1）容积式、导流型容积式、半容积式水加热器的一侧应有净宽不小于 0.7m 的通道，前端应留有抽出加热盘管的位置；

2）水加热器上部附件的最高点至建筑结构最低点的净距，应满足检修的要求，并不得小于 0.2m，房间净高不得低于 2.2m。

（2）国标图《水加热器选用及安装》16S122 水加热器的布置：水加热器侧面离墙、柱之间的净距及水加热器之间的净距不小于 0.7m，后端离墙、柱之间净距不小于 0.5m。

3.7.1.3　消防水泵房

（1）《消防给水及消火栓系统技术规范》GB 50974—2014（以下简称《消水规》）4.3.6 条：消防水池的总蓄水有效容积大于 500m³ 时，宜设两格能独立使用的消防水池；当大于 1000m³ 时，应设置能独立使用的两座消防水池。

（2）《消水规》5.5.2 条：消防水泵机组的布置应符合下列规定：

1）相邻两个机组及机组至墙壁间的净距，当电机容量小于 22kW 时，不宜小于 0.60m；当电机容量不小于 22 kW 时，且不大于 55kW 时，不宜小于 0.80m；当电机容量大于 22kW 时，且不小于 55kW 时，不宜小于 1.2m；当电动机容量大于 55kW 时，不宜小于 1.5m。

2）当消防水池就地检修时，应至少在每个机组一侧设消防水泵机组宽度加 0.50m 的通道，并应保证消防水泵轴和电动机转子在检修时能拆卸。

3）消防水泵房的主要通道宽度不应小于 1.2m。

（3）《消水规》5.5.4 条：当消防水泵房内设有集中检修场地时，其面积应根据水泵或电动机外形尺寸确定，并应在周围留有宽度不小于 0.70m 的通道。地下式泵房宜利用空间设集中检修场地。对于装有深井水泵的湿式竖井泵房，还应设堆放泵管的场地。

3.7.1.4　高位消防水箱间

（1）《消水规》5.2.6.4 条：高位消防水箱外壁与建筑本体结构墙面或其他池壁之间的净距，应满足施工或装配的需要，无管道的侧面，净距不宜小于 0.7m；安装有管道的侧面，净距不宜小于 1.0m，且管道外壁与建筑本体墙面之间通道宽度不宜小于 0.6m，设有人孔的水箱顶，其顶面与其上面的建筑物本体板底的净空不应小于 0.8m。

（2）为维修和操作方便，"设备"与水箱（水池）的间距不宜小于 1000mm，"设备"与墙面或其他设备之间应留有足够距离，一般不小于 700mm。

3.7.2　生活给水泵房占地面积分析

3.7.2.1　水箱间

（1）水箱高度

通过对国标图 12S101《矩形给水箱》中组合式不锈钢水箱规格尺寸的经济比较以及实际工程中水箱间所在位置（地下室或转输层、屋顶层）的层高分析，得到表 3-83 常用水箱高度及有效水深对其所在位置的层高要求。

水箱高度与层高关系　　　　　　　　　　　　　　　　　　　表 3-83

水箱高度 H(m)	有效水深 h(m)	对应地下室层高（m）	对应屋顶层层高（m）
1.5	0.7	3.5～3.9	3.0～3.4
2	1.2	4.0～4.4	3.5～3.9
2.5	1.7	4.5～4.9	4.0～4.4
3	2.2	5.0～5.4	4.5～4.9
3.5	2.7	5.5～5.9	5.0～5.4
4	3.2	6.0～6.5	5.5～6.0

（2）水箱面积

根据用水量指标表 3-84 估算加压部分水量，按规范要求（按建筑物最高日用水量的 20%～25%确定）估算水箱容积；由水箱有效水深与层高的关系表，推算水箱面积。

生活水箱面积与生活用水量指标关系　　　　表 3-84

序号	建筑物	单位	单位建筑面积最高日生活用水量 q(L/m²)	水箱容积 V(m³)	水箱面积 S(m²)
1	办公 普通 高级	m²/d m²/d	3～5 2～3	$V=q×$加压面积$×20\%～25\%$	水箱面积 $S=V/h$(有效水深)
2	酒店 中档 高档	m²/d m²/d	5～9 10～15	$V=q×$加压面积$×40\%～50\%$ （有酒店管理公司的， 参照其要求执行）	
3	商场	m²/d	3.5～5.5		
4	餐饮： 西餐厅 中餐厅 快餐厅 酒吧、咖啡、茶座 宴会厅（多功能厅）	m²/d m²/d m²/d m²/d m²/d	25～40 125～185 90～115 40～100 50～60	$V=q×$加压面积$×20\%～25\%$	
5	综合体	m²/d	6～10		

注：1～4 数据来自《给水排水工程实用设计手册建筑给水排水工程》第 1.1.2 节。5 综合体数据参考 2016 年业务建设《综合体建筑供水系统节能分析及综合指标分析》的结论。

（3）水箱间占地面积

《建水规》3.7.3.2 条规定"池（箱）外壁与建筑本体结构墙面或其他池壁之间的净距，应满足施工或装配的要求，无管道的侧面，净距不宜小于 0.7m；安装有管道的侧面，净距不宜小于 1.0m，且管道外壁与建筑本体墙面之间的通道宽度不宜小于 0.6m；设有人孔的池顶，顶板面与上面建筑本体板底的净空不应小于 0.8m。"水箱间的占地面积 S 总应在水箱面积的基础上考虑施工或装配的要求，因此乘以 1.5～2.0 安全系数，水箱面积越小，系数取值越大。

$$S_{总}=(1.5～2.0)×S$$

3.7.2.2　水泵房

（1）单套供水设备占地面积

收集我院近年来设计的部分综合体项目生活水泵房的基础资料，统计生活水泵房层高、宽度、水箱高度和泵房占地面积以及设备占地面积等作为研究基础（表 3-85）。

综合体项目生活泵房水箱、设备和占地面积统计表　　　　表 3-85

序号	工程名称	水箱尺寸（m）	水箱高度	泵房层高（m）	泵房占地面积（m²）	设备占地面积（m²）	单套设备占地面积	泵房宽度	备注
1	杨凌自贸大厦	6×5×2 6×2×2.5	2.5	4.8	264	109	36.3	10.9	3套设备
2	天元港国际中心 A 区	6×5×2.5	2.5	5.3	80	32	16	3.9	2套设备
3	华鸿·红星美凯龙 国际商业广场	9×5×3	3.0	5.4	250	112	28	10	4套设备
		7×5×3	3.0	5.4	90	26	26		1套设备

续表

序号	工程名称	水箱尺寸（m）	水箱高度	泵房层高（m）	泵房占地面积（m²）	设备占地面积（m²）	单套设备占地面积	泵房宽度	备注
4	百集龙商业广场（A1地块）	4×3.5×3.5	3.5	6.6	58	30.5	15.25		2套设备
		4×3×3.5	3.5		60	33	16.5		2套设备
5	万正．尚都	6×3.5×3.5	3.5	7.2	128	85	28.33	4.8	3套设备
6	天津远洋国际中心	6×6×2.5	2.5	7.8	94	30	15	3.6	2套设备
7	长春传奇鼎盛中心二期	4×8×3.5	3.5	5.85	138	86.3	14.4	5.5	6套设备
		10×8×3 4×6×2.5	3.0	4.5	312	130	18.6	6.9	7套设备
8	建发·大阅城（二期）	6×5×3	3.0	5.5	183	70.5	23.5	4.6	3套设备
		9×6×3	3.0	5.5	309	103	34.3	6.2	3套设备
		3×3×3	3.0	5.5	98	50	25	5.7	2套设备
		3×3×3，2座	3.0	5.5	103	38.5	38.5	5.2	1套设备
		9×6×3，2座	3.0	5.5	274	36.45	36.45	7.5	1套设备
9	东南国际航运中心总部大厦	5×3×2	2.0	4	70	60	30	5.5	2套设备
		5×5.5×3.5	3.5	6.5	150	60	30	7.8	2套设备
10	南宁恒大国际中心	2.5×1.5×3，2座	3.0	5.4		40			
		3.5×2×3.0	3.0	5.4	50	23	23	4	1套设备
		3.5×2×3.0	3.0	5.4	51	32	32	4.2	1套设备
		2×4×3，2	3.0	5.7	86				
		10×3×4	4.0	7.7	88	31.5	31.5	6.35	1套设备
		12×7×4.5	4.5	7.7	238	96	48	5.85	2套设备
		5.5×4×4.5	4.5	7.7	95	40	40	5	1套设备
		6×4×3，2	3.0	7.7	171	73	73	5.3	1套设备
		7×4×4 5.5×4×4 4×3×4	4.0	7.7	205	65	65	7.8	1套设备
		9×5×3		7.7	125	44	44	5.7	1套设备
11	漳州市歌剧院综合体	5×4×3，2	3.0	6.6	92	24	24	4.5	1套设备
12	北京第三代半导体材料及应用联合创新基地一期	7×3×3	3.0	5.5	60	20	20	4.05	1套设备
		7×5×2	2.0	3.9	94	23	23	4.1	1套设备
13	重庆万州澳门街商业项目	4×4×3.5，2座	3.5	5.8	125	64	32	5.4	2套设备
		4×4×3	3.0	5.8	71.5	30	30	4.8	1套设备
14	赤峰旅游大厦	5.5×5×2.5 5.5×7×2.5	2.5	5	223	108	27	6.3	4套设备

根据统计表数据分析，单套供水设备占地面积以在18～37m²居多，建议单套面积按25～40m²提建筑面积要求。

（2）水泵房面积

按照市政供水至二层，三层及以上楼层采用变频供水的方案，水泵房的面积可按表3-86估算。

建筑高度与水泵房面积 表 3-86

建筑高度（m）	给水分区压力控制（MPa）	分区个数	变频泵组数量	泵房面积（m²）
40	0.45	1	1	40
70		2	2	70
100		3	3	90
>100			4	110

注：1. 综合体建筑水泵房面积取决于供水设备套数，单套设备按高值取，多套可按低值取用。
2. 根据建筑高度确定需要变频供水的分区数量或根据物业管理要求按功能分区设置变频供水设备。
3. 当单套供水设备流量大于 60m³/h(即设备可能采用三用一备时)，所占面积亦按高值选用。

（3）生活水泵房总占地面积

生活水泵房总占地面积为水箱间占地面积（m²）与水泵房占地面积（m²）之和。

3.7.3 生活热水换热站占地面积分析

3.7.3.1 单套换热设备占地面积

收集我院近年来设计的部分综合体项目集中生活热水换热站的基础资料，统计热水换热站层高、宽度、设备数量及机房占地面积等作为研究基础（表 3-87）。

综合体项目生活热水换热站设备占地面积统计表 表 3-87

序号	工程名称	机房层高（m）	设备数量（台）	机房占地面积（m²）	宽度	对应 2 台布置面积	备注
1	重庆万州澳门街商业项目	7.15	2×1400	40	4.8	40	1 区
2	南宁恒大	4.8	3×1400	60	6.9	40	1 区
		5.1	3×1400	83		55.3	1 区
		5.65	4×1200	95	7.05	47.5	2 区
		6.2	2×1200	45	4.65	45	1 区
		5.4	2×1200	50	5.65	50	1 区
			8×1200	95	6.4	23.75	2 区
3	杨凌自贸大厦	4.8	4×1600	77	5.7	38.5	2 区
4	万正·尚都	7.2	6×1000	146	8.7	48.7	3 区
5	赤峰旅游大厦	3.9	12×1600	175	6.4	29.17	3 区
6	顺义金宝	4.2	6	123		41	2 区
7	北京七星摩根广场 B 座	5.4	12	300		50	
8	长春传奇鼎盛中心二期	6.68	2×1400+7×1200+2×900	271		49.3	4 区
9	鲁能山海天酒店三期	4.9	2×1600+2×1100+4×800+6×1000	245	6.8/11.25	35	4 区
10	建发·大阅城（二期）		2×1400	51	6.2	51	1 区
			2×2000	61	6.2	61	1 区
			2×1000	35.2	4.35	35.2	1 区
11	冰雪主题酒店	6	6×1800+3×1600	265	5.1	58.9	2 区

数据调查分析的结果，2 台换热器占地面积以 37～55m² 居多。建议方案阶段，生活换热站面积按一个区两台换热器考虑，则单套换热设备占地面积按 40～55m² 提换热站面

积条件，宽度不小于 6.0m。

3.7.3.2 热水换热站总占地面积

根据热水与冷水同源的原则，热水分区同给水分区。生活热水换热站的面积可按表 3-88 估算。

建筑高度与换热站面积   表 3-88

建筑高度（m）	给水分区压力控制（MPa）	分区个数	换热设备数量（每套 2 台换热器）	泵房面积（m²）
40		1	1	55
70	0.45	2	2	100
100		3	3	140

注：1. 综合体建筑换热站面积取决于换热设备套数，单套设备按高值取，多套可按低值取用。
 2. 根据建筑高度确定生活热水的分区数量或根据物业管理要求按功能分区。
 3. 当换热器直径为 1800~2000mm 时，所占面积亦按高值选用。

3.7.4 消防水泵房及消防水池（水箱）占地面积分析

3.7.4.1 基础参数收集

收集我院近年来设计的部分综合体及其他典型项目集消防水池及消防泵房的基础资料，统计泵房层高、宽度、设备数量及泵房占地面积，统计消防水池的容积、有效水深等数据作为研究基础（表 3-89）。

消防泵房水池、设备和占地面积统计表   表 3-89

序号	工程名称	水池容积（m³）	有效水深	泵房层高（m）	水泵数量（台）	设备占地面积（m²）	2 台泵占地面积（m²）	泵房宽度	备注
1	海口行政中心 B 区	216.0	3.65	5.8	4	74	37	7.15	
2	北京经开·数码科技园一期工程办公	442	1.7	4.8	4	120	40	6.15	
3	仙鹤湖文化馆	462	2.4	4.3	5	128	51.2	8.1	
4	京藏交流中心	468	2.3	5.72	4	95	47.5	7.2	
5	金融街 F10(1) 金成大厦	456	3.0	3.7	4	90	36	6.05	
6	万正．尚都	576	2.65	7.2	4	105	52.5	8.9	
7	奥林匹克公园瞭望塔	576	3.45	5.2	10	200	40	7.3	
8	北京电影学院怀柔校区	576	2.6		9	229	50.9	10.3	
9	建发·大阅城（二期）	576	2.0	5.6	4	124	49.6	6.85	
10	冰雪主题酒店	576+84	3.25	6.35	4	115	46	9.2	
11	北京商务中心区（CB核心区 D)Z1a 地块项目	580	6.15	8.35	6	110	36.7	8.7	
12	天津远洋国际中心	641	4.5	7.8	8	146	36.5	9.2	
13	东南国际航运中心总部大厦	648	1.9	5	8	212	53	8	
14	东营蓝海御华大饭店	648	2.25	4.5	6	148	37	9.6	
15	青海省电视台	650	4.7	7.42	11	146	26.55	4.9	

序号	工程名称	水池容积（m³）	有效水深	泵房层高（m）	水泵数量（台）	设备占地面积（m²）	2台泵占地面积（m²）	泵房宽度	备注
16	北京市通州区运河核心区Ⅷ-05地块F3其他类多功能用地项目	652	1.6	3.6	4	54	27	5.45	
17	北京经开·数码科技园二期工程	656	1.95	3.9	4	97.6	32.5	5.9	
18	兴安盟图书馆、兴安盟科技馆	666	3.65	6.1	8	92.5	23.125	8.8	
19	百集龙商业广场（A1地块）	684	3.0	6.6	9	97	21.56	6.3	
20	金宝花园北区商业金融建设项目-8#	684	1.65	4.15	6	139	46.33	9.8	
21	华鸿·红星美凯龙国际商业广场	740	2.85	5.4	4	112	44.8	11.8	
22	德州新城综合楼	864		6	4	120	48	6.8	
23	海南国际会展中心	893	2.9	5.6	13	195	27.86	7.5	
24	漳州市歌剧院综合体	900	4.2	7	11	205	37.27	8.85	
25	长春传奇鼎盛中心二期	900	2.95	5.7	9	190	38	8.3	
26	重庆万州澳门街商业项目	1008	2.65	5.7	8	222	49.33	7.3	
27	鲁能山海天公寓二期	1008	5	9	6	156	34.67	8.2	
28	鲁能山海天酒店三期	948	2.37	4.9	6	127.5	29.12	7	
29	北京经开·数码科技园二期	656	1.95	3.9	4	111.68/98.52	32.89	5.9	
29	北京经开·数码科技园一期（办公）	442	1.7	4.8	4	152.52/131	32.6	6.15	
30	中期总部大楼	580	6.15	8.85/5.1	6	207.8	17.6	弧形	
31	北京数字电视产业园配套服务中心建设项目一期	1044	2.3	5	6	175.2	41.16	8.4	
			3.15	4.1					

3.7.4.2 消防泵房占地面积

假定消火栓水泵扬程按 $H=$ 建筑高度 $+50$（m）估算，自喷系统水泵扬程按 $H=$ 建筑高度 $+60$（m）估算。分别选取三种规格（Q40l/s，H1.0MPa，N45kW，1480r/min；Q40l/s，H1.4MPa，N90kW，1480r/min；Q40l/s，H1.6MPa，N110kW，1480r/min）典型的卧式和立式消防泵，对最常见的两组消防泵的泵房平面进行简单布置，泵组间距，泵功率<55kW，按基础间净距1000mm布置；泵功率>55kW，按基础间净距1200mm布置；泵组侧预留检修通道。水泵共用吸水管时，泵组与消防水池侧需加宽800~1200。泵房内不含消防泵房控制室。

再对比表3-90的数据分析结果，消防泵房占地面积基本相符。以上分析基于泵房规则的情况，不规则时可适当增加安全系数 1.15~1.2，另需增加消防水泵房控制室面积

$25\sim30m^2$。综上所述，两组消防泵的泵房占地面积见表3-90。

两组消防泵占地面积　　　　　　　　　　表3-90

建筑高度（m）	水泵扬程（m）	水泵功率（kW）	泵形式	消防泵房最小占地面积（m²）	推荐宽度（m）	共用吸水管泵房宽度（m）
50	100	45	立式泵	60	5.4	6.2
90	140	90	卧式泵	90	7.5	8.4
110	160	110	卧式泵	100	8.1	8.9

3.7.4.3　消防水池占地面积

按消防水池设置于地下一层分析，建筑物梁高900mm计，消防水池顶板上方梁下检修空间700mm，水池顶板200mm，溢流水位至顶板400mm，水池底板300mm，无效水位600mm计：

消防水池有效水深＝层高－3.15（m）

剖面如图3-40所示。

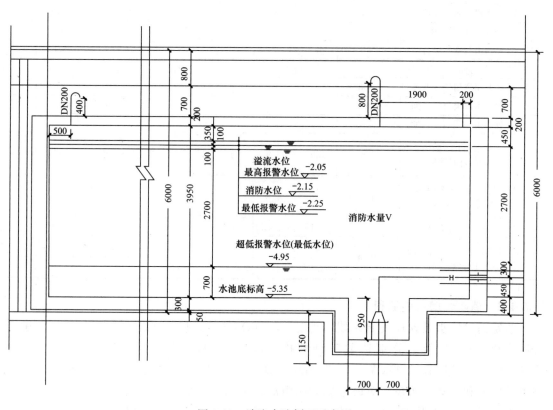

图3-40　消防水池剖面示意图

对比表3-89的数据分析结果，38％的项目满足上述要求；70％的项目有效水深＝层高－2.5（m）。究其原因，因为消防水池最低有效水位与吸水喇叭口的间距要求变化所致。综上所述，消防水池占地面积参考见表3-91。

消防水池容积与建筑占地面积对照表 表3-91

水池容积（m³）	层高（m）	消防水池有效水深（m）	净面积（m²）	提建筑面积（m²）
252	4.5	1.35	186.7	224
252	5.1	1.95	129.2	155.1
252	6	2.85	88.4	106.1
432	4.5	1.35	320.0	384
432	5.1	1.95	221.5	265.8
432	6	2.85	151.6	181.9
576	4.5	1.35	426.7	512
576	5.1	1.95	295.4	354.5
576	6	2.85	202.1	242.5
900	4.5	1.35	666.7	800
900	5.1	1.95	461.5	553.8
900	6	2.85	315.8	378.9

3.7.5 高位消防水箱间占地面积分析

3.7.5.1 基础参数收集

收集我院近年来设计的部分综合体及其他典型项目集高位消防水箱间的基础资料，统计水箱间层高、宽度、设备数量及水箱、设备占地面积等数据作为研究基础（表3-92）。

消防水箱间水箱及设备占地面积统计表 表3-92

序号	工程名称	水箱容积（m³）	水箱尺寸	水箱间层高（m）	增压设备数量（套）	水箱间占地面积（m²）	设备占地面积（m²）	泵房宽度（m）	备注
1	德州新城综合楼	18	4×2×2.5	4	2	65	31	4.5	
2	方正尚都	18		3.4	2（立）	64	35	5.15	
3	金宝花园北区商业金融建设项目-9#	18	3×5×2	4.2	2套	57	28.5	4	
4	东南国际航运中心总部大厦	18	7.5×2×2	4	2套	57	30	4.15	
5	赤峰旅游大厦	36	5×6×2	4.4	2（立）	84	25.6	3.9	
6	金宝花园-C	36	3.5×6×2.5	4.1	2套	61	26	3	
7	金宝花园北区商业金融建设项目-8#	36	6×5×1.9	3.7	2套	66	23	3	
8	漳州市歌剧院综合体	36	5.5×5.5×2	3.9	2套	92	45	6.5	
9	重庆万州澳门街商业项目	50	6×5×2.5	3.9	2（立）	87	28	3.6	
10	赣州西站东广场及景观带工程项目	50	7×6×2.0	4.5	2（立）	100	24.38	11.8	
11	航空医学科技开发综合楼	75		4.35	2套	96			

序号	工程名称	水箱容积（m³）	水箱尺寸	水箱间层高（m）	增压设备数量（套）	水箱间占地面积（m²）	设备占地面积（m²）	泵房宽度（m）	备注
12	中信合肥呼叫中心	100	9×6.5×2.5	4.75	2套	144	44	5.8	
13	众成大厦	36	7.95×7×1.4	3.93	2套	135.307	25.95	4.65	
14	北京数字电视产业园配套服务中心建设项目一期	50	3.5×7.0×2.65	4.1	2套	67.5	24.59	3.9	
15	临汾市图书馆档案馆	36	4.0×5.0×2.4	5	2套	61.8	26.63	5.8/4.0	
16	鲁能山海天酒店三期	18	3.0×5.0×1.8	5.2	0	69.47	0	8.87	
17	北京经开·数码科技园二期	36	3.5×6.0×2.3	3.9	2套	82.83	30.826	8.5	
18	北京经开·数码科技园一期（办公）	18	5.0×2.0×2.35	4.18	0	27.06	0	4.1	
19	中期总部大楼	36	4.0×4.0×3.0	5.24	2套	64.8	24.8	6.69	
20	通州齐天乐园6号	100		8.1	2（立）	130			

3.7.5.2 高位消防水箱占地面积

由于高位消防水箱在屋顶往往层高受限，层高在3.5~4.5m之间较多，本次分析就以此为标准，考虑水箱基础600mm，水箱顶板留700mm净高，结合瓶装水箱的规格，采用水箱高度只能为2.0m、2.5m、3m。

项目调查数据统计显示，稳压设备2套，实际设计中多数占地面积在27~33m²，少量在40m²以上。当水箱容积在50m³以下，设备占地面积可控制在35m²左右；当水箱容积增加到100m³，设备占地面积控制在40m²左右。

通过上述分析，高位消防水箱间占地面积参考见表3-93。

消防水箱间水箱及设备占地面积统计表　　表3-93

序号	水箱容积（m³）	层高（m）	水箱高度（m）	有效水深（m）	增压设备数量（套）	消防水箱面积（含稳压设备）（m²）
1	18	3.5	2	1.2	2	70
		4.0	2.5	1.7	2	60
		4.5	3.0	2.2	2	55
2	36	3.5	2	1.2	2	90
		4.0	2.5	1.7	2	80
		4.5	3.0	2.2	2	75
3	50	3.5	2	1.2	2	110
		4.0	2.5	1.7	2	95
		4.5	3.0	2.2	2	85
4	100	3.5	2	1.2	2	170
		4.0	2.5	1.7	2	145
		4.5	3.0	2.2	2	125

3.7.6 主要管井面积指标分析

3.7.6.1 前置条件

管井立管间距：考虑管径、管道保温、水表等阀门管件的安装。

水表的安装参考国标图集01SS105《常用小型仪表及特种阀门安装》。

管井尺寸与管井内立管数目即给水排水系统形式相关，如是否存在转输水箱，给水系统与消防系统分区情况等。

建筑给水排水系统往往包括给水系统（中水系统）、热水系统、污水系统、废水系统、消火栓系统、自喷系统、大空间智能灭火系统、雨水系统等。系统多样，建议将给水排水系统与消防系统分开设置，避免管井进出线过于复杂，影响净高。同时对于商业综合体而言，主楼的管井应适当考虑裙房系统立管数目，如裙房中若存在餐饮，如需要应在主管井内适当预留餐饮污水通气管，同时可适当预留裙房屋面雨水立管。

3.7.6.2 管道类别

给水系统：转输立管＋分区立管＋用水点立管；

中水系统：转输立管＋分区立管＋用水点立管；

污水系统：用水点立管（卫生间＋厨房餐饮）＋汇合污水立管；

废水系统：用水点立管＋汇合废水立管＋管井地漏废水立管；

通气系统：卫生间通气＋餐饮污水通气；

雨水系统：雨水立管（适当考虑裙房屋面雨水系统）；

热媒系统：热媒立管（供回）；

热水系统：转输立管＋分区立管＋用水点立管；

消火栓系统：转输立管（2根）＋分区立管（2根）＋消火栓立管（与消火栓合用）；

自喷系统：分区立管（2根）＋自喷立管＋自喷稳压立管；

溢流系统：若存在消防转输水箱，应考虑消防水箱溢流管；

冷却循环水系统：冷却供回水立管＋冷却塔补水立管。

3.7.6.3 办公类建筑

主管井位置：核心筒电梯井旁设置。办公部分高度与主管井尺寸关系见表3-94。

表3-94

办公部分高度与主管井尺寸关系

办公高度（m）	给水分区个数	消防分区个数	立管数目	管井尺寸	管井面积（m²）	备注
40	2	不分区	12	1800×1200	2.31	给水排水与消防合用主管井
70	3	减压阀分区	16	2200×1700	3.74	给水排水与消防合用主管井
	3		12	1800×1300	2.86	给水排水主管井
100	4	减压阀分区	18	2200×1800	3.74	给水排水与消防合用主管井
	4	—	14	1800×1300	2.86	给水排水主管井
40～100	—	减压阀分区	11	1800×1300	2.86	消防主管井
>100	转输水箱	—	13	1800×1300	2.86	给水排水主管井
		转输水箱，合用转输	13	1800×1300	2.86	消防主管井
		无转输水箱，独立转输	15	2200×1300	2.86	消防主管井

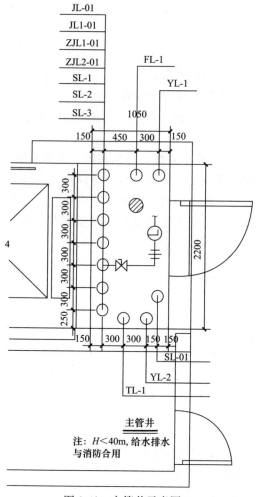

图 3-41 主管井示意图 1

（1）$H<40\text{m}$，给水排水与消防合用主管井，其中给水系统与中水系统分两个分区，采用变频供水，消防系统竖向不分区（图 3-41）。

立管功能如下：

给水：分区立管，2 根。

中水：分区立管，2 根。

废水：管井地漏废水立管，1 根。

雨水：雨水立管，2 根。

自喷：配水立管，3 根；稳压管，1 根。

通气管：预留地库卫生间通气管，1 根。

（2）$40\text{m}<H<70\text{m}$，给水排水与消防合用主管井，其中给水系统与中水系统分三个、两个分区，采用变频供水，消防系统竖向利用减压阀分区（图 3-42）。

立管功能如下：

给水：分区立管，3 根。中水：分区立管，2 根。

废水：管井地漏废水立管，1 根。

雨水：雨水立管，2 根。

自喷：分区立管，2 根；配水立管，3 根。消火栓：消火栓分区立管，2 根。

通气管：预留地库卫生间通气管，1 根。

（3）$40\text{m}<H<70\text{m}$，给水排水与消防独立设置主管井，其中给水系统与中水系统分四个、三个分区，采用变频供水（图 3-43）。

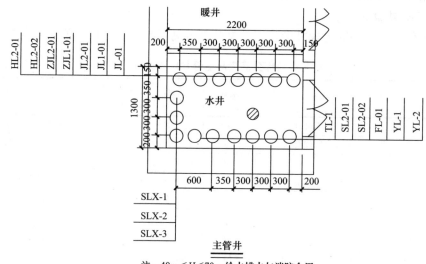

注：$40\text{m}<H<70\text{m}$，给水排水与消防合用

图 3-42 主管井示意图 2

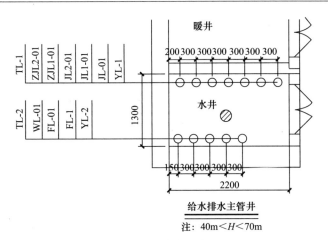

图 3-43 主管井示意图 3

立管功能如下：

给水分区立管，3 根；中水分区立管，2 根。

废水：管井地漏废水立管，1 根，另预留废水立管 1 根。

雨水：雨水立管，2 根。

通气管：预留地库卫生间通气管，另预留通气立管 1 根。

污水：预留污水立管 1 根

（4）70m＜H＜100m，给水排水与消防合用主管井，其中给水系统与中水系统分四个、三个分区，采用变频供水，消防系统竖向利用减压阀分区（图 3-44）。

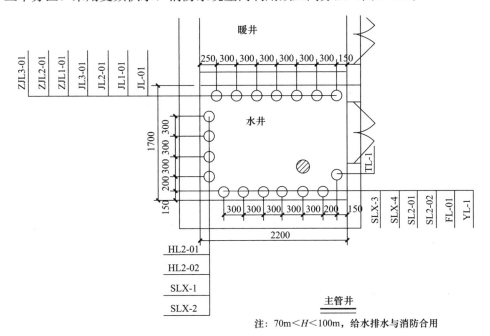

图 3-44 主管井示意图 4

立管功能如下：

给水：分区立管，4 根。

中水：分区立管，3 根。

废水：管井地漏废水立管，1 根。

雨水：雨水立管，1 根。

自喷：分区立管，2 根；配水立管，4 根。

消火栓：消火栓分区立管，2 根。

通气管：预留地库卫生间通气管，1 根。

（5）70m＜H＜100m，给水排水与消防独立设置主管井，其中给水系统与中水系统分四个、三个分区，采用变频供水（图 3-45）。

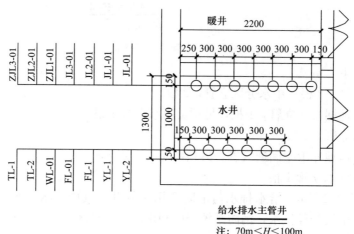

图 3-45　主管井示意图 5

立管功能如下：

给水：分区立管，4 根。

中水：分区立管，3 根。

废水：管井地漏废水立管，1 根，另预留废水立管 1 根。

雨水：雨水立管，2 根。

通气管：预留地库卫生间通气管，另预留通气立管 1 根。

污水：预留污水立管 1 根

（6）40m＜H＜100m，给水排水与消防独立设置主管井，消防系统竖向利用减压阀分区（图 3-46）。

立管功能如下：

自喷：分区立管，2 根；配水立管，3 根。

消火栓：消火栓分区立管，2 根。消火栓立管，2 根。

废水：管井地漏废水立管，1 根。

雨水：雨水立管，2 根。

（7）H＞100m，给水排水与消防分设主管井，给水、中水系统存在中间转输水箱（图 3-47）。

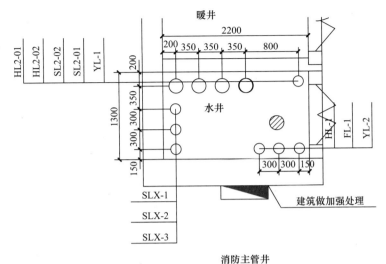

消防主管井

注：40m<*H*<100m

图 3-46　主管井示意图 6

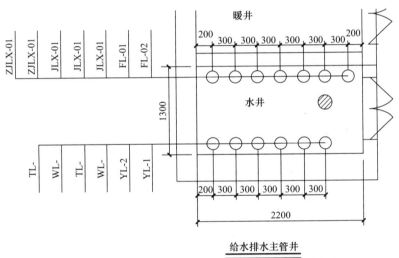

给水排水主管井

注：*H*>100m，中间转输水箱

图 3-47　主管井示意图 7

立管功能如下：

给水：分区立管，3 根。

中水：分区立管，2 根。

废水：管井地漏废水立管，1 根，预留废水立管 1 根。

污水：预留污水立管，2 根。

通气：预留通气立管，2 根。

雨水：雨水立管，2 根。

（8）*H*>100m，给水排水与消防分设主管井，消防系统存在中间转输水箱，且消火栓系统与自喷系统合用转输立管（图 3-48）。

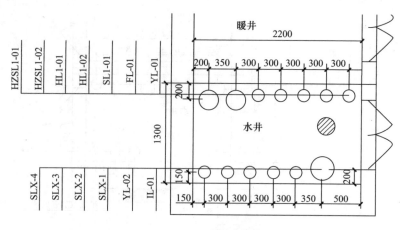

消防主管井

注：$H>100m$，中间转输水箱，合甩转输

图 3-48　主管井示意图 8

立管功能如下：

消防转输：消火栓系统与自喷系统合用转输立管，兼做高区水泵接合器连接立管，2 根。

自喷：高区水泵接合器立管，2 根；低区自喷稳压立管，1 根；配水立管，4 根。

废水：管井地漏废水立管，1 根。

雨水：雨水立管，2 根。

溢流：消防转输水箱溢流立管，1 根。

（9）$H>100m$，给排水与消防分设主管井，消防系统不设置中间转输水箱，且消火栓系统与自喷系统分设转输立管（图 3-49）。

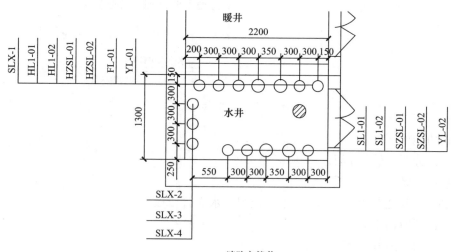

消防主管井

注：$H>100m$，中间无转输水箱，独立转输

图 3-49　主管井示意图 9

立管功能如下：

消火栓：转输立管，2根；高区水泵接合器连接立管，2根。

自喷：转输立管，2根；高区水泵接合器立管，2根；配水立管，4根。

废水：管井地漏废水立管，1根。

雨水：雨水立管，2根。

（10）公共卫生间设置生活给水系统与中水系统，考虑污废分流（图3-50）。

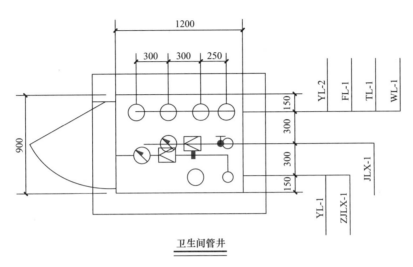

图 3-50　公共卫生间管井示意图

立管功能如下：

给水：用水点立管，1根。

中水：用水点立管，1根。

废水：卫生间废水立管1根。

污水：卫生间污水立管，1根。

通气：卫生间通气立管，1根。

雨水：雨水立管，2根。

管井尺寸：900×1200。

小结：主管井应预留管井废水立管。商业综合体项目，往往裙房部分存在餐饮功能，应在主楼办公管井适当预留厨房通气立管。

对于超高层项目由于机房层及避难区机房层，进出管线较多，当建筑条件允许时，建议消防与给水排水系统分开设置主管井。

管井尺寸应考虑水表等阀门管件的安装。

3.7.6.4　酒店类建筑

（1）客房管井

采用支管循环热水系统，管井尺寸为850×800，采用干立管循环热水系统，管井尺寸750×800。当卫生间排风井与管井合并设置时，管井进深扩$400 \sim 500$mm（图3-51）。

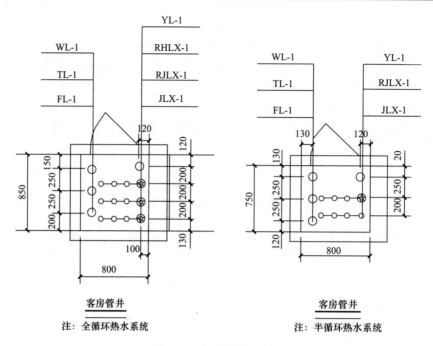

图 3-51 客房管井示意图

（2）酒店主管井

酒店部分高度与主管井尺寸关系见表 3-95。

酒店部分高度与主管井尺寸关系 表 3-95

酒店高度（m）	给水分区个数	消防分区个数	立管数目	管井尺寸（mm）	管井面积（m²）	备注
<37	1	不分区	17	2200×1800	2.42	给水排水与消防合用
<67	2	不分区	16	2200×1300	2.42	给水排水主管井

1）$H<10m$，给水排水与消防合用主管井，其中给水系统、热水系统竖向不分区，消防系统竖向不分区（图 3-52）。

立管功能如下：

给水：分区立管，1 根。

热水：分区立管，2 根（供回）。

热媒：2 根（供回）。

废水：管井地漏废水立管，1 根，预留废水汇合立管 2 根。

污水：预留污水汇合立管，2 根。

通气：预留酒店餐饮及地库卫生间通气立管，各 1 根。

雨水：雨水立管，2 根。

自喷立管：自喷：配水立管，3 根；稳压管，1 根。

2）$10m<H<44m$，给水排水独立设置主管井，其中给水系统、热水系统分 2 个分区（图 3-53）。

立管功能如下：

给水：分区立管，2 根。

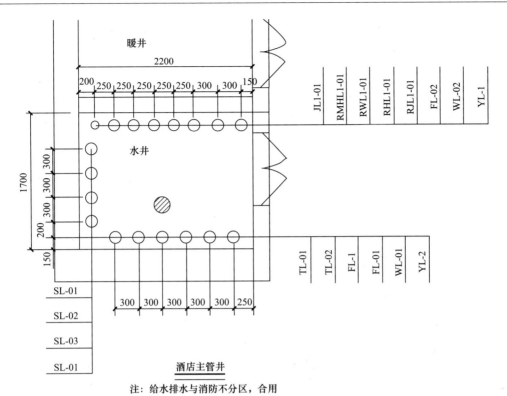

图 3-52 酒店合用主管井示意图

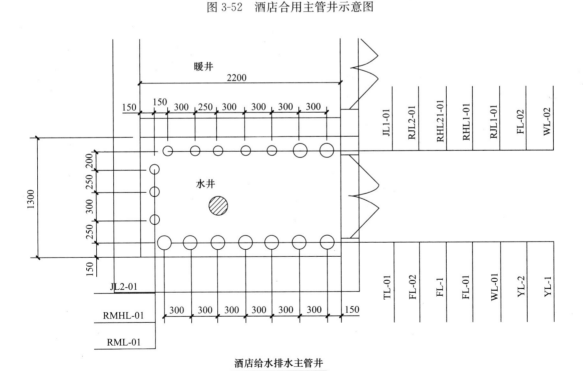

图 3-53 酒店给水排水管井示意图

热水：分区立管，4 根（供回）。

热媒：2 根（供回）。

废水：管井地漏废水立管，1 根，预留废水汇合立管 2 根。

污水：预留污水汇合立管，2 根。

通气：预留酒店餐饮及地库卫生间通气立管，各 1 根。

雨水：雨水立管，2 根。

第4章 电气系统

4.1 开闭所设置的必要性及规模

4.1.1 城市电网电压等级

根据《城市电力网规定设计规则》规定：输电网为 500kV、330kV、220kV、110kV，高压配电网为 110kV、66kV，中压配电网为 20kV、10kV、6kV，低压配电网为 0.4kV（220V/380V）。

4.1.2 各级供电半径

500kV 为 150～850km，330kV 为 200～600km，220kV 为 100～300km，110kV 为 50～150km，66kV 为 30～100km，35kV 为 20～50km，10kV 供电范围为 10km。

4.1.3 综合体市政电源需求

城市综合体是集多功能于一体的综合建筑群，总建筑面积一般均在 30 万 m² 以上，有的甚至高达上百万平方米，如此巨大的建筑群，其用电量亦巨大，变压器的总装机容量一般约为 30～100MVA。综合体的容积率较高，建筑紧凑，市政电源进线一般为 10kV，亦有城市为 35kV，个别地区为 6kV。以电源进线 10kV 为例，通常一路 10kV 进线的带载容量为 8000～10000kVA，对于 110/10kV 的城市电网而言，需要由市政电网取 3～10 路 10kV 电源。

4.1.4 10kV 开闭所

10kV 开闭所是将 10kV 电源分隔出数条回路，每个回路设置配出开关分别配出，将高压电力分别向周围的多个用电单位供电的电力设施。

开闭所与变电站的区别在于开闭站内不设置变压器。

其特征是电源进线侧和出线侧的电压相同。

4.1.5 10kV 开闭所设置

10kV 开闭所设置的必要性：为解决高压变电所中压配电出线开关柜数量不足、出线走廊受限、减少相同路径的电缆条数等，需设置开闭所。通常变电所分散且变电所装机容量不大的项目所在地区应设置开闭所。开闭所属于城市电网配套设施的一部分，其所有权归当地供电局所有，与城市规划同时设计，与市政工程同时建设，作为市政建设的配套工程。

对综合体项目，因其用电负荷大，且集中，是否要求有配套的 10kV 开闭所，应视情况而定。

对无业态要求电缴费为供电部门增值税发票的综合体，可不设置 10kV 开闭所，10kV 电源由 110/10kV 电站配出直至综合体楼内的 10kV 电缆分界室（亦有地区不要求设分界室）。

对有业态要求电缴费为供电部门增值税发票的综合体，应设置 10kV 开闭所，10kV 电源由 110/10kV 电站配出经 10kV 开闭所再配出至综合体楼内的 10kV 电缆分界室（亦有地区不要求设分界室）。

开闭所宜建于城市主要道路的路口附近、负荷中心区和两座高压变电所之间，以便加强电网联络，提高供电可靠性。

开闭所可以单独建设，宜可结合综合体变配电室建设。开闭所宜设在首层或地下一层（是否允许设在地下要咨询当地供电部门）。一般一个开闭站为两路 10kV 进线总容量不超过 20000kVA，采用单母线分段方式，6~10 路出线。

4.2 变配电室的位置及数量设置

4.2.1 综合体的业态形式

综合体的业态形式主要分为：百货商场、大型超市、精品购物街、沿街商铺、超市、大型车库、影院、KTV、健身、电器、健身、酒楼、儿童电玩、精装公寓楼、甲级写字楼、五星酒店、商务酒店等。其经验模式，主要分为销售型、自持型。

4.2.2 综合体运营管理模式

销售型：销售又分整售和散售。沿街商铺、精装公寓楼多为散售，普通写字楼即有整售又有散售。

自持型：百货、精品室内步行街、大型超市、五星酒店、甲级写字楼、地下车库、餐饮、影院、KTV、健身、电器、酒楼、儿童业态等。自持型又分为自营和出租。

4.2.3 电计量方式

计量方式：酒店、商场、超市（如家乐福、沃尔玛等）、中型零售（如国美）、整售写字楼等业态要求电缴费应为供电部门增值税发票，即电业计量。

其他业态高压对供电部门统一计量，内部则在各出租区域内设低压计量表作为内部计量用，即物业计量。

4.2.4 综合体变配电室设置

城市综合体变配电室设置的位置及数量与建筑形态、市政电网条件、综合体的业态形式、经验管理模式、计量方式及空调系统的设置方式等密切相关。对一个综合体项目，变配电室的合理确定是一个反复对比、各专业相互协调、综合论证评估的过程（表 4-1）。

城市综合体各种业态形式、经验模式、管理模式、计量方式对比表　　表4-1

业态	经营模式	管理模式	计量方式	变电站设置	供电电源
零售商铺	出租	物业管理	物业计量	统一规划设置	低压
	出售	物业管理	物业计量	统一规划设置	低压
写字楼	出租	物业管理	物业计量	统一规划设置	低压
	散售	物业管理	物业计量	统一规划设置	低压
	整售	自营或物业管理	电业计量或物业计量	独立设置或统一规划设置	高压或低压
公寓	出租	物业管理	物业计量	统一规划设置	低压
	出售	物业管理	物业计量	统一规划设置	低压
地下车库	自持	物业管理	物业计量	统一规划设置	低压
大型超市	自持或出售	物业管理	电业计量或物业计量	独立设置或统一规划设置	高压或低压
五星级酒店	自持	物业管理	电业计量	独立设置	高压
影院	自持	物业管理	物业计量	统一规划设置	低压
餐饮	自持	物业管理	物业计量	统一规划设置	低压
儿童乐园	自持	物业管理	物业计量	统一规划设置	低压

首先对项目的业态形式要有充分的了解，根据不同业态的负荷指标进行负荷估算。

对用电负荷较大（用电负荷大于500kW以上）且电缴费为供电部门增值税发票的业态，如大型超市、五星级酒店、整售写字楼等，应考虑单独设置变配电室，且高压进线由开闭站直供或经高压分界室转供，高压设计量。变配电室深入负荷中心，设在除最底层外的地下层，并考虑设备运输及进出线路方便，不宜设在人防区内。对超高层项目可设置在避难层。低压供电半径不宜大于150m。

对负荷较小（用电负荷不大于500kW）的业态，如影院、KTV、健身、电器、健身、儿童电玩等，各业态分别设低压子表满足物业管理计量要求，应考虑多种业态共用变配电室及变压器。根据此类业态的负荷总容量、变压器总装机容量、市政电源进线方向、建筑形态等统筹规划设置总变配电室（高压电业计量）及各分变配电室（低压物业计量）。

变压器总装机容量20000kVA以下，设总变配电室一座，采用两路10KV进线，两路电源同时工作互为备用，当一路失电时，另一路能带全部二级及以上负荷。总变配电室内可设变压器，负责给附近的负荷供电。根据功能分区、供电半径另设置若干分变配电室，设置原则为相同功能的业态在低压供电半径合理的范围内应尽量统一规划至同一分变配电室供电，每个分变配电室内变压器台数不宜超过四台，且单台变压器的容量以630～1600kVA为宜（各地对单体变压器最大允许容量各有不同，有的地方仅允许最大1250kVA；有的允许最大1600kVA；北京允许最大2500kVA）。对集中冷源应就近设置变配电室。变配电室深入负荷中心，设在除最底层外的地下层，对超高层项目可设置在避难层。低压供电半径不宜大于150m。

变压器总装机容量20000kVA以上，应采用两路以上多路10kV进线。20000～40000kVA，可采用4路10kV进线，每两路为一组，每组同时工作互为备用，当一路失电时，另一路能带该组服务范围内的全部二级及以上负荷。两组高压各自分别计量，根据项目情况可设在一个总变配电室内，亦可分为两个总变配电室设在不同区域内。

4.2.5 实例

某商业金融用地项目，总建筑面积38.4万 m^2。由两个地块组成，01地块和02地块。地下共3层，其中地下1~3层两个地块是连通的，地下2、3层为汽车库、设备用房，地下一层为商业区，地下一层夹层为自行车库、设备机房。

02地块地下2、3层局部为人防设施；

01地块总建筑面积139127m^2，地下3层，地下2、3层为汽车库，地下1层为商业步行街。地上由4栋楼组成，14层，1~3层为商业，3~14层为办公，其中1号楼为自用写字楼，2号楼为出租写字楼，3号楼为整售写字楼，4号楼为还建写字楼。

02地块总建筑面积240873m^2，地上部分共有五座高楼组成。其中5号楼24层，为五星级酒店；6号楼15层，1~2层及连通的12~14号楼（两层高）为底商，功能为小型商铺，3层以上均为办公；7号楼共31层，功能为公寓办公；8、9号楼31层高，一层为底商，二层以上均为公寓办公。建筑高度108.2m。

01地块变配电室设置：1个总变配电室，3个分变配电室。

01总变配电室：由上级110kV站引来两路10kV高压电源经高压分界室至01总变配电室高压进线柜，16路高压配出，进线设计量。

右侧地下商业设2×1000kVA，户内型干式变压器，负荷率为：76%、75%。

1~3层商业设2×1600kVA，户内型干式变压器，负荷率：74%、75%。

1、2、3号楼冷机设2×800kVA，户内型干式变压器，负荷率为：70%、70%。

01总变配电室共设6台变压器。

01-1号分变配电室：

3号楼设2×800kVA，户内型干式变压器，负荷率为：71%、71%。

左侧地下商业设2×1600kVA，户内型干式变压器，负荷率为：76%、75%。

01-2号分变配电室：

1号楼设2×630kVA，户内型干式变压器，负荷率为：71%、73%。

2号楼设2×800kVA，户内型干式变压器，负荷率为：71%、71%。

01-3号分变配电室：

4号楼设2×1250kVA，户内型干式变压器，负荷率为：75%、77%。

02地块变配电室设置：1个总变配电室，2个分变配电室，1个独立变配电室。

02总变配电室：由上级110kV站引来两路10kV高压电源经高压分界室至02总变配电室高压进线柜，10路高压配出，进线设计量。

7、8、9号楼及相关地下设4×1250kVA，户内型干式变压器，负荷率为：71%、71%。

02-1号变配电室：

6号及商业设4×1250kVA，户内型干式变压器，负荷率为：71%、71%。

02-2号变配电室：

地下及商业设2×1600kVA，户内型干式变压器，负荷率为：71%、71%。

5号楼变配电室：

两路10kV高压电源经高压分界室至变配电室高压进线柜，4路高压配出，进线设计量。

设 $2×1250+2×1000kVA$，负荷率为：63%，61%，76%，78%。

该项目变压器总装机容量 34660kVA，负荷指标 $90.3VA/m^2$。

变配电室配置表见表 4-2。

变配电室配置表 表 4-2

地块	变配电室	业态	经营模式	管理模式	计量方式	变电站设置
01	01 总变配电室	左侧地下商业	出售	物业管理	物业计量	2×1000kVA
		1~3 层商业	出租	物业管理	物业计量	4×1600kVA
		1、2、3 号楼冷机	散售	物业管理	物业计量	2×800kVA
	01-1 号分变配电室	3 号楼	整售	自营或物业管理	物业计量	2×800kVA
	01-2 号分变配电室	1 号楼	出租	物业管理	物业计量	2×630kVA
		2 号楼	出售	物业管理	物业计量	2×800kVA
	01-3 号分变配电室	4 号楼	还建	物业管理	物业计量	2×1250kVA
02	02 总变配电室	7、8、9 号楼及相关地下设	自持或出售	物业管理		4×1250kVA，
	02-1 号变配电室	6 号及商业	自持	物业管理	物业计量	4×1250kVA
	02-2 号变配电室	地下及商业	自持	物业管理	物业计量	2×1600kVA
	5 号楼变配电室	5 号酒店	自持	物业管理	电业计量	2×1250+2×1000kVA

4.3 变压器装机容量的分析配置

对于设计人员来说，系统的合理性不仅仅是满足国际、地标和行业标准，这只是必要条件，真正好的设计是满足用户的需求，能够解决从设计方案、投资预算、施工进度、安装调试到交付后满足客户不断变化的需求直至运营后的节能及成本核算等。

分析城市综合体配置变压器的装机容量，要考虑如下几方面因素：

4.3.1 项目所在地电业局关于供电变压器装机容量的要求

这是非常重要的一个环节，在（4.6）"各地区市政供电电压等级及供电系统常规做法"一节中收集了部分地区的一些要求，可以作为参考，但有些要求是当地的习惯做法并没有体现在法规当中，这就需要设计人员事先做些了解，以避免图样审查时通不过而造成返工和浪费，甚至可能引起方案性的调整，影响到各相关专业图样修改，延误工期等。

根据经验，全国大部分地区居民住宅小区的变配电室都是由电业局统一设计、实施及管理，所以对变压器装机容量要求比较严，例如：《10kV 及以下配电网建设技术规范》DB11/T 1147—2015（北京市地方标准）"6.6 变压器容量配置"一节中对变压器安装容量的计算原则除作出了明确的规定外，还规定居民小区的"公用配电室单台变压器容量不宜超过 800kVA"，在实际项目设计时采用 1000kVA 变压器还是允许的，但最大不能超过 1250kVA。《居住区供配电设施建设标准》DGJ32/TJ 11—2016（江苏省工程建设标准）"5.设备选型一节中有如下规定：配电室内变压器应选用 SCB11 型及以上包封绝缘干式变压器，配温控装置和冷却风机，带有金属外壳，并设置配变超温远程告警装置。建设初期单台变压器容量应选用 200kVA、400kVA、630kVA 及 800kVA，单个配电室内变压器台数应选用 1 台、2 台和 4 台。"

除居民住宅小区外，许多地区对于公共建筑的变压器装机容量也是有限制的，除北京地区可以使用 2500kVA 的变压器外，一般地区都要求将变压器控制在 2000kVA 甚至 1600kVA 以下，山东济南电力部门要求将变压器控制在 1250kVA。

4.3.2　按照不同业态考虑变压器容量配置

城市综合体（HOPSCA）是以建筑群为基础，融合商业、办公、酒店、公寓住宅、综合娱乐五大核心功能于一体的"城中之城"，下面就针对这五大核心功能进行分析。

（1）商业零售主要有百货、超市、精品购物街、沿街商铺等内容，综合娱乐主要有影院、冰场、健身等内容，之所以把这两部分放在一起讨论，是因为这两部分有较多的共同性，都是城市综合体内非常不容易把握的部分。

1）负荷的不确定性非常大，特别是最近几年，互联网经济对实体商业的冲击使得开发商对于商业的定位更加慎重，在方案设计阶段会要求商业布局、功能具有很大的可变性，甚至要求所有商铺均预留做餐饮的条件，以使后期的营销更加灵活，以适应不同租户的需求，因此会根据销售要求不断调整商铺的使用性质，使得负荷处在动态的变化之中。

2）商业的用电负荷大。虽然《全国民用建筑工程设计技术措施》中对商业的用电指标做出了规定，例如：中大型商业 120W/m² 的指标以远低于租户的要求，尤其是餐饮的用电负荷更大，而且不同类型的正餐和快餐、中餐和西餐差别也很大。例如：肯德基、麦当劳一般要求业主提供 250kW 用电量。目前国家规范及技术措施都没有对商业项目中不同类别商铺的量化用电指标，因此负荷计算缺少理论依据，多数情况都只能是设计人员根据以往工程经验或业主提供的数据进行计算，近年多个项目业主都要求所有商铺按大/中/小预留 150kW-100kW-50kW 的厨房用电。

3）开发商一般情况下都会将综合娱乐项目租给专业公司经营，特别是像影院、冰场、健身会所这样的场所，但在设计之初，开发商都还在招商谈判阶段，具有非常大的不确定性，这就需要设计师根据业主要求、项目规模、以往经验预估负荷及预留条件，一般影院供电系统供电电源电压等级一般为 400V/230V，大型的综合影院可能还需预留专用变压器。放映系统电源容量应按照观众厅座位数量多少或营业面积大小进行设置，大厅按照 30kW/厅；中厅按照 20kW/厅；小厅按照 15kW/厅预留电源容量。单位用电负荷指标可按照 120W/m² 预留，在不包括空调设备的情况下，电影院预留用电量一般不少于 300kW。

冰场要预留制冰用电量，如果有游泳池要考虑泳池初次加热是否采用电加热。

4）管理模式：由于需自供电部门领取税务发票及对用电独立核算等要求，百货、超市或部分大中型企业在商务租赁谈判时均坚决要求独立对供电部门计量，直接向供电局缴费。故需对有可能产生的此种业态也许单独设置变压器。

5）我国幅员辽阔，不同地区、不同城市的经济发展水平不均衡，居民消费水平、消费习惯不同，导致用电指标不同。

基于以上几个因素考虑，在对商业零售部分变压进行配置选型，进行负荷计算前要结合项目所在区域，了解建筑的性质，业态分布与业主进行充分的沟通，同商业策划紧密协作，调研同类建筑的用电负荷指标，除了满足现阶段业态的用电需求，还应具有一定的前瞻性，向建设方提供合理化建议。

如果项目中布局有整售整租的大型百货或超市，需为此类业态预留专用变压器。

合理的计算也是正确选择配置变压器容量的基础，从而即不至于把变压器的容量选的过大，造成前期投资以及实际运行中变压器空载率过高的浪费，又不至于把变压器的容量选的过小，造成无法满足租户需求，使用户流失。以下是根据以往的设计及部分实际运行项目经验得出的需用系数参考值：百货 0.65～0.75；超市 0.7～0.8；商铺 0.7～0.8；餐饮 0.5～0.6。考虑到为今后的发展预留一定的空间，商业用变压器的计算负载率不宜过高，一般在 65%～75%。

（2）办公类建筑的变压器配置选择计算相对容易一些。因办公建筑负荷相对稳定，重点需考虑以下几方面问题。

1）首先是业主对办公建筑目标客户的定位标准，若是单纯的办公建筑，单位面积用电负荷指标按 80～100W/m² （含空调用电）配置变压器基本上就能满足要求，但城市综合体往往会统一配置冷源，集中考虑制冷机房，所以在为办公建筑单独配置变压器的时候就要把这部分空调负荷剔除，经调研，除有特殊要求的客户外，一般的商务办公按照 60～70W/m² （不含空调），需用系数 0.6～0.7 配置变压器即可。

2）地方要求。全国大部分地区对于办公建筑的用电都没有限制，但按照《10kV 及以下配电网建设技术规范》DB11/T 1147—2015 （北京市地方标准）附录 D，"表 D.1 各类用地负荷指标表"中"行政办公"类仅仅只有 42W/m²，所以在做北京的项目时，就需要提前与业主及供电局沟通协调，避免供电指标无法满足客户要求影响业主的销售。

（3）一个大型的城市综合体内可能会配置多个不同档次（星级酒店或快捷酒店、经济型酒店）、不同规模（床位数）、不同类型（酒管公司经营管理还是自持）的酒店，一般情况下，由酒管公司经营管理的星级酒店均要求独立配置变压器，各酒管公司如：万豪、洲际、凯悦等也都有其相应的规范要求，只需根据其要求进行设计即可，当没有明确时可参照本课题其他章节提供负荷指标进行计算，一经确定变化的可能性及裕度不大。

（4）城市综合体中配置的公寓一般为两种，一种为住宅式公寓，户型可有一室户、两室户或三室户，但面积均不会太大，提供燃气；另一种为酒店式公寓，均为小户型且不提供燃气。公寓一般由开发商自持进行出租，租户向物业缴费。设计师在进行负荷统计时会发现一栋楼的公寓户数非常多，会出现每层十几户甚至几十户，若按常规每户 4～6kW 配置，设备容量非常大，这时进行变压器配置时需特别注意同期系数的选取，设计师应在对空调系统配置：分体空调或集中空调，集中热水或住户自行配置电热水器，是否提供燃气等充分了解后，与甲方沟通分析目标客户群的生活作息习惯规律，选取合适的同期系数，避免变压器选取过大引起变压器运行负载率偏的情况发生。

（5）全国大部分地区均对住宅的变压器配置有较详细及严格的要求，在设计时需了解当地要求并与供电部门沟通后取得一致。

下面以某一城市综合体项目为例说明不同功能及分区下变压器的配置情况。本项目位于银川市，是集购物、娱乐、餐饮、办公、展览、酒店、公寓及住宅于一体的大型城市综合体项目，分两期建设，现已建成投入使用。

一期总建筑面积 31.3 万 m^2，地上包括有一个大型百货、一个中型百货、一个综合影院、一个冰场，部分零售商业在内的 6 层裙房，一栋 25 层的写字楼，一栋 19 层的五星级酒店（凯悦）及酒店式公寓，共计 23.8 万 m^2；地下 2 层，包括地下车库、设备机房，其中地下一层有一大型超市，部分零售商业共计 7.5 万 m^2，二期总建筑面积 48.1 万 m^2，地面以上部分是由 12 座单体建筑组成的建筑集群，包括一栋 5 层的多层建筑，1、2 层商铺，3～5 层屋面为半开敞的停车楼；一栋 27 层包含有商铺、办公、酒店多功能的高层建筑；三栋为含底部三层商铺，上部 32 层公寓的高层建筑；三栋为含底部三层商铺，上部 32 层住宅的高层建筑；三栋三层的商业网点及商铺，一栋四层的建筑（图 4-1）。

图 4-1 银川市某城市综合体效果图

一期变压器配置表（设计）　　　　　　　　　　　表 4-3

变配电室编号	供电范围	变压器安装容量
1 号变配电室	一期北区商业	4×1600kVA
2 号变配电室	中区商业、办公塔楼	2×1250kVA+2×2000kVA
3 号变配电室	百货	2×2000kVA
4 号变配电室	一期南区商业	4×2000kVA
5 号变配电室	酒店	2×1250kVA

一期设计总装机容量 27400kVA。

一期变压器配置表（实施）　　　　　　　　　　　表 4-4

变配电室编号	供电范围	变压器安装容量
1 号变配电室	一期北区商业（F1～F6）	4×1600kVA
2 号变配电室	办公塔楼（F1、F7～F26）	2×1000kVA
3 号变配电室	王府井百货（F1～F3）	2×1250kVA+2×1600kVA
4 号变配电室	一期南区商业（B1，B2，F3～F6）	2×1000kVA
5 号变配电室	凯悦酒店	2×1250kVA（上部公寓部分由二期住宅变压器供电）
6 号变配电室	新华百货及超市 综合影院及冰场	2×630kVA 2×630kVA

一期实施装机容量 19120kVA。

从表 4-3、表 4-4 可以看出，最终的实施方案与原设计还是产生了较大的差距，因为在项目建设过程中，开发商根据销售布局及客户要求不断进行调整以满足各方的用电指标及计费、管理需求，但也引起包括建筑、结构及机电各专业不小的修改工作量。

在汲取了一期的经验教训后，设计师与业主，供电部门均加强配合沟通，及时调整思路，使得二期的设计更加切合实际需求（表 4-5）。

二期变压器配置 表 4-5

变配电室编号	供电范围	变压器安装容量
1号变配电室	动力中心	2×1600kVA 3×1374kW（高压制冷机）
2号变配电室	二期北区地下车库	2×630kVA
3号变配电室	二期北区地下车库及展览楼	2×1600kVA
4号变配电室	三栋高层住宅	2×800kVA
5号变配电室	二期商业	2×2000kVA
6号变配电室	办公、酒店	2×1250kVA
7号变配电室	一栋高层公寓	2×800kVA
8号变配电室	一栋高层公寓	2×800kVA
9号变配电室	一栋高层公寓	2×800kVA
10号变配电室	裙房商业	4×1250kVA

4.4 变压器运行负载率的合理范围

中国建筑设计院有限公司讨论分析城市综合体中各类变压器的运行负载率是比较困难的内容，所要涉及的因素非常复杂。牵扯到规范要求、负荷分析、负荷计算、发展预留、节能环保等。

4.4.1 《民用建筑电气设计规范》JGJ 16—2008

第 4.3.1：配电变压器选择应根据建筑物的性质和负荷情况，环境条件确定，并应选用节能型变压器。

第 4.3.2：配电变压器的长期工作负载率不宜大于 85%。节能是一项重要的国策，采用节能型变压器，符合国家的环境保护和可持续发展的方针政策。IEC 60364-8-1 认为：当变压器的铜损等于铁损时，变压器效率最高，此时变压器的负载率为 50%～75%。《电力变压器经济运行》GB/T 13462—2008 中规定：对双绕组变压器而言，变压器最佳运行区间为 $1.33\beta JZ2 \sim 0.75$。其中 βJZ 为变压器综合功率经济负载系数。

4.4.2 变压器的计算负载率与实际运行负载率是有差距的

1984 年在原建设部设计局的支持下，由当时的建设部建筑设计院、上海市华东建筑设计院、北京市建筑设计院、西北建筑设计院、西南建筑设计院等单位组成的民用建筑用电负荷调查组，对北京、上海、西安等地对各类民用建筑进行了大量的调查及实测，发现多数建筑的变压器在很低的负载率下运行。虽然经历改革开放三十多年的高速发展，国家的经济形势，人民的生活条件都发生了翻天覆地的变化，对民用建筑用电的需求已于当年不能同日而语，但经过调查发现：民用建筑变压器运行负载率低的现象仍然大量存在。

（1）部分城市综合体项目情况汇总分析见表 4-6。

部分城市综合体项目情况汇总　　　　　　　　　　　表 4-6

项目序号	项目所处地区	设计功率密度（VA/m²）	运行功率密度（夏季）（VA/m²）	运行负载率（夏季）
1	北京	109	32	29%
2	北京	140	59	42%
3	北京	130	50	39%
4	深圳	107	53	50%
5	佛山	120	36	30%
6	东莞	132	55	53%
7	天津	146	47	32%

（2）经调研，2004 年设计的北京海淀区某一城市综合体的情况如下：

本项目是一座集办公、餐饮、商业、公寓式酒店、住宅等功能为一体的综合型建筑群，是一典型的城市综合体建筑，公建部分总建筑面积 24.3 万 m²，其中地上 16.8 万 m²，地下 7.5 万 m²，住宅部分 17.3 万 m²。

表 4-7 是在夏季用电高峰期变压器的负载率，非夏季高峰期变压器的负载率更低。

某城市综合体用电统计　　　　　　　　　　　　表 4-7

	负荷性质	变压器容量（kVA）	运行负载率
1号变配电室	住宅	2×1000	～40%
2号变配电室	办公	2×800	35%
3号变配电室	办公、地下部分	2×1600（制冷设备）	40%
		2×1600	25%
		2×2000	35%
4号变配电室	商业、餐饮、公寓式酒店	2×2000	25%～30%
		2×1000	25%
5号变配电室	办公	2×1600	30%
6号变配电室	超市	2×1600	20%

因为项目在租售过程中变压器带载内容几经调整，已很难取得详尽数据，但从项目规模、性质分析，设计时所选取的单位面积负荷密度还是与业界常规取值数据相符合的，公建部分 94VA/m²，变压器计算负载率也都在 65%～80% 合理区间内，住宅部分当时设计为 4×800kVA 变压器，最后调整为 2×1000kVA 单位负荷密度更是低至 11.56VA/m²。但为什么会出现如此低的运行负载率呢？

经与业主共同分析其中原因：

1）近几年，伴随着互联网经济的迅猛发展，各种传统商业模式不同程度地受到冲击，商业设施供过于求，商业地产面临着选址难、招商难、运营难三大困境，城市综合体中商业版块也是如此，造成商铺出租率较低，客流量减少，直接造成变压器运行负载率偏低。

2）此项目办公楼大部分整栋出租给了大型国企，少量散租。因企业性质等因素，单位面积办公人员不多，故办公用电负荷量不大，也造成变压器运行负载率偏低。

3）住宅多为大户型，且有近一半的连体别墅，入住率不高，所以变压器运行负荷率较低。

（3）造成变压器运行负荷率偏低还有以下几个因素：

1）民用建筑的情况非常复杂，不同地区，不同的工程规模，不同的建设标准，使单位面积用电负荷密度很难把握，没有一个各方都认可的指标，所以电气工程师在设计时往往"宁大勿小"使变压器设计安装功率选择偏大。

2）业主的销售部门、商管部门为了项目销售上的策略也要求提供给客户的用电负荷量能够满足从低端到高端所有类型客户的需求，要求设计师报请供电方案时在供电部门允许的区间内尽可能争取上限值，以避免以后增容的麻烦。

3）客户要求过高。有些客户所要求的用电负荷量往往大于实际需求，或者是最大峰值需求，实际使用中的用电负荷大大低于所提需求，造成变压器安装功率选择偏大。

（4）电力变压器长期不合理的轻载运行，即常说的"大马拉小车"现象，使变压器容量得不到充分利用，效率降低。

如何才能合理选择配置变压器，使变压器运行负载率处于一个合理的区间内，项目在做变压器安装容量计算时，变压器设计负载率的取值应考虑如下几方面因素：

1）考虑到商业区域业态的不确定及投入使用后仍会出现经常性的调整，为保证足够的电源容量预留，在单位负荷密度取值时宜采用中间偏上值，并使变压器设计负载率不宜过高，宜在70%～80%之间。应注意同期系数的选取，并适当采用大容量的变压器，这样有利于对负荷分配进行灵活的调整。

2）高级别星级酒店，经营方对电源的可靠性要求较高，应考虑在一台变压器故障时，另一台变压器仍能保证酒店的基本运行，因此酒店专用变压器设计负载率不宜过高，宜保持在65%～70%。

3）办公建筑的用电量相对稳定，装修照明用电量不会很大，主要用电负荷为计算机等办公设备，应尽量避免办公用电的变压器安装容量过大，造成变压器的实际运行负载率偏低，在单位负荷密度取值时宜采用中间偏下值，并使变压器设计负载率稍高，宜在75%～85%之间。应注意的是，通常的概念越是高档办公越需要大的用电负荷，客户也往往是此类需求，但实际情况是高档办公人员密度低，单位面积用电负荷量并不大，反之高密度的散租低档办公由于人员密度大，单位面积的用电负荷量更大，所以解决这个问题的关键在于尽量在设计过程中与业主充分沟通在项目定位上取得一致，如果不能确定，则可采取封闭式插接母线为办公楼层供电的方案，末端预留较大的负荷量，但在变压器计算时将同期系数值取得较低一些，既避免了办公用电的变压器安装容量过大，又可满足不同用户需求。

4）住宅类建筑变压器的负载率可以取大一些，在85%左右。

5）体量大的城市综合体一般会为不同业态单独配置变压器，可遵循以上设计原则，体量较小的城市综合体则会出现不同业态共用变压器的情况，这时需考虑将不同用电时段的用电负荷配置在同一组变压器上，例如：办公建筑用电一般集中在日常早8：00～晚18：00之间，商业建筑用电集中在节假日及日常晚间，可以将这两种用电负荷共用变压器以提高变压器的利用率，所以须根据不同地区居民生活、工作习惯，对用电负荷性质及用电时段等进行认真调研分析，做出合理的设计。

4.5　不同功能业态对用电负荷指标的需求

大型城市商业综合体在经济发达的城市越来越常见，甲方对于商业建筑有不同的管理模式，主要分为销售型和自持型。

销售型：沿街商铺、精装公寓楼、普通写字楼。

自持型：百货、精品室内步行街、大型超市、五星酒店、甲级写字楼、地下车库、餐饮、影院、KTV、健身、电器、酒楼、儿童业态等。

对于电气专业，在城市商业综合体的设计阶段，合理估算功率密度指标非常重要，既要考虑符合规范，又要满足业主对业态初步设想的需求；既要满足配置，又要考虑经济合理性。这就需要在设计中结合以往的工程经验和招商环节中业主提供的用电需求，对功率密度指标进行不断的归类，总结。

下面分类收集一些以往的工程设计中，商业综合体内办公、酒店、公寓以及商业不同业态的功率负荷指标。

4.5.1　一整售办公楼在商业综合体内不同功能区域的功率负荷指标

一整售办公楼在商业综合体内不同功能区域的功率负荷指标见表4-8。

一整售办公楼在商业综合体内不同功能区域的功率负荷指标　　表4-8

类别	面积（m²）	用电量（kW）	功率负荷密度（W/m²）
办公区	2000	130	65
会议室	200	12	60
大堂	500	20	40
地库	2000	25	12

4.5.2　一出租办公楼在商业综合体内不同功能区域的功率负荷指标

一出租办公楼在商业综合体内不同功能区域的功率负荷指标见表4-9。

一出租办公楼在商业综合体内不同功能区域的功率负荷指标　　表4-9

类别	面积（m²）	用电量（kW）	功率负荷密度（W/m²）
办公区	3500	262	75
会议室	130	10	65
大堂	400	16	40
地库	3000	45	15

4.5.3　某四星级酒店内不同功能区域的功率负荷指标

某四星级酒店内不同功能区域的功率负荷指标见表4-10。

某四星级酒店内不同功能区域的功率负荷指标　　表4-10

序号	区域	功率负荷指标估算
1	厨房	400～800W/m² 其中宴会厅厨房取1000W/m²
2	地库	8～15W/m²
3	标准客房	2～4kW/套
4	套房	3～5.5kW/套

续表

序号	区域	功率负荷指标估算
5	行政套	10~15kW/套
6	总统套	30kW/套
7	大堂	70W/m²
8	大堂吧	50W/m²
9	会议室	40W/m²
10	宴会厅	80W/m²
11	宴会厅前厅	100W/m²

由于酒店星级标准要求不同、酒店管理公司要求不同等原因，酒店电气设计必须针对实际需求进行相应变化。

4.5.4 商业综合体中住宅的功率负荷指标

住宅的负荷指标受多种因素影响，不宜简单地规定硬性指标，特别是全国通用的指标。表4-11列出了住宅用电负荷的集中指标。

住宅用电负荷的集中指标   表4-11

每套建筑面积 S(m²)	用电负荷(kW)	每套建筑面积 S(m²)	用电负荷(kW)
《住宅建筑电气设计规范》JGJ 242—2011		南方电网公司	
S≤60	≥3	S≤80	4
60<S≤90	≥4	81~120	6
90<S≤150	≥6	121~150	8~10
S>150	超出面积可按40~50W/m²	S>150的高档住宅、别墅	12~20
上海市电力公司		香港中华电力公司	
S≤120	8	20~50	2.8kVA
120~150	12	51~90	3.2kVA
S>150	80W/m²	91~160	4.2kVA
		S>160	4.6kVA

可以看出，住宅的负荷指标根据地域不同有很大区别。

4.5.5 商业综合体中商业部分不同类型餐饮的功率负荷指标

（1）在初步设计阶段，当业主未提出明确的需求，招商环节未开始时，厨房和餐厅的分隔常常不明确，厨房及餐饮的性质类别也不明确，此时为了给后期设计留够足够的余量，可视1/3面积为厨房，2/3面积为餐厅（用电量不含空调主机容量），厨房部分按1000W/m²预留，餐厅部分按50W/m²预留。

（2）当厨房和餐饮的类别初步明确时，可按照整个餐饮的面积，根据餐饮的类别估算功率负荷指标，日式厨房按800W/m²，宴会厅厨房及西餐厅厨房按1000W/m²，中餐厅厨房按700W/m²，备餐间按200W/m²（用电量不含空调主机容量）。

上述数据在方案、扩初阶段，业主招商部门未介入的情况下，负荷密度的取值差别是很大的。

（3）根据以往工程收集了某大型社区附属商业不同餐饮业态的负荷密度指标（用电量不含空调主机容量）见表4-12。

某大型社区附属商业不同餐饮业态的负荷密度指标　　　　　表 4-12

商户类别		餐馆			厨房		
	类型	面积 （m²）	用电量 （kW）	功率负荷密度 （W/m²）	面积 （m²）	用电量 （kW）	功率负荷密度 （W/m²）
餐饮	酒吧	280	30	107	20	8	40
	甜品店	260	40	153	34	25	411
	中式快餐	1500	300	200	230	50	218
	川菜馆	1800	420	233	235	155	660
	西餐厅	500	130	260	75	85	1133

表4-13、表4-14收集了某商场餐饮层不同餐饮业态的负荷密度指标（用电量不含空调主机容量）。

某商场餐饮层不同餐饮业态的负荷密度指标一　　　　　表 4-13

商户类别	面积（m²）	用电量（kW）	功率负荷密度（W/m²）
日式简餐	168	27	160
西式简餐	500	93	186
全日西餐厅	175	280	625
铁板烧/寿司吧	190	208	900
酒吧	188	10	53
甜品屋	260	40	153
饼屋	65	115	565
韩式烧烤	118	18	95

某商场餐饮层不同餐饮业态的负荷密度指标二　　　　　表 4-14

类别	商家	面积需求（m²）	用电需求（kW）	功率负荷密度（W/m²）
高端商务餐	小南国	1500	300～380	200～250
西餐	王品	1500	160	107
西式快餐	必胜客	500～600	250	417～500
西式快餐	釜山	500	180～210	360～420
日韩餐厅	元绿寿司	200～300	70	230～350
日韩餐厅	味千拉面	350	200	570
川菜馆	辛香汇	600～700	250	357～417
休闲餐厅	塔克	500	120～180	240～360
咖啡	星巴克	200	60	200
面包甜点	巴黎贝甜	100	140～200	140～200

由表中数据可见，餐饮用电的负荷密度变化很大，酒吧、简餐类别的餐厅厨房负荷密度较低，西式快餐、甜品类和烧烤类餐厅厨房负荷密度较高，但烧烤类也和是否为燃气烧烤有关，燃气烧烤的负荷密度较低，电烤类的负荷密度较高。

4.5.6 不同类型超市的负荷指标

超市作为商业综合体一个必不可少的业态，其面积规模与经营模式有关，要求各不相同，大型超市一般要求独立电源，独立空调主机，用电除了空调照明，还有很大部分消耗在生鲜区冷库、冷冻冷藏柜用电上。精品超市、中小型超市常常是附属在商业建筑中，一般空调系统不单独设置，但应单独做电能计量。表 4-15 收集了各种不同类型超市的变压器负荷指标。

不同类型超市的变压器负荷指标　　　　　　　　　　　　表 4-15

超市名称	面积（m²）	电源要求	用电容量（kVA）	负荷指标（VA/m²）
大润发	15000	二路	4500	300
易初莲花	16000	二路	3200	200
家乐福	20000	二路	3200	160
仓储式超市	20000	二路	3200	160

4.5.7 某著名地产商商业广场业态功率负荷密度标准

该地产商作为商业地产的先行者，对于旗下综合体的规划与要求已经有成熟的模式，设计标准明确，具有一定的参考意义。在表 4-16 的供电负荷总指标中，空调系统负荷均以压缩式制冷设备负荷为基准，如空调系统选用吸收式制冷设备，总供电负荷密度指标将降低 20%～30%。各业态供电负荷指标应根据标准，并结合当地经济发展水平及当地供电部门有关标准确定。室内步行街餐饮面积按全部步行街面积的 50%计算。室内步行街的公共区照明负荷不应超过 30W/m²，包含装饰照明和局部照明。

某城市综合体供电负荷总指标　　　　　　　　　　　　表 4-16

业态名称	功率负荷密度指标（W/m²）	
	综合指标	不含空调冷源综合负荷
高档百货	150	110
大型超市	150	110
家电超市	100	80
万达影城	100	80
KTV	120	100
电玩	110	80
儿童城	80	60
次主力店	100（非餐饮）	80
次主力店	150（餐饮，有燃气）	110
大型酒楼	180（有燃气）	
健身	100	80
洗浴	100	80
物管用房	80	60
员工食堂	150	110
地下停车场	20	20
西式快餐	每店提供 250kW	
星巴克	每店提供 100kW	
餐饮，不使用燃气	250（每间店铺容量不小于 10kW，含空调主机）	
餐饮，使用燃气	200（每间店铺容量不小于 10kW，含空调主机）	

续表

业态名称	功率负荷密度指标（W/m²）	
	综合指标	不含空调冷源综合负荷
服装及配套	100（每间店铺容量不小于10kW，含空调主机）	
公共区域	100	70
中庭	大中庭预留100kW，小中庭预留50kW	
写字楼	100～120	90
公寓	80未设煤气、天然气或分体空调	
住宅底商/室外步行街餐饮	250（每间店铺容量不小于10kW）	

4.5.8 某大型购物中心娱乐、购物类商业业态功率负荷指标

某大型购物中心娱乐、购物类商业业态功率负荷指标　　　　表4-17

业态名称	品牌	面积（m²）	用电需求（kW）	功率负荷密度（W/m²）
生活杂货	屈臣氏	200～300	100	300～500
精品家居家电	特力屋	2200	180	80
国际快消服饰	H&M	2000	150	75
普通零售		150	10	67
电影院	星美影院	5000	650	130
儿童乐园	奇乐儿	300	24	80
电玩	城市英雄	1300	180～230	140～177
美容美发	美食广场	200～250	60	240～300
箱包	LV	200	30	150
女士鞋/包/眼镜	Coach	132	15	120
时装	宝姿	98	10	100
珠宝	卡地亚	115	15	120

由表4-17可见，普通的零售或快消类店铺的功率负荷密度低，这类店铺内主要是一些装修照明，经营管理用计算机系统电源、收银系统用电。奢侈品店铺除了装修照明，还有一些柜台局部照明，另外奢侈品店铺广告位，LED大屏，lego用电量也较大，因此功率负荷密度高。

大型商业综合体中不同业态的功率负荷指标取值应根据同类项目实测数据的不断积累、深化和细化。商业综合体先按办公、住宅、酒店和商业进行分类。商业又进一步按百货、家电、珠宝、餐饮、娱乐等细化。成熟的商业地产单位会提供一份比较完善的设计任务书，设计人员在初期负荷统计，供电系统可按照设计任务书进行设计。但施工配合阶段，租户陆续入驻，商业地产往往根据租户的需求，不断调整商铺的性质，使得负荷总在动态变化之中。目前的规范和技术措施没有对商业项目中不同类别商铺的参数指标进行细化，工程设计中的负荷计算缺少依据，大多数情况只能靠设计人员根据以往的工程经验或业主提供的数据进行设计。在负荷计算前，要了解该建筑的性质、各层的功能，并且与建设方进行良好的沟通，确定各层的业态形式，商铺面积和性质，这是电气负荷计算的基础依据。

4.6 各地区市政供电电压等级及供电系统常规做法

4.6.1 北京市

本部分根据 DB11/T 1147—2015《10kV 及以下配电网建设技术规范》选编。

（1）供电电压

1）额定电压应符合以下要求：

低压供电：220V、380V；

中压供电：10kV。

2）电压等级选择应符合以下要求：

用户预计最大负荷在 0-5kW（不含）选用 220V 电压等级供电；

用户预计最大负荷在 5kW-20kW（不含）选用 220V 或 380V 电压等级供电；

用户预计最大负荷在 20kW-50kW（不含）选用 380V 电压等级供电；

用户预计最大负荷在 50kW-100kW（不含）选用 380V 或 10kV 电压等级供电；

用户预计最大负荷在 100kW-10000kW（不含）选用 10kV 电压等级供电；

用户预计最大负荷在 10000kW 及以上宜研究 35kV 及以上电压等级供电的可能性，用户预计最大负荷大于 10000kW 且 35kV 及以上电压等级供电困难时，应采用 10kV 多路供电。

（2）电气联络

1）10kV 用户电气主接线联络应符合以下规定：

对于普通用户，原则上 10kV 侧不联络；

对于重要用户，10kV 侧应装设联络母联断路器；

10kV 侧有联络用户，采用母线分段运行。

2）10kV 侧具有联络设备应符合以下运行原则：

10kV 侧有联络的设备，只允许手动操作模式进行倒闸操作，不应具有自投功能；

10kV 侧有联络的设备，进行倒闸操作时，与其他 10kV 进线断路器不应同时合闸运行（即不能合环运行）；

与电力部门建立调度关系的用户，应与调度部门签署调度协议。

（3）无功补偿

10kV 供电的用户功率因数不宜低于 0.95。其他用户和大、中型电力排灌站、整购转售电企业，功率因数为 0.85 以上。农业生产用电，功率因数为 0.80 以上。

无功电力应分区、就地平衡。用户应按照功率因数要求配置无功补偿设备。

（4）继电保护

10kV 线路配置两段式相间电流保护，低电阻接地系统还应配置两段式零序电流保护；有全线速动要求可配置纵联电流差动保护。

220/380V 线路公用配电变压器低压侧主断路器应具备两段式电流保护功能。馈线开关应与主进断路器进行级间配合，应具备瞬时、长延时二段式电流保护。

变压器配置相间速断和过流保护，若 10kV 侧为低电阻接地系统，还应配置两段式零序过流保护。干式变压器的过温及超温保护分别动作于报警和掉闸；配有瓦斯保护的油浸型变压器瓦斯保护应动作于掉闸。

（5）计量装置

普通低压供电的用户，负荷电流在 100A 及以下时，智能电表计量装置接线宜采用直接接入式。负荷电流为 100A 以上时，宜采用经电流互感器接入，电流互感器及计量表应安装在专用计量箱。

10kV 高供低量及低供低量供电用户，电能计量装置应独立封闭。

10kV 及以上供电的客户，宜在 10kV 侧计量；对 10kV 供电且容量在 315kVA 及以下时，高压侧计量确有困难时，可在低压侧计量。

（6）电缆分界设施

10kV 用户接入电缆网时，必须建设电缆分界设施（专用线除外），作为单个用户与电网的产权分界处，并可具备电缆分支功能。

电缆分界设施所配置的环网柜应安装在用于隔离 10kV 供电用户内部故障的断路器或负荷开关。

断路器或负荷开关配置电动操作机构，具有配电自动化远方遥控功能；电操机构操作电源宜选用直流 48V，环网柜内安装电压互感器。

（7）用户配电室

1）10kV 侧负荷以下条件时，应选用断路器柜：

① 进线所带变压器总容量大于 3200kVA 或单台干式变压器容量在 1250kVA 及以上或单台油浸式变压器容量在 800kVA 及以上时；

② 由 220kV 变电站直接供电时；

③ 对供电可靠性要求高时。

2）10kV 配电室进线所带变压器总容量小于 3200kVA（含 3200kVA）且单台干式变压器容量在 1250kVA 以下或单台油浸式变压器容量在 800kVA 以下时，可选用 SF$_6$ 或真空环网开关柜。

3）采用环网开关柜时，变压器出线单元应采用负荷开关熔断器组，馈线单元应装设故障指示器。

4）非独立建筑的配电室，应采用无油化配电设备。安装于公建内的 10kV 配电室应选用干式节能型变压器；独立建筑配电室建有变压器间时，可选用全密封的油浸式变压器，宜选用 S13 或其他节能型变压器。

5）低压主开关、联络开关应配置至少带有长延时、短延时保护功能的电子脱扣器，馈线开关宜配置至少带有长延时、瞬时保护功能的电子脱扣器。低压联络开关应装设自动投切及自动解环装置。

6）重要用户的用户配电室宜预留发电车电源接入接口，满足发电车的接入条件。

4.6.2　上海市

本部分根据《上海电网若干技术原则的规定（第四版）》和《上海中、低压电网配置原则及典型设计（2010 版）》选编。

（1）供电电压

用户按最大需量、用电设备装接容量或用户受电总容量确定供电电压。供电电压由表 4-18

中任一条件确定。

用户供电电压等级　　　　　　　　　　　　表 4-18

供电电压	最大需量	用电设备装接容量	用户受电设备总容量
220/380V	不大于 150kW	不大于 350kW	
10kV	大于 150kW	大于 350kW	250～6300kVA（含 6300kVA）
35kV			6300～40000kVA
110kV 及以上			40000kVA 及以上，需具体研究确定

注：在区域现状 10kV 网络供电能力有充足的裕度、规划 110（35）kV 变电站降压容量能够满足地区远景发展需要的情况下，经技术方案论证，采用多回路 10kV 电压等级供电的用户装接容量，可适当突破，但原则上不超过 8000kVA。

（2）无功补偿

1）上海电网的无功电源的配置应满足电网对无功的要求，提高电压质量，降低线损，防止电网发生电压崩溃事故等。

2）用户无功应就地平衡。用户变电站配置的并联电容器组，需具有按功率因数控制的自动投切功能。

3）变、配电站应合理配置恰当容量的自动无功补偿装置，保证 500kV 及以下变电站在最大负荷、轻负荷时中低压侧出线的功率因数的规定值见表 4-19。

变电站功率因数的规定值　　　　　　　　　表 4-19

变电站高压侧电压（kV）	变电站中低压侧出线功率因数 $\cos\varphi$	无功补偿配置原则
500		应配置不少于 2 组电容器（或动态无功装置）或预留位置；电抗器容量不宜低于 500kV 线路充电功率的 90%
220	0.95～0.98	装设电容器组的容量为主变容量的 12%～20%；220kV 电缆进线的终端站应装设低压电抗器，所配置电抗器和电容器的总量不宜超过主变容量的 20%
110 35	0.90～0.98	装设电容器组的容量为主变容量的 12%～16.7%，进出线大量采用电缆的变电站也可配置电抗器
10	0.85～0.98	装设电容器组的容量为配电变压器容量的 15%～30%

（3）接地要求

1）35kV、10kV 变配电站内电力设备的接地。

35kV、10kV 电力设备接地，接地电阻 $R \leqslant 1\Omega$。

35kV 和 10kV 中性点经小电阻接地系统的电力设备，应达到入地短路电流值为 1000A 的要求。

2）变压器中性点应有两根与主接地网不同干线连接的接地引下线，重要设备及设备架构等宜有两根与主接地网不同干线连接的接地引下线，且每根引下线均应符合热稳定的要求。

3）变电站 35kV 和 10kV 系统单段供电母线接地容性电流超过 100A 时应采用小电阻接地方式，接地容性电流在 10～100A 之间可采用消弧线圈自动补偿接地方式或小电阻接地方式，接地容性电流小于 10A 时可采用不接地系统。

4）短路电流控制见表 4-20。

上海电网的三相短路电流控制标准　　　　　　　　　　　表 4-20

电压等级（kV）	短路电流（kA）
1000	63
500	63（80）
220	50（63）
110	25
35	25
10	20

（4）变压器参数配置

1）变压器阻抗电压。10/0.38kV 配电变压器，容量为 400kVA 及以下时，阻抗电压百分比及允许偏差为 4±5％。

容量为 500kVA 及以上油浸式配电变压器阻抗电压百分比及允许偏差均为 4.5±5％，干式配电变压器阻抗电压百分比及允许偏差均为 6±5％。

10kV 配电变压器的选择具体参见《上海中、低压电网配置原则及典型设计》。

2）新装设 10/0.38kV 配电变压器宜选用 D，yn11 联结组，以适应低压侧三相负载不平衡的需要。

3）应积极推广采用节能型、环保型变压器。新购的配电变压器应选用 S11 及以上的节能型设备。

（5）计量装置

1）用户的各路进线电源分别装表计量。配置按照上海市电力公司《上海电网贸易结算用电能计量装置标准化配置方案》执行。宜考虑采取相应防窃电措施。非居民三相用户的计量装置应具有计量有功、无功最大需量的功能。所有用户应配置采集设备，接入用电信息采集系统，配置按照上海市电力公司《电力用户用电信息采集系统建设实施原则》等规定执行。

2）一般用户，供电电压即为量电电压。计量装置设在用户受电侧。

3）通用厂房内的低压用户，一般采用集中装表计量，也可按层或按最小建筑或用电单位计量。沿街商铺宜采用分段集中的装表方式。

4）商、住、办混合楼：

① 按层设独立表间。

② 居民电表箱按层集中安装在表间内。

③ 商店、办公楼按单位装表，单独设置电表箱。如采用低压供电，电表箱按层安装在表间内。

④ 消防设施、水泵、电梯、应急照明、过道灯和楼梯灯等公建设施单独装表供电，提供低压备用电源，电能表集中安装在总配电间内。

（6）继电保护

10～110kV 线路、主变、接地变、电抗器、电容器保护的配置原则见表 4-21。

表4-21

110kV、35kV、10kV系统保护配置表

线路		110kV	35kV 电阻接地	35kV 消弧线圈接地/不接地	10kV 电阻接地	10kV 消弧线圈接地/不接地
	终端线	过电流（电压）I段　　　t/0 过电流（电压）II段　　t/0 过电流III段　　　　　　t 零序电流I段　　　　　　t/0 零序电流III段　　　　　t 三相一次重合闸	过电流（电压）I段　　t/0 过电流（电压）II段　　t/0 过电流III段　　　　　t 零序电流I段　　　　　t/0 零序电流II段　　　　　t 三相一次重合闸 低频减载	过电流（电压）I段　　t/0 过电流（电压）II段　　t/0 过电流III段　　　　　t 三相一次重合闸 低频减载	过电流I段　　　　　　t/0 过电流II段 （定时限/反时限）　　t 零序电流I段　　　　　t/0 零序电流II段 （定时限/反时限）　　t 间歇性接地III段　　　t 三相一次重合闸 （前加速/后加速） 低频减载 纵差（可选） 注：要求零序电流中必须有一阶段定值≤300安培；在变电站送第一级K型站的线路两侧可配置光纤纵差保护	过电流I段　　　　　t/0 过电流II段 （定时限/反时限）　t 三相一次重合闸 （前加速/后加速）　t 低频减载 纵差（可选） 注：在变电站送第一级K型站的线路两侧可配置光纤纵差保护
	联络线或备用互馈线、送开关站线路、环进环出线路	相间距离 I（t/0），II（t）段，III（t）段 接地距离 I（t/0），II（t）段，III（t）段 零序电流（方向）I（t/0）、II（t）、III（t）段零序电流 三相一次重合闸 III（t）段三相一次重合闸纵差	过电流（电压）I段　　t/0 过电流（电压）II段　　t/0 过电流III段　　　　　t 零序电流（方向） 零序电流（方向） 三相一次重合闸纵差 注：并电厂的联络线根据距离设置保护	过电流（电压）I段　　t/0 过电流（电压）II段　　t/0 过电流III段　　　　　t 三相一次重合闸纵差 注：并电厂的联络线根据距离设置保护		

243

续表

设备		110kV	35kV 电阻接地	35kV 消弧线圈接地/不接地	10kV 电阻接地	10kV 消弧线圈接地/不接地
主变		带制动的差动（电压闭锁）过流 过负荷（中、低压侧母线专用保护）瓦斯 若中、低压系统为电阻接地系统，则在相应侧的接地电阻加装相应的接地保护（零序电压）注：中压侧或低压侧并入小电源，则该侧应加方向过流	带制动的差动（电压闭锁）过流 过负荷 35kV零序电流 瓦斯	带制动的差动（电压闭锁）过流 过负荷 瓦斯		
接地变	干式		过电流 I 段 0 过电流 II 段 t 零序电流 I (t)、II (t) 段 瓦斯	过电流 I 段 0 过电流 II 段 t 瓦斯		
接地变	油浸式		过电流 I 段 0 过电流 II 段 t 零序电流 I (t)、II (t) 段 瓦斯	过电流 I 段 0 过电流 II 段 t 瓦斯		
电抗器			差动 过电流 零序电流 瓦斯	差动 过电流 瓦斯		
电容器			过电流 I 段 0 过电流 II 段 t 横差或差压 零序电流 I (t)、II (t) 段 低电压 过电压	过电流 I 段 0 过电流 II 段 t 横差或差压 低电压 过电压	过电流 I 段 0 过电流 II 段 t 横差或差压 零序电流 I (t)、II (t) 段 过电压	过电流 I 段 0 过电流 II 段 t 横差或差压 过电压

4.6.3　福建省

本部分根据福建省《10kV 及以下电力用户业扩工程技术规范》DB35/T 1036—2016 选编。

(1) 供电电压

用户受电变压器总容量在 50kVA～10mVA 时（含 10mVA），宜采用 10kV 供电，无 35kV 电压等级地区，10kV 供电容量可扩大至 15mVA。用户申请容量超过 15mVA 时，经过论证后可采用 110kV 电压等级供电或采用 10kV 多回路供电。10kV 电压等级供电容量不应超过 40mVA。

10kV 电力用户的用电容量即为该户接装在与 10kV 供电系统直接联系的所有变压器、高压电机等用电设备容量的总和。

(2) 无功补偿

无功电力应分层分区、就地平衡，100kVA 及以上 10kV 供电的电力用户，在高峰负荷时的功率因数不宜低于 0.85。其他电力用户和大、中型电力排灌站、转购转售电企业，功率因数不宜低于 0.9。农业用电功率因数不宜低于 0.85。

无功补偿装置一般设置在变压器低压侧，采用成套装置。

电容器的安装容量，应根据用户的自然功率因素计算后确定。当不具备设计计算条件时，按照变压器容量的 20%～30%确定。

10kV 侧每段母线的电容器装置不宜装设在同一电容器室内。

(3) 继电保护

用户变电所中的电力设备和线路，应装设反应短路故障和异常运行的继电保护和安全自动装置，满足可靠性、选择性、灵敏性和速动性的要求，应有主保护、后备保护和异常运行保护，必要时可增设辅助保护。

10kV 进线装设速断或延时速断、过电流保护。对小电阻接地系统，宜装设零序方向保护。

电压在 10kV 及以下、容量在 10000kVA 及以下的变压器，采用电流速断保护和过电流保护分别作为变压器主保护和后备保护。干式变压器应配置温度保护。当干式变压器单台容量不大于 1000kVA 时，宜采用负荷开关-熔断器组合电器保护变压器。

(4) 计量装置

受电变压器容量在 315kVA 及以上的永久性用电用户一般采用高供高量方式；受电变压器容量在 315kVA 以下的电力用户可采用高供低量方式。

用户一个受电点内不同电价类别的用电，应分别装设计费电能计量装置。但在用户受电点内难以按电价类别分别装设用电计量装置时，经批准可装设总的用电计量装置，然后按其不同电价类别的用电设备容量的比例或实际可能的用电量，确定不同电价类别用电量的比例或定量进行计算，分别计价。

(5) 用户主接线

具有 10kV 双重电源供电的一级负荷用户，应采用单母线分段接线，装设两台及以上变压器。当用电容量在 500kVA 及以下时，10kV 可采用单母线接线，0.4kV 侧应采用单母线分段接线。

具有两回线路 10kV 供电的二级负荷用户，宜采用单母线分段或线路变压器组接线。当装设两台及以上变压器，0.4kV 侧应采用单母线分段接线。

单回线路供电的三级负荷用户，其电气主接线，采用单母线或线路变压器组接线。

（6）设备选型

非住宅小区配电房中单台变压器的容量不宜大于 1250kVA。当用电设备容量较大、负荷集中且运行合理时，可选用较大容量的变压器。

10kV 开关柜宜选用金属铠装移开式或气体绝缘金属封闭式开关柜。安装在配电室的移开式开关柜宜配真空断路器或真空负荷开关-熔断器组合电器。变压器单元保护宜采用负荷开关-熔断器组合电器。

潮湿场所的移开式开关柜断路器及负荷开关应采用固封技术，真空灭弧室采用 APG 注射固封工艺，组合电器采用直接插拔方式更换熔断器，熔断器更换迅速、便捷。

（7）变压器台数和容量

1）非住宅小区变压器台数的确定

① 应满足用电负荷对可靠性的要求。对于重要电力用户或有一级负荷的用户，应选择两台或多台变压器供电；

② 对季节性负荷或昼夜负荷变化较大的用户，宜采用经济的运行方式，技术、经济合理时可选择两台或多台变压器供电。

2）非住宅小区变压器容量的确定

① 装单台变压器时，其额定容量 SN 应能满足全部用电设备的计算负荷 SC，考虑负荷发展应留有一定的容量裕度，并考虑变压器的经济运行，即 SN≥(4.15～1.4) SC；

② 装有两台及以上变压器时，当断开一台，其余变压器的容量应满足全部一级负荷和二级负荷的用电。

（8）10kV 用户接入

对变压器容量为 90～5000kVA（含 5000kVA）的用户变电所，若采用电缆线路接入方式，应接入开闭所的 10kV 开关柜或配电站、环网站的 10kV 环网柜等电网公共连接点；

对变压器容量为 5000kVA 以上的用户变电所，原则上应接入变电站的 10kV 开关柜。

（9）自备应急电源

自备应急电源配置的一般原则为：自备应急电源配置容量标准必须达到重要负荷的 120％。自备应急电源与电网电源之间应装设可靠的电气或机械闭锁装置，防止倒送电。

自备应急电源工作时间应按用户生产技术上要求的停车时间考虑。当与自动启动的发电机组配合使用时，不宜少于 10min。

（10）自动投入装置

应急电源自动投入装置，应具有保护动作及手动分闸闭锁的功能。

10kV 侧进线断路器处，不宜装设自动投入装置。

0.4kV 侧采用具有故障闭锁的"自投不自复"、"手投手复"的切换方式，不采用"自投自复"的切换方式。

一级负荷用户，宜在变压器低压侧的分段开关处，装设自动投入装置。其他负荷性质用户，不宜装设自动投入装置。

4.6.4 广东省

本部分根据《广东电网有限责任公司配电网规划技术指导原则（2016版）》选编。

（1）供电电压

广东电网配电网电压等级的构成：

高压配电网：110kV、35kV；

中压配电网：20kV、10kV；

低压配电网：380V、220V。

除已有20kV配电网区域外，后续新建、改造的区域需经充分的技术经济论证，获中国南方电网有限责任公司批复后，方能采用20kV配电网。

用户供电电压等级应根据用户变压器需用容量、用电设备装见容量或电力用户设备总容量确定。供电电压等级宜按表4-22选择，有不同供电电压等级可供选择的时候，必须经过充分技术经济论证后确定供电电压等级。

用户供电电压等级推荐表　　　　　　　　　　　表 4-22

用户报装容量（总装接容量合计）	供电电压等级（kV）
100kVA 以下	0.38
100kVA（含）至 5MVA	10(20)
5mVA（含）至 40MVA	110、35、10(20)
40mVA 及以上	110

对于需要分期报装的用户，应根据用户分期的装见容量确定分期接入方案，分期接入方案应为终期接入方案提供过渡条件。

电动汽车充电桩应合理布设、三相均衡地接入低压配电网，避免低压系统中性点偏移、电压异常，集中布设的充电桩宜采取装设滤波器等措施改善电能质量，非车载充电机宜采用专用变压器供电，应安装相应滤波、电能质量监测装置，符合《电动汽车充换电设施电能质量技术要求》GB/T 29316—2012 的规定。

（2）无功补偿

配电网无功补偿应采用分层分区和就地平衡相结合，就地与集中相结合，供电部门与电力用户相结合的原则。

高压配电网变电站无功补偿容量宜按主变压器容量的10%～30%配置，并满足主变压器最大负荷时其高压侧功率因数不低于0.95。

中压配电网配电站无功补偿容量宜按变压器负载率为75%，负荷自然功率因数为0.85时，将中压侧功率因数补偿至不低于0.95进行配置。实际应用中，也可按变压器容量20%～40%进行配置。

（3）继电保护

35（10）kV 变压器保护（包括站用变、接地变）宜采用具有电流速断、过电流保护、零序过流保护等功能的保护、测控一体化装置，三相操作插件应含在装置内，应具备电流闭锁式简易母线快速保护功能供现场选用。

35kV 及以下电容器宜采用具有过电流、不平衡保护、过电压、低电压、零序电流保

247

护等功能的保护、测控一体化装置，三相操作插件应含在装置内。

35kV 及以下电抗器宜采用具有过电流、零序过流保护等功能的保护、测控一体化装置，三相操作插件应含在装置内。

分布式电源接入时，继电保护和安全自动装置配置应符合现行行业标准《分布式电源接入配电网技术规定》NB/T 32015—2013 的相关规定。

（4）接地要求

110kV 采用直接接地，接地回路设计上必须可实现中性点不接地的运行方式。

35kV 配电网：单相接地故障电容电流大于 10A 的，宜选用消弧线圈接地方式，同时配置接地变压器；单相接地故障电容电流不大于 10A 的，宜选用不接地运行方式。

20kV 配电网：采用小电阻接地方式。

10kV 配电网：中性点接地方式首选小电阻接地方式，如用户对供电可靠性有较高要求的，经专题分析后，可选用消弧线圈并联小电阻方式。

低压配电网应采用中性点直接接地方式。

（5）电压偏差

为保证电力用户受电端的电压质量，正常方式下各级配电网电压偏差范围应满足表 4-23 要求。当电压偏差不满足要求时，应通过技术经济比较选取缩小供电距离、配置调压设备等技术措施控制电压偏差。

电压偏差允许范围　　　　　　　　　　　　　　　　　　表 4-23

电压等级（kV）	允许电压偏差
110	$-3\%\sim+7\%$
35	$-3\%\sim+7\%$
20	$-7\%\sim+7\%$
10	$-7\%\sim+7\%$
0.380	$-7\%\sim+7\%$
0.220	$-10\%\sim+7\%$

（6）短路电流控制

配电网各级电压的短路电流应适应电网中长期运行发展，并与各级电压断路器开断能力及设备动热稳定电流相适应，各级电压短路电流不应超过表 4-24 控制水平。

短路电流达到或接近其控制水平时，应通过技术经济比较，采取合理的限流措施。必要时通过技术经济比较可采用高一级开断容量的开关设备。

短路电流控制水平　　　　　　　　　　　　　　　　　　表 4-24

电压等级（kV）	110	35	20	10
短路电流控制水平（kA）	40	31.5	25	20

4.6.5　浙江省

本部分根据《浙江省配电网规划设计导则（2011 版）》和《浙江省城市中低压配电网建设与改造技术原则》选编。

(1) 供电电压

为实现电压序列优化，除部分山区、海岛外，原则上不再建设 35kV 公用配电网。对于电力负荷增长空间大，饱和负荷密度高的地区，经国家电网公司批准后，可采用 20kV 供电。

用户接入容量范围和供电电压执行《国家电网公司业扩供电方案编制导则》中的规定，见表 4-25。

用户接入电压等级标准 表 4-25

序号	供电电压	用电设备容量	受电变压器总容量
1	220V	10kW 及以下单相设备	
	380V	100kW 及以下	50kVA 及以下
2	10kV		50kVA 至 10mVA

20kV 试点供电区内，受电变压器总容量在 50kVA～30mVA 之间（含 30mVA）的，应采用 20kV 电压等级供电。

10kV 及以上电压等级供电的客户，当单回路电源线路容量不满足负荷需求且附近无上一级电压等级供电时，可合理增加供电回路数，采用多回路供电。

(2) 接地要求

35、10kV 可根据需要采用不接地、经消弧线圈接地或经电阻接地，20kV 一般采用电阻接地，380/220V 一般采用直接接地。

对于 10kV 电压等级的非有效接地系统，在发生单相接地故障时，若单相接地电流在 10A 以上，宜采用经消弧线圈接地，达到 150A 以上时，应改为电阻接地。

380/220V 配电系统可采用 TN-C-S、TT 或 TN-S 接地型式。居民住宅（楼）等产权方应完善自身接地系统并配置终端剩余电流保护器，以保障用电安全。380/220V 系统采用 TN-C-S 接地型式时，配电线路主干线和各分支线的末端中性线应重复接地，且不应少于 3 处，该类系统不宜装设剩余电流总保护和剩余电流中级保护，应装设终端剩余电流保护。

(3) 短路电流控制

电网规划应从网架设计、电源接入、变电站主接线和变压器阻抗的选择等方面，综合控制短路电流，各级电压短路电流不应大于下列数值：

35kV 电网为　　　　 31.5kA；

20kV 电网为　　　　 25kA；

10kV 电网为　　　　 20kA；

一般中压配电线路上的短路容量将沿线路递减，因此沿线挂接的配电设备的短路容量可再适当降低标准。

(4) 分布式电源接入

分布式电源根据其电气类型可分为旋转发电装置（如分布式热电联合循环机组、生物质发电、风力发电、小水电、工业余热、余压发电等）和非旋转发电装置（如太阳能、电池蓄能装置等）。

不同容量的分布式电源并网的接入方式可参考表 4-26。

分布式电源并网的推荐接入方式　　　　　　　　表 4-26

并网电压等级	电站安装容量	接入方式
35kV	6000～18000kW	35kV 专线接入变电站
20kV	3000～18000kW（含 18000kW）	20kV 专线接入变电站
	1800～3000kW（含 3000kW）	宜 T 接入 20kV 公用线路
	200～1800kW（含 1800kW）	宜接入 20kV 用户高配
10kV	1500～6000kW（含 6000kW）	10kV 专线接入变电站
	900～1500kW（含 1500kW）	宜 T 接入 10kV 公用线路
	200～900kW（含 900kW）	宜接入用户高配
400V	50～200kW（含 200kW）	宜接入 400V 公用电网或用户低配

分布式电源专线接入 35kV、10（20）kV、400V 公用电网时，其总安装容量应控制在上级变电站最小单台变压器额定容量的 15％以内。

分布式电源 T 接入 10（20）kV 公用线路时，其总安装容量应控制在该线路最大输送容量的 30％以内。

分布式电源的接入不应影响电网的电能质量。

（5）专用变供电

1）大中型公用建筑除住宅楼单元采用公用变供电外，应采用专用变供电，并依用电设备的负荷等级，采用不同方式供电。当采用双路或多路供电时，应积极向用户推广点网络供电方式，即用户变电所的受电变压器高压侧分列运行，受电变压器低压侧可通过母分开关并列运行。该接线方式可以简化用户变电所的主接线和受电设备，减少用户占地面积和维修费用，同时也使配电线路的供电能力得到加强，线路潮流易于控制，继电保护易于整定，更有利于保证公用配电系统的安全。

2）有特殊需要的用户可在 10kV 母线上加设母分开关。操作方式可采用自动或手动，严格实施先断后通的切换操作，并在供电协议中予以明确。

3）专用变电所的计量方式，每路一表，高供高计。当变电所的变压器总容量≤500kVA，可以高供低计。

4）用户专用变电所的结线方案及采用开关柜型，由有关设计院及用户选择，由当地供电企业的用电管理专业人员审定。其保护配置、开关主要参数应满足当地 10kV 电网要求。

由"断路器柜＋继电保护"的供电方案，断路器的参数较高，价格较贵，占地较大，且必须保证用户端的继电保护整定值与电网保护相配合。适用于大容量的变压器。

由负荷开关-熔断器组合的环网开关柜，其性能逐步提高，价格较低，占地较小，尤其是 SF_6 或真空负荷开关与熔断器组合的环网开关柜能有效切断≤1250kVA 的变压器短路电流，可适合单台变压器容量≤1250kVA 的变电所内使用。起到简化结线，简化保护功能，同时减少变电所建筑面积，降低投资。

对于集商场、宾馆、写字楼、住宅为一体的多元化大楼的供电方式，由当地供电企业与开发商及设计院协商，确定合理的供电方案。

4.6.6　四川省

本部分根据《四川省电力公司城市中低压配电网技术标准》选编。

（1）供电电压

客户接入应符合《国家电网公司业扩供电方案编制导则》的规定。

用电设备总容量 100kW 及以下或变压器总容量 50kVA 及以下时，采用 380V/220V 供电；变压器总容量在 50～8000kVA 时，采用 10kV 供电。

（2）无功补偿

配电网的无功补偿以配电变压器低压侧分散补偿为主，以高压集中补偿为辅。

配电变压器安装自动无功补偿装置时，应使高峰负荷时配变低压侧功率因素达到 0.95 以上，不应在负荷低谷时向系统倒送无功。配变无功补偿装置容量可按变压器最大负载率为 75%，负荷自然功率因数为 0.85 进行配置，补偿到变压器最大负荷时其高压侧功率因素不低于 0.95，或按照变压器容量的 20%～40% 进行配置。

（3）接地要求

中压配电网中性点可根据需要采取不接地、经消弧线圈接地或经低电阻接地；低压配电网中性点一般直接接地。

（4）短路电流控制

配电网中变电站内 10kV 系统母线的短路水平一般不超过 20kA，最大一般不超过 25kA。

（5）继电保护

配电室变压器出线柜内装设熔断器，用于变压器保护。

配电室低压开关柜的进线和出线开关应配置瞬时脱扣、短延时脱扣、长延时脱扣三段保护，宜采用分励脱扣器，一般不设置失压脱扣。

（6）配电室

集中敷设进出配电室的电缆宜采用电缆沟敷设。开关柜地面下电缆沟的深度不应小于 1m。

开关柜防护等级宜在 IP32 及以上，设备应满足"五防"要求。

（7）配电半径

10kV 配电线路供电半径不宜超过 4km，低压线路供电半径一般应控制在 100～150m，最大不超过 250m。

4.7 不同功能、不同业态用电负荷同期系数的选取

4.7.1 负荷计算

负荷计算常用的方法有需要系数法、利用系数法、单位指标法等几种。民用建筑中初步设计及施工图设计阶段多采用需要系数法。需要系数法也是国际工程界通常的应用方法。需要系数法的关键在于合理选取需要系数和同时系数。

需要系数（Demand Factor）是计算容量和设备容量之比，主要应用在末端。计算容量是一个假想的持续负荷，其热效应相当于同一时间内实际变动的负荷的最大热效应。通长采用计算范围内 30min 最大平均负荷，作为计算负荷。

同时系数（Coincidence Factor），可以理解为干线的同时负荷和各分支回路的计算负

荷之和的比值，应用于干线或整个系统。

然而，在方案设计或初步设计的早期阶段，末端负荷并未确定，但项目进度又需要得知，以对变压器的配置等做出预测。在此设计阶段，即项目总用电负荷可通过单位面积指标法进行预测。此时，引入一个新的系数，称为同期系数。

那么，在方案设计阶段，根据供电部门确定的用电指标，即可估算总计算负荷，再选取同期系数，即可对变压器配置进行预测。此时，同期系数的选取成为关键，不同功能、不同业态有不同的取值。

后文将分不同业态，分别选取几个实际案例，计算出取值，从而为类似业态取值提供参考。

4.7.2 酒店同期系数选取

酒店 A 总面积约 5.4 万 m^2，塔楼为客房和天空吧，裙楼有商业、餐厅、厨房、康体娱乐等。各功能区负荷密度见表 4-27。

各功能区负荷密度 表 4-27

建筑功能	负荷密度（W/m^2）	建筑功能	负荷密度（W/m^2）
塔楼客房照明小动力	80	塔楼公共区照明小动力	40
天空吧照明及小动力(不包含厨房)	100	厨房动力预留	1000
餐厅	80	商业	150
康体娱乐	120	车库	15

结合建筑面积，可得表 4-28。

不同建筑面积安装容量及计算功率 表 4-28

用电设备	面积（m^2）	负荷密度（kW/m^2）	安装容量（kW）	需要系数	计算有功功率（kW）
商业	300	0.15	45	0.9	41
餐厅	1400	0.08	112	0.8	90
康体娱乐	600	0.12	72	0.8	57.6
塔楼客房	23830	0.08	1906	0.6	1144
塔楼公共	16200	0.04	648	0.6	389
厨房预留	600	1.0	600	0.4	240
天空吧	1300	0.1	130	0.8	104
电梯	—	—	360	0.4	144
车库	10000	0.015	150	0.75	113
合计	54230		4023		2322.6

对该酒店，取同时系数＝0.9。

4.7.3 办公同期系数选取

办公 A 总面积约 13 万 m^2，地上 23 层，地下 5 层，地上建筑面积约 9 万 m^2，主要功能为办公、大堂、商业，地下建筑面积约 4 万 m^2，主要功能为车库。各功能区负荷密度见表 4-29。

各功能区负荷密度 表 4-29

建筑功能	负荷密度（W/m²）	建筑功能	负荷密度（W/m²）
办公	100	大堂	100
车库	15	商业	150

结合建筑面积，可得表 4-30。

不同建筑面积安装容量及计算功率 表 4-30

用电设备	面积（m²）	负荷密度（kW/m²）	安装容量（kW）	需要系数	计算有功功率（kW）
办公	84366	0.1	8436.6	0.6	5062.0
大堂	5052	0.1	505.2	0.7	353.6
商业	2778	0.15	416.7	0.8	333.4
车库	39997	0.015	600.0	0.6	360.0
合计	132193		9958.5		6109.0

对该办公，取同时系数＝0.9。

4.7.4 空调冷热源同期系数选取

大型综合体项目一般设置集中冷热源，一般需单独设置变压器，以避免对照明等敏感负荷造成影响。

综合体 A 设置 2 大 1 小共三台制冷机组，设备容量见表 4-31。

设备容量 表 4-31

用电设备	安装容量（kW）	需要系数	计算有功功率（kW）
制冷机组 L-1	424	0.9	381.6
制冷机组 L-2	424	0.9	381.6
制冷机组 L-3	210	0.9	189
制冷机房泵组	375	0.7	262.5
合计	1433		1214.7

对该综合体，取同时系数＝0.95。

4.8 收集分析与专业设计、深化设计配合界面

4.8.1 与供电部门的界面配合界面

4.8.1.1 对于商业综合体中办公、商业部分

（1）根据当地供电局要求，预留高压电缆分界室土建条件（如北京地区，电缆分界要求设在首层且贴外墙，层高 3.6m。下设电缆夹层，层高 2.1m。分界室面积不小于 25m²，宽度不小于 3.3m。注：电缆分界室与夹层之间楼板可先不浇筑，待供电局图样完成后，根据留洞图进行浇筑。外地项目需在室外预留高压电缆分界箱位置），配合土建预留电缆分界室夹层外墙进出户套管，并预留界室接地引上线。预留电缆分界室至变配电室高压柜的高压电缆桥架。

图 4-2 为某电缆分界室平面布置图，图 4-3 为电缆分界室剖面图。

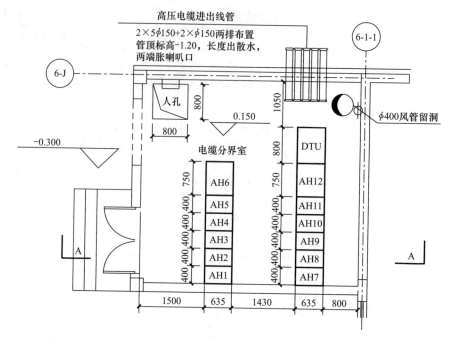

图 4-2　某电缆分界室平面布置图

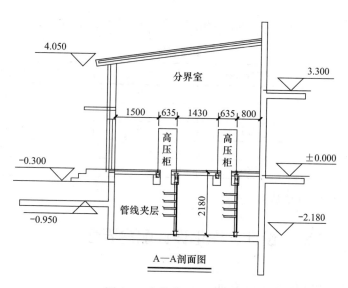

图 4-3　电缆分界室剖面图

（2）部分地区（如北京）与电力设计的分界点为高压配电室电源进线柜内进线开关的进线端。由建筑设计院进行高、低压配电系统设计，并将设计图样报供电局审查，审查合格后方可出此部分正式图样。

（3）部分地区（如安徽）建筑设计院根据当地供电部门要求预留变配电室、高压电缆分界室面积、位置等土建条件，并预留接地引上点。建筑设计院给电力设计院提供低压配电干线系统图，并绘制低压柜出线开关、电缆选型表。变配电室高、低压配电系统图及变配电室内设备布置、桥架布置等由电力设计院设计，并完成此部分图样向供电部门报审工作。

4.8.1.2 对于商业综合体中住宅、公寓部分

（1）北京地区的住宅：按建筑面积预留变配电室（一般 5 万 m^2 住宅面积预留一座住宅变电所，变压器容量一般不超过 800kVA，变电所供电半径不大于 250m），并结合电力总平面图，配合土建预留住宅变电所夹层外墙进出线套管（如住宅变电所在地块单独设置）。同时需要预留派接室土建条件，派接室净宽不小于 3.1m。派接柜出线之后部分为建筑设计院设计，并需做好派接室内接地引上线的预留。派接柜（含）以上部分由电力设计院设计。

（2）部分地区住宅不需要做派接室，建筑设计院仅预留住宅配电间土建条件，并做好接地引上线预留。设计界面为楼层电表箱进线开关，电表箱进线开关以上部分由电力设计院设计。图 4-4 为某地区电力设计院深化的住宅部分配电干线系统，建筑设计院需按楼层、户数分配好电表箱即可，电表箱上级进线配电柜有电力设计院设计。

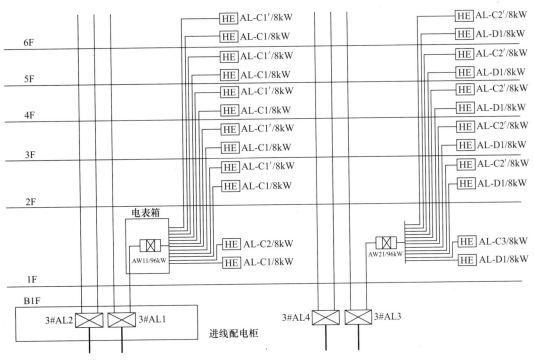

图 4-4　某地区电力设计院深化的住宅部分配电干线系统

当地块总用电容量达到一定量，还需要配合预留高压开闭站及开闭站电缆夹层外墙进出线套管（预留套管位置及数量，需结合地块电力总平面中各变配电室位置进行预留。最好在供电方案批复后进行设计，套管预留数量需按供电部门开闭站典型设计的要求进行预留）。开闭站设在首层，层高 3.6m。下设电缆夹层，层高 2.1m。仅做开闭站使用时建筑面积约 150~250m^2，与住宅变配电室（局管）合用时，面积约 400m^2。

不同城市、地区项目设计前务必与当地供电部门深入沟通，每个地区变配电室设计原则差异较大。

如安徽某住宅、商业综合体项目，按供电部门要求一二级负荷要单独设计变配电室，商业单独设变配电室，住宅三级负荷单独设变配电室。有些地区由电力设计院设计的高低

基变电所，其高低压出线习惯做法为电缆沟出线，把地面抬高之后做电缆沟，这要求前期土建条件预留时要变配电室的高度要考虑好，留出电缆沟的空间。以上问题如果前期没有充分沟通，变配电室的设置可能不能满足要求，低压出线路由也会有问题，会导致后期图电气图样变更或者对建筑布局有影响。

4.8.2　厨房公司界面划分

4.8.2.1　星级酒店厨房

星级酒店厨房通常由业主委托专业设计公司完成厨房内电气设计。建筑设计院根据厨房设备用电等级及用电容量，在低压柜预留出线开关，并在厨房区设置相应配电总箱。

4.8.2.2　职工餐厅厨房

根据厨房设备电量、位置，完成配电系统、配电平面设计。

4.8.2.3　大型餐饮厨房

按餐饮厨房用电指标，在餐饮区集中预留低压配电总箱。

4.8.2.4　独立商铺厨房

对于有厨房的商铺，按商铺和厨房总用电指标在商铺内预留分箱。设计界面为商铺预留分箱进线开关以上部分。

4.8.3　精装的界面划分

4.8.3.1　商业部分

（1）对于整层开场商业，在楼层电井预留商业配电总箱（并设置独立计量表），并在总箱内预留若干出线开关。与精装修分界面为总箱出线断路器下口。

（2）对于独立小商铺，需根据商铺用电指标，在每个独立商铺内预留分配电箱（并设置独立计量表），分配电箱设进线开关。设计分界面为分配电箱进线开关下口。有些地产公司对分配电箱预留有具体要求，如某地产设计导则要求，分配电箱要预留一个照明回路和一个插座回路，并将箱体安装到位，箱体其他回路由小商铺使用方根据需求完善。

4.8.3.2　酒店部分

（1）对于酒店客房，设计分界面为客房内分配电箱进线开关上口。客房分配电箱系统、客房内配电平面由精装修单位设计。

（2）对于酒店大堂、后勤区、布草间、多功能厅等精装区，均按用电指标或用电需求预留用电量，并设置分配电箱。设计分界面为分配电箱进线开关下口。

（3）对有精装修要求的走廊，在层总箱预留走廊照明出线开关，设计分界面为出线开关下口。

4.8.3.3　办公部分

（1）对于未划分使用区域的整层开场办公，在楼层电井预留办公配电总箱，并在总箱内预留若干出线开关。与精装修分界面为总箱出线断路器下口。

（2）对于已划分区域的办公单元，根据各办公单元面积及办公用电指标在各办公单元预留用电分箱（并设置独立计量表），分配电箱设进线开关。设计分界面为分配电箱进线开关下口。图 4-5 为某办公配电平面图，平面仅设计到小办公单元分配电箱（箭头为分箱位置），并对办公单元内风机盘管配电。

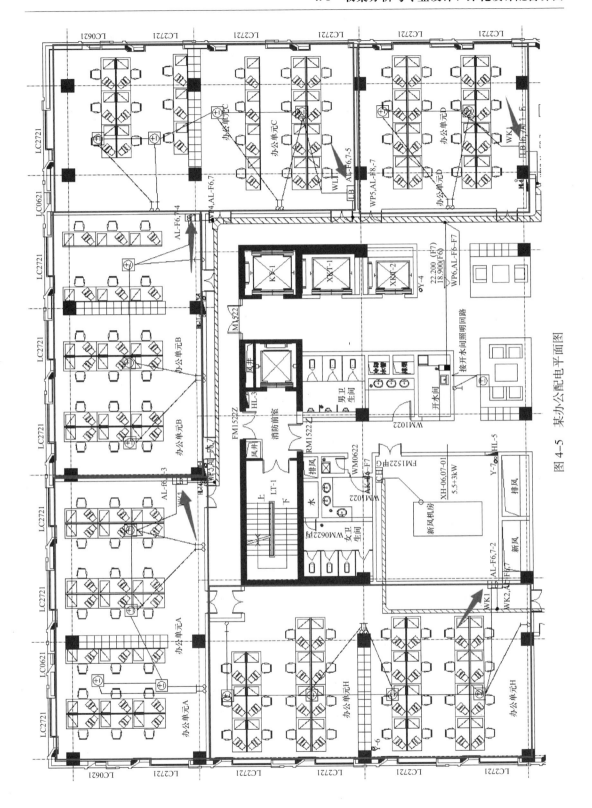

图 4-5 某办公配电平面图

图 4-6 为办公总箱配电系统图（局部），对小办公单元按用电指标设出线开关，并设置预付费电表方便收费（使用一对一卡表还是集中式智能电表需与业主提前沟通，不同业主需求不同）。

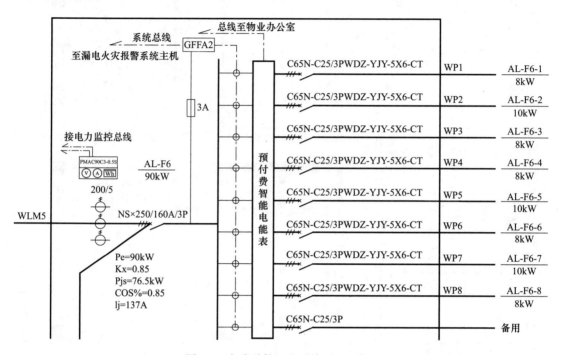

图 4-6　办公总箱配电系统图（局部）

4.8.3.4　公寓住宅部分

（1）住宅部分基本没有精装内容，按《建筑工程设计文件编制深度规定》要求，完成电气设计。

（2）对于"拎包入住"的高档公寓，在公寓内预留配电分箱，配电箱及公寓内电气设计由精装设计完成。对有精装修要求的公寓大堂、走廊，在层总箱预留出线开关，设计分界面为总箱出线开关下口。

（3）上述精装区内涉及消防系统（如应急照明、消防风机、消防电梯）的配电均设计到位，满足消防验收要求。

4.8.4　特殊业态

4.8.4.1　电影院

以下部分由设计院设计：

1）消防系统配电：如应急照明、消防风机、消防电梯等设计到位。

2）非精装修的照明：如强弱电间照明、库房照明、楼梯间照明等设计到位。

3）精装区：在电井内预留照明总箱，预留进线开关。与精装设计分界面为总箱出线开关下口。

4）影院区内的普通风机、普通电梯、自动扶梯等设计到位，电源引自低压柜专用设回路并设计量。

5）放映设备根据设备厂家提供的设备电量，在上级低压柜预留低压开关，并将电缆敷设至预留配电箱处。

4.8.4.2 超市

以下部分由设计院设计：

1）消防系统配电：如应急照明、消防风机、消防电梯等设计到位。

2）超市区：根据超市使用方提出用电需求，在低压柜预留专用配电回路，并设计量表。

3）超市区内的普通风机、普通电梯、自动扶梯等设计到位，电源引自低压柜专用设回路并设计量。

4）根据不同超市的用电标准，对制冷系统、步道梯、货梯备用照明等，采用双电源供电。

5）超市内冷链系统电量由低压柜单独供电、并设置专用计量表。

4.8.5 火灾自动报警系统

对商业综合体的消防系统设计，应满足《火灾自动报警系统设计规范》GB 50116—2013 及《建筑工程设计文件编制深度规定》要求全部设计到位。

4.8.6 弱电智能化部分

4.8.6.1 商业、办公

1）综合布线系统，在弱电井预留机柜位置，竖向线槽洞口。并在开场商业、办公预留综合布线集合点 CP（CP 箱应安装靠近在墙体或柱子等建筑物固定的位置），设计分界面为 CP 箱，CP 箱以下部分由使用方根据最终需求完成二次设计。

2）视频安防监控系统，按《建筑工程设计文件编制深度规定》及相关规范要求，完成平面及系统设计。

4.8.6.2 公寓住宅

1）住宅部分，按《建筑工程设计文件编制深度规定》要求，完成各弱电系统设计。

2）对于"拎包入住"的高档公寓，在公寓内预留弱电分线箱，弱电箱以下出线部分由专业弱电设计单位完成深化设计。

4.8.7 景观照明、立面照明

4.8.7.1 景观照明

在低压配电柜预留出线开关，并在室外合适位置预留出配电总箱位置。设计分界面为进线开关下口，总箱进线开关以下部分由景观照明专业设计公司完成。

4.8.7.2 立面照明

在低压柜设置立面照明专用回路，在屋顶配电间内预留立面照明配电总箱。设计分界面为立面照明总箱进线开关下口，总箱进线开关以下部分由立面照明专业设计公司完成。

4.8.8 其他

（1）部分项目由甲方委托咨询公司对项目进行供电方案设计、初步设计。此时需设计完成相应配合工作：

1）结合施工图情况优化供电方案并完成供电方案申报。

2）在满足规范要求的前提下，对方案及初步设计进行校核、优化。

（2）如合同中有对精装图样及智能化设计有审核的要求，设计还要完成对此部分图样的审核工作。

4.9　收集分析配电系统预留量

考虑商业综合体投入使用后，功能变化较大，对机电系统影响较大，所以在机房、管井及设备的预留上要做好提前考虑。

4.9.1　变配电室

（1）高、低压配电室中要留出2～3台备用柜的位置，便于由于最终设备订货与设计选型不符时有调整空间。

（2）在变配电室选址方面考虑到后期可能增加变压器增容，增加低压柜数量。考虑预留若干低压柜位置后，还要在末端低压柜一侧墙体，考虑后期墙体外扩的可能。比如变配电室旁的房间设为库房、备用间等非重要机房，便于后期变配电室增容时面积调整。

4.9.2　柴油发电机房

柴油发电机房在预留土建条件时要按不同柴发厂家中设备尺寸最大的厂家预留吊装孔（运输通道）及机房面积，同时按《民用建筑电气设计规范》JGJ 16—2008 表4-32中选择机组与各墙体距离时也要尽量留出裕量，机组布置如图4-7所示。

机组之间及机组外廓与墙壁的净距（m）　　　　　　　　　　表 4-32

项目 / 容量（kW）		64 以下	75～150	200～400	500～1500	1600～2000
机组操作面	a	1.5	1.5	1.5	1.5～2.0	2.0～2.5
机组背面	b	1.5	1.5	1.5	1.8	2.0
柴油机端	c	0.7	0.7	1.0	1.0～1.5	1.5
机组间距	d	1.5	1.5	1.5	1.5～2.0	2.5
发电机端	e	1.5	1.5	1.5	1.8	2.0～2.5
机房净高	h	2.5	3.0	3.0	4.0～5.0	5.0～7.0

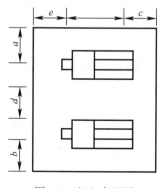

图 4-7　机组布置图

4.9.3　设备管井

（1）首先在强弱电井的设置上，要对综合体地上不同性质、不同产权单位的建筑分别设置电井。

（2）商业综合体强电竖井面积按6～8m² 预留。电井内电缆桥架开洞也要留有裕量，便于后期增加设备时桥架电缆的敷设。

4.9.4　配电设备

变配电室低压配电系统设计时，应预留足够的备用回路，按 20%～30% 预留备用回路。

4.9.5 电缆桥架

（1）如使用柔性矿物绝缘电缆敷设时，由于此电缆外径较粗，不同规格柔性矿物绝缘电缆外径约为普通电缆外径的 1.2～2 倍。同时矿物绝缘电缆较硬，敷设时也有一定难度，并且不同厂家电缆外径也不同。综合以上原因，电缆桥架或梯架选择在参考厂家提供的电缆外径选择的同时，还要留有一定裕量。由变配电室出线及竖井内敷设的电缆桥架或梯架，电缆总截面面积不大于桥架截面面积额的 20%。其他情况电缆总截面面积不大于桥架截面积的 25%～30%（表 4-33）。

某厂家矿物绝缘电缆与普通电缆外径对照表　表 4-33

电缆规格（mm²）	不同规格电缆外径												
	6(6)	10(10)	10(10)	16(16)	25(16)	25(16)	35(16)	50(25)	70(35)	95(50)	120(70)	150(95)	185(95)	240(120)
普通电缆外径（mm）	16.1	19.6	19.6	22.4	26.2	26.2	28.8	33.4	38.8	44.1	49.5	54.1	60.5	68.2
矿物绝缘电缆外径（mm）	34.5	36.7	36.7	38.2	43.9	43.9	46.3	49.4	54.0	57.8	62.1	68.1	72.6	79.5

注：括号中为 N 及 PE。

（2）普通电缆敷设时，考虑到后期改造及功能改变等因素。普通电缆桥架也要留有一定裕量，即由变配电室出线及竖井内敷设的电缆桥架或梯架，电缆总截面面积不大于桥架截面面积额的 20%。其他情况电缆总截面面积不大于桥架截面积的 30%。

4.9.6 弱电系统

（1）火灾自动报警主机：按《火灾自动报警系统设计规范》GB 50116—2013 中 3.1.5 条中规定，"任一台火灾报警控制器所连接的火灾探测器、手动火灾报警按钮和模块等设备总数和地址总数，均不应超过 3200 点，其中每一总线回路连接设备的总数不宜超过 200 点，且应留有不少于额定容量 10% 的余量；任一台消防联动控制器地址总数或火灾报警控制器（联动型）所控制的各类模块总数不应超过 1600 点，每一联动总线回路连接设备的总数不宜超过 100 点，且应留有不少于额定容量 10% 的余量"。考虑到商业项目后期装修等因素，这里的预留量要适当增加，按 15% 余量预留。

（2）短路隔离器：按《火灾自动报警系统设计规范》GB 50116—2013 中 3.1.5 条中规定，"系统总线上应设置总线短路隔离器，每只总线短路隔离器保护的火灾探测器、手动火灾报警按钮和模块等消防设备的总数不应超过 32 点"。考虑商业综合体后期装修改造等情况，对于总线短路隔离器保护探测器的数量也要留有预留，数量控制在 20～25 个为宜。

（3）网络机柜：网络机房内考虑至少预留 2 台 19 寸网络机柜的位置。

4.9.7 其他

（1）如酒店项目，不同酒店管理公司会有各自的设计标准，需结合设计标准对机房预留和施工图设计综合考虑。如某酒店管理公司设计要求如下：

1）提供独立发电机供酒店使用，油缸容量应满足发电机48h的不断运行。此时需考虑为酒店单独预留柴油发电机，不能与其他建筑共用。

2）低压配电系统除满足各区之用电负荷外，另需提供合理的备用供日后使用（不小于15%备份）

3）公众地方如大堂、走道、卫生间等处普通照明由楼宇自动化管理系统操作，不需提供照明开关。大堂、各餐厅及酒吧，大宴会厅，会议厅，游泳池，行政会所，总统套房要求安装智能可编程自动调光系统，灯光照明必须由专业照明设计顾问进行设计。

（2）各区照明插座设计要求见表4-34。

各区照明插座设计要求　　　　　　　　　　　　　　　　表4-34

地区	插座	照明度 （lux）	照明灯具	用电负荷 （VA/m²） （供参考）
大堂	双位插座供台灯及地灯、适当数量插座供清洁用	150～200	装饰灯，避免采用外露荧光灯	40
前台	配合各用电设备配置适当数量插座	300～450	同上	40
餐厅/酒廊	双位插座供台灯及地灯、适当数量插座供清洁用	150～200	装饰灯，提供调光器	50
多功能厅	按房间面积提供适当数量插座，不设地面插座，提供电脑插座	250～400	灯具选择及开关布置需配合多功能用途，提供调光器	50
卫生间	适当数量插座供清洁用	250	装饰灯及暗藏荧光灯	15
游泳池	所有电线管及线盒应附有防潮/防腐设施，所有在泳池附近之插座应为防水	200	所有灯具需附有漏电保护装置，提供防水游泳灯（400W低压）	80
健身室	按有关设备提供插座	300	暗藏荧光灯具	60
酒店楼层走道	适当数量双位插座供清洁用	150	暗藏荧光灯及荧光灯具	10
酒店房	6个双位插座	200～300	暗藏筒灯及壁灯	120（每房间）
酒店房卫生间	低压双位插座	500	暗藏筒灯及荧光灯具	10
行政办公室	按家具摆设提供适当数量双位插座	500	暗藏荧光灯具	80
厨房	按厨房设备提供适当插座及电源位，所有插座及电源位盖面应为不锈钢	500	防水荧光灯具	150

4.10　综合体内主消防控制室与分消防控制室内各个相关系统的关系

4.10.1　主消防控制室和分消防控制室的设置原则

现行规范《火灾自动报警系统设计规范》GB 50116—2013中3.2.4条说明了控制中心报警系统的设计，指出：

（1）当有两个及以上消防控制室时，应确定一个主消防控制室。

（2）主消防控制室应能显示所有火灾报警信号和联动控制状态信号，并应能控制重要的消防设备；各分消防控制室内消防设备之间可互相传输、显示状态信息，但不应互相控制。

随着经济发展，现代化大型城市综合体项目越来越多，并充分利用了地下空间。综合体建筑一般包含有酒店、商业、办公、娱乐等城市生活必要的功能，其建筑规模庞大，所涉及的消防设备的种类和数量较多，故一般多采用多个消防控制室的方案。其中常见的设计方案为设置主消防控制室和多个分消防控制室。其设置原则：一是根据物业管理需求，综合体项目中各个建筑体的功能是不同的，各区域也相互独立，需要各自独立运营，管理体系各不相同；二是消防设施的控制根据消防控制室管控范围划分，各分消防控制室只单独负责本区域内的消防系统的控制，若有火灾发生，可就近处理，其作用是减小影响范围，不影响其他区域的正常运营。但若任一区域发生火灾，各消防控制室应均可显示火灾状态信息。

4.10.2　火灾自动报警系统及消防联动系统构成

火灾自动报警系统及消防联动系统由以下系统组成：
1）火灾自动报警系统；
2）消防联动控制系统；
3）消防应急广播系统及火灾警报装置；
4）消防直通对讲电话系统；
5）电梯监视控制系统；
6）应急照明控制系统；
7）非消防电源控制系统；
8）电气火灾监控系统；
9）消防电源监控系统；
10）防火门监控系统。

4.10.3　火灾自动报警系统

4.10.3.1　系统构成及功能

火灾自动报警系统是由触发器件、火灾报警装置、火灾警报装置以及具有其他辅助功能的装置组成的火灾报警系统。

（1）触发器件

在火灾自动报警系统中，自动或手动产生火灾报警信号的器件称为触发器件，它主要包括火灾探测器和手动火灾报警按钮。不同类型的火灾探测器适用于不同类型的场所，在实际应用中，应按照现行的国家标准进行选择。手动报警按钮是用手动方式产生的火灾报警信号、启动火灾自动报警系统的器件。

（2）火灾报警装置

在火灾自动报警系统中，用以接收、显示和传递火灾报警信号，并能发出控制信号和具有其他辅助功能的控制指示设备称为火灾报警装置。火灾报警控制器就是最基本的一种，也是火灾自动报警系统中的核心组成部分。火灾报警控制器是火灾信息数据处理、火灾识别、报警判断和设备控制的核心。最终通过消防联动控制设备实施对消防设备及系统的联动控制和灭火操作。

（3）火灾警报装置

在火灾自动报警系统中，用以发出区别与环境的声、光的火灾警报信号的装置称为火灾警报装置，用以警示人们采取安全疏散、灭火救灾措施。

（4）消防控制设备

在火灾自动报警系统中，当接收到来自触发器件的火灾报警信号，能自动或手动启动的相关消防设备并显示其状态的设备称为消防控制设备。主要包括火灾报警控制器，自动灭火系统的控制装置，室内消火栓系统的控制装置，防排烟系统及空调通风系统的控制装置，防火门、防火卷帘门的控制装置，火灾应急广播的控制装置，火灾警报装置，以及火灾应急照明与疏散指示标志的控制装置。这些消防控制设备一般设置在消防控制中心，以便于实行集中统一的控制。也有的消防控制设备设置在被控消防设备所在现场，但动作信号必须返回消防控制室，实行集中与分散相结合的控制方式。

4.10.3.2 系统形式和设计要求

《火灾自动报警系统设计规范》GB 50116—2013 中 3.2 条指出火灾自动报警系统形式的选择，应符合下列规定：

1）仅需要报警，不需要联动自动消防设备的保护对象宜采用区域报警系统。

2）不仅需要报警，同时需要联动自动消防设备，且只设置一台具有集中控制功能的火灾报警控制器和消防联动控制器的保护对象，应采用集中报警系统，并应设置一个消防控制室。

3）设置两个及以上消防控制室的保护对象，或已设置两个及以上集中报警系统的保护对象，应采用控制中心报警系统。

4.10.3.3 火灾自动报警系统中主分消防控制室的关系

大型综合体建筑工程一般采用控制中心报警控制系统，可按区域功能划分，设置总消防控制室和分消防控制室。此系统加强了消防控制中心控制室即主消防控制室，对消防设备的检测和控制，增强了火灾应急通信和广播功能，兼容了各种类型的火灾探测器和功能模块。

《火灾自动报警系统设计规范》GB 50116—2013 中 6.1.4 条说明当控制中心报警系统中的区域火灾报警控制器满足下列条件时，可设置在无人值班的场所：

（1）本区域内无需要手动控制的消防联动设备。

（2）本火灾报警控制器的所有新信息在集中火灾报警控制器上均有显示，且能接收起集中控制功能的火灾报警控制器的联动控制信号，并自动启动相应的消防设备。

（3）设置的场所只有值班人员可以进入。

4.10.4 消防联动控制系统

4.10.4.1 系统功能

消防联动控制系统需要火灾自动报警系统联动控制的消防设备，其联动触发信号应采用两个报警触发装置报警信号的"与"逻辑组合进行启动。消防联动控制系统是指系统接收火灾报警后，对相关的警报装置、消防水泵、防排烟风机、电梯、非消防电源及应急照明等设备或设施按设定的控制逻辑发出联动控制信号，并接收相关设备动作过后的反馈信号的统称。在确认火灾状态后，消防联动控制器切除火灾区域非消防电源，并强制点亮消防应急照明，控制启动自动喷淋系统、消火栓系统等。

4.10.4.2 系统构成

消防联动控制系统由消防联动控制器、模块、消防电气控制装置、消防电动装置等消防设备组成，完成消防联动控制功能；并能接受和显示消防应急广播系统、消防应急照明和疏散指示系统、防排烟系统、防火门及防火卷帘系统、消火栓系统、各类灭火系统、消防通信系统、电梯等消防系统或设备的动态信息。

4.10.4.3 消防联动控制系统中主分消防控制室的关系

主控制室应能跨区联动控制建筑综合体内所有重要的消防设备，但分控制室相互之间不能有联动控制。例如对于共用的消防设备，如多栋建筑共用的消防水泵设备，应由主消防控制室控制，特殊情况（如线路过长）可由最近的分消防控制室控制。对于仅供建筑单体使用的消防设备，如消防风机设备，应由该建筑内消防控制室控制。

联动方式分为总线式联动和专线手动联动。总线式联动式有主消防控制室通过总线通信向分消防控制室下达联动控制指令。专线手动联动式是通过硬线控制消防设备，按照就近接入的原则，重要的消防设备也可就近接入分消防控制室，但手动专线控制盘应考虑冗余，即在主消防控制室重复设置用以保证主消防控制室具有最高控制权。消防设备的控制硬线需要设置在主消防控制室，且控制室需要24h值班。

（1）自动喷水灭火系统的联动控制设计

消防控制室应能显示报警阀组、信号阀和各层水流指示器动作信号，并能自动或手动控制喷淋消防泵的启动和停止，接收水流指示器、信号阀、压力开关、喷淋消防泵的启动和停止动作信号。消防控制室应能显示消防泵电源状况。

1）湿式自动喷水灭火系统

① 联动控制方式：应由湿式报警阀压力开关的动作信号作为系统的联动触发信号，由消防联动控制器联动控制喷淋消防泵的启动。联动控制不应受消防联动控制器处于手动或者自动状态的影响。

② 手动控制方式：应将喷淋消防泵控制箱的启动、停按钮用专用线路连接至设置在消防控制室内的消防联动控制器的手动控制盘，直接手动控制喷淋消防泵的启动和停止，并接收其反馈信号。消防泵房可手动启动喷淋泵。

2）预作用自动喷水系统

预作用系统应同时具有三种启动加压泵和开启报警阀的控制方式：自动控制、消防控制室手动远控、现场应急操作。

① 联动控制方式：应由同一报警区域内两个及以上独立的火灾探测器或一个火灾探测器及一个手动报警按钮的报警信号，作为雨淋阀开启的联动触发信号。由消防联动控制器联动控制雨淋阀的开启，雨淋阀的动作信号应反馈给消防控制室，并在消防联动控制器上显示。雨淋阀的动作信号作为喷淋消防泵启动的联动触发信号，由消防联动控制器联动控制喷淋消防泵的启动。

② 手动控制方式：应将喷淋消防泵控制箱和雨淋阀的启动、停止触电直接引至设置在消防控制室内的消防联动控制器的手动控制盘，实现喷淋消防泵和雨淋阀的直接手动启动、停止。

（2）消火栓系统的联动控制设计

1）联动控制方式：将消火栓系统出水干管上设置的压力开关信号作为触发信号，直接控制启动消火栓泵，联动控制不应受消防联动控制器处于自动或手动状态影响；消火栓按钮的动作信号作为报警信号及启动消火栓泵的联动触发信号，由消防联动控制器联动控制消火栓泵的启动。

2）手动控制方式：将消火栓泵控制柜的启动、停止按钮用专用线路直接连接至设置在消防控制室内的消防联动控制器的手动控制台上，并直接手动控制消火栓泵的启动、停止。消火栓泵的动作信号应反馈至消防联动控制器。消防控制室应能显示消防泵的电源状况。消防泵房也可手动启动消防泵。

（3）气体灭火、泡沫灭火系统的联动控制设计

气体灭火、泡沫灭火系统一般设置在变配电室、弱电机房、电信机房内。一般包含自动控制、手动控制、应急操作三种控制方式。有人工作或值班时，设置在手动挡；无人值班时，设置在自动挡。自动、手动控制方式的转换，在防护区门外的灭火控制器上实现。在防护区门外设置手动控制盒，盒内设有紧急停止和紧急启动按钮。其中手动、自动控制状态应在其防护区内外的手动、自动控制状态显示装置上显示，该状态信号应传至消防控制室，并在消防控制室的联动控制器上显示。而火灾报警控制器上应设置对应于不同防护区的手动启动和手动停止按钮，用于启动和停止相应的消防联动操作。

（4）防排烟系统的联动控制设计

消防水泵、防烟、排烟风机是在应急情况下实施初，起到火灾扑救、保障人员疏散的重要消防设备。考虑到消防联动控制器在联动控制时序失效等极端情况下，可能出现不能按照预定要求有效启动。故要求冗余采用直接手动控制方式对此类设备进行直接控制，其手动控制装置应安装在消防控制室。主消防控制室应具有最高控制权。

1）防烟系统的联动控制

由加压送风口所在防火分区内的两只独立的火灾探测器或一只火灾探测器与一只手动火灾报警按钮的报警信号，作为送风口开启和加压送风机启动的联动触发信号，由消防联动控制器联动控制火灾层和相关层前室等需要加压送风场所的加压送风口开启和加压送风机启动。

2）排烟系统的联动控制

由同一防烟分区内的两只独立的火灾探测器作为排烟口、排烟窗或排烟阀开启的联动触发信号，由消防联动控制器联动控制排烟口、排烟窗或排烟阀的开启，同时停止该防烟分区的空气调节系统；排烟口、排烟窗或排烟阀开启的动作信号作为排烟风机启动的联动触发信号，由消防联动控制器联动控制排烟风机的启动。若工程设计中设置排风兼排烟、进风兼消防补风机，正常情况下为排风或进风使用，火灾时则作为排烟风机或补风机使用，正常使用时就地手动及 DDC 控制，当火灾发生时由消防控制室控制，消防控制室具有优先控制权。

3）防烟系统、排烟系统的手动控制

能在消防控制室内的消防联动控制器上手动控制送风口、电动挡烟垂壁、排烟口、排烟窗、排烟阀的开启或关闭及防烟风机、排烟风机等设备的启动或停止，防烟、排烟风机的启动、停止按钮采用专用线路直接连接至设置在消防控制室内的消防联动控制台上，实现直接手动控制防烟、排烟风机的启动、停止。

4.10.5　火灾应急广播及火灾警报系统

4.10.5.1　系统功能

应急广播系统的联动控制信号应由消防联动控制器发出。当确认火灾后，应急广播系统首先向全楼或建筑分区的火灾区域发出火灾警报，然后向着火层和相邻层进行应急广播，再一次向其他非火灾区域广播。

消防控制室应显示处于应急广播状态的广播分区和预设广播信息。消防控制室应手动或按照预设控制逻辑自动控制选择广播分区，启动或停止应急广播系统。并在传声器进行应急广播时，自动对广播内容进行录音。消防控制室应能显示应急广播的故障状态。

火灾自动报警系统应能同时启动和停止建筑内所有的火灾声光警报器。当确认火灾后，启动建筑内的所有火灾声光报警器。

4.10.5.2　火灾应急广播系统的中主分消防控制室的关系

《火灾自动报警系统设计规范》GB 50116—2013 4.8 条指出，控制中心报警系统应设置消防应急广播，当确认火灾后，应同时向全楼进行广播。消防控制室内应能显示消防应急广播的广播分区状态，并能启动或停止应急广播系统。主消防控制室实施对综合体内部整体广播或区域广播的控制能力。

4.10.6　消防专用对讲电话系统

4.10.6.1　系统设置

《火灾自动报警系统设计规范》GB 50116—2013 6.7 条指出，消防控制室应设置消防专用电话总机，多线制消防专用电话系统中的每个电话分机应与总机单独连接。消防控制室、消防值班室或企业消防站等处，应设置可直接报警的外线电话。

4.10.6.2　消防专用对讲电话系统的中主分消防控制室的关系

对于控制中心报警系统，消防电话总机设于消防控制中心，且应设置火灾报警录音电话。因各个消防控制室均为独立的消防系统，各消防控制室内的消防电话主机仅为本报警区域服务，故分消防控制室需设置与主消防控制室进行通信的消防专用电话。同时，各个消防控制室均应设置119外线电话。

4.10.7　电梯联动控制系统

当确认火灾后，消防联动控制系统应发出联动控制信号，强制所有电梯停于首层或电梯转换层。并切除除消防电梯外的所有电梯电源。电梯停于首层或电梯转换层开门后的反馈信号作为电梯电源切断的触发信号。

在消防控制室设置电梯监控盘，能显示各部电梯运行状态及层位显示。消防联动控制器具有发出联动控制信号强制所有电梯停于首层或电梯转换层的功能，除消防电梯外，应切断客梯电源。停于首层或转换层的反馈信号，应传送给消防控制室显示。

4.10.8　应急照明控制系统

应急照明系统应急启动的联动控制信号应由消防联动控制器发出。当确认火灾后，由发生火灾的报警区域开始，顺序启动全楼疏散通道的应急照明系统。启动全楼消防应急照明系统投入应急状态的启动时间应不大于 5s。消防联动控制器应在自动喷水系统动作前联动切断本防火分区的正常照明电源和非安全电压输出的集中电源型消防应急照明系统的电源输出。

4.10.9 非消防电源控制系统

系统功能：
（1）火灾报警后，应执行以下操作：
1）开启相关区域安全技术防范系统的摄像机监视火灾现场。
2）自动打开设计疏散的电动栅杆。
（2）火灾确认后，应执行以下操作：
1）由消防联动控制器自动打开涉及疏散的电动栅杆、疏散通道上由门禁系统控制的门和庭院的电动大门、停车场出入口的挡杆。
2）消防控制室的消防联动控制器自动切断火灾区域及相关区域的非消防电源。

4.10.10 电气火灾监控系统

（1）系统功能
电气火灾监控系统可以准确监控电气线路的故障状态和异常状态，用以及时发现电气火灾的火灾隐患，避免电气火灾和人身触电事故。电气火灾监控系统应具有以下功能：
1）探测漏电电流、过电流、温升等信号，发出声光信号报警，准确报出故障线路地址，监测故障点变化。
2）储存各种故障和操作试验信号。
3）切断漏电线路上的电源，并显示其状态。
4）显示系统电源状态。
（2）系统构成
电气火灾监控系统主要由电气火灾监控设备、电气火灾监控探测器（剩余电流式、测温式）组成。
（3）电气火灾监控设备的设置
设有消防控制室时，电气火灾监控器应设置在消防控制室内或保护区域附近；设置在保护区域附近时，应将报警信息和故障信息传入消防控制室。在设置消防控制室的场所，电气火灾监控器的报警信息和故障信息应在消防控制室图形显示装置或起集中控制功能的火灾报警控制器上显示，但该类信息与火灾报警信息的显示应有区别。

4.10.11 消防电源监控系统

在所有消防用电设备配电箱处设置消防电源监控设备，消防电源监控系统能显示消防用电设备的供电电源和备用电源的工作状态和故障报警信息，并将消防用电设备的供电电源和备用电源的工作状态和欠压报警信息传输给消防控制室内的系统主机及图形显示装置。

4.10.12 防火门监控系统

防火门的启闭在人员疏散中起到至关重要的作用，因此防火门监控器应设置在消防控制室内，没有消防控制室时，应设置在有人值班的场所。常开防火门所在防火分区内两只独立的火灾探测器或一只火灾探测器与一只手动报警按钮的报警信号作为常开防火门关闭的联动触发信号，由消防联动控制器发出，并由防火门监控器联动控制防火门关闭。疏散通道上各防火门的开启、关闭及故障状态信号应反馈至防火门监控器。防火单元的疏散门应保证在火灾发生时立即关闭。

4.10.13 总结主控制室实现的功能

（1）广播功能。控制中心报警系统应设置消防应急广播，当确认火灾后，应同时向全楼进行广播。主消防控制室应可以强制启动或切入各分消防控制室的应急广播系统，对综合体内部整体广播或区域广播。

（2）通信功能。消防电话总机设置与主消防控制室，分消防控制室需设置与主消防控制室进行通信的消防专用电话。主消防控制室应能对分消防控制室下达查询指令，接收分消防控制室相应的信息传输，例如建筑内消防设施的运行状态等。综合体内建筑的消防设备种类多样，其中一些设备主要完成局部区域的消防保护功能，例如气体灭火系统，一般就近接入消防分控制室，但主消防控制室应通过火灾报警控制器主机的网络信息交换，实现对其的监控。

（3）显示功能。《火灾自动报警系统设计规范》GB 50116—2013 6.9 条指出，消防控制室图形显示装置应设置在消防控制室内，与火灾报警控制器、消防联动控制器、电气火灾监控器、可燃气体报警控制器等消防设备之间应采用专用线路连接。各控制室图形显示装置除与本控制室内火灾报警器连接外，还应与主消防控制室内的图形显示装置连接，独立组成通信网络分担传输相关信息。对于综合体建筑，主消防控制室内应能显示各分消防控制室各类系统的相关状态信息。消防图形显示的信息量庞大，应采用多显示屏分区显示，便于指挥人员及时掌握各分消防控制室的报警信息和设备状态。

（4）联动控制功能。主消防控制室应能跨区联动控制综合体建筑内所有重要的消防设备，且具有最高控制权。主消防控制室能接收消防设备的动作返回信号。分消防控制室之间不能有相互联动关系。

4.10.14 以实际工程说明主分消防控制室的设置

建发大阅城项目位于银川市北部阅海新区，总建筑面积为 48 万 m^2，其中地上建筑面积 35 万 m^2。根据建筑布局及物业形态共设置四个消防控制室，分别位于四个不同的建筑体内，四个建筑体的功能类别分别为商业、酒店、公寓、住宅。其中选择商业区域的消防控制室设为主消防控制室，负责管理全部地下公共部分、商业部分内的消防报警设施。所有消防控制室均设置在一层，并设置直接通往室外的出口，所有消防控制室均设置 110 外线专用火警电话。

（1）主、分消防控制室设备关系如下：

1）三个分消防控制室的报警信号须接入总消防控制室显示；

2）主、分消防控制室在其各自的联动控制台上均能通过手动直启线启动消防泵，主消防控制室具有优先控制权；

3）主消防控制室可以在联动控制台上通过手动直启线路直接启动所有防排烟风机，

分消防控制室只能启动所辖范围内的防排烟风机，主消防控制室具有优先控制权。

（2）在消防控制室内设置的消防控制室图形显示装置，应符合火灾报警控制器的安装设置要求。消防控制室图形显示装置与火灾报警控制器、消防联动控制器、电气火灾监控器、消防电源监控器、防火门控制器、气体灭火控制器可燃气体报警控制器等消防设备之间，应采用专用线路连接。

（3）火灾自动报警系统由火灾探测器、手动火灾报警按钮、火灾声光警报器、消防应急广播、消防专用电话、消防控制室图形显示装置、火灾报警控制器、消防联动控制器等组成；系统中的火灾报警控制器、消防联动控制器和消防控制室图形显示装置、消防应急广播的控制装置、消防专用电话总机、消防应急照明和疏散指示系统控制装置、电气火灾监控器、消防电源监控器等起集中控制作用的消防设备，设置在消防控制室内。

（4）所有消防控制室供电电源采用双路电源集中供电，并由承包商配置所需 UPS 电源，消防控制室图形显示装置、消防通信设备等的电源，由 UPS 电源装置供电。现场监控模块等有源设备的电源、监控信号电源（DC24V）均由 FAS 系统自身配置。

（5）消防控制室可接收感烟、感温、红外、可燃气体等探测器的火灾报警信号、水流指示器、检修阀、压力报警阀、手动报警按钮、消火栓按钮、防火阀的动作信号。

（6）报警控制器：主消防控制室共设置 7 台火灾报警控制器，其中一台作为总控制器，负责管理其余 6 台报警控制器以及用于受控设备的控制；这 6 台中的 2 台为联动控制器，用于受控设备的控制，其余 4 台为报警控制器：其中 2 台用于地下区域公共部分；1 台用于酒店区域地上部分；1 台用于商业区域地上部分。三个分消防控制室各设置一台联动型火灾报警控制器，负责各自区域内的消防报警设备。任一台火灾报警控制器所连接的火灾探测器、手动报警按钮和模块等设备总数和地址总数均不超过 3200 点，任一台联动控制器所控制的各类模块总数不超过 1600 点。

（7）消防控制室可显示消防水池、消防水箱水位，显示消防水泵的电源及运行状况。

（8）消防控制室可联动控制所有与消防有关的设备。

4.11 从节能、绿色、环保角度分析各系统与其相关内容匹配情况

4.11.1 电气节能

城市综合体中，电气方面的节能设计对提升建筑档次，降低业主运营成本有较明显的成效。以下为相应的节能措施：

4.11.1.1 供配电系统

（1）合理设置配变电所数目并使配变电所位置靠近负荷中心，可减少电能传输过程中在电缆线路上的损耗。

（2）变压器选用节能型变压器，且能效值不应低于现行国家标准《三相配电变压器能效限定值及能效等级》GB 20052—2013 中能效标准的节能评价值。使得变压器在运行状态下铜损和铁损在一定范围以下。

（3）合理选择变压器容量和台数，使其负荷率在 60%～80% 范围内，以使得变压器的铜损和铁损都较小。

（4）配电系统三相负荷的不平衡度不宜大于 15%。单相负荷较多的供电系统，采用部分分相无功自动补偿装置。

（5）提高供电系统的功率因数，减少无功功率的输出，可以提高用电效率。在低压系统中增加无功补偿装置，对容量较大的用电设备，当功率因数较低且离配变电所较远时，就地设置无功补偿装置，都是减少系统无功功率的方式。

（6）建筑中非线性用电设备较多时，装设有源滤波器可以减小系统谐波，提高系统效率，大型用电设备、大型可控硅调光设备、电动机变频调速控制装置等谐波源较大设备，就地设置谐波抑制装置。

（7）设置能耗监测系统，方便业主实现建筑物内设备节能、经济运行。

4.11.1.2 照明系统

（1）室内照明功率密度（LPD）值应符合现行国家标准《建筑照明设计标准》GB 50034—2013 的有关规定。

（2）设计选用的光源、镇流器的能效不宜低于相应能效标准的节能评价值。

（3）建筑夜景照明的照明功率密度（LPD）限值应符合现行行业标准《城市夜景照明设计规范》JGJ/T 163—2008 的有关规定。

（4）光源的选择应符合下列规定：

1）一般照明在满足照度均匀度条件下，选择单灯功率较大、光效较高的光源，不选用荧光高压汞灯，不选用自镇流荧光高压汞灯；

2）气体放电灯用镇流器选用谐波含量低的产品；

3）高大空间及室外作业场所选用金属卤化物灯、高压钠灯；

4）除需满足特殊工艺要求的场所外，不选用白炽灯；

5）走道、楼梯间、卫生间、车库等无人长期逗留的场所，选用发光二极管（LED）灯；

6）疏散指示灯、出口标志灯、室内指向性装饰照明等选用发光二极管（LED）灯；

7）室外景观、道路照明选择安全、高效、寿命长、稳定的光源，避免光污染。

（5）灯具的选择应符合下列规定：

1）使用电感镇流器的气体放电灯应采用单灯补偿方式，其照明配电系统功率因数不应低于 0.9；

2）在满足眩光限制和配光要求条件下，应选用效率高的灯具，并符合现行国家标准《建筑照明设计标准》GB 50034—2013 的有关规定；

3）灯具自带的单灯控制装置宜预留与照明控制系统的接口。

（6）一般照明无法满足作业面照度要求的场所，宜采用混合照明。

（7）照明设计不宜采用漫射发光顶棚。

（8）照明控制应符合下列规定：

1）照明控制应结合建筑使用情况及天然采光状况，进行分区、分组控制；

2）客房应设置节电控制型总开关；

3）除单一灯具的房间，每个房间的灯具控制开关不宜少于 2 个，且每个开关所控的光源数不宜多于 6 盏；

4）走廊、楼梯间、门厅、电梯厅、卫生间、停车库等公共场所的照明，宜采用集中开关控制或就地感应控制；

5）大空间、多功能、多场景场所的照明，宜采用智能照明控制系统；

6）当设置电动遮阳装置时，照度控制宜与其联动；

7）建筑景观照明应设置平时、一般节日、重大节日等多种模式自动控制装置。

4.11.1.3 电能监测与计量

（1）公共建筑应按功能区域设置电能监测与计量系统。

（2）公共建筑应按明插座、空调、电力、特殊用电分项进行电能监测与计量。办公建筑将照明和插座分项进行电能监测与计量。

（3）冷热源系统的循环水泵耗电量单独计量。

4.11.1.4 建筑设备控制

（1）扶梯采用节能控制。

（2）直梯或采用往复式运动工作机制的设备，应设置能量回收装置和储能装置，将回收的能量用于一般照明或并网。

4.11.1.5 可再生能源应用

（1）公共建筑的用能应通过对当地环境资源条件和技术经济的分析，结合国家相关政策，优先应用可再生能源。

（2）公共建筑可再生能源利用设施应与主体工程同步设计。

（3）当环境条件允许且经济技术合理时，宜采用太阳能、风能等可再生能源直接并网供电。

（4）当公共电网无法提供照明电源时，应采用太阳能、风能等发电并配置蓄电池的方式作为照明电源。

（5）可再生能源应用系统宜设置监测系统节能效益的计量装置。

（6）太阳能利用应遵循被动优先的原则。公共建筑设计宜充分利用太阳能。

（7）公共建筑宜采用光热或光伏与建筑一体化系统；光热或光伏与建筑一体化系统不应影响建筑外围护结构的建筑功能，并应符合国家现行标准的有关规定。

4.11.2 绿色设计

（1）应合理地进行场地和道路照明设计，室外照明不应对居住建筑外窗产生直射光线，场地和道路照明不得有直射光射入空中，地面反射光的眩光限值宜符合相关标准的规定；

（2）设备机房、管道井宜靠近负荷中心布置。机房、管道井的设置应便于设备和管道的维修、改造和更换。

（3）太阳能资源、风能资源丰富的地区，当技术经济合理时，宜采用太阳能发电、风力发电作为补充电力能源。风力发电机的选型和安装应避免对建筑物和周边环境产生噪声污染。

4.11.2.1 供配电系统

（1）对于三相不平衡或采用单相配电的供配电系统，应采用分相无功自动补偿装置。

（2）当供配电系统谐波或设备谐波超出国家或地方标准的谐波限值规定时，对建筑内的主要电气和电子设备或其所在线路采取高次谐波抑制和治理，并符合下列规定：

1）当系统谐波或设备谐波超出谐波限值规定时，应对谐波源的性质、谐波参数等进行分析，有针对性地采取谐波抑制及谐波治理措施；

2）供配电系统中具有较大谐波干扰的地点设置滤波装置。

（3）10kV 及以下电力电缆截面应结合技术条件、运行工况和经济电流的法来选择。

4.11.2.2 照明

（1）应根据建筑的照明要求，合理利用天然采光。

1）在具有天然采光条件或天然采光设施的区域，应采取合理的人照明布置及控制措施；

2）合理设置分区照明控制措施，具有天然采光的区域应能独立控制；

3）可设置智能照明控制系统，并应具有随室外自然光的变化自动控制或调节工照明照度的功能。

（2）应根据项目规模、功能特点、建设标准、视觉作业要求等因素，确定合理的照度指标。照度指标为 300lx 及以上，且功能明确的房间或场所，宜采用一般照明和局部照明相结合的方式。

（3）除有特殊要求的场所外，应选用高效照明光源、高效灯具及其节能附件。

（4）人员长期工作或停留的房间或场所，照明光源的显色指数不应小于 80。

（5）各类房间或场所的照明功率密度值，宜符合现行国家标准《建筑照明设计标准》GB 50034—2013 规定的目标值要求。

4.11.2.3 电气设备节能

（1）变压器应选择低损耗、低噪声的节能产品，并应达到现行国家标准《三相配电变压器能效限值及节能评价值》GB 20052—2013 中规定的目标能效限定值及节能评价值的要求。

（2）配电变压器应选用 [D，yn11] 结线组别的变压器。

（3）应采用配备高效电机及先进控制技术的电梯。自动扶梯与自动人行道应具有节能拖动及节能控制装置，并设置感应传感器以控制自动扶梯与自动人行道的启停。

（4）当 3 台及以上的客梯集中布置时，客梯控制系统应具备按程序集中调控和群控的功能。

4.11.2.4 计量与智能化

（1）根据建筑的功能、归属等情况，对照明、电梯、空调、给水排水等系统的用电能耗宜进行分项、分区、分户的计量。

（2）计量装置宜集中设置，当条件限制时，宜采用远程抄表系统或卡式表具。

（3）大型公共建筑应具有对公共照明、空调、给水排水、电梯等设备进行运行监控和管理的功能。

（4）公共建筑宜设置建筑设备能源管理系统，并宜具有对主要设备进行能耗监测、统计、分析和管理的功能。

4.11.3 电气环保设计

4.11.3.1 采用环保型低烟无卤电线、电缆。

4.11.3.2 要求所有设备电压总谐波畸变率不大于 5%，否则，应加谐波控制器。

4.11.3.3 对建筑中电磁兼容应符合以下规定：

（1）各种设备的电磁干扰 EMI 发射限制和抗扰度要求应符合国家现行有关标准的规定。

（2）EMI 骚扰信号源应根据其频率、功率采取输出滤波、电磁屏蔽等电磁兼容措施。

（3）EMI 敏感设备应根据所处电磁环境采取输入滤波、电磁屏蔽等电磁兼容措施；各电子信息系统宜根据需要在输入输出等环节采取信号隔离措施，且电子信息系统的接地应符合现行行业标准相关规定。

第5章 智能化系统

5.1 智能化系统主要内容

建筑设备管理系统：建筑设备监控系统、建筑能效监管系统。

公共安全系统：安全技术防范系统（含入侵报警系统、视频安防监控系统、出入口控制系统、电子巡查系统、停车场管理系统）；安全防范综合管理（平台）；应急响应系统。

信息设置系统：信息接入系统；布线系统；移动通信室内信号覆盖系统；用户电话交换系统；无线对讲系统；信息网络系统；有线电视系统；公共广播系统；会议系统；信息引导发布系统。

其他：智能卡应用管理系统；智能化信息集成系统。

5.1.1 建筑设备监控系统

5.1.1.1 系统功能

建筑设备监控系统（BAS）是将建筑物（或建筑群）内的电力、照明、空调、给水排水等设备或系统，以集中监视、控制和管理为目的而构成的一个综合系统。它的目的是使建筑物成为安全、健康、舒适、温馨的生活环境和工作环境，并能保证系统运行的经济性和管理的智能化。

（1）对各类机电设备的运行、安全状况、能源使用和管理等实行自动监视、测量、控制与管理，应做到运行安全、可靠、节省能源、节省人力。

（2）系统应做到技术先进，经济合理，使用可靠。具有可扩展性、开放性和灵活性。提高系统的先进性、科学性，并兼顾可持续发展的要求。

5.1.1.2 系统构成

楼宇设备监控系统由中央管理计算机、通信网络、直接数字控制器（DDC）、传感器和执行机构组成。

5.1.1.3 系统方案

楼宇设备监控系统采用集散式网络结构，由管理层网络与监控层网络组成，实现对设备运行状态的监视和控制。管理层网络由设置在建筑设备监控中心的楼宇监控服务器和设置在酒店区域的楼宇控制分站组成，楼宇监控服务器与各控制分站间通过 TCP/IP 网络协议进行通信，同时管理层设备也可以通过其他网络接口与第三方设备独立的监控子系统集成，完成对整个建筑物的监控调度工作。

5.1.1.4 监控内容

（1）冷热源系统；

（2）通风空调系统；

（3）VAV变风量空调系统；

（4）送排风系统；

（5）给水排水系统；

（6）变配电系统；

（7）公共区域照明；

（8）电梯系统。

5.1.2　建筑能效监管系统

5.1.2.1　系统功能

建筑能效监管系统应通过对纳入能效监管系统的分项计量及监测数据统计分析和处理，提升建筑设备协调运行和建筑综合性能。

能耗监测的范围包括冷热源、供暖通风和空调、给水排水、供配电、照明、电梯等建筑设备，且计量数据应准确，并应符合国家现行有关标准的规定。

能耗计量的分项及类别包括电量、水量、燃气量、集中供热耗热量、集中供冷耗冷量等使用状态信息。

5.1.2.2　系统构成

能耗监测系统由数据采集子系统、数据中转站组成。

5.1.3　安全技术防范系统

5.1.3.1　系统要求

安全技术防范系统综合利用安全防范技术、电子信息技术、计算机网络技术等，构建先进、可靠、经济、实用、配套的安全防范应用系统。系统采用先进的结构化、规范化、模块化、集成化的方式实现，满足安全管理的需要。

安全技术防范系统应建立纵深防护体系，设置重点目标防护、区域防护和周界防护。

安全技术防范系统由视频安防监控、入侵报警、出入口控制、电子巡查管理、汽车库（场）管理等子系统组成；通过统一的控制网络对视频安防监控系统、入侵报警系统、出入口控制系统、电子巡查管理系统和汽车库（场）管理系统进行接入，构成一个集成的管理平台，从而实现各子系统的互联、互通、互控，实现视音频、报警及控制信息的采集、传输/转换、显示/存储、控制。

通过数字化网络监控报警设备可以和各主管单位的计算机进行联网，使管理者可以通过计算机监视各回路的图像。同时输出的信号可与110进行联网。发生紧急情况时自动接通110或其他管理者的电话，整个联动效果需达到快速有效。

5.1.3.2　视频安防监控系统

（1）系统功能

系统对建筑物内的主要公共场所、通道、出入口、电梯前室及桥箱、楼梯口和其他重要部位和场所进行视频探测，有效监视并记录，再现画面、图像。在重要的特殊部位，可以进行不间断录像和视频报警。监视器画面显示能任意编程，能手/自动切换，并能显示所对应的摄像机的编号、部位、地址和时间。

系统独立运行，也能与其他系统联动，并实现报警图像的自动切换、记录存储等联动功能。

（2）系统构成及主要参数

系统由视频前端、传输交换、管理控制、视频显示、视频存储五部分组成。

（3）点位设置

在主要公共场所、通道、出入口、电梯前室及桥箱、楼梯口和其他重要部位和场所设置彩色固定半球摄像机。

在地下车库、出入口和车库区域设置彩色枪式摄像机。

在大堂、视野开阔、人群密集的区域设置室内彩色快球摄像机。

在室外园区、建筑物主要出入口、建筑物外墙处设置室外彩色快球摄像机。

5.1.3.3 入侵报警系统

（1）系统功能

系统通过各种探测设备，构成点、线、面的立体式综合防护体系。系统应对设防区域的非法入侵，进行实时、有效的探测和报警。系统能根据时间、区域、部位任意编程设防和撤防，自动进行设备和线路检测，向控制中心及时传递故障报警并指出故障部位。系统具备防破坏功能。报警控制设备能显示和记录报警部位及有关报警数据。系统可独立运行，可与其他系统联网，实现联动报警功能。

（2）系统构成

系统有前端设备、传输设备、处理/控制/管理设备三部分组成。

前段设备：主要由双签探测器、玻璃破碎探测器、紧急报警按钮、被动红外探测器、门磁开关等设备组成。

传输设备：基于TCP/IP的控制网组成；

处理/控制/管理设备：管理服务器、管理软件等。

（3）点位设置

在主要公共场所的出入口、通道、电梯前室、其他重要部位和场所设置双签探测器、玻璃破碎探测器、紧急报警按钮、被动红外探测器、门磁开关等设备。

室外在需要防护的区域设置主动红探测器或泄漏电缆等设备。

5.1.3.4 出入口控制系统

（1）系统功能

系统可独立运行，也可与其他安防系统联网，实现联动控制功能。系统对设防区域的出入口、重要房间、通道、通行门设置出入口控制装置，通过对象、时间、事件等策略设置，实现对上述区域门的开关控制。系统有关信息要在控制中心自动存储、打印具有防篡改防销毁的措施，能方便管理人员查询。紧急情况下的安全防范、消防要求。

（2）系统构成

系统由钥匙、识别、执行、传输、管理控制组成。

钥匙：非接触式IC卡；

识别：主要现场读卡器、出门按钮组成；

执行：主要由电插锁、电磁锁组成；

传输：现场传输（双绞线），控制器传输（基于TCP/IP的控制网组成）；

管理控制：现场管理控制（门禁控制器），显示编程部分（PC）。

（3）点位设置

设防区域的出入口、重要房间、通道、通行门。

5.1.3.5　电子巡查管理系统

（1）系统功能

系统能够编辑编制保安人员巡查软件，通过下载器读出的信息，对巡更人员的巡查行动、状态进行监督和记录。

（2）系统构成

由信息按钮、信息采集器、下载器、管理服务器组成。

（3）点位设置

在楼梯口、楼梯间、电梯前室、门厅、走廊、地下车库、重点保护房间及室外重要部位设置巡更点。

5.1.3.6　停车库（场）管理系统

（1）系统功能

系统通过对停车库出入口的控制，完成对车辆金属及收费的有效管理。包括入口处车位显示、入口及场内通道的行车指示、车牌和车型的自动识别、读卡识别、出入口电动道闸门的自动控制、自动计费及收费金额显示；多个出入口的联网管理、整体收费的统计与管理；分层车库的车辆统计与车位显示；本系统独立运行，也可通过中央管理站与其他系统联动控制，以及紧急情况下的安全防范、消防要求。

（2）系统构成

系统由入口设备、出口设备、收费设备、图像识别设备、中央管理站等组成。

5.1.3.7　安全防范综合管理（平台）系统

一个完整的安全防范系统，通常都是一个集成系统。安全防范系统的集成设计，主要是指其安全管理系统的设计。进行系统总集成设计，也可采用其他模式进行系统总集成设计。

集成管理平台系统应满足以下要求：

（1）相应的信息处理能力和控制/管理能力，相应容量的数据库。

（2）通信协议和接口应符合国家现行有关标准的规定。

（3）系统应具有可靠性、容错性和维修性。

（4）系统应能与上一级管理系统进行更高一级的集成。

入侵报警系统、视频安防监控系统、出入口控制系统等独立子系统的集成设计是指它们各自主系统对其分系统的集成。如：大型多级报警网络系统的设计，应考虑一级网络对二级网络的集成与管理，二级网络应考虑对三级网络的集成与管理等；大型视频安防监控系统的设计应考虑监控中心（主控）对各分中心（分控）的集成与管理等。

各子系统间的联动或组合设计应符合下列规定：

1）根据安全管理的要求，出入口控制系统必须考虑与消防报警系统的联动，保证火灾情况下的紧急逃生。

2）根据实际需要，电子巡查系统可与出入口控制系统或入侵报警系统进行联动或组合，出入口控制系统可与入侵报警系统或/和视频安防监控系统联动或组合，入侵报警系统可与视频安防监控系统或/和出入口控制系统联动或组合等。

5.1.4 应急响应系统

应急响应系统应以火灾自动报警系统、安全技术防范系统为基础。

（1）应急响应系统应具有以下功能：

1）对各类危及公共安全的事件进行就地实时报警。

2）采取多种通信方式对自然灾害、重大安全事故、公共卫生事件和社会安全事件实现就地报警和异地报警。

3）管辖范围内的应急指挥调度。

4）紧急疏散与逃生紧急呼叫和导引。

5）事故现场应急处置等。

（2）应急响应系统应配置下列设施：

1）有线/无线通信、指挥和调度系统。

2）紧急报警系统。

3）火灾自动报警系统和安全技术防范系统的联动设施。

4）火灾自动报警系统和建筑设备管理系统的联动设施。

5）紧急广播系统与信息发布与疏散导引系统的联动设施。

建筑面积大于 2 万 m^2 的公共建筑或建筑高度超过 100m 的建筑所设置的应急响应系统，必须配置与上一级应急响应系统信息互联的通信接口。

5.1.5 信息接入系统

1）信息接入系统应满足建筑物内各类用户对信息通信的需求，并应将各类公共信息网和专用信息网引入建筑物内。

2）应支持建筑物内各类用户所需的信息通信业务。

3）宜建立以该建筑为基础的物理单元载体，并应具有对接智慧城市的技术条件。

4）信息接入机房应统筹规划配置，并应具有多种类信息业务经营者平等接入的条件。

5）系统设计应符合现行行业标准《有线接入网设备安装工程设计规范》YD/T 5139—2005 的有关规定。

5.1.6 综合布线系统

（1）分布于建筑物内的综合布线基础设施同时为数字安防及公共广播系统、楼宇设备监控系统提供信息传输通道。

（2）综合布线系统采用星型结构，由工作区子系统、水平布线子系统、垂直子系统、设备间子系统、管理子系统组成。

5.1.7 广播系统

5.1.7.1 系统功能

（1）广播系统功能包括背景音乐广播和火灾事故广播。

（2）广播系统功放采用定压输出方式，以前置放大器为核心的广播音响系统。

（3）广播系统宜采用数字音频网络系统，便于系统的扩充，提供管理者良好的灵活性。

5.1.7.2　系统组成

系统主要由音源部分、媒体矩阵、输入输出接口机、功放、遥控话筒、扬声器及其电缆等组成。

采用可采用全数字音频网络系统，所有音频除了输入端（音源到数字处理器）和输出端（功放到音箱）为模拟音频信号，其余线路，如音频处理，线路传输，设备级联应为全数字音频信号。基于 CobraNet 网络音频传输协议，可以在以太网上进行音频传输。

5.1.8　移动通信室内信号覆盖系统

本系统设计由移动业务运营商完成设计，设计院负责完成相关技术条件的预留。

卫星通信系统设计由专业公司提供、完成，设计院负责完成相关技术条件的预留。

5.1.9　用户电话交换系统

1）应适应建筑物的业务性质、使用功能、安全条件，并应满足建筑物内语音、传真、数据等通信需求。

2）系统的容量、出入中继线数量及中继方式等应按使用需求和话务量确定，并应留有富余量。

3）应具有拓展电话交换系统与建筑内业务有关的其他增值应用的功能。

4）应符合现行国家标准《用户电话交换系统工程设计规范》GB/T 50622—2010。

5.1.10　有线、无线对讲系统

（1）有线对讲系统

根据本工程的建筑特点和功能区域分布，在酒店部分和商业及办公部分，各设置一套数字有线对讲系统。在酒店部分的前台设置系统主机，在管理用房、各层前台、必要客房设置系统话站，满足酒店管理人员的通话需求。在商业及办公总控制室内设置主机，在消防中控室、管理用房、领导办公室、必要部位设置话站，满足办公人员、管理人员的处理应急事件的需求。

（2）无线对讲系统

本项目设置无线对讲调度系统，基于先进的 VOIP 技术架构，提供一个能够架接所有通信模式，并可联通各种通话组群、技术和应用的综合调度通信解决方案。本系统在同一平台上接入以下相关通信系统，实现高效、快捷的调度指挥和应急响应，保障运营和通信通畅：

1）双向无线对讲；

2）卫星通信；

3）固定电话；

4）内部通信；

5）移动终端。

5.1.11　信息网络系统

信息网络主要承载业务包括会议电视、E-MAIL 及互联网信息等，满足项目对数据网

络接入的需求。

一般整体网络规划采用三层拓扑结构。核心层交换机、汇聚层和接入层交换机，汇聚交换机通过千兆双链路与核心层交换机互联。

计算机网络具备性能管理、故障管理、配置管理、服务器监视等网络管理功能。

采用基于全网的 VLAN 技术，通过核心路由交换设备的配置，与 AAA（认证、授权、统计）服务器相配合严格控制 VLAN 之间的访问。

系统一般采用集中供电方式，双路电源，经过 UPS 供电给机房设备，并引至各分配线间。

5.1.12 卫星接收及有线电视系统

（1）系统功能

系统能够接受卫星电视节目，并能够通过数字双向传输网络传输多种节目源。系统以传送电视信号为主，也适合传送非电视信号的综合信息业务。

（2）系统构成

系统由前端设备、传输和分配网络组成。

前端设备：主要指卫星接收系统（卫星天线、馈源、高频头、功率分配器、卫星接收机等）、自办节目设备（自办电视节目、互联网服务器、游戏服务器、收费电视服务器、控制主机等）、调制器、滤波器、混合器等设备；

干线传输：光纤、光电转换设备、星型分光器、光节点设备；

用户分配网络：同轴电缆、放大器、分配器、用户输出端等设备组成。

5.1.13 公共广播系统

（1）系统功能

1）广播系统功能包括背景音乐广播和火灾事故广播。

2）广播系统功放采用定压输出方式，以前置放大器为核心的广播音响系统。

3）广播系统宜采用数字音频网络系统，便于系统的扩充，提供管理者良好的灵活性。

（2）系统组成

系统主要由音源部分、媒体矩阵、输入输出接口机、功放、遥控话筒、扬声器及其电缆等组成。

采用全数字音频网络系统，所有音频除了输入端（音源到数字处理器）和输出端（功放到音箱）为模拟音频信号，其余线路，如音频处理，线路传输，设备级联应为全数字音频信号。基于 CobraNet 网络音频传输协议，可以在以太网上进行音频传输。

5.1.14 会议系统

数字会议系统设计可由专业公司提供、完成，设计方负责完成相关技术条件的预留。

（1）系统组成

在宴会厅和会议室设置数字会议系统，数字会议系统包括数字会议发言系统、会议扩音系统、现场跟踪摄像系统、大屏幕投影系统、会议中控系统，重要会议室设同声传译系统。

（2）系统功能

1）数字会议发言系统：此系统选用有利用网络技术并将语言信号数字化，在同一根电缆上实现多路同时发言、多路实时同声传译等功能的中央控制设备、发言设备、监控及显示设备组成。

2）现场跟踪摄像系统：每个会场安装一体化彩色预置位摄像机对整个会场进行监视，摄取发言人图像或会场图像，同时将图像传送到监视器和大屏幕上。

3）扩声系统：根据会议室的规模，采用以调音台为核心的扩声系统，满足《剧场、电影院和多用途厅堂建筑声学设计规范》GB/T 50356—2005 国家标准。

4）大屏幕投影系统：采用正面投影系统。

5）会议中控系统：设置会议智能中央控制系统主机，对各种会议设备进行集中控制与遥控。提供友好的管理界面，可进行模式预设置。建立会议控制中心，通过音视频矩阵，将各个会议室音视频信号连接起来，通过操作人员控制各会议室之间的音视频信号的连通，可以将任意一个会场的音视频信号传送到其他会场。

6）同声传译系统：在重要会议室设置 3 语种及以上无线红外同声传译系统。

5.1.15　信息引导及发布系统

根据需要在公共部位设置彩色显示屏和触摸屏系统，在地下车库入口通道设置 LED 智能引导系统，用于信息发布、广告显示、智能引导、信息查询等，体现建筑的智能化、人性化。

作为大型商业区域以及地标性建筑，室内外大屏幕 LED 显示系统可为未来的商业渠道开发提供更广阔的空间。大屏幕显示系统可作为商场信息发布、广告招商的载体，提供简单明了、准确快捷、便于操作的人机界面。

5.1.16　智能卡应用管理系统

一卡通管理系统是以计算机网络管理为核心，智能感应卡为信息载体的基础上实现，它包括停车场管理、门禁管理、消防管理等组成的一个"一卡通"系统。设计的目标是住户通过使用一张授权的感应卡能实现停车、进门、考勤、消费、电梯层控等。

物业管理部门统一发给用户及物业管理人员通用感应卡并授权，每张卡片在系统数据库内部都有相对应的用户个人资料（如姓名、照片、证件号等）。用户只须持一张有效通用卡即可凭卡按其权限在停车场停车，进出门禁通道、考勤等。

整个系统由控制主机统一自动管理，实现了自动无人管理。

5.1.17　智能化信息集成系统

智能化集成系统对大连中心内楼宇设备监控系统、安全防范系统、火灾自动报警系统实现设备状态、控制指令、历史数据的动态图形显示；根据决策预案实现各子系统的联动；对突发事件进行自动分级告警、分析原因并提供故障处理建议。

建设智能化中央监控与管理平台，开发与各子系统的接口，实现对各子系统的集成。该系统应做到技术先进、经济合理、使用可靠；并具有开放性、灵活性、先进性及可扩展性。

5.2 智能化系统的设置内容

5.2.1 办公建筑智能化系统

5.2.1.1 功能

应适应办公建筑物办公业务信息化应用的需求。

应具备高效办公环境的基础保障。

应满足对各类现代化办公建筑的信息化管理需求。

5.2.1.2 通用配置

(1) 办公建筑应设有信息通信网络系统，实现办公自动化功能。

(2) 信息通信网络系统的布线应采用综合布线系统，满足语音、数据、图像等信息传输要求。

(3) 一类办公建筑及高层办公建筑宜设置建筑设备监控系统及安全防范系统。

(4) 办公建筑内的大、中型会议室宜设扩声、投影等音响、声光系统。根据需要宜设同声传译及电视电话会议的功能。

(5) 有汽车库的办公建筑宜设置汽车库管理系统。

(6) 办公建筑内弱电机房的设备供电电源采用 UPS 集中供电方式时，应有电源隔离和过电压保护措施。

(7) 具有电子信息系统的办公建筑防雷设计应按现行国家标准《建筑物电子信息系统防雷技术规范》GB 50343—2012 执行。

5.2.2 各类办公建筑智能化系统设计要点

5.2.2.1 商务办公建筑

(1) 多单位共用的办公建筑应统筹规划配置电信接入设备机房。

(2) 信息网络系统应符合下列要求：

1) 物业管理系统应建立独立的信息网络系统。

2) 自用办公单元信息网络系统宜考虑信息交换系统设备完整的配置。

3) 建筑物的通信接入系统建设方或物业管理方统一建立，并将语音、数据等接入至出租或出售的办公单元或办公区域内。

4) 出租或出售办公单元内的信息网络系统，宜由承租者或入驻的业主自行建设。

(3) 综合布线系统应符合下列要求

1) 对于多单位共用的办公建筑，宜由各单位建立各自独立的布线系统。

2) 对于出租、出售型办公建筑，物业管理部门应统筹规划建设设备间、垂直主干系统及楼层配线设备等。

3) 对于办公建筑内区域范围较明确的，宜采用配置集合点的区域配线方式。

4) 会议系统宜具有提供会议室或会议设备出租使用管理的便利条件。

5) 建筑设备管理系统宜考虑能对区域管理和供能计量。

6) 安全技术防范应符合现行国家标准《安全防范工程技术规范》GB 50348—2018 有

关规定。

5.2.2.2　行政办公建筑

通信接入设备系统宜根据具体工作业务的需要，将公用或专用通信网经光缆引入办公建筑内。可根据具体使用的需求，将通信光缆延伸至部分特殊用户工作区。

电话交换系统应根据办公建筑中各工作部门的管理职能和工作业务实际需求配置，并预留裕量。

信息网络系统应符合各类（级）行政办公业务信息网络传输的安全和可靠的要求。

综合布线系统应满足行政办公建筑内各类信息传输时安全、可靠和高速的要求，应根据工作业务需要及有关管理规定选择配置线缆及机柜等配套设备，系统宜根据信息传输的要求进行分类。

会议系统应根据所确定的有关使用功能要求，选择配置相应的会议系统设备。

安全技术防范系统应符合现行国标《安全防范工程技术规范》GB 50348—2018 的有关规定。

对于多机构合用的行政办公建筑，在符合使用要求的前提下，各个单位的信息网络主机设备宜集中设置在同一信息中心主机房。

涉及国家秘密的通信、办公自动化和计算机信息系统的通信或网络设备均应采取信息安全保密措施，涉密信息机房建设和设备的防护等应符合国家保密局颁布的有关规定。

5.2.2.3　金融办公建筑

通信接入系统根据具体工作业务的需要，宜将公用或专用通信网光缆引入金融办公建筑内。

信息网络系统应符合各类金融网络业务信息传输的安全、可靠和保密的规定进行分类配置；重要的网络系统设备应考虑冗余性、稳定性及系统扩容的要求。

综合布线系统的垂直干线系统和水平配线系统应具有扩展的能力。

卫星通信系统应满足对业务的数据等信息实时、远程通信的需求；应在建筑物相应部位，配置或预留卫星通信系统的天线、室外单元设备安装的空间、天线基座、室外馈线引入的管道和通信机房的位置等。

安全技术防范系统应符合现行国标《安全防范工程技术规范》GB 50348—2018 第 4.3 节等的有关规定。

5.2.3　居住建筑智能化系统

5.2.3.1　住宅

住户配置应符合以下要求：

（1）应配置家具配线箱。家具配线箱内配置电话、电视、信息网络等智能化系统进户线的接入点。

（2）应在主卧室、书房、客厅等房间配置相关信息端口。

住宅（区）宜配置水表、电表、燃气表、热能（有供暖地区）表的自动计量、接收及远传系统，并宜与公用事业管理部门系统联网。

宜建立住宅（区）物业管理综合信息平台。实现物业公司办公自动化系统、小区信息发布系统和车辆出入管理系统的综合管理，小区宜应用智能卡系统。

安全技术防范系统的配置不宜低于现行国标《安全防范工程技术规程》GB 50348—2018 中有关提高型安防系统的配置标准。

5.2.3.2 别墅

（1）宜配置智能化集成系统。

（2）地下车库、电梯等宜配置室内移动通信覆盖系统。

（3）宜配置公共服务管理系统。

（4）宜配置智能卡应用系统。

（5）宜配置信息网络安全管理系统。

（6）别墅配置符合下列要求：

1）应配置家具配线箱和家庭控制器。

2）应在卧室、书房、客厅、卫生间、厨房配置相关信息端口。

3）应配置水表、电表、燃气表、热能（有供暖地区）表的自动计量、抄送及远传系统，并宜与公共事业管理部门系统联网。

（7）宜建立互联网络和数据中心，提供物业管理、电子商务、视频点播、网上信息查询与服务，远程医疗和远程教育等增值服务项目。

（8）别墅区建筑设备管理系统应满足下列要求：

1）应监控公共照明系统。

2）应监控给水排水系统。

3）应监控集中空调的供冷/热源设备的运行/故障状态，监测蒸汽、冷热水的温度、流量、压力及能耗，监控送排风系统。

（9）安全防范技术系统的配置不宜低于国家现行标准《安全防范工程技术规范》GB 50348—2018 先进型安防系统的配置标准，并应满足下列要求：

1）宜配置周界视频监视平台，宜采用周界入侵探测报警装置与周界照明，视频监控联动，并留有对外报警接口。

2）访客对讲门口主机可选用智能卡或人体特征等识别技术的方式开启防盗门。

3）一层、二层及顶层的外窗、阳台应设入侵报警探测器。

4）燃气进户管宜配置自动阀门，在发生泄漏报警信号的同时自动关闭阀门，切断气源。

5.2.4 商店建筑智能化系统

5.2.4.1 功能

1）应符合商业建筑的经营性质、规模等级、管理方式及服务对象的需求。

2）应构建集商业经营及面向宾客服务的综合管理平台。

3）应满足对商业建筑的信息化管理的需求。

5.2.4.2 基本配置

1）信息网络系统应满足商业建筑内前台和后台管理和顾客消费的需求，系统应采用基于以太网的商业信息网络，并应根据实际需要宜采用网络硬件设备备份、冗余等配置方式。

2）多功能厅、娱乐等场所应配置独立的音响扩声系统，当该场合无专用应急广播系统时，音响扩声系统应与火灾自动报警系统联动作为应急广播使用。

3) 在建筑物室外和室内的公共场所宜配置信息引导发布系统电子显示屏。

4) 信息引导多媒体查询系统应满足人们对商业建筑电子地图、消费导航等不同的公共信息的查询需求，系统设备应考虑无障碍专用多媒体导引触摸屏的配置。

5) 应根据商业业务信息管理的需求，配置应用服务器设备和前、后台应用设备及前后台相应的系统管理功能的软件。应建立商业数字化、标准化、规范化的运营保障体系。

6) 安全防范系统应符合现行国标《安全防范工程技术规程》GB 50348—2018 第 5.1 节等的有关规定。

5.2.4.3 智能化系统设计要点

(1) 电话交换系统

1) 电话交换机房应独立设置，一般委托电信部门设计和施工。

2) 应预留通信线缆进商店建筑的管路。

3) 应预留备用电话端口。

(2) 综合布线系统

1) 商店建筑综合布线工作区面积的划分与商业类别和商场布局有关。

2) 应预留查询显示、收银等系统的信息端口。

3) 固定工作区的信息端口应设计施工到位，大空间或考虑到可变性的商场，宜采用集合点的布线方式。

(3) 室内移动通信覆盖系统

1) 商店建筑宜设置多家运营商的室内通信覆盖系统。

2) 设计应考虑设置多家运营商室内通信覆盖系统所需的设备用房和线路敷设路由。

(4) 有线电视及卫星电视接收系统

1) 商店建筑宜在大屏幕显示处、顾客休息处、电视商品销售处等预留有线电视信号输出口。

2) 大型商场、大型专业商店的有线电视宜预留自办节目的接口。

(5) 广播系统

1) 商店建筑服务性广播宜分区、分层设置。

2) 特殊要求的区域，宜增设服务性的广播的音量调节器。

(6) 建筑设备管理系统

1) 建筑设备管理系统应具有对建筑机电设备测量、监视和控制的功能，确保各类机电设备系统运行稳定、安全和可靠，并达到节能、环保的管理要求。

2) 应根据实际工程的情况对建筑物内的供电、照明、空调、通风、给水排水、电梯等机电设备选择配置相关的检测、监视、控制等管理功能。

3) 被检测、监视、控制的机电设备应预留相应的信号传输路由，有源设备应预留电源。

(7) 公共安全系统

1) 商店建筑应设视频安全监控系统、贵重商品销售处等应设摄像机。

2) 宜在各个出入口设置门禁系统，供商场建筑非营业时使用。

3) 商业区和办公管理区之间宜设出入口控制系统。

4) 财务处、贵重商品库房等应设出入口控制系统和入侵报警系统。

5.2.5 旅馆建筑智能化系统

5.2.5.1 信息设施系统

1）根据旅店建筑对语音通信管理和使用上的需求，配置具有旅游管理功能的电话通信交接设备。

2）在旅馆建筑内的总服务台，办公管理区域和餐饮处设置内线电话，并根据需求设置外线电话。会议区域，各层客房电梯厅、商场、机电设备机房等区域处设置内线电话，在底层大厅等公共场所部位配置公用直线和内部电话，并设置无障碍电话。

3）设置旅馆业务管理信息网络系统。

4）在旅馆公共区域、会议室（厅）、餐厅和公共休息场所等处宜配置宽带无线接入网的计入点设备。

5）综合布线系统的配线器件与缆线应满足旅馆建筑对信息传输千兆及以上以太网的要求，并预留信息端口数量和传输宽带的裕量。

6）客房内可根据服务等级配置供旅客上网的信息端口。

7）配置宽带双向有线电视系统：卫星电视接收及传输网络系统，提供当地多套有线电视，多套自制和卫星电视节目，以满足客人收视的需求，电视终端安装部位及数量应符合相关要求。

8）配置视频点播服务系统，供客人点播视、音频信息、收费电视节目等使用。

9）在餐厅、咖啡茶座等有关场所配置独立的控制背景音乐扩声系统，系统应与火灾自动报警系统联动作为应急广播使用。

10）在会议中心、中小型会议室、重要接待室等场所宜配置会议系统和灯光控制设备，在大型会议中心配置同声传译系统设备，在专用会议机房内配置远程电视会议接入和控制设备。

11）在各楼层、电梯厅等场所配置信息发布显示屏系统。

12）在旅馆大厅、总服务台等场所宜配置信息查询和引导系统，并应符合少儿客人对设备的使用需求。

13）无障碍客房或高级客房的床边和卫生间应配置求助呼叫装置。

5.2.5.2 信息化应用系统

1）旅馆信息化应用系统应根据旅馆的不同规模和管理模式建立旅馆信息管理系统，配置前台和后台相应的管理功能系统软件。前台系统应配置总台（预定、接待、问询、财务、稽核），客房中心、程控电话、商务中心、餐饮收银、娱乐收银、公共销售等系统设备。后台应配置财务系统、人事系统、工资系统、仓库管理等系统设备。前台和后台宜联网进行一体化管理。对服务要求高的旅馆通常宜设置客房管理系统，可实现身份识别，客房能源管理，窗帘控制等功能。

2）设置旅馆智能卡应用系统，建立统一发卡管理模式，系统与旅馆信息管理系统联网。

5.2.5.3 公共安全系统

1）视频监控系统：旅馆流动性大，从安全保卫管理考虑，同时也为了出现事故时便于查找资料，旅馆内重要场所，如：主要出入口、大厅、总台、收银处、外币兑换处、财务出纳室、贵重物品寄存处、小件行李存放处、电梯轿厢、底层楼梯出入口、主要通道、楼层通道等部位须安装视频安防监控系统。财务出纳室、总台等处是现金周转的主要场所，一般对每个工位应一一设置摄像机。

2）电子巡查系统：旅馆的主要出入口、各层电梯厅、走道、配电房、锅炉房、电梯机房、空调机房、油库、总机房、电子计算机房、闭路电视中心、停车库（场）、避难层、各楼层出入口以及其他重要部位合理地设置巡查线路及巡查点。巡查点位置一般设置在不宜被发现，破坏的地方，并确保巡逻人员能对整个建筑物进行安全巡视。系统分在线式和离线式两种，可与出入口控制系统共用主机。旅馆可根据实际情况选用在线式或离线式系统。

3）出入口控制系统：旅馆的财务出纳室、外币兑换处、贵重物品寄存处、小件行李存放处、办公区等处配置出入口控制系统，系统应满足下列要求：应有可靠的电源以确保系统的正常使用；应与消防报警系统联动，当发生火灾时应确保开启相应区域的疏散门和通道。宜采用非接触式智能卡。

4）入侵报警系统：财务出纳室，配电所等需设置入侵探测器；后台接待处、收银处、外币兑换处、财务出纳室、贵重物品寄存处、小件行李存放处、安防中心控制室需设置紧急报警器，安防控制室需设置防盗报警控制器。

5.2.5.4　呼（应）叫信号系统

（1）宾馆、酒店及服务要求较高的宜设置呼应信号。

（2）呼应信号系统应根据服务区设置，总服务台应能随时掌握各个服务区呼叫及呼叫处理情况。客房呼叫时，能准确显示呼叫者房间号，并有声、光提示；处理呼叫信号，提示信号方能接触。允许多路同时呼叫，对呼叫者逐一记忆、显示。具有睡眠叫醒功能。

5.3　综合体内各系统设计深度

本节将以《建筑工程设计文件编制深度规定》（2016 版）中关于智能化部分图样的设计深度要求为基础，按照实际设计过程中是否进行智能化专项设计，结合综合体建筑的工程性质、功能定位、业态管理、开发节奏、开发运作模式等各因数对设计过程中的智能化各子系统的设计深度进行介绍。

5.3.1　智能化专项设计时的设计深度要求

智能化专项设计根据需要可分为方案设计、初步设计、施工图设计及深化设计四个阶段。作为智能化专项设计单位需完成方案设计、初步设计、施工图设计，并应配合深化设计单位了解系统的情况及要求，审核深化设计单位的设计图样。

5.3.2　智能化专项设计

方案设计阶段所提供的设计文件。

在方案设计阶段，建筑智能化设计文件应包括设计说明书、系统造价估算。

5.3.2.1　设计说明书

（1）工程概况

1）应说明建筑类别、性质、功能、组成、面积（或体积）、层数、高度以及能反映建筑规模的主要技术指标等；

2）应说明本项目需设置的机房数量、类型、功能、面积、位置要求及指标。

（2）设计依据

1）建设单位提供有关资料和设计任务书；

2）设计所执行的主要法规和所采用的主要标准（包括标准的名称、编号、年号和版本号）。

（3）设计范围

本工程拟设的建筑智能化系统，内容一般应包括系统分类、系统名称，表述方式应符合《智能建筑设计标准》GB 50314—2015 层级分类的要求和顺序。

（4）设计内容

设计内容一般应包括建筑智能化系统架构，各子系统的系统概述、功能、结构、组成以及技术要求。

5.3.2.2　智能化专项设计

（1）初步设计阶段所提供的设计文件。

（2）在初步设计阶段，建筑智能化设计文件一般应包括图样目录、设计说明书、设计图样。

（3）图样目录。

（4）应按图样序号排列，先列新绘制图样，后列选用的重复利用图和标准图。先列系统图，后列平面图。

（5）设计说明书

1）工程概况

① 应说明建筑类别、性质、功能、组成、面积（或体积）、层数、高度以及能反映建筑规模的主要技术指标等；

② 应说明本项目需设置的机房数量、类型、功能、面积、位置要求及指标。

2）设计依据

① 已批准的方案设计文件（注明文号说明）；

② 建设单位提供有关资料和设计任务书；

③ 本专业设计所执行的主要法规和所采用的主要标准（包括标准的名称、编号、年号和版本号）；

④ 工程可利用的市政条件或设计依据的市政条件；

⑤ 建筑和有关专业提供的条件图和有关资料。

3）设计范围：本工程拟设的建筑智能化系统，内容一般应包括系统分类、系统名称，表述方式应符合《智能建筑设计标准》GB 50314—2015 层级分类的要求和顺序；说明中应明确提供图样中拟设置的智能化各系统是否设置或具体采用何种系统形式需甲方审核及确认，以作为施工设计的依据，必要的情况下可采用单独专题会的形式为甲方进行汇报。

4）设计内容：各子系统的功能要求、系统组成、系统结构、设计原则、系统的主要性能指标及机房位置。

5）节能及环保措施。

6）相关专业及市政相关部门的技术接口要求。

设计图纸：

① 封面、图纸目录、各子系统的系统框图或系统图；

② 智能化技术用房的位置及布置图；

③ 系统框图或系统图应包含系统名称、组成单元、框架体系、图例等；

④ 图例应注明主要设备的图例、名称、规格、单位、数量、安装要求等。

系统概算：

① 确定各子系统规模；

② 确定各子系统概算，包括单位、数量、系统造价。

5.3.2.3 施工图设计文件

（1）工程概况，应包含项目基本情况介绍。

（2）智能化专业设计文件应包括封面、图样目录、设计说明、设计图及点表。

（3）图纸目录。应按图样序号排列，先列新绘制图样，后列选用的重复利用图和标准图。先列系统图，后列平面图。

（4）设计说明

1）工程概况

① 应将经初步（或方案）设计审批定案的主要指标录入；

② 应说明建筑类别、性质、功能、组成、面积（或体积）、层数、高度以及能反映建筑规模的主要技术指标等；

③ 应说明本项目需设置的机房数量、类型、功能、面积、位置要求及指标。

2）设计依据

① 已批准的方案设计文件（注明文号说明）；

② 建设单位提供有关资料和设计任务书；

③ 本专业设计所执行的主要法规和所采用的主要标准（包括标准的名称、编号、年号和版本号）；

④ 工程可利用的市政条件或设计依据的市政条件；

⑤ 建筑和有关专业提供的条件图和有关资料。

3）设计范围：本工程拟设的建筑智能化系统，内容一般应包括系统分类、系统名称，表述方式应符合《智能建筑设计标准》GB 50314—2015 层级分类的要求和顺序（智能化各系统的相关设计内容及末端点位设置原则已经在初步设计阶段与甲方充分沟通并得到甲方的书面确认）；

4）设计内容：应包括智能化系统及各子系统的用途、结构、功能、设计原则、系统点表、系统及主要设备的性能指标；各系统的施工要求和注意事项（包括布线、设备安装等）；设备主要技术要求及控制精度要求（亦可附在相应图样上）；防雷、接地及安全措施等要求（亦可附在相应图样上）；节能及环保措施；与相关专业及市政相关部门的技术接口要求及专业分工界面说明；各分系统间联动控制和信号传输的设计要求；对承包商深化设计图样的审核要求。

凡不能用图示表达的施工要求，均应以设计说明表述；

有特殊需要说明的可集中或分列在有关图样上。

（5）图例。

注明主要设备的图例、名称、数量、安装要求。

注明线型的图例、名称、规格、配套设备名称、敷设要求。

（6）主要设备及材料表。

分子系统注明主要设备及材料的名称、规格、单位、数量。

（7）智能化总平面图。

标注建筑物、构筑物名称或编号、层数或标高、道路、地形等高线和用户的安装容量；

标注各建筑进线间及总配线间的位置、编号；室外前端设备位置、规格以及安装方式说明等；

室外设备应注明设备的安装、通信、防雷、防水及供电要求，宜提供安装详图；

室外立杆应注明杆位编号、杆高、壁厚、杆件形式、拉线、重复接地、避雷器等（附标准图集选择表），宜提供安装详图；

室外线缆应注明数量、类型、线路走向、敷设方式、人（手）孔规格、位置、编号及引用详图；

室外线管注明管径、埋设深度或敷设的标高，标注管道长度；

比例、指北针；

图中未表达清楚的内容可附图作统一说明。

（8）设计图样。

系统图应表达系统结构、主要设备的数量和类型、设备之间的连接方式、线缆类型及规格、图例；

平面图应包括设备位置、线缆数量、线缆管槽路由、线型、管槽规格、敷设方式、图例；

图中应表示出轴线号、管槽距、管槽尺寸、设计地面标高、管槽标高（标注管槽底）、管材、接口型式、管道平面示意，并标出交叉管槽的尺寸、位置、标高；纵断面图比例宜为竖向1：50或1：100，横向1：500（或与平面图的比例一致）。对平面管槽复杂的位置，应绘制管槽横断面图。

在平面图上不能完全表达设计意图以及做法复杂容易引起施工误解时，应绘制做法详图，包括设备安装详图、机房安装详图等；

图中表达不清楚的内容，可随图作相应说明或补充其他图表。

（9）系统预算。

确定各子系统主要设备材料清单；

确定各子系统预算，包括单位、主要性能参数、数量、系统造价。

（10）智能化集成管理系统设计图。

系统图、集成型式及要求；

各系统联动要求、接口型式要求、通信协议要求。

（11）通信网络系统设计图。

根据工程性质、功能和近远期用户需求确定电话系统形式；

当设置电话交换机时，确定电话机房的位置、电话中继线数量及配套相关专业技术要求；

传输线缆选择及敷设要求；

中继线路引入位置和方式的确定；

通信接入机房外线接入预埋管、手（人）孔图；

防雷接地、工作接地方式及接地电阻要求。

（12）计算机网络系统设计图。

系统图应确定组网方式、网络出口、网络互连及网络安全要求。建筑群项目，应提供各单体系统联网的要求；

信息中心配置要求；

注明主要设备图例、名称、规格、单位、数量、安装要求；

平面图应确定交换机的安装位置、类型及数量。

（13）布线系统设计图。

根据建设工程项目的性质、功能和近期需求、远期发展确定布线系统的组成以及设置标准；

系统图、平面图；

确定布线系统结构体系、配线设备类型，传输线缆的选择和敷设要求。

（14）有线电视及卫星电视接收系统设计图。

根据建设工程项目的性质、功能和近期需求、远期发展确定有线电视及卫星电视接收系统的组成以及设置标准；

系统图、平面图；

确定有线电视及卫星电视接收系统组成，传输线缆的选择和敷设要求；

确定卫星接收天线的位置、数量、基座类型及做法；

确定接收卫星的名称及卫星接收节目，确定有线电视节目源。

（15）公共广播系统设计图。

根据建设工程项目的性质、功能和近期需求、远期发展确定系统设置标准；

系统图、平面图；

确定公共广播的声学要求、音源设置要求及末端扬声器的设置原则；

确定末端设备规格，传输线缆的选择和敷设要求。

（16）信息导引及发布系统设计图。

根据建设工程项目的性质、功能和近期需求、远期发展确定系统功能、信息发布屏类型和位置；

系统图、平面图；

确定末端设备规格，传输线缆的选择和敷设要求；

设备安装详图。

（17）会议系统设计图。

根据建设工程项目的性质、功能和近期需求、远期发展确定会议系统建设标准和系统功能；

系统图、平面图；

确定末端设备规格，传输线缆的选择和敷设要求。

（18）时钟系统设计图。

根据建设工程项目的性质、功能和近期需求、远期发展确定子钟位置和形式；

系统图、平面图；

确定末端设备规格，传输线缆的选择和敷设要求。

（19）专业工作业务系统设计图。

根据建设工程项目的性质、功能和近期需求、远期发展确定专业工作业务系统类型和功能；

系统图、平面图；

确定末端设备规格，传输线缆的选择和敷设要求。

（20）物业运营管理系统设计图。

根据建设项目性质、功能和管理模式确定系统功能和软件架构图。

（21）智能卡应用系统设计图。

根据建设项目性质、功能和管理模式确定智能卡应用范围和一卡通功能；

系统图；

确定网络结构、卡片类型。

（22）建筑设备管理系统设计图。

系统图、平面图、监控原理图、监控点表；

系统图应体现控制器与被控设备之间的连接方式及控制关系；

平面图应体现控制器位置、线缆敷设要求，绘至控制器止；

监控原理图有标准图集的可直接标注图集方案号或者页次，应体现被控设备的工艺要求，应说明监测点及控制点的名称和类型，应明确控制逻辑要求，应注明设备明细表，外接端子表；

监控点表应体现监控点的位置、名称、类型、数量以及控制器的配置方式；

监控系统模拟屏的布局图；

图中表达不清楚的内容，可随图作相应说明；

应满足电气、供排水、暖通等专业对控制工艺的要求。

（23）安全技术防范系统设计图。

根据建设工程的性质、规模确定风险等级、系统架构、组成及功能要求；

确定安全防范区域的划分原则及设防方法；

系统图、设计说明、平面图、不间断电源配电图；

确定机房位置、机房设备平面布局，确定控制台、显示屏详图；

传输线缆选择及敷设要求；

确定视频安防监控、入侵报警、出入口管理、访客管理、对讲、车库管理、电子巡查等系统设备位置、数量及类型；

确定视频安防监控系统的图像分辨率、存储时间及存储容量；

图中表达不清楚的内容，可随图做相应说明；

应满足电气、给水排水、暖通等专业对控制工艺的要求；

注明主要设备图例、名称、规格、单位、数量、安装要求。

（24）机房工程设计图。

说明智能化主机房（主要为消防监控中心机房、安防监控中心机房、信息中心设备机房、通信接入设备机房、弱电间）设置位置、面积、机房等级要求及智能化系统设置的位置；

说明机房装修、消防、配电、不间断电源、空调通风、防雷接地、漏水监测、机房监控要求；

绘制机房设备布置图，机房装修平面、立面及剖面图，屏幕墙及控制台详图，配电系统（含不间断电源）及平面图，防雷接地系统及布置图，漏水监测系统及布置图、机房监控系统系统及布置图、综合布线系统及平面图；

图例说明；

注明主要设备名称、规格、单位、数量、安装要求。

（25）其他系统设计图。

根据建设工程项目的性质、功能和近期需求、远期发展确定专业工作业务系统类型和功能；

系统图、设计说明、平面图；

确定末端设备规格，传输线缆的选择和敷设要求；

图例说明：注明主要设备名称、规格、单位、数量、安装要求。

（26）设备清单。

分子系统编制设备清单；

清单编制内容应包括序号、设备名称、主要技术参数、单位、数量及单价。

（27）技术需求书。

技术需求书应包含工程概述、设计依据、设计原则、建设目标以及系统设计等内容；

系统设计应分系统阐述，包含系统概述、系统功能、系统结构、布点原则、主要设备性能参数等内容；

在设计过程中，应根据综合体项目实际设置的系统按照以上要求完成相关设计内容，若对应系统在项目中不包含则对上述说明及图样的要求在的设计过程中不需考虑。

5.3.2.4　非智能化专项设计时的设计深度要求

在实际设计项目中，部分项目合同不包含智能化专项设计，在此种情况下仍包含甲方未委托其他智能化专项设计单位进行智能化专项设计、甲方已委托其他智能化专项设计单位两种情况。两种情况下的设计深度和配合内容如下：

（1）甲方未委托其他智能化专项设计单位进行智能化专项设计，此种情况下智能化专项设计时间节点上滞后于项目主体设计阶段，甲方对项目的智能化需求不明确或还未充分考虑。此种情况下，需结合综合体的实际工程性质、功能定位以及甲方后期的业态管理、开发节奏、运营模式，在系统设置上给出合理性的建议及主要机房和路由的规划。

方案阶段：按照建筑提供的设计说明以及其他项目功能和定位介绍，配合提供智能化部分说明，此说明一般与电气方案说明统一编写。智能化部分说明需包含智能化拟设置的各系统配置内容、拟设置的智能化各系统对城市公用设施的需求。

初步设计阶段：在初步设计阶段除了提供必要的设计说明及图样外，还包括与建筑专业、结构专业以及水暖专业的配合及提资。主要包括：机房位置及面积、管井位置及尺寸、机房荷载、机房温度及通风排水要求、机房的用电容量要求等。

智能化初步设计说明部分主要包括以下内容：

智能化设计概况；

智能化各系统的系统形式及其系统组成；

智能化各系统的主机房、控制室位置；

智能化各系统的布线方案；

智能化各系统的点位配置标准；

智能化各系统的供电、防雷及接地等要求；

智能化各系统与其他专业设计的分工界面、接口条件；

确定智能化机房的位置、面积及通信接入要求；

当智能化机房有特殊荷载设备时，确定智能化机房的结构荷载要求；

确定智能化机房的空调形式及机房环境要求；

确定智能化机房的给水、排水及消防要求；

确定智能化机房用电容量要求；

确定智能化机房装修、电磁屏蔽、防雷接地等要求；

需提请在设计审批时解决或确定的主要问题。

1）提供的智能化系统设计图样主要包括以下内容：

① 智能化各系统的系统图；

② 智能化各系统及其子系统主要干线所在楼层的干线路由平面图；

③ 智能化各系统及其子系统主机房布置平面示意图。

2）施工图设计阶段：在施工图设计阶段，经过初步设计阶段与甲方的沟通，对智能化各系统的设计需求已经明确，智能化各系统涉及其他专业的内容已经于其他专业对接完成，此阶段智能化设计出具的图样文件内容也有部分调整，具体要求如下。

3）智能化设计说明部分应包含：

① 智能化系统设计概况；

② 智能化各系统的系统形式及其系统组成；

③ 智能化各系统的主机房、控制室位置；

④ 智能化各系统的布线方案；

⑤ 智能化各系统的点位配置标准；

⑥ 智能化各系统的供电、防雷及接地等要求；

⑦ 智能化各系统与其他专业设计的分工界面、接口条件。

4）提供的智能化系统设计图样主要包括以下内容：

① 智能化各系统及其子系统的系统框图；

② 智能化各系统及其子系统的干线桥架走向平面图；

③ 智能化各系统及其子系统竖井布置分布图。

建筑设备控制原理图：建筑电气设备控制原理图，有标准图集的可直接标注图集方案号或者页次；控制原理图应注明设备明细表；选用标准图集时若有不同处应做说明。建筑设备监控系统及系统集成设计图；监控系统方框图、绘至 DDC 站止；随图说明相关建筑设备监控（测）要求、点数，DDC 站位置。

（2）甲方已委托其他智能化专项设计单位进行智能化专项设计，此种情况下仅需根据甲方拟设置的具体智能化系统考虑各系统机房及弱电管井的预留、智能化市政信号接入的条件等问题。部分项目智能化专项设计单位在初设阶段就介入并提供相关机房管井需求，此种情况下建筑专业可直接与智能化专项设计单位对接。

在实际项目设计中，针对智能化设计的深度问题需结合甲乙双方所签订的合同范围来确定，设计前期需与甲方充分沟通，以确保甲方的实际想法与合同约定设计范围一致。同时《建筑工程设计文件编制深度规定》（2016 版）中对于智能化设计深度的要求是一个通用的要求，实际各项目中甲方对智能化系统的设计深度要求差别较大，需根据甲方的实际要求把控相关设计深度。

5.4　根据综合体内不同功能的建筑合理进行预留预埋

智能化设计相应规范强制性条文较少，主要设计依据为业主的实际使用需求，在一个综合体建设施工配合阶段经常出现功能区使用需求的改造，造成智能化系统的修改，由于建筑结构主体施工阶段需要进行管线暗埋部分的施工，如何减少因建筑功能、格局的改变对管线预埋的影响智能化系统的管线敷设方式变得尤为重要，下面将对综合体建筑中的主要建筑类型对智能化系统中常用的几个系统的管线预留预埋情况进行介绍。

5.4.1　住宅类功能分区

5.4.1.1　建筑设备监控系统

建筑设备监控系统所涉及的末端设备主要位于设备机房、强电井、地下车库区域内，住宅功能分区相应设备主要位于地下层，地上相应机房较少。针对综合体建筑内的住宅功能分区建筑设备监控系统地下室主干线缆采用线槽敷设，可单独敷设线槽也可与其他智能化系统合用线槽中间加隔板敷设。垂直弱电间内的管线以及从弱电间到末端机房 DDC 控制箱之前的管线穿管暗敷，有吊顶区域吊顶上部分可明敷。设备机房内的 DDC 控制箱到末端控制元件之间的控制线缆穿管明敷。

5.4.1.2　出入口控制系统

出入口控制系统主机设备一般设置在安防控制室，末端控制设备设置在弱电间或末端门禁处。系统主要利用垂直的弱电间进行线缆敷设。管线主要采用线槽敷设和穿管敷设相结合的方式进行敷设。从安防控制室到弱电间之前的线缆线槽敷设，线槽尺寸适当考虑预留空间以便后期增设或调整末端门禁。从弱电间引出到各户门禁之间线缆穿管暗敷，有吊顶区域吊顶上部分可明敷。部分公寓型住宅同层末端设备较多，此时可利用线槽引出到末端门禁，然后再采用穿管敷设。

5.4.1.3　综合布线系统

住宅功能分区内末端点位比较固定，所以针对此功能特性，从核心层到汇聚层之间、从汇聚层到接入层之前的管线建议采用线槽敷设。从接入层到设备末端之间的管线采用穿管暗敷，有吊顶区域吊顶上部分可明敷。部分公寓型住宅同层末端设备较多，此时可利用线槽引出到各户门口，然后再采用穿管敷设。

5.4.1.4　有线电视系统

有线电视系统主要设备设置在有线电视机房，分配/分支装置设置在弱电间或吊顶上。系统前端采用线槽敷设，末端采用穿管暗敷方式敷设。部分公寓型住宅同层末端设备较多，此时可利用线槽引出到各户门口，然后再采用穿管敷设。

5.4.1.5　视频监控系统

视频监控控制系统主机设备一般设置在安防控制室，末端设备设置在楼梯间、单元入口、走廊等区域。系统主要利用垂直的弱电间进行线缆敷设。管线主要采用线槽敷设和穿管敷设相结合的方式进行敷设。从安防控制室到弱电间之前的线缆线槽敷设，线槽尺寸适当考虑预留空间以便后期增设或调整末端视频监控点。从弱电间引出到各监测器之间线缆穿管暗敷设，有吊顶区域吊顶上部可明敷。部分公寓型住宅同层末端设备较多，此时可利用线槽引出到末端视频监测点，然后再采用穿管敷设。视频监控系统与出入口控制系统合用线槽。

5.4.2　办公类功能分区

5.4.2.1　建筑设备监控系统

办公类功能分区内的建筑设备监控系统主干路由采用线槽敷设，可单独敷设线槽也可与其他智能化系统合用线槽中间加隔板敷设。建筑设备监控系统所涉及的末端设备主要位于设备机房、强电井、地下室区域内，垂直弱电间内的管线以及从弱电间到末端机房DDC控制箱之前的管线采用线槽敷设和穿管暗敷设相结合的方式，设备机房内的DDC控制箱到末端控制元件之间的控制线缆穿管明敷。

5.4.2.2　出入口控制系统

出入口控制系统主机设备一般设置在安防控制室，末端控制设备设置在弱电间或末端门禁处。系统主要利用垂直的弱电间进行线缆敷设。管线主要采用线槽敷设和穿管敷设相结合的方式进行敷设。从安防控制室经弱电间到末端门禁处采用线槽敷设，线槽尺寸适当考虑预留空间以便后期增设或调整末端门禁。从线槽引出到门禁各末端设备之间采用穿管敷设。精装区域吊顶上部分穿管明敷，吊顶下部分穿管暗敷。

5.4.2.3　综合布线系统

综合布线系统末端点位的设置严格按照末端的实际使用需求确定。建筑中精装方案的调整、建筑功能的改变、房间隔断的调整等因数都对综合布线系统末端的管线敷设有影响，所以为了让系统更加灵活和可调，综合布线系统从核心层到汇聚层之间、从汇聚层到接入层之前的管线建议采用线槽敷设。从接入层到设备末端之间的管线采用线槽敷设和穿管敷设相结合的方式进行敷设，吊顶上采用线槽敷设，吊顶下采用穿管暗敷设。同时，在精装区域、工位布置方式未定区域、大空间区域建议设置集合箱，将管线经线槽预理至集合箱，末端管线暂不敷设。待末端点位确定后再敷设至末端点位。此种方式避免了末端管线的拆开，有利于减少浪费。

5.4.2.4　有线电视系统

有线电视系统主要设备设置在有线电视机房，分配/分支装置设置在弱电间或吊顶上。系统前端采用线槽敷设，末端采用穿管暗敷方式敷设。

5.4.2.5　视频监控系统

视频监控控制系统主机设备一般设置在安防控制室，末端点位多且分散。系统主要利用垂直的弱电间进行线缆敷设。管线主要采用线槽敷设和穿管敷设相结合的方式进行敷设。从安防控制室到弱电间之前的线缆线槽敷设，线槽尺寸适当考虑预留空间以便后期增设或调整末端视频监控点。从弱电间引出到各监测器之间线缆穿管暗敷设，有吊顶区域吊顶上部分可明敷。视频监控系统与出入口控制系统合用线槽。

5.4.3 商店类功能分区

5.4.3.1 建筑设备监控系统

商店类功能分区内的建筑设备监控系统主干路由采用线槽敷设，可单独敷设线槽也可与其他智能化系统合用线槽中间加隔板敷设。建筑设备监控系统所涉及的末端设备主要位于设备机房、强电井、地下室区域内，垂直弱电间内的管线以及从弱电间到末端机房DDC控制箱之前的管线采用线槽敷设和穿管暗敷设相结合的方式，设备机房内的DDC控制箱到末端控制元件之间的控制线缆穿管明敷。

5.4.3.2 出入口控制系统

出入口控制系统主机设备一般设置在安防控制室，末端控制设备设置在弱电间或末端门禁处。系统主要利用垂直的弱电间进行线缆敷设。管线主要采用线槽敷设和穿管敷设相结合的方式进行敷设。从安防控制室经弱电间到末端门禁处采用线槽敷设，线槽尺寸适当考虑预留空间以便后期增设或调整末端门禁。从线槽引出到门禁各末端设备之间采用穿管敷设。精装区域吊顶上部分穿管明敷，吊顶下部分穿管暗敷。

5.4.3.3 综合布线系统

综合布线系统末端点位的设置严格按照末端的实际使用需求确定。建筑中精装方案的调整、建筑功能的改变、房间隔断的调整等因数都对综合布线系统末端的管线敷设有影响，所以为了让系统更加灵活和可调，综合布线系统从核心层到汇聚层之间、从汇聚层到接入层之前的管线建议采用线槽敷设。从接入层到设备末端之间的管线采用线槽敷设和穿管敷设相结合的方式进行，吊顶上采用线槽敷设，吊顶下采用穿管暗敷设。商店功能区内经常因使用需求进行调整，建议相应商店店铺内设置集合箱，将管线经线槽预埋至集合箱，末端管线暂不敷设。实际使用时根据所需采用外置网线的方式满足使用需求。

5.4.3.4 有线电视系统

有线电视系统主要设备设置在有线电视机房，分配/分支装置设置在弱电间或吊顶上。系统前端采用线槽敷设，末端采用穿管暗敷方式敷设。

5.4.3.5 视频监控系统

视频监控控制系统主机设备一般设置在安防控制室，末端点位多且分散。系统主要利用垂直的弱电间进行线缆敷设。管线主要采用线槽敷设和穿管敷设相结合的方式进行敷设。从安防控制室到弱电间之前的线缆线槽敷设，线槽尺寸适当考虑预留空间以便后期增设或调整末端视频监控点。从弱电间引出到各监测器之间线缆穿管暗敷设，有吊顶区域吊顶上部分可明敷。视频监控系统与出入口控制系统合用线槽。

5.4.4 旅馆类功能分区

5.4.4.1 建筑设备监控系统

旅馆类功能分区内的建筑设备监控系统主干路由采用线槽敷设，可单独敷设线槽也可与其他智能化系统合用线槽中间加隔板敷设。建筑设备监控系统所涉及的末端设备主要位于设备机房、强电井、地下室区域内，垂直弱电间内的管线以及从弱电间到末端机房DDC控制箱之前的管线采用线槽敷设和穿管暗敷设相结合的方式，设备机房内的DDC控制箱到末端控制元件之间的控制线缆穿管明敷。

5.4.4.2 出入口控制系统

出入口控制系统主机设备一般设置在安防控制室，末端控制设备设置在弱电间或末端门禁处。系统主要利用垂直的弱电间进行线缆敷设。管线主要采用线槽敷设和穿管敷设相结合的方式进行敷设。从安防控制室经弱电间到末端门禁处采用线槽敷设，线槽尺寸适当考虑预留空间以便后期增设或调整末端门禁。从线槽引出到门禁各末端设备之间采用穿管敷设。精装区域吊顶上部分穿管明敷，吊顶下部分穿管暗敷。

5.4.4.3 综合布线系统

综合布线系统末端点位的设置严格按照末端的实际使用需求确定。建筑中精装方案的调整、建筑功能的改变、房间隔断的调整等因数都对综合布线系统末端的管线敷设有影响，所以为了让系统更加灵活和可调，综合布线系统从核心层到汇聚层之间、从汇聚层到接入层之前的管线建议采用线槽敷设。从接入层到设备末端之间的管线采用线槽敷设和穿管敷设相结合的方式进行，吊顶上采用线槽敷设，吊顶下采用穿管暗敷设。同时，在精装区域、宴会厅、入口大厅等区域建议设置集合箱，将管线经线槽预埋至集合箱，末端管线暂不敷设。待末端点位确定后再敷设至末端点位。客房在衣柜内设置弱电箱，管线敷设至弱电箱截至，从弱电箱到末端点位待客房精装设计确定后再进行敷设。此种方式避免了末端管线的拆开，有利于减少浪费。

5.4.4.4 有线电视系统

有线电视系统主要设备设置在有线电视机房，分配/分支装置设置在弱电间或吊顶上。系统前端采用线槽敷设，末端采用穿管暗敷方式敷设。

5.4.4.5 视频监控系统

视频监控控制系统主机设备一般设置在安防控制室，末端点位多且分散。系统主要利用垂直的弱电间进行线缆敷设。管线主要采用线槽敷设和穿管敷设相结合的方式进行。从安防控制室到弱电间之前的线缆线槽敷设，线槽尺寸适当考虑预留空间以便后期增设或调整末端视频监控点。从弱电间引出到各监测器之间线缆穿管暗敷设，有吊顶区域吊顶上部分可明敷。视频监控系统与出入口控制系统合用线槽。

5.5 系统设置及各智能化系统主、分中控室从属关系

5.5.1 有线电视和卫星电视接收系统机房的设置情况介绍

有线电视是一种使用同轴电缆作为介质直接传送电视、调频广播节目到用户电视的一种系统。部分酒店会根据使用需求接收卫星电视。卫星电视接收系统是利用地球同步卫星将数字编码压缩的电视信号传输到用户端的一种广播电视形式。主要有两种方式，一种是将数字电视信号传送到有线电视前端，再由有线电视台转换成模拟电视传送到用户家中。这种形式已经在世界各国普及应用多年。另一种方式是将数字电视信号直接传送到用户家。

在综合体建筑智能化设计过程中，要充分考虑建筑的性质以及是否设置卫星电视接收系统以便准确的设置有线电视和卫星电视接收系统机房。

（1）当设有卫星电视接收系统时，卫星电视接收系统机房一般设在屋顶层，面积一般为 $30\sim45m^2$。城市有线电视机房需与卫星电视接收系统机房分别设置，且卫星电视信号汇入城市有线电视信号后传输至用户末端。

（2）当设有自办有线广播电视节目时，有线广播电视机房一般设在地下室，面积一般为 $30\sim45m^2$。

（3）当仅设置城市有线电视系统时，有线电视系统机房一般与综合布线机房合并，对于综合体建筑，建议单独划分房间作为有线电视系统机房。

（4）综合体建筑功能分区、开发分区较多，整个项目可设置一个有线电视机房，其他单体或分区内各设置一个有线电视光电转换间。

（5）综合体建筑内若含有酒店类功能属性时，对应功能分区需设置卫星电视接收系统机房，该功能区的有线电视光电转换间与卫星电视接收系统机房合并。

城市有线电视机房综合体类建筑设置一个用于城市有线电视信号的引入，一般设置在地下层并靠近外墙处，此机房相当于项目有线电视和卫星电视接收系统的主机房，各单体或功能分区的光电转换间相当于分机房。

5.5.2　网络机房的设置情况介绍

信息网络主要承载业务包括会议电视、E-MAIL 及互联网信息等，满足项目对数据网络接入的需求。一般整体网络规划采用三层拓扑结构。核心层交换机、汇聚层和接入层交换机，汇聚交换机通过千兆双链路与核心层交换机互联。

其中核心层、汇聚层和接入层相关设备放置的对应机房即为核心层网络机房、汇聚层网络机房、接入层网络机房。通俗来讲核心层网络机房就是总网络机房，汇聚层网络机房就是分网络机房，接入层网络机房就是弱电间。

在综合体项目中，网络机房的设置受项目规模和开发运作模式影响较大，下面将分别针对三类机房分别进行说明。

（1）接入层网络机房即弱电间，在项目设计过程中，各智能化系统管线竖向敷设可共用管井，各智能化系统交换机可共用机柜，设备放置的灵活性也造成了物业管理和收费管理的复杂性。结合对部分综合体建筑的智能化设计方案的了解，综合体建筑项目智能化系统弱电间设置的主要原则有以下几点：

1）各功能区所属产权不同的情况下弱电间分开设置。

2）各功能区所属产权相同，物业管理方不同的情况下弱电间分开设置。

3）同一产权同一物业不同部门进行后勤管理的情况下弱电间合用，弱电网络机柜不合用。

综合体建筑内的弱电间的设置，除了保障系统正常、稳定、安全运行的要求外，主要考虑后期物业管理、检修、收费中可能存在的问题。在综合体建筑智能化设计过程中，需提前了解项目后期的物业运营管理模式，按照以上原则给甲方提供合理的建议。同时，因为部分竖向弱电间分别是指增加了项目的机房管井面积也增加了项目的整体造价，部分业主会因造价问题降低标准，所以在实际设计中，要针对不同用户单位的网络设备是否分弱电间和机柜设置与业主进行沟通。

（2）汇聚层网络机房即分网络机房，在综合体项目设计过程中，汇聚层机房到接入层之间的基本已经采用光纤作为传输媒介。分网络机房在设置的时候已不用再考虑服务半径等问题。影响分网络机房设置个数的主因在于业态管理、开发节奏、运作模式等因素，综合体建筑项目智能化系统弱电间设置的主要原则有以下几点：

1）各功能区所属产权不同的情况下分网络机房分开设置。

2）各功能区所属产权相同，物业管理方不同的情况下分网络机房分开设置。

3）不同开发节奏的情况下，按照分期施工情况分别设置分网络机房。

4）同一产权同一物业管理的情况下，宜按照功能分区和建筑规模分别设置分网络机房。

分网络机房的设置目的主要是将用户的网络需求进行区域集中，使系统架构更加简洁灵活，也更有利于后期的物业管理维护。所以在实际设计过程中，对于分网络机房设置的个数不必过于保守。

（3）核心机房即总网络机房，总网络机房是项目与市政信号的对接处，总网络机房与分网络机房之前通过光纤进行数据传输，在实际项目中，此部分管线可能在室内桥架敷设也可能利用室外管井敷设。由于核心机房对土建、空调等要求高，整个机房工程的投资也较大，所以一般一个项目仅设置一处，但综合体项目各功能分区、产权、开发周期等影响总网络机房设置的因素较多，在实际设计过程中，也有很多差异性，主要原则有以下几点：

1）各功能区所属产权不同的情况下分弱电机房分开设置。

2）各功能区所属产权相同，物业管理方不同的情况下合并设置网络机房，机柜分开设置。

3）不同开发节奏的情况下，按照分期施工情况下合并设置网络机房，机柜分开设置，总网络机房设置在先开工部分。

总网络机房设置时，除了可按照以上原则进行总网络机房设置，还需同时考虑市政网络引入的条件情况、综合体建筑的占地面积大小、施工单位个数等因素，确保系统能够与综合体建筑内各功能区的产权界面、施工界面相吻合。

市政有线电话在设计过程中与信息网络均利用综合布线系统进行线路敷设，其对应的机房和弱电间与网络系统一致。

5.5.3 电信机房的设置情况介绍

（1）电信系统布线在设计过程中与信息网络布线一起利用综合布线系统进行线路敷设，其对应的机房和弱电间与网络系统一致，此功能设备所需机房一般均与网络系统机房合用，只有部分业主的特殊需求或建筑条件制约才将两者分开以减少单个机房的面积。所以电信机房的设置可参照网络机房设置，此部分不再赘述。

（2）手机信号机房。在综合体建筑智能化设计中，需考虑各电信运营商引入的土建机房条件。各运营商电信信号引入机房需分别设置，区域集中，一般在建筑外墙测，按照 $5\sim15m^2$/运营商来预留机房。此机房后期由各电信信号运营商进行维护，在无特殊要求的情况下一个项目考虑一处即可。若因各功能部分产权不同，经业主与运营商沟通后需设置多处时，按照相应面积考虑机房预留即可，相应系统架构设计由电信信号运营商完成。

5.5.4　安防控制室的设置情况介绍

安防控制室根据监控设备多少和重要程度，可分为安防控制室和安防值班室。安防控制室能查看、管理项目内的所有区域，安防值班室只能查看项目内的所有区域或智能查看、管理项目内的部分区域。安防控制室/值班室通常均与消防控制室/值班室并设置，仅有部分对安防要求较高的功能性建筑才需要将安防控制与消防控制室分开设置。在两者合用机房时可按照消防控制室的设置要求进行安防控制室机房的设置。在安防控制室与消防控制室分别设置时，对应安防控制室设置的主要原则有以下几点：

（1）各功能区所属产权不同需设置多个安防控制室时，各安防控制室相互独立。

（2）各功能区所属产权相同，同一物业宜设置一个安防控制室，可根据部分业态的功能需求设置安防值班室进行区域管理。

（3）各功能区所属产权相同，分属不同物业管理时，宜设置多个安防控制室时，各安防控制室可实现信息共享，不可互相控制管理。

安防控制室包含视频监控、出入口控制等重要系统监视和管理，与业主的实际使用阶段的操作权限要求、私密性要求息息相关，不同产权区域所对应的安防控制室需严格分开，在设计过程中需严格按照业主要求和特殊的使用要求设置安防控制室和安防值班室。

智能化系统包含的子系统种类繁多，大部分智能化子系统的系统主机均按照功能属性设置在以上机房内。除了上述所列举的机房主要机房外，还有部分专业性的机房，例如：宴会厅音响控制室、会议室的音响及同声传译机房等。此类机房一般都为区域性智能化系统的所需机房，各机房之间互相独立，在设计过程中针对系统所需在服务区域就近设置机房即可。

5.6　从节能、绿色、环保角度分析各系统与其相关内容匹配情况

绿色建筑设计应统筹建筑全寿命周期内建筑功能和节能、节地、节水、节材、保护环境之间的辩证关系，体现经济效益、社会效益和环境效益的统一；应降低建筑行为对自然环境的影响，遵循健康、简约高效的设计理念，实现人、建筑与自然和谐共生。而这种绿色建筑也必然是一个智能化高度集成的建筑。本章节将按照具体的规范条文要求并结合智能化各子系统的性能特点，对智能化子系统中涉及节能、绿色、环保的部分进行汇总整理，并给出针对性的智能化子系统设置情况建议。

5.6.1　综合体智能化系统设计配合绿色建筑申报具体要求

智能化部分作为设计过程中必不可少的一部分，对绿色建筑申报也有一定的推进作用，为了满足不同等级的申报要结合建筑的具体功能和定义确定设置哪些智能化子系统以达到相应的绿色建筑评价标准，下面部分将结合《绿色建筑评价标准》GB/T 50378—2014、北京市地方标准《绿色建筑评价标准》DB11/T 825—2015、河南省工程建设标准《河南省绿色建筑评价标准》DBJ41/T 109—2015等标准中涉及智能化的条文进行汇总整理，具体设置要求如下：

（1）节能和能源利用部分具体条文要求如下：

合理设置暖通空调能耗监测与管理系统，评价总分值为 6 分，并按下列规则分别评分并累计：

对暖通空调系统的主要设备可以进行远程启停、监测、报警、记录，得 1 分；

能够对系统的总冷热量瞬时值和累计值进行在线监测，得 1 分；

冷热源机组在三台及以上时，采用机组群控方式，得 1 分；

全空气空调系统变新风比采用自动控制方式，得 1 分；

调速水泵、调速风机及相对应的水阀、风阀采用自动控制方式，得 1 分；

冷却塔风机开启台数或转速可根据冷却塔出水温度自动控制，得 1 分；

走廊、楼梯间、门厅、大堂、大空间、地下停车场等场所的照明系统采取分区、定时、感应等节能控制措施，评价分值为 5 分（住宅建筑仅审查公共区域）。

（2）室内环境质量部分具体条文要求如下：

主要功能房间中人员密度较高且随时间变化大的区域设置室内空气质量监控系统，评价总分值为 6 分，并按下列规则分别评分并累计：

对室内的二氧化碳浓度进行数据采集、分析，并与通风系统联动，得 4 分；实现室内污染物浓度超标实时报警，得 2 分。

地下车库设置与排风设备联动的一氧化碳浓度监测装置，评价分值为 4 分。

5.6.2 综合体智能化系统设计配合绿色建筑申报设计的子系统介绍

根据绿色建筑评价标准的具体平分项目的要求，智能化系统设计部分主要涉及，建筑设备管理系统及室内空气质量监控系统两部分。

5.6.2.1 建筑设备管理系统

建筑设备管理系统是确保建筑设备运行稳定、安全及满足物业管理的需求，实现对建筑设备运行优化管理及提升建筑用能功效，并且达到绿色建筑的建设目标。本系统已成为建筑智能化系统工程营造建筑物运营条件的基础保障设施。建筑内采取信息技术方式实现管理的纳入信息化应用范围的业务设施均在本系统的管理、控制和监测范围之内。建筑设备管理系统应满足建筑物整体管理需求，系统宜纳入智能化集成系统。

（1）建筑设备管理系统实现建筑绿色环境综合功效的若干要点说明如下：

1）基于建筑设备监控系统的信息平台，实现对建筑进行综合能效监管，提升建筑设备系统协调运行和优化建筑综合性能，为实现绿色建筑提供辅助保障。

2）基于建筑内测控信息网络等基础设施，对建筑设备系统运行信息进行积累，并基于对历史数据规律及趋势进行分析，使设备系统在优化的管理策略下运行，以形成在更优良品质的信息化环境测控体系调控下，具有获取、处理、再生等运用建筑内外环境信息的综合智能，建立绿色建筑高效、便利和安全的功能条件。

3）通过对能耗系统分项计量及监测数据统计分析和研究，对系统能量负荷平衡进行优化核算及运行趋势预测，从而建立科学有效的节能运行模式与优化策略方案，为达到绿色建筑综合目标提供技术途径。

4）通过对可再生能源利用的管理，为实现低碳经济下的绿色环保建筑提供有效支撑。

（2）建筑设备监控系统及建筑能效监测系统可统称为建筑设备管理系统：

1）建筑设备监控系统：建筑设备监控系统是指将建筑设备采用传感器、执行器、控制器、人机界面、数据库、通信网络、管线及辅助设施等连接起来，并配有软件进行监视和控制的综合系统。系统在设计过程中应能满足建筑物的功能、使用环境、运营管理和能效等级等要求，并应实现设备运行安全、可靠、节能和环保。

在系统设计中，建筑设备监控系统应符合下列规定：

① 监控的设备范围宜包括冷热源、供暖通风和空气调节、给水排水、供配电、照明、电梯等，并宜包括以自成控制体系方式纳入管理的专项设备监控系统等；

② 采集的信息宜包括温度、湿度、流量、压力、压差、液位、照度、气体浓度、电量、冷热量等建筑设备运行基础状态信息；

③ 监控模式应与建筑设备的运行工艺相适应，并应满足对实时状况监控、管理方式及管理策略等进行优化的要求；

④ 应适应相关的管理需求与公共安全系统信息关联；

⑤ 宜具有向建筑内相关集成系统提供建筑设备运行、维护管理状态等信息的条件。

监控系统功能设计应通过技术经济比较确定监控的范围和内容。

2）建筑能耗监测系统是指通过在建筑物内安装分类和分项能耗计量装置，采取远程传输等手段及时采集能耗数据，实现建筑能耗的在线监测、数据处理及数据远程传输和动态分析功能的硬件及软件系统的统称。

建筑能耗监测系统一般由能耗计量装置、数据采集器、管理平台软件、网络通信设备构成，大型公共建筑（建筑群）应增加系统管理服务器。系统应具有数据采集、数据存储、数据处理以及系统管理、系统运行状态监测和故障诊断等功能。系统应是能独立运行的小型监测网络，系统结构遵循分散采集，集中管理的原则，在功能上由监测层和管理层两个网络结构层组成。监测层为工业总线结构，负责能耗数据采集和现场设备的运行状态监控及故障诊断；管理层为以太网结构，负责数据存储、数据处理，数据传输以及本建筑物监测网络运行管理。

系统采集的能耗数据应全面、准确，应能客观反映建筑运营过程中对各类能源消耗的现状。采集的信息应便于对建筑能耗数据进行归类、统计和分析。建筑能耗监测信息由建筑基本信息和能耗数据量部分组成。建筑基本信息根据建筑规模、建筑功能、建筑用能特点划分基本项和附加项。

基本项为建筑规模和建筑功能等基本情况的数据，各类公共建筑的基本项均包括建筑名称、建筑地址、建设年代、建筑层数、建筑功能、建筑总面积、空调面积、供暖面积、建筑空调系统形式、建筑供暖系统形式、建筑体型系数、建筑结构形式、建筑外墙材料形式、建筑外墙保温形式、建筑外窗类型、建筑玻璃类型、窗框材料类型、经济指标（电价、水价、气价、热价）、填表日期、节能监测工程验收日期等。

（3）附加项为区分建筑用能特点情况的建筑基本情况数据，各类公共建筑的附加项分别包括：

1）办公建筑：办公人员人数。

2）商场建筑：商场日均客流量、运营时间。

3）宾馆饭店建筑：宾馆星级（饭店档次）、宾馆入住率、宾馆床位数量。

4）文化教育建筑：影剧院建筑和展览馆的参观人数、学校学生人数等。

5）医疗卫生建筑：医院等级、医院类别（专科医院或综合医院）、就诊人数、床位数。

6）体育建筑：体育馆建筑客流量或上座率。

7）综合建筑：综合建筑中不同建筑功能区中区分建筑用能特点情况的建筑基本情况数据。

8）其他建筑：其他建筑中区分建筑用能特点情况的建筑基本能耗数据统计方式有分类能耗和分项能耗两种。分类能耗是指按照建筑消耗的主要能源种类划分进行采集和整理的能耗数据，如：电、燃气、燃油、集中供热、集中供冷、可再生资源、水耗等。分项能耗是指按照建筑消耗的各类能源的主要用途划分进行采集和整理的能耗数据，如：空调用电、动力用电、照明用电及特殊用电等。

（4）在系统设计中。建筑能效监管系统应符合下列规定：

1）能耗监测的范围宜包括冷热源、供暖通风和空气调节、给水排水、供配电、照明、电梯等建筑设备，且计量数据应准确，并应符合国家现行有关标准的规定；

2）能耗计量的分项及类别宜包括电量、水量、燃气量、集中供热耗热量、集中供冷耗冷量等使用状态信息；

3）根据建筑物业管理的要求及基于对建筑设备运行能耗信息化监管的需求，应能对建筑的用能环节进行相应适度调控及供能配置适时调整；

4）应通过对纳入能效监管系统的分项计量及监测数据统计分析和处理，提升建筑设备协调运行和优化建筑综合性能。

系统建设及设备选型应考虑建筑物规模、监测点数量、管理模式等因素。

应与具体的功能要求相适应，以满足实际应用需求为原则。

5.6.2.2 空气质量监控系统

由于近二十年来经济社会的快速发展和城市化进程的加快，在经济发达地区，大气污染已由局部的单一城市燃煤型污染转变成煤烟型与机动车尾气等污染共存区域复合型污染，人们对空气质量也越来越注重。为了保障工作或生活区域空气的清洁，空气质量监测系统成为越来越多智能建筑的首选，该系统为通风系统联动提供实时数据信号，确保空气质量维持在控制范围内。空气质量监测系统包括城市环境空气质量监测和室内空气质量监测，在综合体建筑智能化设计阶段我们仅考虑室内控制质量监测部分。

（1）室内空气质量监测系统采用先进的激光粉尘仪内置滤膜在线采样器的微型计算机激光粉尘仪，仪器在连续监测粉尘浓度的同时，可收集到颗粒物，以便对其成分进行分析。它可以根据用户需求监测氮氧化物、碳氧化物（包括二氧化碳、一氧化碳）、二氧化硫、氢化硫、臭氧、甲烷/非甲烷碳氢化合物、氨气等多种气体。系统主要采用模块化设计，具有智能化传感器检测技术、整体隔爆结构、固定安装方式的气体检测仪。针对需要监测的各类影响空气质量的气体设置不同的现场监测装置，实时监控并根据需求设置不同的阀值以实现与通风系统的联动。

（2）地下车库一氧化碳浓度检测系统：地下车库一氧化碳的产生主要源自于汽车发动机，当发动机怠速运行时，由于汽油燃烧不充分，会产生含有大量一氧化碳的尾气。地下停车场属于密闭环境，车辆进出比较频繁，所排放的尾气也不易排出，极易积累大量一氧化碳气体，导致停车场内弥漫着呛鼻的气味，损害人的身体健康。因此，地下车库、停车场内应配有送、排风系统，用新鲜空气进行置换。地下车库一氧化碳检测系统的目的主要有两个：

1) 定期排风保证车库内一氧化碳浓度低于危害水平，属于安全考虑。

2) 根据地下车库内一氧化碳浓度进行排风，避免排风频率过高导致的能源浪费，属于节能考虑。

系统通过设在车库内的现场一氧化碳浓度检测仪，多点实时监测车库内一氧化碳浓度值，并且可以将数据上传到控制器集中显示。控制器用来集中显示各监测点的一氧化碳浓度值。同时控制器与排风系统关联，当一氧化碳浓度值超过预设报警值时能够自动报警或控制启动排风系统。控制器一般安装在值班室中，与检测仪采用四芯线 RS485 协议连接。控制器内部要有继电器报警开关量输出用于控制排风系统。风机由控制器联动，当一氧化碳浓度超标时自动启动风机；当一氧化碳浓度恢复正常时，风机自动停止。

目前，地下车库一氧化碳检测仪的设置尚无国家规范，其设置主要是根据《石油化工企业可燃气体和有毒气体检测报警设计规范》GB 50493—2009 中的规定"有毒气体检测器距释放源不宜大于 1m"。考虑到此规定主要针对高危化工区域，地下车库场所一氧化碳检测仪的数量设置主要根据防火分区、面积大小等因素来酌情考虑，一般 $300\sim400m^2$ 一个。安装高度建议距地面 $0.3\sim0.6m$ 为宜。一氧化碳检测仪常见的信号传输方式有 $4\sim20ma$/RS485 两种，考虑到布线简易度和成本，建议选择 RS485 信号，线缆规格为 RV-VP4×$1.0mm^2$。根据一氧化碳的毒性 50ppm 为健康成年人 8h 内可承受的最大极限，一般建议系统报警值设定在 30ppm。当浓度值超过 30ppm 时，自动提醒与排风。

5.6.3 综合体智能化系统设计配合绿色建筑申报设计具体措施

5.6.3.1 节能和能源利用部分 5.2.9 条

此条文内容涉及暖通及智能化两个专业；智能化设计过程中需针对此条要求设置建筑设备监控系统以及建筑能效监管系统，在提供申报文件时智能化专业需配合提供具体文本材料及所提供文本中需体现的具体审查内容如下：

需提供智能化施工图设计说明、建筑设备监控系统图、设备控制原理图、能耗监控系统图。

(1) 智能化施工图设计说明，对应设计说明中应写明建筑设备监控系统中关于暖通空调系统的监测与控制的方式。

(2) 建筑设备监控系统图以及设备控制原理图，图样中应包含暖通空调系统的控制原理，对应控制原理图对应的监控设备控制点表等。能耗检测系统图图样中应包含暖通空调能耗监测部分的内容。

此条涉及办公建筑、文化建筑、居住建筑、旅馆建筑等各类民用建筑，在综合体建筑智能化设计过程中要按照具体申报部分差别，确定建筑设备监控系统的应用范围及具体内容。

5.6.3.2 节能和能源利用部分 5.2.11 条

此条文内容涉及电气及智能化两个专业；此条在智能化设计过程是否需着重考虑与电气专业照明的控制方式有关，部分档次较高的综合体项目会采用智能照明系统、声光控开关、人体感应开关等设施来实现规范条文要求的分区、定时、感应等节能控制要求。当项目整体造价受控时，部分综合体建筑仍会采用建筑设备监控系统来实现分区、定时等控制功能。若需建筑设备监控系统来实现此功能，则需与照明系统设计师充分沟通，按照照明设计实际使用需求来配合进行相关设计。在提供申报文件时此部分文件和对应要求主要由照明设计进行整理提供，智能化仅需按照电气专业需求完成后续设计即可。在提供申报文件时智能化专业需配合提供的具体文本材料及所提供文本中需体现的具体审查内容如下：

（1）需提供电气施工图设计说明、照明系统图、照明平面图。

（2）电气施工图设计说明，在对应设计说明中应说明主要功能区域所选用的灯具类型、照明设计分区原则、节能照明控制方式。

（3）合理进行照明系统分区设计，应根据自然光利用分区、功能分区、作息差异分区等进行照明设计。

（4）具有天然采光的住宅电梯厅、楼梯间，其照明应采取声控、光控、定时控制、感应控制等一种或多种集成的控制装置。

（5）所有公共区域（走廊、楼梯间、门厅、大堂、大空间、地下停车库等）以及大空间应采取定时、感应的一种或多种结合的节能控制措施，或采取照度调节的节能控制装置。

5.6.3.3　室内环境质量一

此条文内容涉及暖通及智能化两个专业；智能化设计过程中需针对此条要求设计空气质量监控系统，在提供申报文件时智能化专业需配合提供的具体文本材料及所提供文本中需体现的具体审查内容如下：

（1）需提供智能化施工图设计说明、空气质量监控系统平面及系统图。

（2）智能化设计说明中应写明在主要功能房间中人员密度较高且随时间变化大的区域设置了室内二氧化碳浓度监控系统或其他（甲醛、颗粒物等）污染物浓度监控系统，以及污染物浓度控制范围。

（3）二氧化碳浓度监控系统平面图。包括二氧化碳或其他室内污染物浓度探测设备布置以及与通风设备的联动关系。

5.6.3.4　室内环境质量二

此条文内容涉及暖通及智能化两个专业；智能化设计过程中需针对此条要求设计空气质量监控系统，在提供申报文件时智能化专业需配合提供的具体文本材料及所提供文本中需体现的具体审查内容如下：

（1）需提供智能化施工图设计说明、地下车库一氧化碳监控系统平面及系统图。

（2）智能化设计说明中应写明地下车库设置了一氧化碳浓度监控装置，以及一氧化碳浓度控制范围。

（3）地下车库一氧化碳监控平面图。包括一氧化碳浓度探测设备布置以及与通风设备的联动关系。

在智能化设计过程中，需根据综合体绿色建筑的具体范围和等级合理选择得分项，按照项目统一要求合理设置智能化子系统，其中建筑设备管理系统已比较普遍，建议设置并通过技术经济比较最终确定系统的设计范围和内容。能耗监测系统、室内二氧化碳浓度监控系统、一氧化碳浓度监控系统则需根据项目整体的打分情况以及甲方意图综合考虑。

第6章 类似项目调研

6.1 暖通空调专业

6.1.1 调研项目

1）调研是针对位于寒冷地区的城市综合体，并且已经投入运行的项目。

2）电子版的调查表。

3）主要调研的项目：主要包括（北京）××商务中心（西区）、（北京）××家园C、D项目（绿地的项目）、（北京）××改造项目二期XJ08地块商业金融用地项目、（北京）××天街、（北京）××商业居住综合体、（天津市）××文化中心、（天津）××金融117大厦、（太原）××万象城、（银川）××大悦城等。

6.1.2 调研内容

1）基本信息：包括建筑规模、建筑功能、空调供暖冷热负荷及对应的冷热指标。

2）冷热源内容：包括冷源形式、冷热源形式、热源形式；装机容量；空调冷源水供回水温度、空调系统供回水冷水温度；冬季供冷方式；循环水处理方式。

3）冷却塔位置设置。

4）冷热站建筑面积：包括制冷机房、锅炉房、热交换机房等。

5）烟囱排放位置设置。

6）空调水系统形式。

7）空调末端形式。

8）供暖末端形式。

6.1.3 调研结果

1）最大建筑规模：面积为82万 m²。

2）冷源内容：常规电制冷机，双工况电制冷机、蒸汽吸收式制冷机、直燃型吸收式制冷机；包括离心机、螺杆机、吸收机、盘管内融冰、盘管外融冰；空调冷源供回水温度为 3.0/11.0℃、3.5/11.5℃、3/12℃；空调冷水供回水温度为 5/12℃、5/13℃、6/12℃、7/12℃；冬季冷却塔供冷及防冻措施。

3）冷却塔位置：设在裙房屋面、主楼屋面、室外下沉处。

4）冷热源内容：空气源热泵，土壤源热泵；空调冷水供回水温度为 7/12℃；空调热水供回水温度为 40/45℃。

5）热源内容：市政热水、市政蒸汽；自建锅炉房，燃气真空热水炉 60/45℃、60/

50℃、70/50℃；蒸汽锅炉 1.0MPa。

  6）烟囱位置：主楼屋面；裙房屋面。

  7）循环水处理方式：电子水处理、加药缓蚀阻垢药剂。

  8）空调末端形式：风机盘管加新风、定风量全空气系统、变风量 VAV 系统、VRV 系统。

  9）空调冷源水系统：一级泵定流量、一级泵变流量、二级泵变流量。

  10）空调末端水系统：两管制、分区两管制、四管制；水平同程、异程；竖向同程、异程。

  11）供暖形式：地板辐射 50/40℃；散热器供暖 75/50℃，80/60℃；水系统水平系统、竖向系统。

  12）影院设置独立冷源机组；采用空气源热泵或直膨式空调机组。

6.1.4 城市综合体空调专业设计信息调查表

城市综合体空调专业设计信息调查表见表 6-1～表 6-9。

城市综合体空调专业设计信息调查表（一）   表 6-1

项目名称		丰台区××项目××商业金融用地项目			项目地点	北京丰台
分项	项目类型	办公	酒店	商业	综合体汇总	备注
基本信息	建筑面积（m²）				107900	
	建筑高度（m）	62.62	62.6	16.3		
	所处楼层	4～14	4～14	B1～3		
	空调供冷建筑面积（m²）	21582	13387	26574	61543	
	空调供冷量（kW）	2180	1325	5315	8740	
	空调面积冷指标（W/m²）	101	99	200	142	
	空调供热建筑面积（m²）	21582	13387	26574	61543	
	空调供热量（kW）	1986	1058	3720	3720	
	空调面积热指标（W/m²）	92	79	140	110	
	采暖供热量（kW）			219		后勤走道散热器，大堂地热
冷源	电制冷机　常规电制冷机	□	■	■	□	
	冷源类型　离心式电制冷机组	□	□	■	□	
	冷源类型　螺杆式电制冷机组	□	■	■	□	
	冷源1参数　单机容量（RT）		195	600		
	冷源1参数　台数		2	2		
	冷源1参数　供回水温度（℃）		7/12	7/12		
	冷源2参数　单机容量（RT）			300		
	冷源2参数　台数			1		
	冷源2参数　供回水温度（℃）			7/12		
	系统设计供回水温度（℃）		7/12	7/12		
热源	市政热力　市政热水	■	■	■	□	
	系统设计供回水温度（℃）	60/50	60/50	60/50		采暖为 50℃/40℃

续表

项目名称		丰台区××项目××商业金融用地项目			项目地点		北京丰台
分项		项目类型	办公	酒店	商业	综合体汇总	备注
循环冷却水	冷却塔位置	3层屋面					
	供水方式	水箱＋变频泵	□	■	■	□	
	冬季供冷	不使用	□	□	■	□	
	循环冷却水处理方式	电伴热	□	■	□	□	
		电子（或静电）水处理仪	□	■	■	□	
		缓蚀阻垢药剂	□	■	■	□	
空调系统	末端	风盘＋新风	□	■	■	□	
		定风量全空气	□	■	■	□	
		VRV	■	□	□		VRV冬夏均使用，新风采用冷凝热回收机组，冬季设置新风辅热盘管
	水系统	一级泵定流量		■	■	□	
	冷热水管道设置方式	两管制	□	■	■		酒店空调箱二管制，风盘四管制
		四管制	□	■	■	□	
	水管流程	水平异程竖向异程	□	■	■	□	
采暖系统	末端形式	散热器	□	□	■	□	
		地板辐射	□	□	■	□	
	系统形式	水平	□	□	■	□	

设计体会：
对管理经验不足、商业业态未确定的商业综合体项目如何配合尚在摸索中。

城市综合体空调专业设计信息调查表（二）

表6-2

项目名称		××家园C、D项目（绿地的项目）		项目地点			北京	
分项	项目类型	办公	酒店	商业	影院	超市	综合体汇总	备注
基本信息	建筑面积（m²）	68385	15459	56106			196181	车库75467m²
	建筑高度（m）	59.85	55.85	23.7				
	所处楼层	1~14	1~13	1~4	3~4	B1		
	空调供冷建筑面积（m²）	54708	12367	23305	3380	9772		
	空调供冷量（kW）	7138	1806	5233	725	2483		
	空调面积冷指标（W/m²）	131	146	225	215	254		
	空调供热建筑面积（m²）	54708	12367	23305	3380	9772		
	空调供热量（kW）	5731	3124	2969	543	1874		酒店：空调1808＋厨房新风566

续表

项目名称	××家园C、D项目（绿地的项目）			项目地点		北京		
分项	项目类型	办公	酒店	商业	影院	超市	综合体汇总	备注
基本信息	空调面积热指标（W/m²）	105	空调146	219	164	196		
	采暖建筑面积（m²）	54708						
	采暖供热量（kW）	2398						
	采暖面积热指标（W/m²）	44						
冷源	电制冷机　常规电制冷机	■	□	■	□	■	□	
	吸收式制冷　直燃型吸收式制冷机	□	■	□	□	□		
	冷源类型　离心式电制冷机组	□	□	■	□	□	□	
	冷源类型　螺杆式电制冷机组	■	□	■	□	■	□	
	冷源1参数　单机容量（RT）	290	冷1163kW，热1614kW	600		366		
	冷源1参数　台数	3	2	2		2		
	冷源1参数　供回水温度（℃）	7/12	7/12	7/12		7/12		
	冷源2参数　单机容量（RT）			290				
	冷源2参数　台数			1				
	冷源2参数　供回水温度（℃）			7/12				
	系统设计供回水温度（℃）	7/12	7/12	7/12		7/12		
冷热源	热泵　空气源热泵	□	□	□	■	□	□	
	装机容量　热泵制冷量（RT）				142			2台
	装机容量　热泵制热量（kW）				530			2台
热源	自建锅炉房　真空热水锅炉	■	□	■	■	■	□	影院主要用空气源热泵，锅炉作为应急备用
	板换参数　板换单台容量（kW）	4341						
	板换参数　台数	2						
	板换参数　一次供回水温度（℃）	80/60						
	板换参数　二次供回水温度（℃）	60/50						
	锅炉1参数　锅炉单机容量（MW）	2.91		2.91				
	锅炉1参数　台数	3		3				
	锅炉1参数　供回水温度（℃）	80/60		60/50				
	系统设计供回水温度（℃）	空调60/50，采暖80/60		60/50				

续表

项目名称	××家园 C、D 项目（绿地的项目）		项目地点				北京	
分项	项目类型	办公	酒店	商业	影院	超市	综合体汇总	备注
循环冷却水	冷却塔位置　4层屋面							
	供水方式　水箱＋变频泵	■	■	■	□	■	□	
	冬季供冷　电伴热	□	■	□	□	□	□	
	积水盘是否发生过抽空、溢流现象　是 解决措施	□	□	□	□	□	□	没有
	积水盘是否发生过抽空、溢流现象　否	□	□	□	□	□	□	没有
	循环冷却水处理方式　电子（或静电）水处理仪	■	■	■		■		
	循环冷却水处理方式　缓蚀阻垢药剂	■	■	■		■		
	水处理效果　有效	■	■	■		■		
空调系统	末端　风盘＋新风	□	■	■		□	□	
	末端　定风量全空气	■	■	■	■	□	□	
	末端　VRV	■	□	□	□	□	□	办公冬季不用 VRV 采暖，但开新风
	水系统　一级泵定流量	■	■	■	■	■	□	
	冷热水管道设置方式　两管制	■	■	■	■	■	□	
	水管流程　水平异程竖向异程	■	■	■	■	■	□	
	水系统高低分区　不分区	■	■	■	■	■	□	
采暖系统	末端形式　散热器	■	□	□	□	□	□	
	末端形式　地板辐射	■	□	□	□	□	□	
	系统形式　水平	■	□	□	□	□	□	

设计体会：

商业在招商介入后，原设计的末端需要重做，修改较大。综合体商业末端仅作预留，招商和精装介入前，不宜做到位。

办公采暖效果不佳，实际情况为水温一直无法烧到设计温度，且物业冬季不开新风，无法保持室内正压，渗透负荷较大。对于运行和物业操作水平，不能做过高期待，采暖末端还是要大。

城市综合体空调专业设计信息调查表（三）　　　　表 6-3

项目名称	××××万象城	项目地点			太原		
分项	项目类型	商业	影院	超市	综合体汇总	备注	
基本信息	建筑面积（m²）	201941	8055	3668	34.06		
	建筑高度（m）				35.55	只有裙房，没有塔楼	
	所处楼层	B1～6	5～6	B1			

项目名称	××××万象城		项目地点	太原			
分项	项目类型		商业	影院	超市	综合体汇总	备注
基本信息	空调供冷建筑面积（m²）		140677	3219	3668	147564	
	空调供冷量（kW）		16513	1160	367	18040	
	空调面积冷指标（W/m²）		118	360	100	122	
	空调供热建筑面积（m²）		140677	3219	3668	147564	
	空调供热量（kW）		14800	316	191	15307	
	空调面积热指标（W/m²）		105	98	52	104	
	采暖供热量（kW）					507（采暖）+704（热水风幕）	后期、空调机房、风机房、入口门厅等
冷源	电制冷机	常规电制冷机	■	■	■	■	影院独立冷源，超市商业共用
	冷源类型	离心式电制冷机组	■	□	■	■	商业和超市共用水冷机组，影院风冷机组
		螺杆式电制冷机组	□	■	□	□	
	冷源1参数	单机容量（RT）		165		1200	
		台数		2		3	
		供回水温度（℃）		7/12		7/12	
	冷源2参数	单机容量（RT）				600	
		台数				2	
		供回水温度（℃）				7/12	
	系统设计供回水温度（℃）			7/12		7/12	
热源	市政热力	市政热水	■	■	■	■	各业态均合用一个空调热水系统
	板换参数	板换单台容量（kW）				空调热水4300 采暖400	
		台数				空调热水4+采暖2	
		一次供回水温度（℃）				110/70	
		二次供回水温度（℃）				60/45 80/60	
	系统设计供回水温度（℃）		60/45	60/45	60/45	60/45	后勤散热器，大厅地暖，采暖为80/60，地暖混水50/40
循环冷却水	冷却塔位置	六层屋面					
	供水方式	水箱+变频泵	□	□	□	■	
	冬季供冷	电伴热	□	□	□	■	

续表

项目名称	××××万象城		项目地点	太原			
分项	项目类型		商业	影院	超市	综合体汇总	备注
空调系统	末端	风盘+新风	■	□	□	□	商业中主力店、副主力店、步行街采用全空气，小商铺、餐饮为风机盘管
		定风量全空气	■	■	■	□	
	水系统	二级泵变流量	□	□	□	■	影院冷源仅为预留，具体水系统甲方另行设计
	冷热水管道设置方式	两管制	□	□	□	■	
	水管流程	水平异程竖向异程	□	□	□	■	
	水系统高低分区	不分区	□	□	□	■	
采暖系统	末端形式	散热器	□	□	□	■	
		地板辐射	□	□	□	■	
	系统形式	水平	□	□	□	■	

设计体会：
招商很大程度上决定了设计条件，随着招商的陆续开展，设计条件会不断变更，修改较多。需要大量考虑餐饮条件，多预留出屋面的管井。

城市综合体空调专业设计信息调查表（四）

表6-4

项目名称	××商务中心（西区）				项目地点	北京
分项	项目类型	办公	酒店	公寓	商业	综合体汇总
基本信息	建筑面积（万 m²）	15.2	3	6.5	6	38
	建筑高度（m）	99.5	50	99	20	
	所处楼层	3～24	−2～10	2～31	−1～3	
	空调供冷建筑面积（m²）	71300	24000		17000	
	空调供冷量（kW）	5774（其余 vrv）	3012		2006	
	空调面积冷指标（W/m²）	81	125（含厨房）		119	
	空调供热建筑面积（m²）	71300	24000		17000	
	空调供热量（kW）	5392	3285		1574	
	空调面积热指标（W/m²）	75	137（含厨房）		93	
	采暖建筑面积（m²）	45000		62000	23500	
	采暖供热量（kW）	1487		1690	1057	
	采暖面积热指标（W/m²）	33		27	45	

续表

项目名称		×× 商务中心（西区）			项目地点	北京
分项		项目类型	办公	酒店	公寓	商业	综合体汇总

分项		项目类型	办公	酒店	公寓	商业	综合体汇总
冷源	电制冷机	常规电制冷机	■	■	□	■	■
	装机容量	电制冷（RT）	1800	900		600	
	冷源类型	离心式电制冷机组	■	□	□	□	■
		螺杆式电制冷机组	■	■	□	■	■
		其他			分体	VRV	
	系统设计供回水温度（℃）		7～12	7～12		7～12	7～12
热源	市政热力	市政热水	■	□	■	■	■
	自建锅炉房	真空热水锅炉	□	■	□	□	■
		蒸汽锅炉	□	■	□	□	■
	烟囱排放点（屋顶）		□	■	□	□	■
	锅炉1参数	锅炉单机容量（MW）		1.4			
		台数		2			
		供回水温度（℃）		80/60			
	锅炉2参数	锅炉单机容量（MW）		1T/h			
		台数		2			
		供回水温度（℃）		1.0MPa 蒸汽			
	系统设计供回水温度（℃）		60/45；75/50	60/45	50/40	60/45；75/50	
循环冷却水	冷却塔位置	____层屋面	■	■		■	■
	冬季供冷	电伴热	■	■	□	□	□
	循环冷却水处理方式	电子（或静电）水处理仪	■	■	□	■	■
空调系统	末端	风盘＋新风	■	■	□	■	■
		定风量全空气	□	■	□	■	■
		VRV	■	□	□	□	■
		分体空调	□	□	■	□	■
	冷热水管道设置方式	一级泵变流量	■	■	□	■	■
		二级泵变流量	□	□	□	□	□
		两管制	■	□	□	□	■
		四管制	□	■	□	■	■
	水管流程	水平异程竖向异程	■	■	□	■	■
		水平异程竖向同程	□	□	□	□	□
	水系统高低分区	分区	■	□	■	□	■
		不分区	■	■	□	■	■
采暖系统	末端形式	散热器	■	□	□	■	■
		地板辐射	□	■	■	□	■
	系统形式	水平	■	□	□	■	■
		垂直	□	□	■	□	■

城市综合体空调专业设计信息调查表（五） 表 6-5

项目名称			××金融117大厦		天津市
分项	项目类型		办公	酒店	综合体汇总
基本信息	建筑面积（m²）		289000	80000	369000
	建筑高度（m）		596.55		
	所处楼层		1～93	94～117	
冷源	电制冷机	常规电制冷机	■	■	□
	吸收式制冷	蒸汽型吸收式制冷机	□	■	□
	装机容量	电制冷（RT）	10000	2800	
		吸收式制冷（RT）		900	
	冷源类型	离心式电制冷机组	■	■	□
		蒸汽吸收式制冷机组	□	■	□
	冷源1参数	单机容量（RT）	1000	900	
		台数	9	3	
	冷源2参数	单机容量（RT）	500	500	
		台数	2	2	
	系统设计供回水温度（℃）		4/10℃	4/10℃	
热源	市政热力	市政蒸汽	■	■	□
	系统设计供回水温度（℃）		0.6MPa	0.6MPa	
循环冷却水	冷却塔位置	裙房3层屋面			
	供水方式	叠压供水设备	■	■	□
空调系统	末端	风盘+新风	■	■	□
		定风量全空气	■	□	□
		变风量VAV	■	□	□
	水系统	二级泵变流量	■	■	□
	冷热水管道设置方式	四管制	■	■	□
	水系统高低分区	分区	■	■	□

城市综合体空调专业设计信息调查表（六） 表 6-6

项目名称		××商业居住综合体		项目地点		北京市	
分项	项目类型	办公	公寓	商业	影院	超市	综合体汇总
基本信息	建筑面积（万 m²）	4.6	11.7	19.7	0.78	1	38
	所处楼层	B3～19	B3～24	1～5	4～5	B1～B2	
	空调供冷建筑面积（m²）	33660		129815	7779	10035	
	空调供冷量（kW）	3339		20035	1245	2106	
	空调面积冷指标（W/m²）	99		154	160	210	
	空调供热建筑面积（m²）	33660	18685	129815	7779	10035	
	空调供热量（kW）	3255	2036	12700	1270	1731	
	空调面积热指标（W/m²）	97	109	98	163	173	
	采暖建筑面积（m²）		8043				
	采暖供热量（kW）		263				
	采暖面积热指标（W/m²）		33				

续表

项目名称			××商业居住综合体			项目地点		北京市		
分项		项目类型	办公	公寓	商业	影院	超市	综合体汇总		
冷源	电制冷机	常规电制冷机	□	□	□	□	■	□		
		双工况冷机	□	□	■	□	□	□		
	蓄冷装置	盘管内融冰	□	□	■	□	□	□		
	装机容量	电制冷（RT）			4600		600			
		蓄冷（RTH）			24320					
	冷源类型	离心式电制冷机组	□	□	■	□	□	□		
		螺杆式电制冷机组	□	□	□	□	■	□		
	双工况冷源参数	单机容量（RT）			1150					
		台数			4					
		空调工况供回水温度（℃）			3.5/11.5					
		蓄冰工况供回水温度（℃）			−2.01/−5.6					
	冷源1参数	单机容量（RT）					300			
		台数					2			
		供回水温度（℃）					7/12			
	系统设计供回水温度（℃）				5/13		7/12			
冷热源	热泵	空气源热泵	■	□	□	■	□	□		
	装机容量	热泵制冷量（RT）	294			360				
		热泵制热量（kW）				360				
	冷热源1参数	单机容量（RT）	147			180				
		台数	2			2				
		冷水供回水温度（℃）	7/12			7/12				
		热水供回水温度（℃）				45/40				
热源	自建锅炉房	真空热水锅炉	□	□	□	□	□	■		
	烟囱排放点（屋顶）		□	□	□	□	□	■		
	锅炉1参数	锅炉单机容量（MW）						4.186		
		台数						8		
		供回水温度（℃）						60/50		
	系统设计供回水温度（℃）							60/50		
冷热站	冷站建筑面积（m²）							1500		
	热站建筑面积（m²）							800		
循环冷却水	冷却塔位置	___层屋面			5		5			
	供水方式	水箱＋变频泵	□	□	■	□	■	□		
	冬季供冷	不使用	□	□	□	□	■	□		
		电伴热	□	□	■	□	□	□		
	积水盘是否发生过抽空、溢流现象	否	□	□	■	□	■	□		
	循环冷却水处理方式	缓蚀阻垢药剂	□	□	■	□	■	□		
	水处理效果	有效	□	□	■	□	■	□		

续表

项目名称		××商业居住综合体		项目地点	北京市		
分项		项目类型	办公	公寓	商业	影院	超市	综合体汇总

分项		项目类型	办公	公寓	商业	影院	超市	综合体汇总
空调系统	末端	风盘+新风	■	□	■	□	■	□
		定风量全空气	■	□	■	□	□	□
		VRV	■	■	□	□	□	□
	水系统	一级泵变流量	■	□	□	■	■	□
		二级泵变流量	□	□	■	□	□	□
	冷热水管道设置方式	两管制	■	□	□	□	■	□
		分区两管制	□	□	■	□	□	□
	水管流程	水平异程竖向异程	■	□	■	■	■	□
	水系统高低分区	不分区	■	□	■	■	■	□
采暖系统	末端形式	地板辐射	□	■	□	□	□	□
	系统形式	垂直	□	■	□	□	□	□

设计体会:

(1) 大型商业冷源采用部分负荷蓄冰空调,主机上游串联内融冰系统,产生5℃的低温冷水。冰蓄冷系统与常规电制冷系统相比可以使冷水机组装机容量减少30%左右,可消减制冷峰值电负荷。虽然初投资较常规电制冷稍高,但在目前的峰谷电价条件下可以取得较好的投资回报率,同时也能缓解电力供应紧张,移峰填谷,取得较好的社会效益。

(2) 冷水采用大温差送水,供回水温度5/13℃,减少空调冷水输送能耗,降低空调冷水管道投资。

(3) 末端采用风机盘管加新风系统。大商业设置集中热回收机组,降低了新风能耗,起到节能效果。热回收机组设置在屋顶,减少建筑内空调机房,增加商业面积,为更大限度的利用商业面积创造了条件。

(4) 冬季采用冷却塔供冷,既解决了内区过热问题,又不开启大功率的冷水机组、仅开启相对小功率的循环水泵,起到很明显的节能运行效果。

(5) 主力店、超市等大空间采用双风机全空气系统,过渡季全新风运行,尽可能利用通风降温,减少人工冷源能耗。

(6) 5层有天窗的区域夏季空调效果不佳。

城市综合体空调专业设计信息调查表（七） 表6-7

分项		项目名称	××天街	项目地点	北京市		
		项目类型	商业	影院	超市	综合体汇总	
基本信息		建筑面积（万m²）	12	0.6	1	13.6	
		所处楼层	1～4	4～4	B1～B1		
		空调供冷建筑面积（m²）	108923	5800	9610		
		空调供冷量（kW）	19500	1150	1730		
		空调面积冷指标（W/m²）	179	198	180		
		空调供热建筑面积（m²）	108923	5800	9610		
		空调供热量（kW）	11349	1100	558		
		空调面积热指标（W/m²）	104	189	58		
冷源	电制冷机	常规电制冷机	■	□	■	□	
	装机容量	电制冷（RT）	5600		500		
	冷源类型	离心式电制冷机组	■	□	□	□	
		螺杆式电制冷机组	□	□	■	□	
	冷源1参数	单机容量（RT）	600		250		
		台数	2		2		
		供回水温度（℃）	6/12		7/12		

项目名称	××天街	项目地点	北京市		
分项	项目类型		商业	影院	超市	综合体汇总

分项			商业	影院	超市	综合体汇总
冷源	冷源2参数	单机容量（RT）	1100			
		台数	4			
		供回水温度（℃）	6/12			
	系统设计供回水温度（℃）		6/12		7/12	
冷热源	热泵	空气源热泵	□	■	□	□
	装机容量	热泵制冷量（RT）		360		
		热泵制热量（kW）		360		
	冷热源1参数	单机容量（RT）		180		
		台数		2		
		冷水供回水温度（℃）		7/12		
		热水供回水温度（℃）		45/40		
热源	自建锅炉房	真空热水锅炉	□	□	□	■
	烟囱排放点（屋顶）		□	□	□	■
	锅炉1参数	锅炉单机容量（MW）				4.2
		台数				3
		供回水温度（℃）				60/45
	系统设计供回水温度（℃）					60/45
冷热站	冷站建筑面积（m²）					1000
	热站建筑面积（m²）					1382
循环冷却水	冷却塔位置	___层屋面	4		4	
	供水方式	水箱+变频泵	■	□	■	□
	冬季供冷	不使用	□	□	■	□
		电伴热	■	□	□	□
	积水盘是否发生过抽空、溢流现象	否	■	□	■	□
	循环冷却水处理方式	缓蚀阻垢药剂	■	□	■	□
	水处理效果	有效	■	□	■	□
空调系统	末端	风盘+新风	■	■	□	□
		定风量全空气	□	■	■	□
	水系统	一级泵变流量	■	■	■	□
	冷热水管道设置方式	两管制	□	■	■	□
		分区两管制	■	□	□	□
	水管流程	水平异程竖向异程	■	■	■	□
	水系统高低分区	不分区	■	■	■	□

设计体会：

（1）商业采用一次泵变频变流量内外分区两管制水系统，变流量根据负荷变化进行调节达到节能效果，内外分区提高室内舒适度。

（2）大空间采用全空气双风机定风量空调系统，商铺采用风机盘管加新风热回收系统。采用双风机变新风比以保证过渡季和冬季的舒适性并在过渡季尽可能采用全新风节能运行，最大新风比为 80%，新风采用排风热回收机组达到节能效果。

（3）末端采用风机盘管加新风系统。大商业设置集中热回收机组，降低了新风能耗，起到节能效果。热回收机组设置在屋顶，减少建筑内空调机房，增加商业面积，为更大限度的利用商业面积创造了条件。

（4）冬季采用冷却塔供冷，即解决了内区过热问题，又不开启大功率的冷水机组，仅开启相对小功率的循环水泵，起到很明显的节能运行效果。

城市综合体空调专业设计信息调查表（八）　　　　表 6-8

项目名称		××文化中心				项目地点		天津市	
分项	项目类型	办公	酒店	公寓	商业	影院	综合体汇总	备注	
基本信息	建筑面积（m²）	325000	0	0	415520	77490	818010		
		西区能源站	南区能源站	北区能源站				办公建筑：科技馆，博物馆，美术馆，图书馆，青少年活动中心等文化类建筑	
冷源	电制冷机　常规电制冷机	■	■	□	□	□	□		
	蓄冷装置　盘管外融冰	■	■	■	□	□	□		
	装机容量　电制冷（RT）	7488	5267	3307					
	吸收式制冷（RT）								
	蓄冷（RTH）	34000	21900	16406					
	冷源类型　螺杆式电制冷机组	■	■	■	□	□	□		
	双工况冷源参数　单机容量（RT）	1038	815	661					
	台数	6	5	5					
	空调工况供回水温度（℃）	5/11	5/11	5/11					
	蓄冰工况供回水温度（℃）	−2/−5.6	−2/−5.6	−2/−5.6					
	系统设计供回水温度（℃）	3/12	3/12	3/12					
冷热源	热泵　土壤源热泵	■	■	■	□	□	□		
	装机容量　热泵制冷量（RT）	7488	5267	3307					
	热泵制热量（kW）	28966	20370	16000					
冷热站	冷站建筑面积（m²）	6000	4000	3000					
循环冷却水	冷却塔位置　室外下沉	■	■	■	□	□	□		
	供水方式　市政直供	■	■	■	□	□	□		

城市综合体空调专业设计信息调查表（九）

表 6-9

项目名称		××大悦城一期			项目地点			银川市	
分项	项目类型	办公	酒店	公寓	商业	影院	超市	综合体汇总	备注
基本信息	建筑面积（m²）	35197	26092	15541	173309			318568	一二期总76万
	建筑高度（m）	99.6	85.2	85.2	32.55				
	所处楼层	7～25	7～19	7～19	1～6	5～6	B1		
	空调供冷建筑面积（m²）	21680	17285	12570	155961				
	空调供冷量（kW）	2482	1463	801	19094				
	空调面积冷指标（W/m²）	114.5	84.6	63.7	122.4				
	空调供热建筑面积（m²）	21680	17285	12570	155961				
	空调供热量（kW）	2410	2442	767	19090				酒店、商业空调热负荷包括热风负荷
	空调面积热指标（W/m²）	111.2	141.3	61	122.4				
	采暖建筑面积（m²）	400			2200				
	采暖供热量（kW）	40			220				
	采暖面积热指标（W/m²）	100			100				

项目名称		××大悦城二期			项目地点			银川市	
分项	项目类型	办公	酒店	公寓	商业	影院	超市	综合体汇总	备注
基本信息	建筑面积（m²）	28358	7470	123426	78990			483368	住宅6.8万
	建筑高度（m）	100.3	100.3	100.3	13.4（23.9）				
	所处楼层	4～22	23～27	4～32	1～3（4）				
	空调供冷建筑面积（m²）	21580	6767	105879	55885				
	空调供冷量（kW）	2353	394	5607	7195.7				
	空调面积冷指标（W/m²）	109	58	53	128.8				
	空调供热建筑面积（m²）	21580	6767		31437				
	空调供热量（kW）	2061	350		6255				商业空调热负荷包括热风负荷
	空调面积热指标（W/m²）	96	52		199				
	采暖建筑面积（m²）			105879	24448				
	采暖供热量（kW）			2775	1716				
	采暖面积热指标（W/m²）			26	70				

分项			办公	酒店	公寓	商业	影院	超市	综合体汇总	备注
冷源	电制冷机	常规电制冷机	□	□	□	□	□	□	■	
		双工况冷机	□	□	□	□	□	□	■	
	蓄冷装置	盘管内融冰	□	□	□	□	□	□	■	
	装机容量	电制冷（RT）							6150	
		蓄冷（RTH）							31920	
	冷源类型	离心式电制冷机组	□	□	□	□	□	□	■	

续表

项目名称		××大悦城二期				项目地点		银川市	
分项	项目类型	办公	酒店	公寓	商业	影院	超市	综合体汇总	备注
冷源	双工况冷源参数 — 单机容量（RT）							1850	
	双工况冷源参数 — 台数							3	
	双工况冷源参数 — 空调工况供回水温度℃							5/10	
	双工况冷源参数 — 蓄冰工况供回水温度℃							−5.6/−2.23	
	冷源1参数 — 单机容量（RT）							600	
	冷源1参数 — 台数							1	
	冷源1参数 — 供回水温度（℃）							4/11.5	
	系统设计供回水温度（℃）							5/13	
热源	自建锅炉房 — 承压热水锅炉	□	□	□	□	□	□	■	
	自建锅炉房 — 蒸汽锅炉	□	□	□	□	□	□	■	
	烟囱排放点（屋顶）	□			□		□		汽车库 5F 屋面
	锅炉1参数 — 锅炉单机容量（MW）							14/7/2.8/1.4	
	锅炉1参数 — 台数							2/1/2/2	
	锅炉1参数 — 供回水温度（℃）							115/70	
	锅炉2参数 — 锅炉单机容量（MW）							1T	
	锅炉2参数 — 台数							2	
	锅炉2参数 — 供回水温度（℃）							1.0MPa	
	系统设计供回水温度（℃）							空调热水 60/45；散热器 75/50；地暖 50/40	
冷热站	冷站建筑面积（m²）							3200	
	热站建筑面积（m²）							1300	
循环冷却水	冷却塔位置 — ___层屋面							汽车库 5F 屋面	
	供水方式 — 水箱＋变频泵	□	□	□	□	□	□	■	
	冬季供冷 — 不使用	□	■	■	□	■	■	□	
	冬季供冷 — 电伴热	■	□	□	■	□	□	□	
	积水盘是否发生过抽空、溢流现象 — 否	□	□	□	□	□	□	■	
	循环冷却水处理方式 — 缓蚀阻垢药剂	□	□	□	□	□	□	■	
	水处理效果 — 有效	□	□	□	□	□	□	■	

续表

分项	项目类型		办公	酒店	公寓	商业	影院	超市	综合体汇总	备注
	项目名称 ××大悦城二期					**项目地点**		银川市		
空调系统	末端	风盘＋新风	■	■	■	■	□	□	□	
		定风量全空气	□	□	□	■	■	■	□	
		二级泵变流量	■	■	■	■	□	□	□	
	冷热水管道设置方式	两管制	□	□	■	□	□	□	□	
		四管制	□	■	□	□	□	□	□	
		分区两管制	■	□	□	■	□	□	□	
	水管流程	水平异程竖向异程	□	■	■	■	□	□	□	
		水平同程竖向异程	■	□	□	□	□	□	□	
	水系统高低分区	分区	□	□	■	□	□	□	□	二期公寓采暖系统分区
		不分区	■	■	□	■	□	□	□	
采暖系统	末端形式	散热器	□	□	□	■	□	□	□	
		地板辐射	■	□	■	■	□	□	□	
	系统形式	水平	■	□	□	■	□	□	□	
		垂直	□	□	■	□	□	□	□	

6.1.5 工程实例

选择两个工程实例，相关数据汇总见表 6-10、表 6-11。

项目A

表 6-10

功能区域	分项信息	单位	技术参数
制冷机房 L1	集中负担面积	m²	72000
	建筑功能	—	商业、办公
	机房面积	m²	700
	机房面积比例	%	1
	梁下净高	m	5.5
	冷机设置		2 台 600RT；3 台 300RT
制冷机房 L2	集中负担面积	m²	18000
	建筑功能	—	办公
	机房面积	m²	240
	机房面积比例	%	1.34
	梁下净高	m	5.0
	冷机设置		2 台 200RT
制冷机房 L3	集中负担面积	m²	42400
	建筑功能	—	酒店
	机房面积	m²	340
	机房面积比例	%	0.8
	梁下净高	m	5.5
	冷机设置		3 台 300RT

续表

功能区域	分项信息	单位	技术参数
锅炉房 G1	集中负担面积	m²	42400
	建筑功能	—	酒店生活热源水
	机房面积	m²	260
	机房面积比例	%	0.7
	梁下净高	m	5.5
	锅炉设置		2 台真空锅炉 1400kW；2 台 1T 蒸汽锅炉
热交换机房 R1、R2	集中负担面积	m²	369000
	建筑功能	—	全部供热热源
	机房面积	m²	1200
	机房面积比例	%	0.32
	梁下净高	m	4.0～4.4
	热交换设置		委托热力公司
商业	负担空调面积	m²	1100
	空调机房面积	m²	40
	机房面积比例	%	3.5
	吊顶高度	mm	450
办公	负担空调面积	m²	1100
	空调机房面积	m²	40
	机房面积比例	%	3.5
	吊顶高度	mm	450
酒店	负担空调面积	m²	1350
	空调机房面积	m²	40
	机房面积比例	%	3
	吊顶高度	mm	300
公寓	空调形式	—	设置分体空调
	供暖形式	—	地板供暖

项目 B　　　　　　　　　　　　　　　　　　　　　　表 6-11

功能区域	分项信息	单位	技术参数
制冷机房 L	集中负担面积	m²	340000
	建筑功能	—	商业、办公、酒店
	机房面积	m²	3200
	机房面积比例	%	1
	梁下净高	m	＞7
	冷机设置		3 台 1850RT 双工况离心机，1 台 600RT 离心机

功能区域	分项信息	单位	技术参数
锅炉房 G	集中负担面积	m²	490000
	建筑功能	—	商业、办公、酒店、公寓
	机房面积	m²	1400
	机房面积比例	%	0.3
	梁下净高	m	＞7
	锅炉设置		公建：2台14000kW承压热水锅炉；1台7000kW承压热水锅炉；酒店：2台1400kW承压热水锅炉；2台1T蒸汽锅炉洗衣房用。公寓：2台2800kW承压热水锅炉
冷热交换机房	集中负担面积	m²	490000
	建筑功能	—	商业、办公、酒店、公寓、住宅
	机房面积	m²	1850
	机房面积比例	%	0.4
	梁下净高	m	＞4～5
	设备设置		按功能区，分别设置冷热水热交换机房，共8个
商业	负担空调面积	m²	6000
	空调机房面积	m²	500
	机房面积比例	%	8
	吊顶高度	mm	700（局部1000）
办公	负担空调面积	m²	1100
	空调机房面积	m²	40
	机房面积比例	%	～4
	吊顶高度	mm	450（空调新风及水管为水平系统）
酒店	负担空调面积	m²	2240
	空调机房面积	m²	70
	机房面积比例	%	～3
	吊顶高度	mm	450（空调新风及水管为水平系统）
公寓	空调形式	—	100
	供暖形式	—	～200

6.2 给水排水专业

对我院近十年来设计的50余个城市综合体项目的建筑面积和建筑性质及其给水排水基础数据进行搜集，主要包括生活给水泵房、生活水箱间、消防水泵房、消防水箱间、热交换间等（不含有特殊工艺要求的机房）。制作各类机房的占地面积统计表，统计表中包含建筑功能与规模、最高日生活用水量（最大小时耗热量等技术指标）、设备数量及形式、机房层高、泵房占地面积等。主管井内立管管径大小、数量及井道尺寸。

通过收集各大型综合体的给水、中水用水量，供水系统形式，对各项目所选用的供水系统进行总结分析，分析各项目采用供水系统形式，能耗分析，系统优缺点；尤其希望能对此类项目的综合用水量指标得出一个参考数据，以便于设计人员在方案阶段比较方便地进行设计计算。

通过对调研项目的给水排水机房及管井数据进行分析，结合规范的相关规定，找出机房、管井面积与关键技术数据的线性关系。在城市综合体建筑设计的方案阶段，给水排水专业可以据此快速准确地向建筑专业提出机房面积、层高、设置位置、管井平面尺寸及位置等要求。

6.2.1 给水系统用水量调研

通过与运营方联系，投放调查表，现场访问查阅等方式对我院设计并已投入运行的若干建筑面积不同的城市综合体的最高日用水情况进行了调研，调研结果见表6-12。

各综合体最高日用水量统计表 表 6-12

项目名称	总建筑面积（m²）	最高日（m³/d）	综合用水量指标（L/m²·d）
珠海海洋温泉旅游度假村	182000	3292.5	18.09
徐州国际商厦	134300	700	5.21
富华金宝	170000	1094.52	6.44
西直门综合交通枢纽	260000	3543.67	13.63
天元港国际中心	110580	958.6	8.67
天津津塔	344200	3293.6	9.57
远洋中心	220000	2528.3	11.49
通州运河 one	369000	2092.4	5.67
银川大悦城	313500	1775.9	5.66
金泉广场	380000	3000	7.89
京西	380000	2400	6.32

6.2.2 给水排水主要机房和管井面积调研

收集我院近年来设计的部分综合体项目生活水泵房的基础资料，统计调研了生活水泵房、热水泵房的层高、宽度、水箱高度和泵房占地面积以及设备占地面积。

调研数据见表6-13、表6-14。

各综合体生活泵房水箱、设备和占地面积统计表 表 6-13

序号	工程名称	水箱尺寸（m）	水箱高度	泵房层高（m）	泵房占地面积（m²）	设备占地面积（m²）	单套设备占地面积	泵房宽度	备注
1	杨凌自贸大厦	6×5×2 6×2×2.5	2.5	4.8	264	109	36.3	10.9	3套设备
2	天元港国际中心A区	6×5×2.5	2.5	5.3	80	32	16	3.9	2套设备
3	华鸿·红星美凯龙国际商业广场	9×5×3	3.0	5.4	250	112	28	10	4套设备
		7×5×3	3.0	5.4	90	26	26		1套设备
4	百集龙商业广场（A1地块）	4×3.5×3.5	3.5	6.6	58	30.5	15.25		2套设备
		4×3×3.5	3.5		60	33	16.5		2套设备
5	万正·尚都	6×3.5×3.5	3.5	7.2	128	85	28.33	4.8	3套设备
6	天津远洋国际中心	6×6×2.5	2.5	7.8	94	30	15	3.6	2套设备

续表

序号	工程名称	水箱尺寸 (m)	水箱高度	泵房层高 (m)	泵房占地面积 (m²)	设备占地面积 (m²)	单套设备占地面积	泵房宽度	备注
7	长春传奇鼎盛中心二期	4×8×3.5	3.5	5.85	138	86.3	14.4	5.5	6套设备
		10×8×3 4×6×2.5	3.0	4.5	312	130	18.6	6.9	7套设备
8	建发·大阅城（二期）	6×5×3	3.0	5.5	183	70.5	23.5	4.6	3套设备
		9×6×3	3.0	5.5	309	103	34.3	6.2	3套设备
		3×3×3	3.0	5.5	98	50	25	5.7	2套设备
		3×3×3，2座	3.0	5.5	103	38.5	38.5	5.2	1套设备
		9×6×3，2座	3.0	5.5	274	36.45	36.45	7.5	1套设备
9	东南国际航运中心总部大厦	5×3×2	2.0	4	70	60	30	5.5	2套设备
		5×5.5×3.5	3.5	6.5	150	60	30	7.8	2套设备
10	南宁恒大国际中心	2.5×1.5×3.2座	3.0	5.4		40			
		3.5×2×3.0	3.0	5.4	50	23	23	4	1套设备
		3.5×2×3.0	3.0	5.4	51	32	32	4.2	1套设备
		2×4×3.2	3.0	5.7	86				
		10×3×4	4.0	7.7	88	31.5	31.5	6.35	1套设备
		12×7×4.5	4.5	7.7	238	96	48	5.85	2套设备
		5.5×4×4.5	4.5	7.7	95	40	40	5	1套设备
		6×4×3.2	3.0	7.7	171	73	73	5.3	1套设备
		7×4×4 5.5×4×4 4×3×4	4.0	7.7	205	65	65	7.8	1套设备
		9×5×3		7.7	125	44	44	5.7	1套设备
11	漳州市歌剧院综合体	5×4×3.2	3.0	6.6	92	24	24	4.5	1套设备
12	北京第三代半导体材料及应用联合创新基地一期	7×3×3	3.0	5.5	60	20	20	4.05	1套设备
		7×5×2	2.0	3.9	94	23	23	4.1	1套设备
13	重庆万州澳门街商业项目	4×4×3.52座	3.5	5.8	125	64	32	5.4	2套设备
		4×4×3	3.0	5.8	71.5	30	30	4.8	1套设备
14	赤峰旅游大厦	5.5×5×2.5 5.5×7×2.5	2.5	5	223	108	27	6.3	4套设备

综合体项目生活热水换热站设备占地面积统计表　　表6-14

序号	工程名称	机房层高 (m)	设备数量 （台）	机房占地面积 (m²)	宽度	对应2台布置面积	备注
1	重庆万州澳门街商业项目	7.15	2×1400	40	4.8	40	1区
2	南宁恒大	4.8	3×1400	60	6.9	40	1区
		5.1	3×1400	83		55.3	1区
		5.65	4×1200	95	7.05	47.5	2区

续表

序号	工程名称	机房层高（m）	设备数量（台）	机房占地面积（m²）	宽度	对应2台布置面积	备注
2	南宁恒大	6.2	2×1200	45	4.65	45	1区
		5.4	2×1200	50	5.65	50	1区
			8×1200	95	6.4	23.75	2区
3	杨凌自贸大厦	4.8	4×1600	77	5.7	38.5	2区
4	万正·尚都	7.2	6×1000	146	8.7	48.7	3区
5	赤峰旅游大厦	3.9	12×1600	175	6.4	29.17	3区
6	顺义金宝	4.2	6	123		41	2区
7	北京七星摩根广场B座	5.4	12	300		50	
8	长春传奇鼎盛中心二期	6.7	2×1400+7×1200+2×900	271		49.3	4区
9	鲁能山海天酒店三期	4.9	2×1600+2×1100+4×800+6×1000	245	6.8/11.25	35	4区
10	建发·大阅城（二期）		2×1400	51	6.2	51	1区
			2×2000	61	6.2	61	1区
			2×1000	35.2	4.35	35.2	1区
11	冰雪主题酒店	6	6×1800+3×1600	265	5.1	58.9	2区

收集我院近年来设计的部分综合体及其他典型项目集消防水池及消防泵房的基础资料，统计泵房层高、宽度、设备数量、水池面积及泵房占地面积等参数，见表6-15。

消防泵房水池、设备和占地面积统计表　　　　　　表 6-15

序号	工程名称	水池容积（m³）	有效水深	泵房层高（m）	水泵数量（台）	设备占地面积（m²）	2台泵占地面积（m²）	泵房宽度
1	海口行政中心B区	216.0	3.65	5.8	4	74	37	7.15
2	北京经开·数码科技园一期工程办公	442	1.7	4.8	4	120	40	6.15
3	仙鹤湖文化馆	462	2.4	4.3	5	128	51.2	8.1
4	京藏交流中心	468	2.3	5.72	4	95	47.5	7.2
5	金融街F10金成大厦	456	3.0	3.7	4	90	36	6.05
6	万正·尚都	576	2.65	7.2	4	105	52.5	8.9
7	奥林匹克公园瞭望塔	576	3.45	5.2	10	200	40	7.3
8	北京电影学院怀柔校区	576	2.6		9	229	50.9	10.3
9	建发·大阅城（二期）	576	2.0	5.6	4	124	49.6	6.85
10	冰雪主题酒店	576+84	3.25	6.35	4	115	46	9.2
11	北京商务中心区（CB核心区D）Z1a地块项目	580	6.15	8.35	6	110	36.7	8.7
12	天津远洋国际中心	641	4.5	7.8	8	146	36.5	9.2
13	东南国际航运中心总部大厦	648	1.9	5	8	212	53	8
14	东营蓝海御华大饭店	648	2.25	4.5	6	148	37	9.6
15	青海省电视台	650	4.7	7.42	11	146	26.55	4.9

序号	工程名称	水池容积（m³）	有效水深	泵房层高（m）	水泵数量（台）	设备占地面积（m²）	2台泵占地面积（m²）	泵房宽度
16	北京市通州区运河核心区Ⅷ-05地块F3其他类多功能用地项目	652	1.6	3.6	4	54	27	5.45
17	北京经开·数码科技园二期工程	656	1.95	3.9	4	97.6	32.5	5.9
18	兴安盟图书馆、兴安盟科技馆	666	3.65	6.1	8	92.5	23.125	8.8
19	百集龙商业广场（A1地块）	684	3.0	6.6	9	97	21.56	6.3
20	金宝花园北区商业金融建设项目-8号	684	1.65	4.15	6	139	46.33	9.8
21	华鸿·红星美凯龙国际商业广场	740	2.85	5.4	4	112	44.8	11.8
22	德州新城综合楼	864		6	4	120	48	6.8
23	海南国际会展中心	893	2.9	5.6	13	195	27.86	7.5
24	漳州市歌剧院综合体	900	4.2	7	11	205	37.27	8.85
25	长春传奇鼎盛中心二期	900	2.95	5.7	9	190	38	8.3
26	重庆万州澳门街商业项目	1008	2.65	5.7	8	222	49.33	7.3
27	鲁能山海天公寓二期	1008	5	9	6	156	34.67	8.2
28	鲁能山海天酒店三期	948	2.37	4.9	6	127.5	29.12	7
29	北京经开·数码科技园二期	656	1.95	3.9	4	111.68/98.52	32.89	5.9
30	北京经开·数码科技园一期（办公）	442	1.7	4.8	4	152.52/131	32.6	6.15
31	中期总部大楼	580	6.15	8.85/5.1	6	207.8	17.6	弧形
32	北京数字电视产业园配套服务中心建设项目一期	1044	2.3	5	6	175.2	41.16	8.4
			3.15	4.1				

6.3 电气专业

6.3.1 商业综合体

某商业金融用地项目，总建筑面积38.4万 m²。由两个地块组成，01地块和02地块。地下共3层，其中地下1～3层两个地块是连通的，地下2、3层为汽车库、设备用房，地下1层为商业区，地下1层夹层为自行车库、设备机房。

02地块地下2、3层局部为人防设施。

01地块总建筑面积139127m²，地下3层，地下2、3层为汽车库，地下1层为商业步行街。地上由4栋楼组成，14层，1～3层为商业，3～14层为办公，其中1号楼为自用写字楼，2 号楼为出租写字楼，3 号楼为整售写字楼，4 号楼为还建写字楼。

02 地块总建筑面积 240873m²，地上部分共有五座高楼组成。其中 5 号楼 24 层，为五星级酒店；6 号楼 15 层，1～2 层及连通的 12～14 号楼（两层高）为底商，功能为小型商铺，3 层以上均为办公；7 号楼共 31 层，功能为公寓办公；8、9 号楼 31 层高，一层为底商，二层以上均为公寓办公，建筑高度 108.2m。

01 地块变配电室设置：1 个总变配电室，3 个分变配电室。

01 总变配电室：由上级 110kV 站引来两路 10kV 高压电源经高压分界室至 01 总变配电室高压进线柜，16 路高压配出，进线设计量。

右侧地下商业设 2×1000kVA，户内型干式变压器，负荷率为：76%、75%。

1～3 层商业设 2×1600kVA，户内型干式变压器，负荷率为：74%、75%。

1～3 号楼冷机设 2×800kVA，户内型干式变压器，负荷率为：70%、70%。

01 总变配电室共设 6 台变压器。

01-1 号分变配电室：3 号楼设 2×800kVA，户内型干式变压器，负荷率为：71%、71%；左侧地下商业设 2×1600kVA，户内型干式变压器，负荷 76%、75%。

01-2 号分变配电室：1 号楼设 2×630kVA，户内型干式变压器，负荷率为：71%、73%。

2 号楼设 2×800kVA，户内型干式变压器，负荷率为：71%、71%。

01-3 号分变配电室：4 号楼设 2×1250kVA，户内型干式变压器，负荷率为：75%、77%。

02 地块变配电室设置：1 个总变配电室，2 个分变配电室，1 个独立变配电室。

02 总变配电室：由上级 110kV 站引来两路 10kV 高压电源经高压分界室至 02 总变配电室高压进线柜，10 路高压配出，进线设计量。

7～9 号楼及相关地下设 4×1250kVA，户内型干式变压器，负荷率为：71%、71%。

02-1 号变配电室：6 号及商业设 4×1250kVA，户内型干式变压器，负荷率为：71%、71%。

02-2 号变配电室：地下及商业设 2×1600kVA，户内型干式变压器，负荷率为：71%、71%。

5 号楼变配电室：两路 10KV 高压电源经高压分界室至变配电室高压进线柜，4 路高压配出，进线设计量。

设 2×1250+2×1000kVA，负荷率为：63%，61%，76%，78%。

该项目变压器总装机容量 34660kVA，负荷指标 90.3VA/m²。变配电室配置表见表 6-16。

变配电室配置表 表 6-16

地块	变配电室	业态	经营模式	管理模式	计量方式	变电站设置
01	01 总变配电室	左侧地下商业	出售	物业管理	物业计量	2×1000kVA
		1～3 层商业	出租	物业管理	物业计量	4×1600kVA
		1～3 号楼冷机	散售	物业管理	物业计量	2×800kVA
	01-1 号分变配电室	3 号楼	整售	自营或物业管理	物业计量	2×800kVA

地块	变配电室	业态	经营模式	管理模式	计量方式	变电站设置
01	01-2 号分变配电室	1 号楼	出租	物业管理	物业计量	2×630kVA
		2 号楼	出售	物业管理	物业计量	2×800kVA
	01-3 号分变配电室	4 号楼	还建	物业管理	物业计量	2×1250kVA
02	02 总变配电室	7~9 号楼及相关地下室	自持或出售	物业管理		4×1250kVA,
	02-1 号变配电室	6 号及商业	自持	物业管理	物业计量	4×1250kVA
	02-2 号变配电室	地下及商业	自持	物业管理	物业计量	2×1600kVA
	5 号楼变配电室	5 号酒店	自持	物业管理	电业计量	2×1250+2×1000kVA

6.3.2 城市综合体

下面以某一城市综合体项目为例说明不同功能及分区下变压器的配置情况。本项目位于银川市,是集购物、娱乐、餐饮、办公、展览、酒店、公寓及住宅于一体的大型城市综合体项目,分两期建设,现已建成投入使用。

一期总建筑面积 31.3 万 m²,地上包括有一个大型百货、一个中型百货、一个综合影院、一个冰场,部分零售商业在内的 6 层裙房,一栋 25 层的写字楼,一栋 19 层的五星级酒店(凯悦)及酒店式公寓,共计 23.8 万 m²;地下 2 层,包括地下车库、设备机房,其中地下一层有一大型超市,部分零售商业共计 7.5 万 m²,二期总建筑面积 48.1 万 m²,地面以上部分是由 12 座单体建筑组成的建筑集群,包括一栋 5 层的多层建筑,1、2 层商铺,3~5 层屋面为半开敞的停车楼;一栋 27 层包含有商铺、办公、酒店多功能的高层建筑;三栋为含底部 3 层商铺,上部 32 层公寓的高层建筑;三栋为含底部 3 层商铺,上部 32 层住宅的高层建筑;三栋 3 层的商业网点及商铺,一栋 4 层的建筑(图 6-1)。

图 6-1 某城市综合体效果图

从表 6-17、表 6-18 可以看出，最终的实施方案与原设计存在较大差距，因为在项目的建设过程中，开发商根据销售布局及客户要求不断进行调整以满足各方的用电指标及计费、管理需求，但也引起包括建筑、结构及机电各专业不小的修改工作量。

一期变压器配置表（设计） 表 6-17

变配电室编号	供电范围	变压器安装容量（kVA）
1 号变配电室	一期北区商业	4×1600
2 号变配电室	中区商业、办公塔楼	2×1250＋2×2000
3 号变配电室	百货	2×2000
4 号变配电室	一期南区商业	4×2000
5 号变配电室	酒店	2×1250

注：一期设计总装机容量 27400kVA。

一期变压器配置表（实施） 表 6-18

变配电室编号	供电范围	变压器安装容量（kVA）
1 号变配电室	一期北区商业（F1～F6）	4×1600
2 号变配电室	办公塔楼（F1，F7～F26）	2×1000
3 号变配电室	王府井百货（F1～F3）	2×1250＋2×1600
4 号变配电室	一期南区商业（B1，B2，F3～F6）	2×1000
5 号变配电室	凯悦酒店	2×1250（上部公寓部分由二期住宅变压器供电）
6 号变配电室	新华百货及超市 综合影院及冰场	2×630 2×630

注：一期实施装机容量 19120kVA。

在汲取了一期的经验教训后，设计师与业主、供电部门均加强配合沟通，及时调整思路，使得二期的设计更加切合实际需求（表 6-19）。

二期变压器配置 表 6-19

变配电室编号	供电范围	变压器安装容量
1 号变配电室	动力中心	2×1600kVA 3×1374kW（高压制冷机）
2 号变配电室	二期北区地下车库	2×630kVA
3 号变配电室	二期北区地下车库及展览楼	2×1600kVA
4 号变配电室	三栋高层住宅	2×800kVA
5 号变配电室	二期商业	2×2000kVA
6 号变配电室	办公、酒店	2×1250kVA
7 号变配电室	一栋高层公寓	2×800kVA
8 号变配电室	一栋高层公寓	2×800kVA
9 号变配电室	一栋高层公寓	2×800kVA
10 号变配电室	裙房商业	4×1250kVA

第7章　城市综合体机电设计指南

7.1　暖通空调专业

7.1.1　能源利用

根据项目所在地区能源供应情况及价格等因素，利用能源。

7.1.1.1　能源形式与价格

常见的使用能源主要为天然气和电力。需要根据当地的能源供应状况、能源政策、天然气及电力价格的不同，优先考虑使用有优势的能源形式。

7.1.1.2　能源利用方式

天然气利用：作为能源可用于燃气直燃机和燃气锅炉。

电力利用：作为能源用于电制冷机。主要有常规水冷式电制冷机、冰蓄冷、风冷热泵、土壤源热泵、水源热泵。

7.1.1.3　能源形式的选用

根据地域特点及有关政策，选择适应的能源。

7.1.2　冷热源形式的分析与选择

7.1.2.1　有市政热源可利用

市政热源＋常规电制冷：初投资低，运行费用相对较高。

市政热源＋冰蓄冷系统：初投资高，运行费用较低。

市政热源＋风冷热泵系统：初投资较高，运行费用高。

7.1.2.2　采用天然气资源

燃气直燃机：冬夏季均采用燃气直燃机供冷供热。因燃气直燃机本身价格较高，初投资较高，运行费用受燃气价格的影响。

燃气锅炉：采用燃气锅炉提供冬季空调供热。设备初投资较高，运行费用较低，使用灵活，满足提前供热及延后停热的需求。

7.1.2.3　采用电力资源

土壤源热泵：冬夏季均采用土壤源热泵系统供冷供热。系统较复杂，需考虑地热平衡。地埋管占地面积大，系统造价高，运行费用较低。

水源热泵：冬夏季均采用水源热泵系统供冷供热。系统对水源的水质要求比较高，水质处理复杂。回灌要求高，运行费用低。

7.1.2.4　各种冷热源系统初投资及运行费用比较

以北京同等规模综合体项目为例见表 7-1。

北京同等规模综合体项目举例　　　　　　　　　　　表 7-1

系统形式	初投资	运行费用	适用区域
市政热源＋常规电制冷	★	★★★	办公、商业、酒店
市政热源＋冰蓄冷	★★	★★	办公、商业、酒店
市政热源＋风冷热泵	★★	★★★★	影院、公寓
燃气锅炉＋常规电制冷	★★	★★	办公、商业、酒店
燃气锅炉＋冰蓄冷	★★★	★	办公、商业、酒店
燃气锅炉＋风冷热泵	★★★	★★★★	影院、公寓
燃气直燃机	★★★★	★★	办公、商业、酒店
土壤源热泵	★★★★★	★	办公
（地下）水源热泵	★★★	★	办公、商业、酒店

7.1.2.5　冷热源建议选用原则

冷热源方案选择，应结合项目规模、用途以及建设地点的自然条件、能源状况、价格、节能减排和环保等的相关规定等，综合比较。

（1）首选可利用的废热。经技术经济论证合理，采用吸收式冷水机组供冷。

（2）有条件时冷热源宜利用浅层地能、太阳能、风能等可再生能源。

（3）有区域热网的地区，供热热源宜优先采用区域热网。

（4）电网夏季供电充足时，冷源宜采用电制冷方式。

（5）燃气供应充足，采用燃气锅炉供热或吸收式冷（温）水机组供冷供热。

（6）在峰谷电价差较大的地区，采用蓄能系统供冷。

（7）夏热冬冷地区及干旱缺水地区中小型建筑，采用空气源热泵或土壤源热泵系统供冷供热。

（8）有天然地表水或者浅层地下等资源可利用且能保证 100% 回灌时，可采用地表水或地下水源或土壤源热泵系统供冷供热。

7.1.3　不同功能分区空调系统形式的比较和选择

7.1.3.1　空调系统的形式

（1）典型空调系统的形式比较和适用性：根据建筑功能，分别以全空气一次回风系统；风机盘管加新风系统、多联机系统、单风道变风量空调系统，作为典型空调系统形式，比较其特性和适用性（表 7-2）。

典型空调系统的比较　　　　　　　　　　　表 7-2

项目	全空气风系统	风机盘管加新风系统	多联机系统	单风道变风量空调系统
优点	（1）设备简单，节省初投资。 （2）可以严格地控制室内温度和相对湿度。 （3）可以充分	（1）布置灵活，可以和集中处理的新风系统联合使用，也可单独使用。 （2）各空调房间互不干扰，可以独立	（1）设备少，管路简单，节省建筑面积与空间；VRV 系统采用风冷方式并将制冷剂直接送入室内机，可以降低楼层高度，节省安装空间；室外机安装在室外或屋顶，不占用制冷机房。	（1）由于风量随负荷的变化而变化，因而节省风机能耗，运行经济。 （2）可充分利用同一时刻建筑物各朝向负荷参差不齐的特点，减少系统负荷总量，使初

项目	全空气风系统	风机盘管加新风系统	多联机系统	单风道变风量空调系统
优点	进行通风换气，室内卫生条件好。 （4）空气处理设备集中设置在机房内，维修管理方便。 （5）可以实现多工况节能运行调节，经济使用寿命长。 （6）可以有效地采取消声和隔振措施	调节室温并可随时根据需要开、停机组，节省运行费用，灵活性大，节能效果好。 （3）与集中式空调相比，不需回风管道，节省建筑空间。 （4）机组部件多为装配式、定型化、规格化程度高，便于用户选择和安装，只需要新风空调，机房面积小。 （5）使用季节较长。 （6）各房间之间不会相互污染	（2）布置灵活，设计者可以根据建筑物的用途、不同的负荷、装饰风格等来灵活地选择室内机。 （3）具有显著的节能效益，完全可以满足不同季节、不同负荷时，对系统能量调节的要求；室内机可单独控制，不同房间可以设定不同的温度，既提高了舒适水平，又避免了集中控制造成的无效能源浪费；将制冷剂送入室内机，直接冷却室内空气，无二次换热，提高了能源利用率。 （4）运行管理方便，维修简单，VRV系统具有多种控制方式，系统具有故障自动诊断功能，可以自动显示出故障的类型和部位，以便迅速而简单地进行维修，因而不需要专门管理人员，又提高了检修效率	投资和运行费用可减少。 （3）同一系统可以实现负荷不同、温度要求不同的单个房间的温度自动控制。 （4）适合于建筑物的改建和扩建，只要在系统设备容量范围之内，不需对系统进行太大变动，甚至只需重调设定值即可。 （5）系统风量平衡方便，当某几个房间无人时，可以完全停止对该处的送风，既节省了冷量或热量，而又不破坏系统的平衡，即不影响其他房间的送风量
缺点	（1）机房面积大，风道断面大，占用建筑空间多。 （2）风管系统复杂，布置困难。 （3）一个系统供给多个房间，当各房间负荷变化不一致时，无法进行精确调节。 （4）空调房间之间有风管连通，使各房间互相污染。 （5）设备与风管的安装工作量大，周期长	（1）对机组制作质量要求高，否则维修工作量很大。 （2）机组剩余压头小，室内气流分布受限制。 （3）分散布置，敷设各种管线较复杂，维修管理不方便。 （4）无法实现全年多工况节能运行调节。 （5）水系统复杂，易漏水。 （6）过滤性能差。 （7）集水盘卫生条件差，易堵塞。 （8）冷凝水管的设计布置不当造成凝水排不出去	（1）VRV系统的初投资较大，比一般集中式中央空调装置约贵30%。 （2）由于VRV系统室内外机连接管较长，接头多，存在制冷剂泄漏的危险，因而对管道安装有 （3）较高的要求。 （4）集水盘卫生条件差，易堵塞。 （5）冷凝水管的设计布置不当造成凝水排不出去	（1）室内相对湿度控制质量稍差。 （2）变风量末端装置价格高，设备初投资较高。 （3）风量减小时，会影响室内气流分布，新风量减小时，还会影响室内空气品质。 （4）VAV末端机组会有一定噪声，主要是在全负荷时产生较大噪声，因此宜适当取比实际需要稍大一些的VAV末端机组；或使VAV末端机组负担的区域小一些，这样可以选用较小型号的VAV末端机组，它的噪声水平相对低一些。 （5）控制比较复杂，它包括房间温度控制、送风量控制、新风量和排风量控制、送回风量匹配控制和送风温度控制，这些控制互相影响，有时产生控制不稳定
适用性	（1）公建内如大堂、商场、宴会厅、展厅、候车（机）厅等独立大空间场所。 （2）室内散湿量较大的房间	（1）适用于旅馆、公寓、医院、办公楼等高层多室的建筑物。 （2）需要增设空调的小面积、多房间的建筑。 （3）室温需要进行个别调节的场所	（1）适用于多居室的家庭或别墅以及办公楼、旅馆和其他类型建筑物，在建筑物较大时，可分层按机组容量进行设计。 （2）适用于舒适性要求较高或室温需要进行个别调节的场所。 （3）适用于同时需要供冷与供热的建筑物，例如，冬季有大量内区热量可回收的建筑，可采用热回收型VRV系统	（1）新建的智能化办公大楼或高等级商业场所。 （2）大型建筑物的内区。 （3）室内温湿度允许波动范围较大的房间，不适合恒温恒湿空调。 （4）多房间负荷变化范围不太大，一般50%~100%。 （5）VAV末端到风口大多用软管连接，便于建筑物二次装修的施工，因此系统适合需要进行新的分割和改造的房间

（2）不同功能分区空调系统形式

1）商业：大空间采用全空气系统。商铺、餐厅等小房间可采用风机盘管加新风系统。出租商业，采用风机盘管加新风的集中空调系统系统，或采用独立冷源的多联机加新风换气系统。超市、电影院多数由第三方品牌独立运营，且影院运营时间为 24h，可采用独立冷源系统，如风冷热泵、直膨式空调系统。

2）高级写字楼：大堂采用单风机全空气空调系统。开敞办公、会议：两管制风机盘管加新风系统；内区采用分区两管制风盘，外区采用四管制风盘；内、外区分别采用全空气空调系统；内区采用全空气空调系统，外区采用四管制风盘系统；单风道变风量全空气空调系统；内区采用变风量全空气系统加外区散热器系统；内区采用变风量全空气系统加外区四管风机盘管系统；内区采用变风量全空气系统加外区 VAV 再热系统；采用多联机系统加新风换气系统。

3）酒店：客房采用风机盘管加新排风热回收系统；热回收采用显热回收。公共用房：大堂采用单风机全空气空调系统。宴会厅、多功能厅等采用双风机空调系统。健身房、游泳馆根据层高、功能和使用时间不同，采用全空气或风机盘管加新排风系统；泳池或采用泳池专用热泵机组，保证全年运行。

4）公寓：酒店式公寓采用风机盘管加新排风热回收系统。商务公寓作为住宅或办公使用，采用户式中央空调加新风换气机系统。

7.1.3.2　空调水系统形式

1. 空调水系统的基本形式和选择原则

（1）空调水系统的基本形式：包括开式、闭式；同程、异程；水平、竖向；两管制、四管制、分区两管制；定流量、变流量；一级泵、二级泵、多级泵。详见表 7-3。

水系统的类型及其优缺点　　　　　　　　　表 7-3

类型	特点	优点	缺点
开式	管路系统与大气相通	与水蓄冷系统的链接相对简单	系统中的溶解氧多，管网设备易腐蚀，需要增加克服静水压力的额外能耗，输送能耗高
闭式	管路系统与大气不相通或仅在膨胀水箱处局部与大气接触	氧腐蚀的几率小；不需要克服静水压力，水泵扬程低，输送能耗少	与水蓄冷系统的链接相对复杂
同程式	供水和回水管中的水流向相同，流经每个环路的管路长度相等	水量分配比较均匀；便于水力平衡	需设回程管道，管路长度增加，压力损失相应增大；初投资高
异程式	供水和回水管中的水流向相反，流经每个环路的管路长度不等	不需设回程管道，不增加管道长度；初投资相对较低	当系统较大时，水力平衡较困难，应用平衡阀时，不存在此缺点
两管制	供冷和供热合用同一管网系统，随季节的变化进行转换	管网系统简单，占用空间少；初投资低	无法同时满足供冷与供热要求
四管制	供冷与供热分别设置两套管网系统，可以同时进行供冷或供热	能满足同时供冷供热的要求；没有混合损失	系统管路复杂，占用建筑空间多；初投资高
分区两管制	分别设置冷、热源并同时进行供冷与用热运行，但输送管路为两管制，冷、热分别输送	能同时对不同区域（如内区和外区）进行供冷和供热；管路系统简单，初投资和运行费省	需要同时分区配置冷源与热源

续表

类型	特点	优点	缺点
定流量	冷（热）水的流量保持恒定，通过改变供水温度来适应负荷变化	系统简单，操作方便；不需要复杂的控制系统	配管设计时，不能考虑同时使用系数；输送能耗始终处于额定的最大值，不利于节能
变流量	冷（热）水的供水温度保持恒定，通过改变循环水量来适应负荷的变化	输送能耗随负荷的减少而降低；可以考虑同时使用系数，使管道尺寸、水泵容量和能耗都减少	系统相对要复杂些；必须配备自控装置；一级泵时若控制不当有可能产生蒸发器结冰事故
一级泵	冷、热源侧与负荷侧合用同一套循环水泵	系统简单、初投资低；运行安全可靠，不存在蒸发器结冰的危险	不能适应各区压力损失悬殊的情况；在绝大部分运行时间内，系统处于大流量、小温差的状态，不利于节约水泵的能耗
二级泵	冷、热源侧与负荷侧分成两个环路，冷源侧配置定流量循环水泵即一次泵，负荷侧配置变流量循环水泵即二次泵	能适应各区压力损失悬殊的情况，水泵扬程有把握可能降低；能根据负荷侧的需求调节流量；由于流过蒸发器的流量不变，能防止蒸发器结冰事故，确保冷水机组出水温度稳定，能节约一部分水泵能耗	总装机功率大于单式泵系统；自控复杂，初投资高；易引起控制失调的问题

（2）空调水系统的选择原则：根据建筑规模、管理使用模式不同，进行合理设计。

1）除特殊水系统（例如开式水蓄冷）外，应采用闭式循环水系统，减少水泵能耗。

2）同程异程选择原则：

① 建筑标准层水系统管路，当末端设备＋其支路阻力相差不大时，建议用同程式水系统；

② 垂直各层如果负荷接近，也用垂直同程系统；

③ 当末端设备＋其支路阻力≥用户侧阻力60%，建议用异程式水系统；

④ 垂直各层如果负荷相差较大，也用垂直异程式系统；

⑤ 只要求按季节进行供冷和供热转换的空调系统，应采用两管制水系统。

3）当建筑物内有些空调区需全年供冷，有些空调区需冷、热定期交替供应时，宜采用分区两管制水系统。

4）全年运行过程中，供冷和供热工况频繁交替转换或需同时供冷供热时，宜采用四管制水系统。

5）冷水供回水温差要求一致且各区域管路压力损失相差不大的中小型工程，宜采用变流量一级泵系统。冷水机组定流量、用户侧变流量的边流量一级泵空调水系统一般适用于最远环路总长度在500m之内的中小型工程。冷水机组变流量，用户侧变流量的变流量一级泵空调水系统随着空调负荷的减小，冷水机组水流量相应减小，尤其是单台冷水机组所需要流量较大或水系统阻力较大时，冷水机组变流量运行，水泵可节省较大的能耗，设计时应重点考虑冷水机组允许的变水量范围和允许的水量变化率。

6）空调水系统作用半径较大，水流阻力较高或各环路负荷特性或压力损失相差悬殊时，应采用变流量二级泵空调水系统。

（3）空调水系统的划分原则：满足空调系统的要求；运行过程的节能及调节便利性；降低系统投资；按需求划分空调水系统环路。其划分原则如下：

1）满足空调系统的要求；

2）有利于空调系统运行过程的节能及调节便利性；

3）降低系统投资；

4）在划分空调水系统环路时，一般从以下几个方面考虑：

① 空调区域内负荷分布特性，负荷相差较大的空调区域宜划分为不同的环路，便于分别调节和控制。例如，建筑物不同的朝向可以划归为不同的环路；建筑物内区和外区划归为不同的环路；室内或区域热湿比相差较大的可以划归为不同的环路；

② 考虑建筑物或房间、区域的使用功能，使用功能、使用时间相同或相近的空调区域可以划归为同一环路。例如，按房间功能、用途、性质，将基本相同的划为一个水系统环路；按使用时间，将使用时间相同或相近的区域划归为一个环路；

③ 考虑建筑层数，根据设备、管路、附件等承压能力，按竖向划分为不同环路；

④ 水系统的分区应和空调风系统的划分相结合；在设计中同时考虑空调风系统与水系统才能获得合理的方案。

2. 管路设计

（1）主要设备、管道和配件的承压能力

1）空调设备承压

① 空调机组盘管和风机盘管的承压不超过 1.6MPa；

② 标准型冷水机组的蒸发器和冷凝器的工作压力最大承压不超过 2.0MPa；

③ 水泵、板式换热器的最大承压不超过 2.5MPa。

2）管道承压

① 管材公称压力为：低压管道≤2.5MPa，中压管道为 4.0～6.4MPa；

② 阀门公称压力为：低压阀门为 1.6MPa，中压阀门为 2.5～6.4MPa；

③ 薄壁不锈钢管的最大承压不超过 1.6MPa；

④ 钢塑复合管、铜管的最大承压不超过 2.5MPa；

⑤ 焊接钢管的承压不超过 3.0MPa；

⑥ 其余各种钢制管材承压都超过 5.0MPa。

3）管道连接

① 螺纹连接最大承压不超过 1.6MPa；卡压、卡套连接最大承压不超过 1.6MPa；

② 沟槽连接采用螺纹式机械三通时其最大承压为 1.6MPa，不采用螺纹式三通时其最大承压为 2.5MPa；

③ 螺纹法兰最大承压为 1.6MPa，普通焊接法兰连接最大承压为 2.5MPa，特殊工艺的法兰可以达到 4.0MPa 甚至更高；焊接连接承压可以达到管道本身的承压要求。

（2）减少设备承压能力的布置方式

在高层建筑中，为了减少设备及配件的承压，冷热源设备通常有以下几种布置方式：

1）冷、热源布置在裙房的顶层；塔楼中间技术设备层（或避难层）；顶层。该方式必须满足相关防火规范规定，必须充分考虑和妥善解决设备的隔振、噪声、安装及更换。

2）冷、热源设备均在地下室，但高层区和低层区分为两个系统，低层区用普通型设备，高层区用加强型设备。

3）在中间技术设备层内，布置水-水式热交换器，使静水压力分段承受。

4）当高层区上部超过设备承压能力的部分且负荷量不大时，上部各层可以独立处理，如采用自带冷热的空调器、热泵等，以减小整个水系统所承压的压力。

5）将循环水泵布置在蒸发器或冷凝器的出水端，该方式需校核水泵吸入口不可为负压。

6）用二级泵系统。由于系统总的压力损失分别由一级、二级承担，水泵运行时，减小冷水泵出口处的承压值，可有效降低系统承压。

3. 不同功能分区空调水系统形式

（1）商业：采用两管制或分区两管制水系统。新风空调机组为冷热水系统，外区风机盘管为冷热水系统，内区风机盘管为冷水系统。

（2）高级写字楼：空调水系统需根据空调系统形式确定。新风空调机组为两管制水系统，有同时供冷热需求的末端风机盘管采用四管制水系统。

（3）酒店：根据酒店级别及酒店管理公司要求，空调机组采用两管制或四管制空调水系统，风机盘管采用两管制或四管制水系统（表7-4）。

不同空调形式的水系统形式　　　　　　　　　　表7-4

编号	空调系统形式	内区空调水系统	外区空调水系统
1	两管制风机盘管	—	冷热水两管制
2	内区两管制风盘 外区四管制风盘	冷水两管制	冷热水四管制
3	内外区分别定风量全空气空调系统		冷热水两管制
4	内区定风量全空气空调系统 外区四管制风盘系统		冷热水四管制
5	内区变风量全空气系统 外区散热器系统	热水两管冷制	—
6	内区变风量全空气系统 外区四管风机盘管系统		冷热水四管制
7	内区变风量全空气系统 外区VAV再热系统		热水两管制

超高层写字楼空调水系统应根据设备、管道及附件的承压能力确定，将每个分区的最大工作压力控制在所要求的范围内。

7.1.4 根据不同的功能分区，供暖系统的形式做出比较及选择

7.1.4.1 典型供暖系统的形式

常用供暖方式有：散热器供暖、低温地板辐射供暖、空调供暖方式。

（1）一般设计规定

1）寒冷地区，室内温度有要求的区域，设置供暖设施。

2）热水供暖应优先采用闭式机械循环系统。

3）环路的划分应便于水力平衡，系统不宜过大。

4）系统应按设备、管道所承受的工作压力和水力平衡要求进行设置。

5）当散热器系统与空调水系统在同一系统时，应分别设置环路。

6）散热器供暖系统选用 75℃/50℃ 水温进行设计。

7）地板辐射供暖系统供水温度宜采用 35～45℃；供回水温差不宜大于 10℃，且不宜小于 5℃。

（2）供暖系统设计

1）散热器热水供暖系统设计。

2）低温热水辐射供暖。

3）空调供暖。

7.1.4.2　不同功能分区供暖系统形式

不同功能分区供暖方式：

1）商业：商业主要采用空调供暖；中庭设置地板辐射供暖系统；设备房设置散热器值班供暖（需要时）；出租商业，采用散热器供暖方式。

2）高级写字楼：散热器供暖为主，辅助地板辐射供暖系统。

3）酒店通常为空调供暖。当为快捷酒店，设散热器或地板辐射供暖。

4）公寓：采用燃气壁挂炉采暖系统，户内可采用散热器和地板辐射供暖。

7.1.5　冷热水输送温差技术

7.1.5.1　空调冷水输送温差

（1）常规输送温差：空调冷冻水的供水温度为 7℃，回水温度为 12℃，供回水温差为 5℃。

（2）冷冻水大温差输送技术：大温差技术在城市综合体中的应用普遍。目前已建项目选用的冷冻水供水温度为 5～6℃，回水温度为 12～13℃，供回水温差为 6～8℃。大温差对输配系统能耗、冷水机组性能、末端设备性能，均有影响。

7.1.5.2　热水温差技术

（1）空调热水输送温差：用于严寒地区预热时，供水温度不宜低于 70℃。用于严寒和寒冷地区，供水温度宜采用 60℃，推荐供回水温差为 15℃；夏热冬冷地区供水温度宜采用 50℃，供回水温差不宜小于 10℃。

（2）供暖热水输送温差：对于散热器供暖水系统，通常为 75/50℃；热水地面辐射供暖系统供水温度宜采用 35～45℃ 或 40～50℃。

7.1.5.3　冷热水输送温差选取建议

（1）冷水输送温差选取建议

1）采用常规电制冷冷水机组时，选用 7/12℃ 或 6/12℃ 的供回水温度。

2）采用冰蓄冷系统时，冷水供回水温差为 6～8℃，供水温度为 5～6℃，回水温度为 12～13℃。

3）有二次冷水需求时，一次冷水供回水温差不应小于 5℃，供水温度不宜高于 6℃；空调系统的二次冷水供回水温差不应小于 5℃，供水温度不宜高于 7℃。

4）采用水蓄冷系统时，制冷机的出水温度不宜低于 4℃。适当加大供水温差可以减少蓄水池容量，通常可利用温差为 6～7℃，特殊情况利用温差可达到 8～10℃。

（2）热水输送温差选取建议

寒冷地区空调热水供回水温差建议选用 15℃；供暖系统热水温差建议选取 25℃。

7.1.6　空调冷热水输配系统的技术

7.1.6.1　一级泵系统

（1）冷水机组定流量、负荷侧变流量系统：一级水泵定速运行，用户侧二通调节阀调节流量，供回水总管之间的压差变化调节旁通水量的大小，保证通过冷水机组的水流量固定不变。

（2）冷水机组变流量、负荷侧变流量系统：冷水一次泵变流量，通过调节末端电动两通调节阀的开度改变末端水流量，最大限度地降低冷水循环泵的能耗。

7.1.6.2　二级（多级）泵系统

（1）二级泵系统（二级泵集中设置）：设有两级泵，一级泵为定流量，二级泵为变流量，一次循环回路与二次循环回路通过连通管连接。

（2）二级泵系统（二级泵分区设置）：二级泵系统，当系统所服务的各区域或各建筑物的水环路阻力相差较大时，可将上一种形式中的二次泵分散到各个区域或各栋建筑物内。

（3）三级（多级）泵系统：三级系统将冷水分隔为三个独立的回路：生产、输送和分配。从循环水泵设置看，三次泵系统属于分布式加压泵系统，是二级泵变流量系统的延伸。

7.1.6.3　输配系统建议选用原则

空调冷水一级泵系统、二级泵系统及三级（多级）泵流量适用于不同类别、规模及使用特点的工程。

7.1.7　与建筑配合，防排烟系统设计的方式

7.1.7.1　城市综合体防排烟系统的重要性

暖通防排烟系统设计除满足规范要求，还要根据每种建筑功能的特点进行设计，达到消防安全与实际需求的统一。

7.1.7.2　设计基本原则

城市综合体项目除遵守国家的防火规范外，按照各分区不同的使用功能，设置完善的防排烟措施。新的《建筑防排烟系统技术标准》GB 51251—2017 已于 2018 年 8 月正式发布，今后的工程项目，均需要按照新颁布的规范执行；其中的条款，与原有的规范有多处不同；目前处在新规范执行阶段，对其中一些条款的执行，大家正在工程设计中努力落实。

7.1.7.3　排烟系统的设置及计算

民用建筑应设排烟设施的部位，应特别关注。

（1）地下车库排烟：关注防火分区、防烟分区的设置要求；对应区域设置排烟及补风系统。

（2）商业排烟：关注商业步行街、中庭、回廊及其相连的商铺，这部分公共区域的排烟及补风要求。

（3）影院排烟：关注电影院需要设置机械排烟及机械补风的部位、排烟量及补风量的计算、补风口位置设置的要求。

（4）塔楼公寓、客房及其走道排烟：公寓酒店客房多数有外窗，可考虑自然排烟。特别关注，当外窗不可开启无自然排烟条件时，需设置机械排烟系统。

（5）塔楼办公及其走道排烟：有条件设置自然排烟的建筑，可优先考虑自然排烟。对于无法满足自然排烟条件时，按设置机械排烟系统，并对应设置机械补风系统。

（6）排烟补风系统的设置及计算。

7.1.7.4　防烟系统的设置及计算

7.1.7.5　气灭后排风系统

设置气体灭火系统的区域，应设置相应的灾后通风系统。风机开启装置应设置在防护区外。

7.1.7.6　防排烟设计要点

7.1.7.7　防排烟系统设备及部件

7.1.7.8　防排烟系统控制要求

相关要求：联锁要求；报警要求；控制要求；火灾切断与消防无关的设备电源的安全要求；楼梯间和合用前室压力控制要求；排烟补风机与排烟风机联锁开闭要求；机械排烟系统中联锁控制要求；加压送风系统联锁控制要求。

7.1.7.9　防火阀的设置

各种防火阀设置要求，包括 70℃、150℃、280℃ 不同温度熔断防火阀，设置位置的要求。

7.1.8　根据绿色建筑设计等级，确定本专业应采取的措施

7.1.8.1　国标《绿色建筑评价标准》GB/T 50378—2014 总则与基本规定

《绿色建筑评价标准》GB/T 50378—2014 将绿色建筑设计分为一星级、二星级、三星级。

当绿色建筑总得分分别达到 50 分、60 分、80 分时，绿色建筑等级分别为一星级、二星级、三星级。

7.1.8.2　根据绿色建筑设计等级，确定本专业应采取的措施

1）进行绿色建筑设计正式开始前，分阶段提出优化设计策略。

2）在绿色建筑设计前期阶段，了解建设方项目绿建的目标和要求。

3）在方案阶段，建筑专业与结构及机电各专业，共同推进绿色建筑。

4）在初步设计阶段，建筑专业需结合其他专业的技术要求。开始进行采暖、空调、照明等主动措施的绿色技术方案设计。

5）在施工图设计阶段，完善各项绿色建筑技术措施，编制各专业图样及技术说明，对照绿建标准评价条款审查，确保目标落实。

6）介绍对应不同的绿色建筑设计等级，暖通专业应采取的措施。

7.1.9　有酒店功能设计区，相关系统设置要满足酒店管理要求

在酒店建设期，管理公司在此期间的主要职责是向业主提供酒店品牌的建设标准。业主的主要职责是统筹酒店设计和建设工作，审阅设计图样，以酒管公司提供的标准把控酒店建设质量。

酒店中的相同功能区域，不同酒店管理公司执行各自的暖通设计标准，且设计标准部分高于行业标准。所以在设计过程中对比甲方下发的设计任务书与国标、地标，如有不同或难以实现的情况，需尽早向甲方反映并得到正式书面答复，以避免设计依据不齐。

7.1.10 根据总平面功能分区，对动力站设置的位置做出分析与选择

动力站主要功能是负担提供项目需要的集中冷热源。

（1）方案阶段需要确定动力站主机房位置

确定集中冷热源的方式及动力站冷热源机房的位置，以及关注冷却塔、锅炉房泄爆、烟囱的位置。

（2）初步设计阶段需要落实动力站主机房位置面积及布置

1）落实动力站冷热源主机房的位置及面积。包括：制冷机、锅炉等设备的运输通道；冷却塔、烟囱位置；泄爆位置及面积；

2）各设备用房、竖井等；

3）给结构提供：主要机房的荷载，核心筒、剪力墙较大开洞；

4）根据主要管线的布置路由，进行吊顶初综合。

（3）施工图阶段需要核定的设备机房及管井的准确尺寸

1）确定主要房间的设计参数，详细计算空调系统的负荷；

2）核对动力站冷热源主机房的位置、面积及设备的运输；核对冷却塔、烟囱等位置；

3）向结构提供相关资料，包括主要机房的荷载、核心筒、剪力墙较大开洞；

4）与水专业落实供热需求，与电气提供用电压力等级及电量；

5）做出吊顶详细综合；

6）暖通主要设备布置时应注意的内容。

（4）动力站设置位置的确定原则

1）依据：根据总图、建筑平面，确定动力站位置。

2）位置：确定制冷机房的位置，确定锅炉房的位置。

3）设在建筑物内时，要注意设备运行噪声对周边功能房间的影响。

4）面积：与集中冷热负源负担的建筑面积、冷热源的形式、设备配置等有关。动力站内制冷机房面积约为集中空调建筑面积的0.5%～1%；锅炉房面积约为集中供热面积的0.8%；热交换机房约为集中供热面积的0.3%～0.5%。

5）烟囱管径的确定。

6）关注制冷机冷却水与冷却塔连接的路由，锅炉与烟囱的路由。

7）制冷机房及锅炉房的高度要求，需根据规模确定，需要兼顾制冷机、锅炉设备的高度，通常梁下净高约为4.5～6m。

7.1.11 根据不同功能分区，对各空调通风机房位置的设置原则进行分析与选择

7.1.11.1 初步设计阶段需要落实的设备机房及主要管井

向建筑专业提各空调通风机房的位置及面积；明确外窗开启方式，确定防烟及排烟方式；给结构提机房的荷载、剪力墙较大开洞；机电专业之间用热用水用电需求；机房位置；管井位置；做吊顶初综合。

7.1.11.2　施工图阶段需要核定的设备机房及管井

机房重新核对；管井核对；做吊顶详细综合。

7.1.11.3　空调、通风机房设置位置的确定原则

（1）空调、新风机房

1）依据：确定设置的机房类型；

2）位置：按照防火分区设置系统及机房；

3）面积：空调机房面积，约占空调区域面积的 5%～10%；新风机房，约占空调区域面积的 3%～4%。

（2）通风机房

1）依据：确定需要设置的机房类型；

2）位置：按照防火分区设置系统及机房；

3）面积：各通风机房，占通风区域建筑面积的比例约为 2.5%。

（3）消防用防排烟机房

1）依据：根据消防系统的设置情况，确定需要设置的机房类型；

2）位置：按照防火分区设置系统及机房；相邻防火分区同类风机可共用机房，减少机房的占用面积。

（4）暖通设备布置时应注意内容

1）与建筑的配合：在便于系统接管的同时，减少设备运行噪声对周围房间及建筑功能的影响；

2）与结构的配合：有特殊设备及安装荷载，需要结构工程师的配合；

3）与水、电的配合：将保证设备正常运行的水电要求，提给水电工程师配合；

4）各系统管线综合：通过机电管线路由的综合，确保建筑吊顶高度满足设计要求。

7.2　给水排水专业

7.2.1　综合体供水及用水情况

7.2.1.1　供水系统

综合体业态复杂，在进行供水系统分析时应充分考虑不同业态用水特点、物业管理、分期建设的需求宜按照业态分为相对独立的子系统。各个子系统宜设置独立的进水管、地下生活水箱及高位水箱。同时冷却塔补水、消防水池补水等宜设置单独进水管。若物业考虑统一管理，可以考虑相同使用性质的区域集中供水，可减少设备数量及设备投资。

从调研的综合体项目分析，供水系统多为重力供水＋变频供水系统相结合的形式。

1）商业裙房层数不高，多采用市政直供＋变频泵组加压供水。

2）建筑高度 100m 以下建筑，加压供水部分多采用变频泵组加压供水，不同分区分别设置供水泵组；有条件在屋顶设置生活水箱的建筑，也可以高区部分采用重力水箱供水，局部压力不足楼层设置变频泵组供水。

3）建筑高度 100m 以上超高层，加压供水部分多为重力供水＋变频供水系统相结合的形式；结合避难层的位置，设置生活水箱或减压水箱，水箱重力供水分区不超过二个区，压力不足部分采用变频泵组加压供水。

相对于变频供水，重力水箱供水水压、水量相对恒定。在条件允许的情况下，适当扩大重力供水范围，可以降低整个系统的运行成本。常用给水系统优缺点见表 7-5。

常用给水系统优缺点一览表　　　　　　　　　　　　　　　　　表 7-5

	系统组成	优点	缺点
水箱重力供水	高低区分别设置生活水箱，各区重力供水	该供水方式为水泵分段提升，利用水箱减压、稳压供水；各分区均设有水箱，贮有一定的调节水量，供水安全可靠；各分区之间受干扰较小	一次性投资较高。水箱较多，容易受到二次污染。当人员不足时，水箱用水循环和更新周期较长，不利于水质安全卫生；水箱多，容积大，占用的设备机房面积大，也增加了建筑荷载；维护管理成本较高
重力+变频供水系统	在中区避难层设置生活水箱，低区采用水箱重力供水，高区采用变频直供	减少了中间和屋顶水箱、水泵，节省了建筑面积及降低了二次污染的机会；利用分区减压阀减压供水方式，从而减少管材，投资省。设备相对集中布置，便于维护管理；仅在中区设置一个储水箱，减少水的跑、冒、漏现象，同时减少了定期清洗水箱用水	采用减压阀供水，对减压阀的要求较高，因此要选用高质量的减压阀，以保证供水的安全性；设备层供水水泵产生噪声，布置应远离人员密集区，布置位置存在一定困难；当人员不足时，水箱用水循环和更新周期较长，不利于水质安全卫生
变频泵组直供	高、低区采用不同变频泵组分别直供	减少了中间和屋顶水箱、水泵，节省了避难层的建筑面积及降低了二次污染的机会；利用分区供水方式，设备相对集中布置，便于维护管理；储水箱数量少，减少水的跑、冒、漏现象，同时减少了定期清洗水箱用水	占用的设备机房面积大，管线较多；小流量高扬程变频供水，供水能耗较高；供水安全性、稳定性稍差

7.2.1.2　综合用水量指标分析

综合用水量指标见表 7-6。

综合用水量指标表　　　　　　　　　　　　　　　　　表 7-6

区域	总建筑面积（万 m²）	商业占比例	综合用水量指标（L/m²·d）
华南地区	10～30	>50	15～20
	>30	<30	10～15
		餐饮较多	15～20
其他地区	10～30		8～16
		无循环冷却水系统	5～8
	>30		6～10

注：总建筑面积与水量指标取值成反比。

7.2.2　热水系统水质安全技术

7.2.2.1　关注生活热水水质

影响热水水质发生变化的因素有很多，如：水温、有机物、余氯、电导率等。随着水温的升高，热水系统中 TOC、DOC、CODMn、UV254 这些表征有机物的指标含量都有所增加。水中的有机基质含量是管网细菌再生长的首要限制因子，通过有机物含量可以推测水中微生物再生长的能力。含有大量细菌和有机物的生活给水经热水系统加热后进入生活热水系统，在水温 30～40℃的管段内，细菌生长繁殖速率加快，微生物污染风险增大。同时，随着温度的升高，三卤甲烷含量增加，电导率增加，余氯降低，从而也降低了热水系统本身对微生物污染的抵御能力。

7.2.2.2　《生活热水水质标准》CJ/T 521—2018

《生活热水水质标准》CJ/T 521—2018 中规定了冷水经加热后明显发生变化且危害水质安全的各项水质指标（理化和微生物），为生活热水水质安全提供了有力依据。国家疾控部门可依据此标准对现有集中热水系统水质进行评判，从预防和治理两个方面管理监控集中热水系统水质，以保障用水者的用水安全。同时，根据相应的水质标准要求，针对不同建筑类型集中热水系统中的微生物的防治，采用相应的水质保障技术措施，如消毒、清洗等。

7.2.2.3　热水水质保障技术措施

（1）热水系统设计的温度保证措施

维持热水供水系统较高的温度，通常不低于 49℃，是控制军团菌的有效措施；分枝杆菌在温度大于 53℃时生长受到抑制，控制非结合分枝杆菌水温需高于 55℃。这也是热水系统设计的最核心部分。

（2）热源问题

为了保证最不利点的热水温度，水加热设备或换热设备出水温度必须足够高。对于采用换热器的热水系统，热媒温度必须足够高。热媒采用市政热力的热水系统，很多存在热媒供回水温度偏低的问题，导致热水供水温度也低于设计温度，特别是夏季，市政热网温度普遍较低，使系统存在卫生安全隐患。而目前应用越来越广泛的太阳能、热泵系统，同样存在水温偏低的问题。

（3）热水供应系统

为保证输配水管道水温，通常需要设计循环管道，热水系统循环是热水系统设计的难点所在。一般可通过采用管道同程布置确保系统循环的效果，但现实中由于建筑功能布局的不规则、用水区域功能的差异等，同程布置很难实现；另外同程布置使得管线长度增加，系统热损失增大。国外通常采用热水平衡阀、限流阀等阀门，一方面实现热水系统有效循环，一方面简化系统设计，这将是热水系统设计发展的方向。

7.2.2.4　管道腐蚀结垢

碳酸钙在造成结垢的主要原因之一，除此以外还有磷酸钙垢和硅酸盐垢。在水-碳酸盐系统中，当水中的碳酸钙含量超过其饱和值时，就会出现碳酸钙沉淀，表现出结垢性。当水中的碳酸钙含量低于其饱和值时，则水对碳酸钙具有溶解的能力，能够将已经沉淀的碳酸钙溶解于水中，表现出腐蚀性。腐蚀性的水对于金属管产生腐蚀。

7.2.2.5　管材的选择

有关研究表明水温每上升 10℃，腐蚀速度就增加 1～3 倍。热水系统管道较冷水系统更容易腐蚀，因此对管材的要求也就更加严格。水质软化会导致水的腐蚀倾向，在管材选择也要考虑硬度的影响。热水系统的灭菌技术，如氯、臭氧灭菌等，需要考虑灭菌剂对管材选择的影响。热水系统管材需能够有效避免军团菌的滋生，有研究表明交联聚乙烯塑料管相对不锈钢管及铜管易滋生军团菌。

7.2.2.6 灭菌技术

（1）紫外光催化二氧化钛灭菌装置

紫外光催化二氧化钛灭菌装置是一种利用光催化材料在紫外光的照射下发生光催化反应，通过其产生的一种强氧化的羟基，破坏病菌细胞壁，从而杀灭细菌。该设备杀菌彻底，可以迅速杀灭、分解水系统中滋生的各类微生物、细菌、病毒等。

（2）银离子灭菌装置

银离子能够有效灭活热水系统的军团菌，中国建筑设计院有限公司对银离子灭活生活热水中军团菌的试验进行了研究。采用模拟管道中试系统研究银离子对生活热水中军团菌及常规细菌的灭活作用。试验结果表明，银离子对军团菌和常规细菌均有显著的灭活效果。银离子浓度为 0.10mg/L 时，灭活 210min 后，1.2×10^3 CFU/mL 浓度军团菌的灭活率达 99.92%。银离子浓度在 0.05～0.07mg/L 时，灭活 180min 后细菌总数灭活率达 97.86%，异养菌的平均灭活率达 85.71。

（3）高温灭菌

高温灭菌即通过升高热水系统的水温并持续一定的时间来杀灭军团。采用热冲击灭菌时，热水系统应禁止使用或采取其他能避免使用者烫伤的管理或技术措施。

（4）二氧化氯灭菌

根据对国外相关资料的研究分析，二氧化氯特别适合医院热水系统的灭菌处理。最不利点的二氧化氯浓度不低于 0.1mg/L，投加量不高于 0.5mg/L。投加位置为热水系统冷水补水管、水加热器出水管或循环回水管上。二氧化氯用于应急处理管网系统生物膜，应采用离线方式，二氧化氯浓度 8～19mg/L，运行时间不小于 2h，灭菌后投入使用前应进行冲洗。二氧化氯宜采用电解发生器现场制取。

（5）氯灭菌

氯作为应用最广泛的消毒剂，可以用于热水系统在发生军团菌事故后的应急处理，投加量宜为 20～50mg/L，最不利出水点游离余氯浓度不应低于 2mg/L，运行时间不应小于 2h，灭菌后使用前必须冲洗。

7.2.2.7 热水系统维护管理

热水系统设备、配件较多，通常有加热器、储热罐、膨胀罐、循环泵及管道等，容易为细菌滋生提供适合环境。平时的维护管理也不容忽视。

生活热水系统应进行日常供水水质检验，水质检验项目及频率应符合《生活热水水质标准》CJ/T 521—2018 的规定。

7.2.3 管道直饮水系统水质保障技术指南

7.2.3.1 管道直饮水定额

最高日直饮水定额因建筑性质和地区条件不同综合确定，对于综合体建筑，应根据建筑使用性质分别确定直饮水量和总处理量。相关定额取值见《建筑与小区管道直饮水系统技术规程》CJJ/T 110—2017。

7.2.3.2 管道直饮水水质标准

管道直饮水系统原水水质应符合现行国家标准《生活饮用水卫生标准》GB 5749—2006 的相关规定；管道直饮水系统用户端水质应符合国家现行行业标准《饮用净水水质标准》

CJ 94—2005 的相关规定。

7.2.3.3　管道直饮水水压要求

对于综合体中不同功能区域的水嘴压力要求略有差别。住宅各分区最低饮水嘴处的静水压力不宜大于 0.35MPa；办公楼各分区最低饮水嘴处的静水压力不宜大于 0.40MPa；其他类型建筑的分区静水压力控制值可根据建筑性质、高度、供水范围等因素，参考住宅、办公楼的分区压力要求。

7.2.3.4　管道直饮水供应系统选用原则

综合体建筑应根据建筑体量、使用性质、楼栋分布等多种要求综合考虑系统形式的选择，选择类型可参照表 7-7。

常见的综合体直饮水系统形式　表 7-7

按直饮水管网循环控制分类	全日循环直饮水供应系统	
	定时循环直饮水供应系统	
按直饮水管网布置图式分类	下供上回式直饮水供应系统	基本形式
	上供下回式直饮水供应系统	
按小区直饮水供应系统建筑高度分类	多层建筑直饮水供应系统	
	多、高层建筑直饮水供应系统	
按直饮水供应系统供水方式分类	加压式直饮水供应系统	组合形式
	重力式直饮水供应系统	
按直饮水供水系统分区方式分类	净水机房集中设置的直饮水供应系统	
	净水机房分散设置的直饮水供应系统	

为了保证管网内水质，管道直饮水系统应设置循环管，供、回水管网应设计为同程式。管道直饮水重力式供水系统建议采用定时循环，并设置循环水泵；管道直饮水加压式供水系统（供水泵兼作循环水泵）可采用定时循环，也可采用全日循环，并设置循环流量控制装置。建筑小区内各建筑循环管可接至小区循环管上，此时应采取安装流量平衡阀等限流或保证同阻的措施。

为保证循环效果，建议建筑物内高、低区供水管网的回水分别回流至净水机房；因受条件限制，回水管需连接至同一循环回水干管时，高区回水管上应设置减压稳压阀，使高、低区回水管的压力平衡，以保证系统正常循环。

小区管道直饮水系统回水可回流至净水箱或原水箱，单栋建筑可回流至净水箱。回流到净水箱时，应加强消毒，或设置精密过滤器与消毒。净水机房内循环回水管末端的压力控制应考虑下列因素：应控制回水进水管的出水压力；根据工程情况，可设置调压装置（即减压阀）；进入净水箱时，还应满足消毒装置和过滤器的工作压力。

直饮水在供、回水系统管网中的停留时间不应超过 12h。定时循环系统可采用时间控制器控制循环水泵在系统用水量少时运行，每天至少循环 2 次。

7.2.3.5　管道直饮水处理工艺

（1）确定水处理工艺时应该注意的问题：

1）确定工艺流程前，应进行原水水质的收集和校对，原水水质分析资料是确定直饮水制备工艺流程的一项重要资料。

2）不同水源经常规处理工艺的水厂出水水质又不相同，所以居住小区和建筑管道直饮水处理工艺流程的选择，一定要根据原水的水质情况来确定。

3）选择合理工艺，经济高效地去除不同污染是工艺选择的目的。

（2）管道直饮水系统因水量小、水质要求高，通常使用膜分离法。目前膜处理技术分类主要包括：微滤（MF）、超滤（UF）、纳滤（NF）、反渗透等。

7.2.3.6 管道直饮水计量

综合体建筑应根据建筑性质细分直饮水系统计量，有条件的情况下宜采用分级计量作为检漏的重要手段。

当计量水表数量较多，位置分散时，宜优先采用远传型直饮水专用水表。

因管道直饮水系统设有循环回水管，总计量水表应在供水管和回水管上分别设置，计量值取两者差值。

7.2.3.7 设备及管材选用

（1）管材

管材是直饮水系统的重要组成部分之一，对水质卫生、系统安全运行起着重要作用。在工程设计中应选用优质、耐腐蚀、抑制细菌繁殖、连接牢固可靠的管材。

1）管材选用应符合其现行国家标准的规定。管道、管件的工作压力不得大于产品标准标称的允许工作压力。

2）管材应选用不锈钢管、铜管等符合食品级卫生要求的优质管材。

3）系统中宜采用与管道同种材质的管件。

4）选用不锈钢管时，应注意选用型号的耐水中氯离子浓度的能力，以免造成腐蚀，条件许可时，材质宜采用0Cr17Ni12Mo2（316）或00Cr17Ni14Mo2（316L）。

5）当采用反渗透膜工艺时，因出水 pH 值可能小于 6，会对铜管造成腐蚀。另外，从直饮水管道系统考虑，管网和管道中的流速要求有较高流速，则铜管内流速应限制在允许范围之内。

（2）附配件

管道直饮水系统的附配件包括：直饮水专用水嘴、直饮水表、自动排气阀、流量平衡阀、限流阀、持压阀、空气呼吸器、减压阀、截止阀、闸阀等。材质宜与管道材质一致。

1）直饮水专用水嘴：材质为不锈钢，额定流量宜为 0.04~0.06L/s，工作压力不小于 0.03MPa，规格为 DN10。

直饮水专用水嘴根据操作型式分为普通型、拨动型及监测型（进口产品）三类产品。

2）直饮水表：材质为不锈钢，计量精度等级按最小流量和分界流量分为 C、D 二个等级，水平安装为 D 级、非水平安装不低于 C 级标准，内部带有防止回流装置，并应符合国家现行标准《饮用净水水表》CJ/T 241—2007。规格为 DN8~DN40，可采用普通、远传或 IC 卡直饮水表。

3）自动排气阀：对于设有直饮水表的工程，为保证计量准确，应在系统及各分区最高点设置自动排气阀，排气阀处应有滤菌、防尘装置，避免直饮水遭受污染。

4）流量控制阀：也称作流量平衡阀。管道直饮水系统属于开式、闭式交替运行的系统，有用水时为开式、不用水时为闭式，使用流量控制阀必须根据其种类和工作原理，通过在其前、后增加其他阀门实现控制循环流量的目的。

7.2.4　消防系统技术指南

7.2.4.1　消火栓系统

（1）设计流量

建筑物室内外消火栓设计流量，应根据建筑物的用途功能、体积、耐火等级、火灾危险性等因素综合分析确定。

（2）消防用水量

消防给水一起火灾灭火用水量应按需要同时作用的室内外消防给水用水量之和计算，两座及以上建筑合用时，应取最大者。

（3）消防水源

市政给水、消防水池、天然水源等可作为消防水源，并宜采用市政给水；雨水清水池、中水清水池、水景和游泳池可作为备用消防水源。

（4）供水设施

1）消防水泵。消防水泵的性能应满足消防给水系统所需流量和压力的要求。

2）高位消防水箱。临时高压消防给水系统的高位消防水箱的有效容积应满足初期火灾消防用水量的要求。

3）稳压泵。稳压泵的设计流量宜按消防给水设计流量的 $1\%\sim3\%$ 计，且不宜小于 $1L/s$；稳压泵的设计压力应保持系统自动启泵压力设置点处的压力在准工作状态时大于系统设置自动启泵压力值，且增加值宜为 $0.07\sim0.10MPa$；稳压泵的设计压力应保持系统最不利点处水灭火设施在准工作状态时的静水压力应大于 $0.15MPa$。

（5）给水形式

符合下列条件时，消防给水系统应分区供水：

1）系统工作压力大于 $2.40MPa$；

2）消火栓栓口处静压大于 $1.0MPa$；

3）自动水灭火系统报警阀处的工作压力大于 $1.60MPa$ 或喷头处的工作压力大于 $1.20MPa$。

分区供水形式应根据系统压力、建筑特征，经技术经济和安全可靠性等综合因素确定，可采用消防水泵并行或串联、减压水箱和减压阀减压的形式，但当系统的工作压力大于 $2.40MPa$ 时，应采用消防水泵串联或减压水箱分区供水形式。

（6）系统选择

市政消火栓和建筑室外消火栓应采用湿式消火栓系统。室内环境温度不低于 $4℃$，且不高于 $70℃$ 的场所，应采用湿式室内消火栓系统；室内环境温度低于 $4℃$ 或高于 $70℃$ 的场所，宜采用干式消火栓系统。

（7）水力计算

消防给水的设计压力应满足所服务的各种水灭火系统最不利点处水灭火设施的压力要求。消防给水管道单位长度管道沿程水头损失应根据管材、水力条件等因素选择。

（8）控制与操作

1）稳压泵由气压罐上的压力开关或压力变送器控制；

2）有稳压泵时，加压泵由其出水干管上设置的压力开关直接自动启动，且压力开关引入消防水泵控制柜内。启泵压力值 P2 见消火栓系统图。加压泵启动后，稳压泵停止。屋顶水箱出水管上的流量开关在 3.5L/s 的流量下发出报警信号。

无稳压泵时，加压泵由屋顶水箱出水管上的流量开关直接自动启动。流量开关在 2.0L/s 的流量下发出启泵信号。

3) 消火栓箱内的按钮可向消防中心发出报警信号。

7.2.4.2　自动喷水灭火系统

(1) 系统类型

从报警阀形式主要可以分为湿式系统、预作用系统、干式系统与雨淋系统等。本节主要对城市综合体常用的湿式系统及预作用系统进行叙述。

(2) 设置场所火灾危险等级

设置场所的火灾危险等级应划分为轻危险级、中危险级（Ⅰ级、Ⅱ级）、严重危险级（Ⅰ级、Ⅱ级）和仓库危险级（Ⅰ级、Ⅱ级、Ⅲ级）。

(3) 系统基本要求

环境温度不低于 4℃，且不高于 70℃ 的场所应采用湿式系统；环境温度低于 4℃，或高于 70℃ 的场所应采用干式系统。系统处于准工作状态时严禁误喷的场所、系统处于准工作状态时严禁管道充水的场所、用于替代干式系统的场所等应采用预作用系统。

(4) 设计基本参数

依据被保护场所危险等级的划分而确定，一般场所危险等级越危险需水量越大。

(5) 系统组件

自动喷水灭火系统由洒水喷头、报警阀组、水流报警装置、水流指示器或压力开关等组件，以及管道、供水设施等组成。

(6) 喷头布置

直立型、下垂型标准覆盖面积洒水喷头的布置，包括同一根配水支管上喷头的间距及相邻配水支管的间距，应根据设置场所的火灾危险等级、洒水喷头类型和工作压力确定。

(7) 管道

配水管道的工作压力不应大于 1.20MPa，并不应设置其他用水设施。配水管道应采用内外壁热镀锌钢管、涂覆钢管、铜管、不锈钢管和氯化聚氯乙烯（PVC-C）管。

(8) 水力计算

水力计算包括系统的设计流量计算、管道水力计算及减压设施的计算等。

(9) 供水

1) 消防水泵

采用临时高压给水系统的自动喷水灭火系统，宜设置独立的消防水泵，并应按一用一备或二用一备，及最大一台消防水泵的工作性能设置备用泵。

2) 消防水箱

采用临时高压给水系统的自动喷水灭火系统，应设高位消防水箱。自动喷水灭火系统可与消火栓系统合用高位消防水箱。高位消防水箱的设置高度不能满足系统最不利点喷头处的工作压力时，系统应设置增压稳压设施。

(10) 操作与控制

湿式系统、干式系统应由消防水泵出水干管上设置的压力开关、高位消防水箱出水管上的流量开关和报警阀组压力开关直接自动启动消防水泵。

预作用系统应由火灾自动报警系统、消防水泵出水干管上设置的压力开关、高位消防水箱出水管上的流量开关和报警阀组压力开关直接自动启动消防水泵。

7.2.4.3 大空间智能型主动喷水灭火系统

（1）系统设置及选择

大空间智能型主动喷水灭火系统适用于扑灭大空间场所的 A 类火灾。凡按照国家有关消防设计规范的要求应设置自动喷水灭火系统，火灾类别为 A 类，但由于空间高度较高，采用其他自动喷水灭火系统难以有效探测、扑灭及控制火灾的大空间场所应设置大空间智能型主动喷水灭火系统。

大空间智能型主动喷水灭火系统的选择，应根据设置场所的火灾类别、火灾特点、环境条件、空间高度、保护区域的形状、保护区域内障碍物的情况、建筑美观要求及配置不同灭火装置的大空间智能型主动喷水灭火系统的适用条件来确定。

火灾危险等级为中危险级或轻危险级的场所可采用配置各种类型大空间灭火装置的系统。

火灾危险等级为严重危险级的场所宜采用配置大空间智能灭火装置的系统。

（2）操作与控制

1）大空间智能型主动喷水灭火控制系统应由下列部分或全部部件组成：

① 智能灭火装置控制器；

② 智能型探测组件；

③ 电源装置；

④ 火灾警报装置；

⑤ 水泵控制箱；

⑥ 其他控制配件。

大空间智能型主动喷水灭火系统可设置专用的智能灭火装置控制器，也可纳入建筑物火灾自动报警及联动控制系统，由建筑物火灾自动报警及联动控制器统一控制。当采用专用的智能灭火装置控制器时，应设置与建筑物火灾自动报警及联动控制器联网的监控接口。

大空间智能型主动喷水灭火系统应在开启一个喷头、高空水炮的同时自动启动并报警。

2）大空间智能型主动喷水灭火系统中的电磁阀应有下列控制方式（各种控制方式应能进行相互转换）：

① 由智能型探测组件自动控制；

② 消防控制室手动强制控制并设有防误操作设施；

③ 现场人工控制（严禁误喷场所）。

大空间智能型主动喷水灭火系统的消防水泵应同时具备自动控制、消防控制室手动强制控制和水泵房现场控制三种控制方式。

在舞台、演播厅、可兼作演艺用的体育比赛场馆等场所设置的大空间智能型主动喷水灭火系统应增设手动与自动控制的转换装置。当演出及排练时，应将灭火系统转换到手动控制位；在演出及排练结束后，应恢复到自动控制位。

智能灭火装置控制器及电源装置应设置在建筑物消防控制室（中心）或专用的控制值班室内。

消防控制室应能显示智能型探测组件的报警信号；显示信号阀、水流指示器工作状态，显示消防水泵的运行、停止和故障状态；显示消防水池及高位水箱的低水位信号。

3）大空间智能型主动喷水灭火系统应设火灾警报装置，并应满足下列要求：

① 每个防火分区至少应设一个火灾警报装置，其位置宜设在保护区域内靠近出口处；

② 火灾警报装置应采用声光报警器；

③ 在环境噪声大于60dB的场所设置火灾警报装置时，其声音警报器的声压级至少应高于背景噪声15dB。

7.2.4.4　自动喷水防护冷却系统

（1）系统设置

当采用自动喷水防护冷却系统保护防火卷帘、防火玻璃墙等防火分隔设施时，系统须采用闭式系统并应独立设置专门的加压设备及管网系统，其供水管网宜成环状布置。

（2）设计参数

当采用防护冷却系统保护防火卷帘、防火玻璃墙等防火分隔设施时，系统应独立设置，并应直接将水喷向被保护的对象，且应该符合下列要求：

1）喷头设置高度不应超过8m；当设置高度为4～8m时，应采用快速响应洒水喷头；

2）喷头的设置应确保喷洒到被保护对象后布水均匀，喷头间距应为1.8～2.4m；喷头溅水盘与防火分隔设施的水平距离不应大于0.3m，喷头溅水盘与防火分隔设施的水平距离不应大于0.3m，与顶板的距离不应小于150mm，且不应大于300mm，且保证溅水盘安装高度不低于玻璃上沿；

3）持续喷水时间不应小于系统设置部位的耐火极限要求；

4）自动喷水防护冷却系统的喷头宜单排布置，并根据可燃物的情况一侧或两侧布置喷头。外墙可只在需要保护的一侧布置；

5）用于冷却玻璃的喷头与商铺内自动喷水灭火系统喷头之间应保持一定的水平间距（性能化设计要求应大于0.9m），或两者之间设置凹槽或挡板；

6）喷头设置高度不超过4m时，喷水强度不应小于0.5L/(s·m)；当超过4m时，每增加1m，喷水强度应增加0.1L/(s·m)；但超过9m时喷水强度仍采用1.0L/(s·m)；

7）系统计算保护长度按以下两种方式确定：当室内设有自动喷水灭火系统时，保护长度按照实际最大防火分隔设施的长度计，并按照《自动喷水灭火系统设计规范》GB 50084—2017 9.12条校核；当室内未设自动喷水灭火系统时，应该取整个防火分隔设施的长度之和。

8）持续喷水时间不应小于系统设置部位的耐火极限要求，通常与防火分隔物的耐火极限一致。

（3）操作与控制

当设有自动喷水防护冷却系统的区域内有自动喷水灭火系统喷头动作时，自动喷水灭火系统的报警阀组开启，压力开关动作，信号传到消防泵房，启动自动喷水系统加压泵，并联动自动喷水防护冷却系统加压泵。

加压泵和稳压泵的运行情况显示于消防控制中心和泵房内控制屏上。报警阀组、信号阀和各层水流指示器动作讯号将显示于消防控制中心。报警阀上的压力开关直接自动启动自动喷水防护冷却系统加压泵。防护冷却系统加压泵在消防控制中心和消防泵房内可手动启、停。加压泵启动后，便不能自动停止，消防结束后手动停泵。

（4）水力计算

自动喷水防护冷却系统的水力计算按照最不利面积法，参照自动喷水灭火系统的水力计算确定。

7.2.4.5 气体灭火系统

（1）分类及适用范围

气体灭火系统按照系统组成分为单元独立灭火系统和组合分配系统，单元独立式系统适用于防护区少而又有条件设置多个钢瓶间的工程，组合分配式系统适用于防护区多而又没有条件设置多个钢瓶间，且每个防护区不同时着火的工程。按应用在灭火对象的形式分为全淹没灭火系统和局部应用灭火系统，某些种类的气体灭火系统可采用局部应用的形式，最常见的为二氧化碳灭火系统。按照灭火装置的固定方式分为固定式气体灭火系统（即管网灭火系统）和半固定式气体灭火装置，其适用范围按照规范执行。最常见分类形式按照灭火剂的种类主要分为氢氟烃类灭火系统、惰性气体灭火系统、卤代烷灭火系统及其他种类的灭火系统。卤代烷灭火系统属早期灭火产品，目前规范已废除不得使用。其他种类的灭火系统，应根据灭火对象特点、投资成本及产品市场应用情况等选取。

另外探火管自动灭火装置也是气体灭火的一种形式。按应用方式可以为全淹没灭火装置和局部应用灭火装置；按介质分为七氟丙烷探火管灭火装置和二氧化碳探火管灭火装置；按照探火释放形式分为直接式火探管自动探火灭火装置和间接式火探管自动探火灭火装置。

（2）基本设计要求

工程设计时，根据规范中气体灭火种类的适用范围选用适当的气体灭火系统。根据需要防护场所的功能、面积及体积确定灭火系统的形式。并且符合以下规定：采用预制式灭火系统时，一个防护区的面积不宜大于 $500m^2$，且容积不宜大于 $1600m^3$；采用管网灭火系统时，一个防护区的面积不宜大于 $800m^2$，且容积不宜大于 $3600m^3$。

（3）系统形式的确定

城市综合体中可能存在以下部位需要采用气体灭火系统：变配电室、弱电机房、微波机房、分米波机房、米波机房及不间断电源（UPS）室、数据交换机房、控制室、珍品库房、档案库房及其他特殊重要设备机房等。

在设计时应根据防护对象的面积、体积及火灾特点等选择系统形式。

1）对于保护对象内人员活动频率相对较高，资金相对宽裕时，且保护区分布较为分散时可采用 IG541 灭火系统。否则，一般采用七氟丙烷灭火系统。

2）在进行设计时，可根据保护对象的具体分布位置分别选用灭火系统形式，例如：当综合体中存在多个变配电室或弱电机房且位置比较分散时可采用预制式与管网式相结合的方式。防护区面积及体积较小时可采用预制式灭火系统，防护区面积体积较大时采用管网式灭火系统，并根据投资控制规模选用单元独立式系统或者组合分配系统。

较常用的形式为组合分配系统，组合分配系统的灭火剂储存量应按储存量最大的防护区确定。管网计算应按各个防护区分别进行计算。此部分一般为厂家二次深化设计。

（4）管网式气体灭火系统的布置要点

气体灭火系统应布置成均衡管网，喷头的布置间距应符合规范的要求，在此基础上调整喷头的布置情况将系统布置成均衡（准均衡）管网。单元独立式系统在布置时即布置成均衡管网，不能均衡时应通过调整分配管管径、喷头规格等措施来减轻对系统的影响。采用组合分配系统时，通过合理划分防护区的范围来保证各个防护区内可设计成均衡气体灭火系统。

（5）设计计算要点

1）灭火剂用量计算

灭火剂用量按照《气体灭火系统设计规范》GB 50370—2005中基本计算公式进行计算，在计算时应注意考虑式中各参数对灭火剂用量的影响，尤其是海拔高度修正系数取值应尽量精确，可根据规范附录中给出的数据做出预测函数来计算其余位置海报高度的修正系数。计算时要除去防护区内障碍物体积。

系统灭火剂存储量除考虑灭火用量还应考虑剩余用量以保证系统充压压力充足及喷射均匀。

2）系统管网设计计算

气体灭火系统管网计算需要确定的参数与自动喷水灭火系统相似，但因在系统进行灭火时气体与液体在管道中的流动状态不同，作用过程液体与气体的压力变化过程完全不同，因此阻力计算方式不同。在进行管网设计时，需要确定以下参数：各段管道设计流量 Q、管网阻力损失、各段管道管径、喷头的工作压力 P、喷头等效孔口面积、喷头规格等。

管网计算时应注意结合喷头布置情况进行，必要时可根据管径及喷头规格计算结果调整喷头布置。

3）泄压计算及选型

防护区应在外墙上设置泄压口，以防止气体灭火剂从储存容器内释放出来后对建筑结构造成破坏。泄压口面积经计算确定。

在设计计算时应根据每个防护区的承压能力分别进行泄压装置的计算。

（6）控制及操作

管网式灭火系统的控制设有自动（气启动和电启动）、手动和机械应急操作三种启动方式；预制式灭火系统的控制设有自动和手动两种启动方式。有人工作或值班时，采用电气手动控制，无人值班的情况下，采用自动控制方式。自动、手动控制方式的转换，可在灭火控制盘上实现（在防护区的门外设置手动控制盒，手动控制盒内设有紧急停止和紧急启动按钮）。

对火灾报警系统的要求：气体灭火系统作为一个相对独立的系统，配置了自动控制所需的火灾探测器，可以独立完成整个灭火过程。火灾时，火灾自动报警系统能接收每个防护区域的气体灭火系统控制盘送出的火警信号和气体释放后的动作信号，同时也能接收每个防护区的气体灭火系统控制盘送出的系统故障信号，火灾自动报警系统在每一个钢瓶间中设置能接收上述信号的模块。

（7）安全设计要求

防护区围护结构（含门、窗）强度不小于1200kPa，防护区直通安全通道的门，向外开启。每个防护区均设泄压口，泄压口位于外墙上防护区净高的 2/3 以上。防护区入口应设声光报警器和指示灯，防护区内配置空气呼吸器。火灾扑灭后，应开窗或打开排风机将残余有害气体排出。穿过有爆炸危险和变、配电间的气体灭火管道以及预制式气体灭火装置的金属箱体，应设防静电接地。

应在防护墙上设置能根据防护区内的压力自动打开的泄压阀。

（8）施工及验收要求

1）施工要求

气体灭火系统工程的施工单位应符合规范相应的要求。气体灭火系统工程施工前应具备规范规定的各种条件，施工过程中应按要求进行施工过程质量控制。

2）验收要求

气体灭火系统工程应作为独立的系统工程项在施工单位自行检查评定合格的基础上组织四方验收。验收各项应符合规范规定的其他要求。气体灭火系统工程施工质量不符合要求时，应按规范要求整改重新验收。未经验收或验收不合格的气体灭火系统工程不得投入使用，投入使用的气体灭火系统应进行日常维护管理，确保系统的安全可靠。

7.2.4.6　厨房专用灭火系统

厨房设备灭火装置适用于控制和扑救厨房内烹饪设备及其排烟罩和排烟管道部位的火灾。

（1）厨房专用灭火装置的设置要求

1）灭火介质采用厨房设备专用灭火剂。

2）一套厨房设备灭火装置只保护一个防护单元。一个防护单元需采用多套厨房设备灭火装置保护时，应保证这些灭火装置再灭火时同时启动。

3）喷嘴应设置在灶具上部的中心轴线处。喷嘴的布置应使厨房设备灭火装置所保护的面积内不留空白，并应均匀喷放灭火剂。

4）烹饪设备的每个灶具上部应设置感温器和喷嘴。

5）排烟管道应在每个烟道进口端设置至少 1 只向排烟管道内喷防灭火剂的喷嘴。

6）保护排烟罩的喷嘴应设置在滤油网板的上部，宜采用水平喷放方式。

7）同一个防护单元内的所有喷嘴应在系统动作时同时喷放灭火剂。

8）冷却水管可与生活用水或消防用水管道连接，但不得直接接在生活用水设施管道阀的后面。

9）厨房设备灭火装置处于正常工作状态时，冷却水进水端的检修阀应处于开启状态。

（2）厨房专用灭火装置的设计

厨房设备灭火装置的保护范围应按防护单元的面积确定。

1）烹饪设备按期最大水平投影表面积确定。

2）排烟罩按滤油网板表面积确定。

3）排烟管道按所保护的排烟管道内表面积确定。

（3）基本设计参数

1）设计喷射强度：烹饪设备 $0.4L/s \cdot m^2$，排烟罩和排烟管道 $0.02L/s \cdot m^2$。

2）灭火剂持续喷射时间 10s。

3）喷嘴最小工作压力 0.1MPa。

4）冷却水喷嘴最小工作压力 0.05MPa。

5) 冷却水持续喷洒时间 5min。

（4）厨房自动灭火设备设计用量按式（7-1）计算：

$$m = (1.05 \sim 1.1)NQt \tag{7-1}$$

式中　m——厨房自动灭火装置设计用量（L）；

　　　N——防护单元内所需设置的喷嘴数量；

　　　Q——单个喷嘴的喷射速率（L/s）。

　　　t——灭火剂喷射时间。

（5）喷嘴数量计算

防护区内所需设置的喷嘴数量应按式（7-2）计算：

$$N = \sum_{t=1}^{n} \frac{S_i W_i}{Q} \tag{7-2}$$

式中　N——防护单元内所需设置的喷嘴数量；

　　　n——保护对象的个数；

　　　S——保护对象的面积（m²）；

　　　W——保护对象所需的设计喷射浓度（L/s·m²）。

（6）厨房专用灭火装置安全设计要求

1）厨房专用灭火装置设置的形式及数量，应根据厨房设备的类型、规模、环境条件等因素综合考虑确定。

2）厨房专用灭火装置应在燃气或燃油管道上设置与自动灭火装置联动的自动切断装置。

3）排烟管道的保护长度，应自距离排烟管道延伸段最近的烟道口进口端算起，向内延伸不小于 6m。

4）厨房专用灭火装置应采用经国家消防产品质量监督检验测试中心型式检验合格的产品。

（7）系统组件及管材选用

系统组件要求：

1）贮存装置应设置在防护单元附件，并采用防腐措施。

2）驱动气体应选用惰性气体，宜选用氮气。

3）喷嘴应设有放置灰尘或者油脂杜塞喷空的防护装置。

管材选用：

1）管道及附件应能承受最高环境温度下的工作压力。

2）灭火剂输送管道宜采用不锈钢无缝钢管，不应使用碳钢管和复合管。

3）驱动气体输送管道应采用铜管或高压软管。

4）管道变径时应使用异径管。

5）管道应设固定支吊架，间距不应大于 2.5m。

（8）操作与控制

1）厨房专用自动灭火装置应具有自动控制、手动控制和应急操作 3 种启动方式。

2）专用灭火装置启动时应联动自动关闭燃料阀。喷放完灭火剂需喷放冷却水时，应在喷放灭火剂后 5s 内自动切换到喷放冷却水装置。

3）专用灭火装置的手动操作桩子和相关阀门处应设置清晰明显的标志。

7.2.4.7　灭火器设计

（1）火灾种类和危险等级

详见《灭火器设计规范》中的分类。

（2）灭火器的选择

不同类型的火灾场所应选择对应类型的灭火器。

（3）灭火器的设置

设置在A、B、C类场所的灭火器其最大保护距离应符合规范的规格。D类火灾场所的灭火器，其最大保护距离应根据具体情况研究确定。E类火灾场所的灭火器其最大保护距离不应低于该场所内A类或B类火灾的规定。

（4）灭火器的配置

设置在A、B、C类场所的灭火器最低配置应符合规范的规格。D类火灾场所的灭火器最低配置基准应根据金属的种类、物态及其特性等研究确定。E类火灾场所的灭火器最低配置基准不应低于该场所内A类（或B类）火灾的规定。

（5）灭火器配置设计计算

1）确定各灭火器配置场所的火灾种类和危险等级；

2）划分计算单元，计算各计算单元的保护面积；

3）计算各计算单元的最小需配灭火级别

① 计算单元的最小需配灭火级别应按式（7-3）计算：

$$Q = K \frac{S}{U} \qquad (7\text{-}3)$$

式中　Q——计算单元的最小需配灭火级别（A或B）；

S——计算单元的保护面积（m^2）；

U——A类或B类火灾场所单位灭火级别最大保护面积（m^2/A 或 m^2/B）；

K——修正系数。

② 修正系数应按规范中的表格规定取值。

③ 歌舞娱乐放映游艺场所、网吧、商场、寺庙以及地下场所等的计算单元的最小需配灭火级别应按式（7-4）计算：

$$Q = 1.3K \frac{S}{U} \qquad (7\text{-}4)$$

4）确定各计算单元中的灭火器设置点的位置和数量；

5）计算每个灭火器设置点的最小需配灭火级别，应按式（7-5）计算：

$$Q_c = \frac{Q}{N} \qquad (7\text{-}5)$$

式中　Q——计算单元中每个灭火器设置点的最小需配灭火级别（A或B）；

N——计算单元中的灭火器设置点数（个）。

6）确定每个设置点灭火器的类型、规格与数量；

7）确定每具灭火器的设置方式和要求；

8）在工程设计图上用灭火器图例和文字标明灭火器的型号、数量与设置位置。

7.2.5 建筑排水

7.2.5.1 排水系统

建筑排水系统应根据排水性质、水量、污染程度、排放去向（市政管网或附近水体）、有利综合利用和处理等因素，经技术经济比较确定。室内排水管道系统应根据建筑标准、建筑高度与功能、卫生间器具布置与数量、设计流量等因素确定。一般排水体制与系统详见表7-8。

一般排水体制与系统　　　　　　　　　　　　　　　表 7-8

序号	排水系统		使用条件与技术要求
1	雨污分流		室内、室外生活排水和雨水应采用分流制排水系统
2	污废宜分流		生活污水和生活废水一般采用合流制排水系统。但下列情况室内宜采用分流制排水系统： (1) 建筑物使用性质对卫生标准要求较高时； (2) 生活废水量较大，且环卫部门要求生活污水需经化粪池处理后才能排入城镇排水管道时； (3) 生活排水需回收利用时，有中水处理要求时宜污废分流，无中水处理要求时宜污废合流
3	污废应分流		下列排水应采用分流制，单独排水至水处理或回收构筑物。经处理后的水或回收后的余水，再排入生活排水系统： (1) 食堂、营业餐厅的厨房含有大量油脂的洗涤废水排入隔油池（或油脂分离器）处理； (2) 机械自动汽车台冲洗水排入沉淀隔油池处理； (3) 水温超过 40℃的锅炉、水加热器等加热设备排水，需设降温池降温处理后排放入生活或雨水系统； (4) 用作回用水水源的生活排水应处理回用，详见建筑中水章节； (5) 理发室洗头废水经毛发截留器截流后排入生活排水系统
4	卫生器具以外的其他排水		视水质污染程度和水量可分别接入生活排水或雨水排除系统。如污染较轻或无污染的：生活水池和水箱的溢流水或泄水、机房地面排水、空调冷凝水、冷却水系统排水、消防电梯井下排水、泳池及喷水池排水等可排入就近雨水管系统（一般应采用间接排水法）。污染较重或严重的，如：污水集水池、车库地面冲洗废水、洗衣机房排水、食品仓库排水、中水处理站排水等，可排入生活排水管系统
5	室内排水管道系统	不通气排水系统	用于建筑物底层单独排出且无条件伸顶通气
		单立管排水系统	用于多层群房建筑或建筑标准要求不高的高层建筑
		专用通气立管排水系统	适用于： (1) 建筑标准要求较高的公建和标准要求较高的≥10 层的高层建筑； (2) 排水负荷超出普通单立管系统排水能力的建筑
		环形通气排水系统	适用于： (1) 横支管连接卫生器具≥4 个且长度 $L>12\text{m}$ 的建筑； (2) 连接 6 个及以上大便器的卫生间的建筑； (3) 卫生条件要求较高的建筑
		器具通气排水系统	用于卫生和安静要求高的建筑
		特殊配件单立管排水系统	适用于： (1) 卫生间器具较少且设置层数≥10 的建筑，如公寓、酒店客房等； (2) 卫生间管道井面积较小，需要设置专用通气立管但难以布置； (3) 排水负荷超出普通单立管系统排水能力的建筑； (4) 卫生间单层接入立管的横支管数等于或大于 3 根
6	自循环通气排水系统		用于屋顶和外墙无法伸出通气管的建筑

注：不同业态、产权归属排水立管宜分别设置，塔楼和裙房排水宜分设立管。

7.2.5.2　通气系统

通气管系统设置和要求详见表 7-9，通气管系统图示和连接如图 7-1 所示。

通气管的设置布置要求　　　　　　　　　　　　　　　　　　　　　　　　　表 7-9

序号	名称	设置条件	连接和布置要求
1	伸顶通气管	生活排水管道的立管顶端，应设置伸顶通气管。当遇特殊情况，伸顶通气管无法伸出屋面时，可采用下列通气方式： (1) 设置侧墙通气； (2) 在室内设置成汇合通气管后在侧墙伸出延伸到屋面以上	(1) 通气管高出屋面不得小于 0.3m（从屋顶隔热层板面算起），且应大于最大积雪厚度，通气管顶端应装设风帽或网罩； (2) 在通气管周围 4m 以内有门窗时，通气管口应高出窗顶 0.6m 或引向无门窗一侧； (3) 在经常有人停留的平屋面上，通气管口应高出屋面 2m，当排水管为金属管材时，应根据防雷要求考虑防雷装置； (4) 通气管口不宜设在建筑物挑出部分（如屋檐檐口、阳台和雨篷等）的下面
2	通气立管	下列情况应设置通气立管： (1) 建筑标准要求较高的：住宅、公共建筑； (2) 生活排水立管所承担的设计流量超过仅设伸顶通气管的排水立管最大排水能力时； (3) 设有环形通气管时； (4) 设有器具通气管时	(1) 专用通气立管和主通气立管的上端可在最高层卫生器具上边缘以上不少于 0.15m 检查口以上与排水立管通气部分以斜三通连接。下端应在最低排水横支管以下与排水立管以斜三通连接； (2) 专用通气立管宜每层或隔层、主通气立管不宜多于 8 层设结合通气管与排水立管连接； (3) 副通气立管出屋顶或侧墙时的布置要求同伸顶通气管； (4) 通气立管不得接纳器具污水、废水和雨水，不得与风道和烟道连接
3	环形通气管	下列排水管段应设置环形通气管： (1) 连接卫生器具≥4 个且长度>12m 的排水横支管； (2) 连接 6 个及以上大便器的污水横支管； (3) 设有器具通气管	(1) 在横支管上设环形通气管时，应在其最始端的两个卫生器具之间接出，并应在排水支管中心线以上与排水支管呈垂直或 45°连接； (2) 环形通气管应在卫生器具上边缘以上不小于 0.15m 处按不小于 1‰ 的上升坡度与通气立管相连； (3) 建筑物内各层的排水管道上设有环形通气管时，环形通气管应每层与主通气立管或副通气立管连接
4	器具通气管	对卫生、安静要求较高的建筑物内，生活排水管道宜设置器具通气管	(1) 器具通气管应设在存水弯出口端； (2) 器具通气管应在卫生器具上边缘以上不小于 0.15m 处按不小于 1‰ 的上升坡度与通气立管相连
5	自循环通气	当下列情况同时存在时，可设置自循环通气管道系统： (1) 无法设置伸顶通气管； (2) 无法设置侧墙通气； (3) 无法在室内设置成汇合通气管后在侧墙伸出延伸到屋面以上	(1) 顶端应在卫生器具上边缘以上不小于 0.15m 处采用 2 个 90°弯头相连； (2) 通气立管下端应在排水横管或排出管上采用倒顺水三通或倒斜三通相接； (3) 宜在其室外接户管的起始检查井上设置管径≥100mm 的通气管
6	结合通气管	设有专用通气立管或主通气立管时，应设结合通气管或 H 管	结合通气管下端宜在排水横支管以下与排水立管以斜三通连接；上端可在卫生器具上边缘以上不小于 0.15m 处与通气立管以斜三通连接
7	H 管	(1) 可替代结合通气管； (2) 最低排水横支管与立管连接点以下的结合通气管不得用 H 管替代。	(1) H 管与通气管的连接点应设在卫生器具上边缘以上不小于 0.15m 处； (2) 当污水立管与废水立管合用一根通气立管时，H 管配件可隔层分别与污水立管和废水立管连接

续表

序号	名称	设置条件	连接和布置要求
8	汇合通气管	为减少排水立管的伸顶管根数时可采用	各排水立管顶端应以≥1‰上升坡度与汇合通气管连接

注：1. 在建筑物内不得设置吸气阀替代通气管；
　　2. 通气横管均应以不小于1‰的坡度坡向排水管

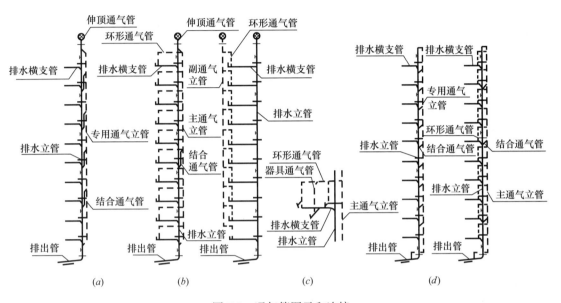

图 7-1　通气管图示和连接

（a）专用通气立管排水系统；（b）环形通气排水系统；（c）器具通气排水系统；（d）自循环通气排水系统

7.2.5.3　排水泵

（1）服务于室内排水的集水池应设于室内。当设于室外时，应确保池盖或人孔不被雨水淹没倒灌。

（2）室内集水池一般设在地下室最底层，并应靠近主要排水点。

1）对卫生条件要求较高的宜采用成品提升装置并设置在专用房间内。

2）污水间不宜设置在对卫生条件要求较高的区域（如厨房、餐厅、会议室等）。

（3）消防电梯排水池设于电梯坑附近，如图 7-2、图 7-3 所示。水泵设于集水池内时，水池宜靠近墙体，便于水泵出水管沿墙敷设。

（4）室外排水泵及水池宜设在室外管网的汇总点或其下游。

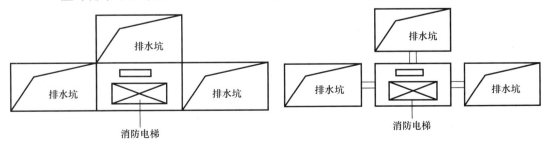

图 7-2　消防电梯坑集水池布置（一）　　　　图 7-3　消防电梯坑集水池布置（二）

7.2.5.4 小型排水构筑物和设施

根据污水排放条件要求，下列污水应经适当处理后方准排入城镇污水管道，见表 7-10。

常见小型排水构筑物的类型及适用条件 表 7-10

序号	污水类别	处理构筑物
1	生活排水接入城镇排水管网有下列情况之一者应设化粪池： (1) 城镇没有污水厂或污水厂尚未建成投入运行者； (2) 市政管理部门有要求者； (3) 大、中城市排水管网管线较长，市政部门要求需防止管道内淤积者； (4) 城市排水管网为合流制系统者	化粪池
2	职工食堂、营业餐厅的厨房等含油污水	除油装置 (隔油池、隔油器、油脂分离器等)
3	温度高于 40℃ 的不连续排水	热量回收利用，当不可行或不合理时，设降温池
4	汽（修）车库洗车台、机加工或维修车间以及其他工业用油场所，排水含有汽油、煤油、柴油、润滑油时	隔油沉淀池
5	小区生活排水直接或间接排入地表水体或海域时	应进行二级处理

7.2.6 雨水控制与利用及海绵城市技术

7.2.6.1 设计依据

主要包含以下几类：

（1）国家标准、政策文件及标准图集

《城镇给水排水技术规范》GB 50788—2012；

《室外排水设计规范》GB 50014—2006（2016 年版）；

《建筑与小区雨水控制及利用工程技术规范》GB 50400—2016；

《海绵城市建设技术指南——低影响开发雨水系统构建（试行）》；

《海绵型建筑与小区雨水控制及利用》；

《城市道路与开放空间低影响开发雨水设施》15MR105。

（2）地方标准、政策文件及标准图集

《雨水控制与利用工程设计规范》DB 11/685—2013；

《厦门市海绵城市建设技术标准图集（试行）》；

《南宁市海绵城市建设技术低影响开发雨水控制与利用工程设计标准图集（试行）》；

《西宁市海绵城市建设设计导则》；

《西宁市海绵城市建设设计导则低影响开发雨水设施图集》；

《昆明市雨水资源化利用生态路标准图集（试行）》；

《海绵城市建设技术渗透技术设施》湘 2015SZ103-1；

《海绵城市建设技术储存与调节技术设施》湘 2015SZ103-2；

《海绵城市建设技术传输与截污净化技术设施》湘 2015SZ103-3；

《海绵城市建设技术雨水控制与利用工程》皖 2015Z102。

（3）海绵城市类规划

部分城市对于特定区域制订有海绵城市建设专项规划，规定了相应区域的控制指标，设计前需要与规划部分沟通，索取相关资料。

（4）气象资料

需要项目所在地不同重现期的降雨资料，降雨强度计算公式，如果采用计算机软件模拟则还需要当地的降雨雨型资料。

（5）总图及建筑专业提资

需要总图专业提供总平面图、不同下垫面的面积（绿化、道路、铺装等），需要建筑专业提供屋顶面积、屋顶绿化的面积等。

7.2.6.2 确定控制参数

根据国家标准规范、地方标准规范及相关政策文件确定以下控制指标：

（1）流量径流系数、雨量径流系数；

（2）年径流总量控制率；

（3）下凹绿地率、透水铺装率、雨水调蓄池容积等。

7.2.6.3 海绵城市设计

（1）系统流程

屋面和路面径流雨水应通过有组织的汇流与转输，经截污等预处理后引入绿地内的以雨水渗透、储存、调节等为主要功能的低影响开发设施。低影响开发设施的选择应因地制宜、经济有效、方便易行，如结合绿地和景观水体优先设计生物滞留设施。雨水系统典型流程如图7-4所示。

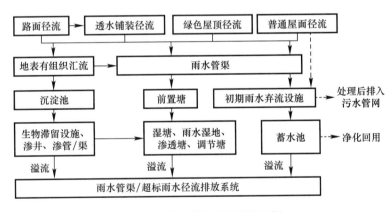

图 7-4　雨水系统典型流程示例

（2）设计要点

1）应建设有效的进水及转输设施，汇水面径流雨水经截污等预处理后优先进入低影响开发设施消纳。

2）低影响开发设施应设置溢流排放系统，并与城市雨水管渠系统和超标雨水径流排放系统有效衔接。

3）雨水调蓄池如设置在地下室，调蓄池不应向室内设置开口。

4）湿陷性黄土、膨胀土等雨水入渗可能引起地质灾害的场所不得采用雨水入渗系统。

5）雨水回用管道不得与生活饮用水管道相连。

7.2.7　机房和主要管井面积指标

7.2.7.1　生活给水泵房占地面积

（1）水箱间

1）水箱高度与层高的关系见表 7-11。

水箱高度与层高关系　　　　　　　　表 7-11

水箱高度 H (m)	有效水深 h (m)	对应地下室层高 (m)	对应屋顶层高 (m)
1.5	0.7	3.5～3.9	3.0～3.4
2	1.2	4.0～4.4	3.5～3.9
2.5	1.7	4.5～4.9	4.0～4.4
3	2.2	5.0～5.4	4.5～4.9
3.5	2.7	5.5～5.9	5.0～5.4
4	3.2	6.0～6.5	5.5～6.0

2）水箱间占地面积

水箱间的占地面积 $S_总$ 应在水箱面积的基础上考虑施工或装配的要求，因此乘以 1.5～2.0 安全系数，水箱面积越小，系数取值越大。

$$S_总 = (1.5 \sim 2.0) \times S \tag{7-6}$$

（2）水泵房面积

按照市政供水至 2 层、3 层及以上楼层采用变频供水的方案，水泵房的面积可按表 7-12 估算。

建筑高度与水泵房面积　　　　　　　　表 7-12

建筑高度 (m)	给水分区压力控制 (MPa)	分区个数	变频泵组数量	泵房面积 (m²)
40		1	1	40
70	0.45	2	2	70
100		3	3	90
＞100			4	110

注：1. 综合体建筑水泵房面积取决于供水设备套数，单套设备按高值取，多套可按低值取用。
　　2. 根据建筑高度确定需要变频供水的分区数量或根据物业管理要求按功能分区设置变频供水设备。
　　3. 当单套供水设备流量大于 60m³/h（即设备可能采用三用一备时），所占面积亦按高值选用。

（3）生活水泵房总占地面积

生活水泵房总占地面积为水箱间占地面积（m²）与水泵房占地面积（m²）之和。

7.2.7.2　生活热水换热站占地面积

根据热水与冷水同源的原则，热水分区同给水分区。生活热水换热站的面积可按表 7-13 估算。

建筑高度与换热站面积 表 7-13

建筑高度（m）	给水分区压力控制（MPa）	分区个数	换热设备数量（每套2台换热器）	泵房面积（m²）
40		1	1	55
70	0.45	2	2	100
100		3	3	140

注：1. 综合体建筑换热站面积取决于换热设备套数，单套设备按高值取，多套可按低值取用。
2. 根据建筑高度确定生活热水的分区数量或根据物业管理要求按功能分区。
3. 当换热器直径为1800～2000mm时，所占面积亦按高值选用。

7.2.7.3 消防水泵房及消防水池（水箱）占地面积

（1）消防泵房占地面积

两组消防泵的泵房占地面积参考见表 7-14。

两组消防泵占地面积 表 7-14

建筑高度（m）	水泵扬程（m）	水泵功率（kW）	泵形式	消防泵房最小占地面积（m²）	推荐宽度（m）	共用吸水管泵房宽度（m）
50	100	45	立式泵	60	5.4	6.2
90	140	90	卧式泵	90	7.5	8.4
110	160	110	卧式泵	100	8.1	8.9

（2）消防水池占地面积

消防水池占地面积参考见表 7-15。

消防水池容积与建筑占地面积对照表 表 7-15

水池容积（m³）	层高（m）	消防水池有效水深（m）	净面积（m²）	提建筑面积（m²）
252	4.5	1.35	186.7	224
252	5.1	1.95	129.2	155.1
252	6	2.85	88.4	106.1
432	4.5	1.35	320.0	384
432	5.1	1.95	221.5	265.8
432	6	2.85	151.6	181.9
576	4.5	1.35	426.7	512
576	5.1	1.95	295.4	354.5
576	6	2.85	202.1	242.5
900	4.5	1.35	666.7	800
900	5.1	1.95	461.5	553.8
900	6	2.85	315.8	378.9

7.2.7.4 高位消防水箱间占地面积

高位消防水箱间占地面积参考见表 7-16。

消防水箱间水箱及设备占地面积统计表 表 7-16

序号	水箱容积（m³）	层高（m）	水箱高度（m）	有效水深（m）	增压设备数量（套）	消防水箱面积（含稳压设备）（m²）
1	18	3.5	2	1.2	2	70
		4.0	2.5	1.7	2	60
		4.5	3.0	2.2	2	55
2	36	3.5	2	1.2	2	90
		4.0	2.5	1.7	2	80
		4.5	3.0	2.2	2	75
3	50	3.5	2	1.2	2	110
		4.0	2.5	1.7	2	95
		4.5	3.0	2.2	2	85
4	100	3.5	2	1.2	2	170
		4.0	2.5	1.7	2	145
		4.5	3.0	2.2	2	125

7.2.7.5 主要管井面积指标

（1）前置条件

管井立管间距：考虑管径、管道保温、水表等阀门管件的安装。

水表的安装参考国标图集《常用小型仪表及特种阀门安装》01SS105。

管井尺寸与管井内立管数目与给水排水系统形式相关，如是否存在转输水箱，给水系统与消防系统分区情况等。

建筑给水排水系统往往包括给水系统（中水系统）、热水系统、污水系统、废水系统、消火栓系统、自喷系统、大空间智能灭火系统、雨水系统等。系统多样，建议将给水排水系统与消防系统分开设置，避免管井进出线过于复杂，影响净高。同时对于商业综合体而言，主楼的管井应适当考虑裙房系统立管数目，如裙房中若存在餐饮，如需要应在主管井内适当预留餐饮污水通气管，同时可适当预留裙房屋面雨水立管。

（2）管道类别

给水系统：转输立管＋分区立管＋用水点立管；

中水系统：转输立管＋分区立管＋用水点立管；

污水系统：用水点立管（卫生间＋厨房餐饮）＋汇合污水立管；

废水系统：用水点立管＋汇合废水立管＋管井地漏废水立管；

通气系统：卫生间通气＋餐饮污水通气；

雨水系统：雨水立管（适当考虑裙房屋面雨水系统）；

热媒系统：热媒立管（供回）；

热水系统：转输立管＋分区立管＋用水点立管；

消火栓系统：转输立管（2根）＋分区立管（2根）＋消火栓立管（与消火栓合用）；

自喷系统：分区立管（2根）＋自喷立管＋自喷稳压立管；

溢流系统：若存在消防转输水箱，应考虑消防水箱溢流管；

冷却循环水系统：冷却供回水立管＋冷却塔补水立管。

（3）办公类建筑

主管井位置：宜在核心筒电梯井旁设置（表7-17）。

办公部分高度与主管井尺寸关系　　　　表7-17

办公高度 （m）	给水分区 个数	消防分区个数	立管数目	管井尺寸	管井面积 （m²）	备注
40	2	不分区	12	1800×1200	2.31	给水排水与消防合用主管井
70	3	减压阀分区	16	2200×1700	3.74	给水排水与消防合用主管井
	3	—	12	1800×1300	2.86	给水排水主管井
100	4	减压阀分区	18	2200×1800	3.74	给水排水与消防合用主管井
	4	—	14	1800×1300	2.86	给水排水主管井
40～100		减压阀分区	11	1800×1300	2.86	消防主管井
>100	转输水箱	—	13	1800×1300	2.86	给水排水主管井
		转输水箱，合用转输	13	1800×1300	2.86	消防主管井
		无转输水箱，独立转输	15	2200×1300	2.86	消防主管井

（4）酒店类建筑

1）客房管井

采用支管循环热水系统，管井尺寸为850×800，采用干立管循环热水系统，管井尺寸750×800。当卫生间排风井与管井合并设置时，管井进深扩400～500mm。

2）酒店主管井见表7-18。

酒店部分高度与管井尺寸关系　　　　表7-18

酒店高度 （m）	给水分区 个数	消防分区个数	立管数目	管井尺寸 （mm）	管井面积 （m²）	备注
<37	1	不分区	17	2200×1800	2.42	给水排水与消防合用主管井
<67	2	不分区	16	2200×1300	2.42	给水排水主管井

7.3　电气专业

7.3.1　开闭所

（1）城市电网电压等级：输电网为500kV、330kV、220kV、110kV，高压配电网为110kV、66kV，中压配电网为20kV、10kV、6kV，低压配电网为0.4kV（220V/380V）。

（2）各级供电半径：500kV为150～850km，330kV为200～600km，220kV为100～300km，110kV为50～150km，66kV为30～100km，35kV为20～50km，10kV供电范围为10km。

（3）一路10kV进线的带载容量一般为8000～10000kVA。

（4）对无业态要求电缴费为供电部门增值税发票的综合体，可不设置10kV开闭所。

（5）10kV 开闭所：是将 10kV 电源分隔出数条回路，每个回路设置配出开关分别配出，将高压电力分别向周围的多个用电单位供电的电力设施。

（6）开闭所与变电站的区别在于开闭站内不设置变压器。其特征是电源进线侧和出线侧的电压相同。

（7）10kV 开闭所设置的必要性是为解决高压变电所中压配电出线开关柜数量不足、出线走廊受限，减少相同路径的电缆条数等。通常变电所分散且变电所装机容量不大的项目所在地区应设置开闭所。

（8）开闭所属于城市电网配套设施的一部分，其所有权归当地供电局所有，与城市规划同时设计，与市政工程同时建设，作为市政建设的配套工程。

对综合体项目，因其用电负荷大且集中，是否要求有配套的 10kV 开闭所，应视情况而定。

（9）对无业态要求电缴费为供电部门增值税发票的综合体，可不设置 10kV 开闭所，10kV 电源由 110/10kV 电站配出直至综合体楼内的 10kV 电缆分界室（亦有地区不要求设分界室）。

（10）对有业态要求电缴费为供电部门增值税发票的综合体，应设置 10kV 开闭所，10kV 电源由 110/10kV 电站配出经 10kV 开闭所再配出至综合体楼内的 10kV 电缆分界室（亦有地区不要求设分界室）。

（11）开闭所宜建于城市主要道路的路口附近、负荷中心区和两座高压变电所之间，以便加强电网联络，提高供电可靠性。

（12）开闭所可以单独建设，宜可结合综合体变配电室建设。开闭所宜设在首层或地下一层（是否允许设在地下需要咨询当地供电部门）。

（13）一个开闭站一般为两路 10kV 进线总容量不超过 20000kVA，采用单母线分段方式，6～10 路出线。

7.3.2　变配电室的设置

（1）综合体的业态形式：

综合体的业态形式主要分为：百货商场、大型超市、精品购物街、沿街商铺、超市、大型车库、影院、KTV、健身、电器、健身、酒楼、儿童电玩、精装公寓楼、甲级写字楼、五星酒店、商务酒店等。其经验模式，主要分为销售型、自持型。

（2）综合体运营管理模式：

销售型：销售又分整售和散售。沿街商铺、精装公寓楼多为散售，普通写字楼即有整售又有散售。

自持型：百货、精品室内步行街、大型超市、五星酒店、甲级写字楼、地下车库、餐饮、影院、KTV、健身、电器、酒楼、儿童业态等。自持型又分为自营和出租。

（3）电计量方式：

计量方式：酒店、商场、超市、中型零售、整售写字楼等业态要求电缴费应为供电部门增值税发票，即电业计量。

其他业态高压对供电部门统一计量，内部则在各出租区域内设低压计量表作为内部计量用，即物业计量，见表 7-19。

城市综合体各种业态形式、经验模式、管理模式、计量方式对比表　　表7-19

业态	经营模式	管理模式	计量方式	变电站设置	供电电源
零售商铺	出租	物业管理	物业计量	统一规划设置	低压
	出售	物业管理	物业计量	统一规划设置	低压
写字楼	出租	物业管理	物业计量	统一规划设置	低压
	散售	物业管理	物业计量	统一规划设置	低压
	整售	自营或物业管理	电业计量或物业计量	独立设置或统一规划设置	高压或低压
公寓	出租	物业管理	物业计量	统一规划设置	低压
	出售	物业管理	物业计量	统一规划设置	低压
地下车库	自持	物业管理	物业计量	统一规划设置	低压
大型超市	自持或出售	物业管理	电业计量或物业计量	独立设置或统一规划设置	高压或低压
五星级酒店	自持	物业管理	电业计量	独立设置	高压
影院	自持	物业管理	物业计量	统一规划设置	低压
餐饮	自持	物业管理	物业计量	统一规划设置	低压
儿童乐园	自持	物业管理	物业计量	统一规划设置	低压

（4）综合体变配电室设置：

城市综合体变配电室设置的位置及数量与建筑形态、市政电网条件、综合体的业态形式、经验管理模式、计量方式及空调系统的设置方式等密切相关。对一个综合体项目，变配电室的合理确定是一个反复对比、各专业相互协调、综合论证评估的过程。

首先对项目的业态形式要有充分的了解，根据不同业态的负荷指标进行负荷估算。

对用电负荷较大（用电负荷大于500kW以上）且电缴费为供电部门增值税发票的业态，如大型超市、五星级酒店、整售写字楼等，应考虑单独设置变配电室，且高压进线由开闭站直供或经高压分界室转供，高压设计量。变配电室深入负荷中心，设在除最底层外的地下层，并考虑设备运输及进出线路方便，不宜设在人防区内。对超高层项目可设置在避难层。低压供电半径不宜大于150m。

对负荷较小（用电负荷不大于500kW）的业态，如影院、KTV、健身、电器、健身、儿童电玩等，各业态分别设低压子表满足物业管理计量要求，应考虑多种业态共用变配电室及变压器。根据此类业态的负荷总容量、变压器总装机容量、市政电源进线方向、建筑形态等统筹规划设置总变配电室（高压电业计量）及各分变配电室（低压物业计量）。

（5）变压器总装机容量20000kVA以下，设总变配电室一座，采用两路10kV进线，两路电源同时工作互为备用，当一路失电时，另一路能带全部二级及以上负荷。总变配电室内可设变压器，负责给附近的负荷供电。根据功能分区、供电半径另设置若干分变配电室，设置原则为相同功能的业态在低压供电半径合理的范围内应尽量统一规划至同一分变配电室供电，每个分变配电室内变压器台数不宜超过四台，且单台变压器的容量以630～1600kVA为宜（各地对单体变压器最大允许容量各有不同，有的地方仅允许最大1250kVA；有的允许最大1600kVA；北京允许最大2500kVA）。对集中冷源应就近设置变配电室。变配电室深入负荷中心，设在除最底层外的地下层，对超高层项目可设置在避难层。低压供电半径不宜大于150m。

(6) 变压器总装机容量 20000kVA 以上，应采用两路以上多路 10kV 进线。20000～40000kVA，可采用 4 路 10kV 进线，每两路为一组，每组同时工作互为备用，当一路失电时另一路能带该组服务范围内的全部二级及以上负荷。两组高压各自分别计量，根据项目情况可设在一个总变配电室内，亦可分为两个总变配电室设在不同区域内。

7.3.3　变压器的装机容量

合理配置变压器的装机容量以适应可能发生的负荷变化，城市综合体配置变压器的装机容量，要考虑如下几个方面的因素：

7.3.3.1　项目所在地电业局关于供电变压器装机容量的要求

根据经验，全国大部分地区居民住宅小区的变配电室都是由电业局统一设计、实施及管理，所以对变压器装机容量要求比较严，例如：《10kV 及以下配电网建设技术规范》DB11/T 1147—2015（北京市地方标准）"6.6 变压器容量配置"一节中对变压器安装容量的计算原则除作出了明确的规定外，还规定居民小区的"公用配电室单台变压器容量不宜超过 800kVA"，在实际项目设计时采用 1000kVA 变压器还是允许的，但最大不能超过 1250kVA。《居住区供配电设施建设标准》DGJ32/T J11—2016（江苏省工程建设标准）"5. 设备选型一节中有如下规定：配电室内变压器应选用 SCB11 型及以上包封绝缘干式变压器，配温控装置和冷却风机，带有金属外壳，并设置配变超温远程告警装置。建设初期单台变压器容量应选用 200kVA、400kVA、630kVA 及 800kVA，单个配电室内变压器台数应选用 1 台、2 台和 4 台。"

除居民住宅小区外，许多地区对于公共建筑的变压器装机容量也是有限制的，除北京地区可以使用 2500kVA 的变压器外，一般地区都要求将变压器控制在 2000kVA 甚至 1600kVA 以下，山东济南电力部门要求将变压器控制在 1250kVA。

7.3.3.2　按照不同业态考虑变压器容量配置

城市综合体（HOPSCA）是以建筑群为基础，融合商业、办公、酒店、公寓住宅、综合娱乐五大核心功能于一体的"城中之城"，故宜按照商业零售及综合娱乐、办公、酒店、公寓住宅等分别考虑。

(1) 负荷统计应根据业主要求、项目规模、以往经验预估负荷及预留条件，使后期的营销更加灵活，以适应不同租户的需求。

(2) 整租整售的大型百货及超市宜单独设置变压器。

由于需自供电部门领取税务发票及对用电独立核算等要求，百货、超市或部分大中型企业在商务租赁谈判时均坚决要求独立对供电部门计量，直接向供电局缴费。故需对有可能产生的此种业态也许单独设置变压器。

(3) 冰场要预留制冰用电量，游泳池要考虑泳池初次加热时采用电加热的用电量。

(4) 进行商业零售及综合娱乐变压器配置计算时需用系数宜按：百货 0.65～0.75；超市 0.7～0.8；商铺 0.7～0.8；餐饮 0.5～0.6。变压器的计算负载率不宜过高，一般在 65%～75%。

(5) 办公类建筑宜按单位面积用电负荷指标按 80～100W/m² （含空调用电）需用系数 0.6～0.7 配置变压器。

全国大部分地区对于办公建筑的用电都没有限制，但按照《10kV 及以下配电网建设技术规范》DB11/T 1147—2015（北京市地方标准）附录D，"表D.1 各类用地负荷指标表"中"行政办公"类仅仅只有42W/m²，所以在做北京的项目时，就需要提前与业主及供电局沟通协调，避免供电指标无法满足客户要求影响业主的销售。

（6）酒店变压器需根据不同档次（星级酒店或快捷酒店、经济型酒店），不同规模（床位数）、不同类型（酒管公司经营管理还是自持）配置，由酒管公司经营管理的星级酒店宜单独配置变压器。

各酒管公司如：万豪、洲际、凯悦等也都有其相应的规范要求，只需根据其要求进行设计即可，当没有明确时可参照本课题其他章节提供负荷指标进行计算，一经确定变化的可能性及裕度不大。

（7）住宅变压器配置需根据项目所在地供电部门要求配置。

城市综合体中配置的公寓一般为两种，一种住宅式公寓，户型可有一室户、两室户或三室户，但面积均不会太大，提供燃气；另一种为酒店式公寓，均为小户型且不提供燃气。公寓一般由开发商自持进行出租，租户向物业缴费。设计师在进行负荷统计时会发现一栋楼的公寓户数非常多，会出现每层十几户甚至几十户，若按常规每户4～6kW配置，设备容量非常大，这时进行变压器配置时需特别注意同期系数的选取，设计师应在对空调系统配置：分体空调或集中空调，集中热水或住户自行配置电热水器，是否提供燃气等充分了解后，与甲方沟通分析目标客户群的生活作息规律，选取合适的同期系数，避免变压器选取过大引起变压器运行负载率偏大的情况发生。

住宅：全国大部分地区均对住宅的变压器配置有较详细及严格的要求，在设计时需了解当地要求并与供电部门沟通后取得一致。

7.3.4 不同地区、业态、季节变压器运行负载率的合理范围

分析不同地区、不同业态、不同季节变压器运行负载率，使其处于合理的范围内。

（1）配电变压器选择应根据建筑物的性质和负荷情况，环境条件确定，并应选用节能型变压器。配电变压器的长期工作负载率不宜大于85%。

《民用建筑电气设计规范》JGJ 16—2008 第4.3.1、第4.3.2、IEC 60364-8-1认为：当变压器的铜损等于铁损时，变压器效率最高，此时变压器的负载率为50%～75%。《电力变压器经济运行》GB/T 13462—2008中规定：对双绕组变压器而言，变压器最佳运行区间为$1.33\beta JZ2\sim0.75$。其中βJZ为变压器综合功率经济负载系数。

（2）商业区域在单位负荷密度取值时宜采用中间偏上值，并使变压器设计负载率不宜过高，宜在70%～80%之间。应注意同期系数的选取，并适当采用大容量的变压器。

（3）高级别星级酒店专用变压器设计负载率不宜过高，宜保持在65%～70%。

高级别星级酒店，经营方对电源的可靠性要求较高，应考虑在一台变压器故障时，另一台变压器仍能保证酒店的基本运行，因此酒店专用变压器设计负载率不宜过高，宜保持在65%～70%。

（4）办公建筑在单位负荷密度取值时宜采用中间偏下值，并使变压器设计负载率稍高，宜在75%～85%之间。办公建筑的用电量相对稳定，装修照明用电量不会很大，主要用电负荷为计算机等办公设备，应尽量避免办公用电的变压器安装容量过大，造成变压器的实际运行负载率偏低

（5）住宅类建筑变压器的负载率宜在 85％左右。

（6）体量大的城市综合体宜为不同业态单独配置变压器，体量较小的城市综合体不同业态可共用变压器。

体量较小的城市综合体不同业态共用变压器时，需考虑将不同用电时段的用电负荷配置在同一组变压器上，例如：办公建筑用电一般集中在日常早 8：00～18：00 之间，商业建筑用电集中在节假日及日常晚间，可以将这两种用电负荷共用变压器以提高变压器的利用率。

7.3.5　不同功能业态对用电负荷指标的需求

7.3.5.1　商业综合体中不同类型餐饮的功率负荷指标

当业主未提出明确的需求时，厨房和餐厅的分隔常常不确定，厨房及餐饮的性质类别也不明确，此时为了给后期设计留够足够的余量，可视 1/3 面积为厨房，2/3 面积为餐厅（用电量不含空调主机容量），厨房部分按 1000W/m² 预留，餐厅部分按 50W/m² 预留。

当厨房和餐饮的类别初步明确时，可按照整个餐饮的面积，根据餐饮的类别估算功率负荷指标，日式厨房按 800W/m²，宴会厅厨房及西餐厅厨房按 1000W/m²，中餐厅厨房按 700W/m²，备餐间按 200W/m²（用电量不含空调主机容量）。一般来说，酒吧、简餐类别的餐厅厨房负荷密度较低，西式快餐、甜品类和烧烤类餐厅厨房负荷密度较高，但烧烤类也和是否为燃气烧烤有关，燃气烧烤的负荷密度较低，电烤类的负荷密度较高。

7.3.5.2　商业综合体不同类型超市的功率负荷指标

超市作为商业综合体一个必不可少的业态，大型超市一般要求独立电源，独立空调主机，用电除了空调照明，还有很大部分消耗在生鲜区冷库、冷柜、厨房区上。功率负荷指标按 150～200W/m²（用电量不含空调主机容量）。精品超市、中小型超市常常是附属在商业建筑中，一般空调系统不单独设置，但应单独做电能计量。功率负荷指标按 100～120W/m²。

7.3.5.3　商业综合体不同类型商铺的功率负荷指标

室内步行街的公共区照明负荷不应超过 30W/m²，包含装饰照明和局部照明。

普通的零售或快销类店铺的功率负荷密度低，这类店铺内主要是一些装修照明，经营管理用计算机系统电源、收银系统用电，功率负荷指标按 60～80W/m²。奢侈品店铺一些柜台局部照明，广告位，LED 大屏，lego 用电量也较大，因此功率负荷密度高，功率负荷指标按 100～150W/m²。电玩城类店铺中游戏类设备多，用电量大，功率密度按 150～200W/m²。

7.3.6　各地区市政供电电压等级及供电系统常规做法

7.3.6.1　北京市常规做法

具体内容见 DB11/T 1147—2015《10KV 及以下配电网建设技术规范》。

（1）中压供电为 10kV，低压供电为 220V、380V。用户预计最大负荷在 10000kW 及以上宜研究 35kV 及以上电压等级供电的可能性，用户预计最大负荷大于 10000kW 且 35kV 及以上电压等级供电困难时，应采用 10kV 多路供电。

（2）10kV 用户电气主接线原则上 10kV 侧不联络；对于重要用户，10kV 侧应装设联络母联断路器；10kV 侧有联络用户，采用母线分段运行。

（3）10kV 用户接入电缆网时，必须建设电缆分界设施（专用线除外），作为单个用户与电网的产权分界处，并可具备电缆分支功能。

7.3.6.2 上海市常规做法

具体内容见《上海电网若干技术原则的规定（第四版）》和《上海中、低压电网配置原则及典型设计（2010 版）》

（1）用户供电电压等级有 220/380V、10kV、35kV。用电设备总容量大于 6300kVA 应采用 35kV 供电。

（2）变电站 35kV 和 10kV 系统单段供电母线接地容性电流超过 100A 时应采用小电阻接地方式，接地容性电流在 10～100A 之间可采用消弧线圈自动补偿接地方式或小电阻接地方式，接地容性电流小于 10A 时可采用不接地系统。

7.3.6.3 福建省常规做法

具体内容见福建省 DB35/T 1036—2013《10kV 及以下电力用户业扩工程技术规范》。

（1）用户受电变压器总容量在 50kVA～10MVA 时（含 10MVA），宜采用 10kV 供电，无 35kV 电压等级地区，10kV 供电容量可扩大至 15MVA。用户申请容量超过 15MVA 时，经过论证后可采用 110kV 电压等级供电或采用 10kV 多回路供电。10kV 电压等级供电容量不应超过 40MVA。

（2）非住宅小区配电房中单台变压器的容量不宜大于 1250kVA。当用电设备容量较大、负荷集中且运行合理时，可选用较大容量的变压器。

（3）10kV 开关柜宜选用金属铠装移开式或气体绝缘金属封闭式开关柜。安装在配电室的移开式开关柜宜配真空断路器或真空负荷开关-熔断器组合电器。

7.3.6.4 广东省常规做法

具体内容见《广东电网有限责任公司配电网规划技术指导原则（2016 版）》。

（1）除已有 20kV 配电网区域外，后续新建、改造的区域需经充分的技术经济论证，获中国南方电网有限责任公司批复后，方能采用 20kV 配电网。

（2）高压配电网变电站无功补偿容量宜按主变压器容量的 10%～30% 配置，并满足主变压器最大负荷时其高压侧功率因数不低于 0.95。

（3）中压配电网配电站无功补偿容量宜按变压器负载率为 75%，负荷自然功率因数为 0.85 时，将中压侧功率因数补偿至不低于 0.95 进行配置。实际应用中，也可按变压器容量 20%～40% 进行配置。

7.3.6.5 浙江省常规做法

具体内容见《浙江省配电网规划设计导则（2011 版）》和《浙江省城市中低压配电网建设与改造技术原则》。

（1）除部分山区、海岛外，原则上不再建设 35kV 公用配电网。对于电力负荷增长空间大，饱和负荷密度高的地区，经国家电网公司批准后，可采用 20kV 供电。10kV 供电时受电变压器总容量为 50kVA～10 MVA，20kV 供电时受电变压器总容量为 50kVA～30MVA。

（2）35、10kV 可根据需要采用不接地、经消弧线圈接地或经电阻接地，20kV 一般采用电阻接地，380/220V 一般采用直接接地。

7.3.6.6　四川省常规做法

具体内容见《四川省电力公司城市中低压配电网技术标准》

（1）用电设备总容量 100kW 及以下或变压器总容量 50kVA 及以下时，采用 380V/220V 供电；变压器总容量在 50~8000kVA 时，采用 10kV 供电。

（2）配电室变压器出线柜内装设熔断器，用于变压器保护。配电室低压开关柜的进线和出线开关应配置瞬时脱扣、短延时脱扣、长延时脱扣三段保护，宜采用分励脱扣器，一般不设置失压脱扣。

（3）集中敷设进出配电室的电缆宜采用电缆沟敷设。开关柜地面下电缆沟的深度不应小于 1m。

7.3.7　与相关专业设计配合界面

与专业设计、深化设计（包括供电公司、酒店管理公司、厨房公司、精装景观等）配合界面如下：

7.3.7.1　与供电部门的配合界面划分

（1）预留土建条件的同时需要按规范要求预留相应接地引上线。当地块总用电容量达到一定量，还需要配合预留高压开闭站。

（2）不同城市、地区的项目设计前务必与当地供电部门深入沟通，每个地区变配电室设计原则差异较大。

1）综合体中办公、商业部分

根据当地供电局要求，预留高压电缆分界室土建条件。建筑设计院与电力设计院分界面为高压柜高压进线端或低压柜低压出线。

① 部分地区（如北京）与电力设计的分界点为高压配电室电源进线柜内进线开关的进线端，进线开关以下由建筑设计院设计。

② 部分地区（如安徽）建筑设计院根据当地供电部门要求预留变配电室土建条件，变配电室内部电气设计由电力设计院完成。

③ 如北京地区，电缆分界要求设在首层且贴外墙，层高 3.6m。下设电缆夹层，层高 2.1m。分界室面积不小于 25m²，宽度不小于 3.3m。

2）对于商业综合体中住宅、公寓部分

预留变配电室、π接室（北京）等土建条件，与电力设计院界面划分为 π 接。

① 北京地区：π接柜（含）以下部分由建筑设计院设计，并完成 π 接柜、光力柜部分图样向供电局报审的工作。

② 部分地区，与电力计院设计界面为楼层电表箱进线开关，电表箱进线开关以上为当地供电部门设计。

7.3.7.2　厨房公司界面划分

厨房配电设计根据不同负荷等级、用电情况，预留满足需求的电源，并预留配电总箱。分界面为厨房配电总箱进线断路器下口。

（1）酒店厨房通常由业主委托专业设计公司完成厨房内电气设计。建筑设计院根据厨房设备用电等级、用电容量，在低压柜预留出线开关，并在厨房区设置配电箱。

（2）商业餐饮厨房按用电指标，在餐饮区集中预留低压配电总箱。

（3）对于有厨房的商铺，按商铺和厨房总用电指标在商铺内预留分箱。

7.3.7.3 精装的界面划分

精装区内涉及消防系统（如应急照明、消防风机、消防电梯）的配电均应设计到位，满足消防验收要求。

（1）办公、商业、酒店中精装修场所，在精装区预留配电总箱，设计分界面为总箱进线断路器下口。

1）对于整层开场商业，在楼层电井预留商业配电总箱（并设置独立计量表），并在总箱内预留若干出线开关。与精装修分界面为总箱出线断路器下口。

2）对于独立小商铺，需根据商铺用电指标，在每个独立商铺内预留分配电箱（并设置独立计量表），分配电箱设进线开关。设计分界面为分配电箱进线开关下口。

3）对于已划分区域的办公单元，根据各办公单元面积及办公用电指标在各办公单元预留用电分箱（并设置独立计量表），分配电箱设进线开关。设计分界面为分配电箱进线开关下口。

4）对于酒店客房，设计分界面为客房内分配电箱进线开关上口。客房分配电箱系统、客房内配电平面由精装修单位设计。

5）其他精装区（酒店大堂、康体区、多功能厅等）设计分界面为分配电箱进线开关下口。

（2）公寓、住宅部分

1）住宅部分基本没有精装内容，按《建筑工程设计文件编制深度规定》要求，完成各电气系统设计。

2）对精装修高档公寓，在公寓内预留配电分箱，公寓内电气设计由精装设计完成。

7.3.7.4 火灾自动报警系统

对商业综合体的消防系统设计，应满足《火灾自动报警系统设计规范》GB 50116—2013 及《建筑工程设计文件编制深度规定》要求全部设计到位。

7.3.7.5 弱电智能化部分

根据使用方系统设置需求预留各弱电系统的机房、管井及平面路由。

（1）综合布线系统，在弱电井预留机柜位置，竖向线槽洞口。并在开场商业、办公预留综合布线集合点 CP。

（2）视频安防监控系统，按《建筑工程设计文件编制深度规定》及相关规范要求，完成平面及系统设计。

（3）公寓住宅，按《建筑工程设计文件编制深度规定》要求，完成各弱电系统设计。

7.3.7.6 景观照明、立面照明

在低压配电柜预留出线开关，并在室外（景观照明）、屋顶配电间（立面照明）合适位置预留出配电总箱位置。设计分界面为进线开关下口，总箱进线开关以下部分由景观、立面照明专业设计公司完成。

7.3.8 配电系统预留量（包括机房、竖井、设备、电缆）

7.3.8.1 变配电室

（1）高、低压配电室中要留出 2～3 台备用柜的位置，便于由于最终设备订货与设计

选型不符时有调整空间。

（2）在变配电室选址方面要考虑后期增加变压器增容，增加低压柜数量的可能，预留若干低压柜位置。

7.3.8.2　柴油发电机房

柴油发电机房在预留土建条件时，按不同柴发厂家中设备尺寸最大的厂家预留吊装孔（运输通道）及机房面积。

7.3.8.3　设备管井

（1）强、弱电井要按综合体不同性质、不同产权单位分别设置。

（2）商业综合体强、弱电竖井面积按 $6m^2$ 左右预留。

7.3.8.4　配电设备

变配电室低压配电系统设计时，应预留足够的备用回路，按 20％～30％预留备用回路。

7.3.8.5　电缆桥架

（1）如使用柔性矿物绝缘电缆敷设时，由于此电缆外径较粗，不同规格柔性矿物绝缘电缆外径约为普通电缆外径的 1.2～2 倍。同时矿物绝缘电缆较硬，敷设时也有一定难度。因此，电缆桥架或梯架要留有裕量。变配电室出线及竖井内敷设的电缆桥架，电缆总截面面积不大于桥架截面面积的 20％。其他情况电缆总截面积不大于桥架截面面积的 25％～30％。

（2）普通电缆敷设时，考虑到后期改造及功能改变等因素。普通电缆桥架也要留有一定裕量，电缆总截面面积不大于桥架截面面积额的 20％。

7.3.8.6　弱电系统

（1）火灾自动报警主机：按《火灾自动报警系统设计规范》GB 50116—2013 中 3.1.5 条中规定，考虑到商业项目后期装修等因素，这里的预留量要适当增加，按 15％余量预留。

（2）短路隔离器：按《火灾自动报警系统设计规范》GB 50116—2013 中 3.1.5 条规定，考虑商业综合体后期装修改造等情况，对于总线短路隔离器保护探测器的数量也要留有预留，数量控制在 20～25 个为宜。

7.3.9　主消防控制室与分消防控制室内各个相关系统的关系

（1）大型综合体宜选择控制中心报警系统的设计，可按区域功能划分设置消防控制室。

综合体建筑一般包含有酒店、商业、办公、娱乐等城市生活必要的功能，其建筑规模庞大，所涉及的消防设备的种类和数量较多，故一般多采用多个消防控制室的方案。多个消防控制市的设置可根据物业管理需求，因综合体项目中各个建筑体的功能是不同的，各区域也相互独立，需要各自独立运营，管理体系各不相同。《火灾自动报警系统设计规范》GB 50116—2013 中 3.2 条指出火灾自动报警系统形式的选择，应符合下列规定：

1）仅需要报警，不需要联动自动消防设备的保护对象宜采用区域报警系统。

2）不仅需要报警，同时需要联动自动消防设备，且只设置一台具有集中控制功能的火灾报警控制器和消防联动控制器的保护对象，应采用集中报警系统，并应设置一个消防